酿酒 分析与检测

第二版

王福荣　主编

化学工业出版社

·北京·

全书共分五章，详细介绍了白酒、啤酒、葡萄酒、黄酒及酒精生产中原料、半成品、成品的分析检验，对企业中常规分析项目详细阐述了检测方法的原理、要点及操作中应注意事项，以提高检验人员分析检测的准确性。同时，为提高产品的质量、开发新产品，书中还编写了具有一定指导意义的检测项目，并在常规分析基础上适当增加了现代仪器分析检测内容，使本书的深度与广度有进一步扩展。

本书内容翔实，适合从事酒类生产的工程技术人员及检验操作人员使用，并为有关科技人员在提高产品质量、研制新产品上提供必要的分析检测方法，亦可供高等院校发酵工程、生物工程及相关专业师生参考。

图书在版编目（CIP）数据

酿酒分析与检测/王福荣主编. —2 版. —北京：化学工业出版社，2012.3（2023.8重印）
ISBN 978-7-122-13377-9

Ⅰ. 酿… Ⅱ. 王… Ⅲ. ①酿酒-食品分析②酿酒-食品检验 Ⅳ. TS261.7

中国版本图书馆 CIP 数据核字（2012）第 017232 号

责任编辑：张 彦 陈 敏　　　　　　　　　装帧设计：关 飞
责任校对：周梦华

出版发行：化学工业出版社（北京市东城区青年湖南街 13 号　邮政编码 100011）
印　　装：北京科印技术咨询服务有限公司数码印刷分部
710mm×1000mm　1/16　印张 22　字数 440 千字　　2023 年 8 月北京第 2 版第 12 次印刷

购书咨询：010-64518888　　　　　　　　售后服务：010-64518899
网　　址：http://www.cip.com.cn
凡购买本书，如有缺损质量问题，本社销售中心负责调换。

定　价：89.00 元　　　　　　　　　　　　　版权所有　违者必究

前　　言

我国几千年的酿酒工艺发展过程中，已建立了一整套完整的检测理论与检测方法，同时也建立了严格的质量控制标准。随着时代的进步，人们对产品的质量与安全性提出了更高的要求，另一方面，分析检测手段更趋于现代仪器化，使分析检测进一步迅速、准确，检测内容进一步扩展。本次修订本着质量、安全原则，重点对成品分析检测进行了小部分内容增设，以适应时代与人们的要求。

参加本次修订人员有宋文军、盛力、王方、武千钧、马美范等同志，对于他们的大力支持与协作精神在此表示衷心感谢。

王福荣

2012 年 2 月

第一版前言

酿酒行业在我国历史悠久，有两万余家企业，每种产品每年以数百万吨乃至以数千万吨面市，产品的消费量极大，是人们日常生活必不可少的食品，酒精又是化学工业的重要原料。为进一步促进企业的发展，降低消耗，提高产品质量，开发新产品，满足广大人民群众的物质需要，特编写《酒类生产技术丛书》，本书为《酿酒分析与检测》分册。

本书详细介绍了白酒、啤酒、葡萄酒、黄酒和酒精生产过程中原材料的质量检查、中间产品的分析和成品的分析检验方法。对企业中常规分析项目详细阐述了检测方法的原理、要点及操作中应注意事项，以提高检验人员分析检测的准确性。同时，书中还编写了具有一定指导意义的检测项目，并适当增加了现代仪器分析检测内容，使本书的深度与广度有进一步扩展。

全书编写分工如下：第一章由北京市牛栏山酒厂李怀民、李兰英、盛力和天津科技大学宋文军编写；第二章由青岛啤酒股份有限公司董建军、武千钧、杨梅编写；第三章由中法合营王朝葡萄酿酒有限公司王树生、陈维敏、王方、张岱编写；第四章由郑州轻工业学院刘凤珠和吉林大学生物与农业工程学院王健编写；第五章由山东轻工业学院马美范编写。全书由天津科技大学王福荣教授主持制定编写大纲、组织编写并最后统稿。

在本书的编写过程中得到了相关企业的领导、技术人员及操作人员的大力支持，在此表示衷心感谢。

由于作者水平有限，错误难免，希望批评指正。

王福荣

2005 年 1 月

目　　录

第一章　白酒生产分析检验 …………………………………………………… 1

第一节　原料分析 ……………………………………………………………… 1

　　一、取样 ……………………………………………………………………… 1

　　二、物理检查 ………………………………………………………………… 1

　　三、化学分析 ………………………………………………………………… 2

第二节　酿造用水分析 ………………………………………………………… 7

　　一、酿造用水硬度 …………………………………………………………… 7

　　二、低度白酒生产用水分析 ………………………………………………… 9

第三节　大曲和小曲分析 ……………………………………………………… 9

　　一、取样 ……………………………………………………………………… 10

　　二、水分 ……………………………………………………………………… 10

　　三、酸度 ……………………………………………………………………… 10

　　四、液化型淀粉酶活力 ……………………………………………………… 11

　　五、糖化酶活力 ……………………………………………………………… 12

　　六、蛋白酶活力 ……………………………………………………………… 14

　　七、发酵力 …………………………………………………………………… 16

　　八、酯化力及酯分解率 ……………………………………………………… 17

第四节　麸曲分析 ……………………………………………………………… 18

　　一、取样 ……………………………………………………………………… 18

　　二、外观检查 ………………………………………………………………… 19

　　三、化学分析 ………………………………………………………………… 19

第五节　酒母分析 ……………………………………………………………… 19

　　一、取样 ……………………………………………………………………… 19

　　二、化学分析 ………………………………………………………………… 19

第六节　工业用糖化酶制剂分析 ……………………………………………… 20

　　一、感官检查 ………………………………………………………………… 20

　　二、化学分析 ………………………………………………………………… 20

第七节　酿酒活性干酵母分析 ………………………………………………… 22

　　一、感官检查 ………………………………………………………………… 22

　　二、化学分析 ………………………………………………………………… 22

第八节　窖泥分析 ……………………………………………………………… 24

　　一、取样 ……………………………………………………………………… 24

　　二、水分及挥发物 …………………………………………………………… 25

　　三、pH ……………………………………………………………………… 25

　　四、氨态氮 …………………………………………………………………… 26

　　五、有效磷 …………………………………………………………………… 27

六、有效钾 …………………………………………………………………… 28

七、腐殖质 …………………………………………………………………… 29

八、蛋白质 …………………………………………………………………… 31

第九节　固体发酵酒醅分析 ……………………………………………… 31

一、水分 ……………………………………………………………………… 31

二、酸度 ……………………………………………………………………… 32

三、还原糖 …………………………………………………………………… 32

四、淀粉 ……………………………………………………………………… 32

五、出池酒醅中酒精含量 ………………………………………………… 33

六、酒糟中残余酒精含量 ………………………………………………… 33

第十节　成品分析 …………………………………………………………… 34

一、酒精含量 ………………………………………………………………… 34

二、固形物 …………………………………………………………………… 35

三、总酸 ……………………………………………………………………… 35

四、总酯 ……………………………………………………………………… 36

五、杂醇油 …………………………………………………………………… 37

六、甲醇 ……………………………………………………………………… 40

七、铅 ………………………………………………………………………… 42

八、锰 ………………………………………………………………………… 45

九、糠醛 ……………………………………………………………………… 46

十、乙酸乙酯与己酸乙酯 ………………………………………………… 47

第二章　啤酒生产分析检验 ……………………………………………… 49

第一节　原料分析 …………………………………………………………… 49

一、大麦分析 ………………………………………………………………… 49

二、麦芽分析 ………………………………………………………………… 52

三、酒花分析 ………………………………………………………………… 61

四、酿造用水分析 …………………………………………………………… 64

第二节　半成品分析 ………………………………………………………… 74

一、取样方法及样品处理 ………………………………………………… 74

二、麦芽汁浓度 ……………………………………………………………… 74

三、pH ………………………………………………………………………… 75

四、色度 ……………………………………………………………………… 75

五、苦味质 …………………………………………………………………… 75

六、总酸 ……………………………………………………………………… 75

七、黏度 ……………………………………………………………………… 76

八、还原糖 …………………………………………………………………… 76

第三节　成品分析 …………………………………………………………… 76

一、试样的制备 ……………………………………………………………… 76

二、色度 ……………………………………………………………………… 77

三、浊度 ……………………………………………………………………… 77

四、酒精度 …………………………………………………………………… 77

五、原麦汁浓度 …………………………………………………………………… 79

六、总酸 ……………………………………………………………………………… 80

七、双乙酰 …………………………………………………………………………… 81

八、真正发酵度 …………………………………………………………………… 81

九、苦味质 …………………………………………………………………………… 82

十、溶解氧 …………………………………………………………………………… 82

十一、铁 ……………………………………………………………………………… 82

十二、铅 ……………………………………………………………………………… 83

十三、总二氧化硫 ………………………………………………………………… 83

十四、甲醛 …………………………………………………………………………… 85

第四节 成品酒香气成分分析、农药残留量分析 ………………………… 86

一、双乙酰 …………………………………………………………………………… 86

二、低沸点挥发性物质 …………………………………………………………… 88

三、啤酒中六六六、滴滴涕残留量分析 …………………………………… 89

第三章 葡萄酒生产分析检验 ……………………………………………………… 91

第一节 原料分析 …………………………………………………………………… 91

一、物理检验 ………………………………………………………………………… 91

二、化学分析 ………………………………………………………………………… 92

第二节 生产过程分析 ……………………………………………………………… 94

一、相对密度 ………………………………………………………………………… 94

二、酒精度 …………………………………………………………………………… 95

三、还原糖和总糖 ………………………………………………………………… 98

四、pH ………………………………………………………………………………… 100

五、总酸（可滴定酸） …………………………………………………………… 101

六、游离二氧化硫 ………………………………………………………………… 101

七、总二氧化硫 …………………………………………………………………… 104

八、红葡萄酒色度 ………………………………………………………………… 105

九、酚类化合物 …………………………………………………………………… 106

第三节 成品分析 …………………………………………………………………… 111

一、酒精度 …………………………………………………………………………… 111

二、总糖和还原糖 ………………………………………………………………… 111

三、总酸 ……………………………………………………………………………… 111

四、挥发酸（水蒸气蒸馏法） ………………………………………………… 111

五、游离二氧化硫 ………………………………………………………………… 113

六、总二氧化硫 …………………………………………………………………… 113

七、干浸出物 ………………………………………………………………………… 113

八、柠檬酸 …………………………………………………………………………… 114

九、糖分和有机酸 ………………………………………………………………… 115

十、硫酸盐 …………………………………………………………………………… 117

十一、铁 ……………………………………………………………………………… 119

十二、铜 ……………………………………………………………………………… 122

十三、钾 ……………………………………………………… 124

十四、钠 ……………………………………………………… 125

十五、钙 ……………………………………………………… 126

十六、二氧化碳 ……………………………………………… 128

十七、抗坏血酸（维生素 C） ……………………………… 128

十八、蛋白质 ………………………………………………… 130

十九、多糖 …………………………………………………… 131

二十、白藜芦醇 ……………………………………………… 132

二十一、灰分 ………………………………………………… 134

二十二、甲醇 ………………………………………………… 136

二十三、杂醇油（高级醇） ………………………………… 138

二十四、合成着色剂（合成色素） ………………………… 141

二十五、苯甲酸钠 …………………………………………… 145

二十六、山梨酸钾 …………………………………………… 147

二十七、有机氯农药残留量 ………………………………… 148

二十八、有机磷农药残留量（气相色谱法） ……………… 148

二十九、苯并芘（荧光分光光度法） ……………………… 150

第四节　白兰地分析 ………………………………………… 151

一、酒精度 …………………………………………………… 151

二、总酸 ……………………………………………………… 151

三、固定酸 …………………………………………………… 152

四、挥发酸 …………………………………………………… 152

五、酯 ………………………………………………………… 152

六、醛 ………………………………………………………… 154

七、糠醛 ……………………………………………………… 156

八、甲醇 ……………………………………………………… 157

九、高级醇 …………………………………………………… 157

十、浸出物 …………………………………………………… 157

十一、铁 ……………………………………………………… 158

十二、铜 ……………………………………………………… 158

十三、铅 ……………………………………………………… 158

第四章　黄酒生产分析检验 ………………………………… 159

第一节　原料——米的分析 ………………………………… 159

一、水分 ……………………………………………………… 159

二、蛋白质 …………………………………………………… 160

三、淀粉 ……………………………………………………… 163

四、脂肪 ……………………………………………………… 165

五、纤维素 …………………………………………………… 166

六、灰分 ……………………………………………………… 168

第二节　米浆水分析 ………………………………………… 168

一、总酸 ……………………………………………………… 169

　　二、氨基氮 ……………………………………………………………………… 170

　第三节　酒药（曲）分析 ……………………………………………………………… 173

　　一、α-淀粉酶活力 …………………………………………………………………… 173

　　二、糖化酶活力 …………………………………………………………………… 176

　　三、蛋白酶活力 …………………………………………………………………… 177

　　四、水分 …………………………………………………………………………… 180

　　五、试饭糖分 ……………………………………………………………………… 180

　　六、试饭糖化力 …………………………………………………………………… 181

　　七、试饭酸度 ……………………………………………………………………… 181

　　八、糖化发酵力 …………………………………………………………………… 182

　　九、酵母细胞数 …………………………………………………………………… 183

　　十、活性干酵母活细胞率 ………………………………………………………… 184

　　十一、淀粉出酒率 ………………………………………………………………… 185

　第四节　酿造用水分析 ……………………………………………………………… 186

　　一、色度 …………………………………………………………………………… 186

　　二、浊度 …………………………………………………………………………… 188

　　三、pH …………………………………………………………………………… 189

　　四、总硬度 ………………………………………………………………………… 190

　　五、余氯 …………………………………………………………………………… 192

　　六、硝酸盐氮 ……………………………………………………………………… 194

　　七、氯化物 ………………………………………………………………………… 196

　　八、铁 ……………………………………………………………………………… 197

　　九、有机物 ………………………………………………………………………… 198

　第五节　半成品分析 ………………………………………………………………… 200

　　一、总糖 …………………………………………………………………………… 200

　　二、酒精度 ………………………………………………………………………… 200

　　三、总酸 …………………………………………………………………………… 200

　第六节　成品分析 …………………………………………………………………… 200

　　一、总糖 …………………………………………………………………………… 200

　　二、非糖固形物 …………………………………………………………………… 203

　　三、酒精度 ………………………………………………………………………… 203

　　四、pH …………………………………………………………………………… 204

　　五、总酸及氨基酸态氮 …………………………………………………………… 204

　　六、氧化钙 ………………………………………………………………………… 205

　　七、β-苯乙醇 ……………………………………………………………………… 208

　　八、挥发酯 ………………………………………………………………………… 210

　　九、六六六、滴滴涕残留量 ……………………………………………………… 211

　　十、铅 ……………………………………………………………………………… 211

　　十一、甜味剂（乙酰磺胺酸钾与糖精钠） ……………………………………… 211

第五章　酒精生产分析检验 ………………………………………………………… 213

　第一节　淀粉原料分析 ……………………………………………………………… 213

一、水分 …… 213

二、淀粉 …… 215

三、蛋白质 …… 221

四、脂肪 …… 224

五、灰分 …… 225

六、砂石率 …… 226

第二节　废糖蜜原料分析 …… 226

一、糖锤度 …… 226

二、酸度 …… 227

三、总糖 …… 228

四、总氮 …… 230

五、胶体 …… 230

六、灰分 …… 231

第三节　糖化剂分析 …… 232

一、液化酶活力 …… 232

二、糖化酶活力 …… 234

三、磷酸糊精酶活力 …… 236

第四节　酿酒活性干酵母分析 …… 237

一、淀粉出酒率 …… 237

二、酵母活细胞率 …… 239

三、保存率 …… 239

四、水分 …… 240

第五节　糖化醪分析 …… 240

一、酸度 …… 240

二、还原糖 …… 241

三、总糖 …… 243

第六节　酒母醪分析 …… 243

一、酸度 …… 243

二、还原糖 …… 243

三、糖度 …… 243

四、成熟标准的确定 …… 244

第七节　发酵成熟醪分析 …… 244

一、酸度 …… 244

二、外观糖度 …… 244

三、残余还原糖 …… 244

四、残余总糖 …… 245

五、酒精度 …… 246

六、挥发酸 …… 249

第八节　成品分析 …… 249

一、酒精度 …… 249

二、总酸 …… 250

三、总酯 ……………………………………………………… 251

四、总醛 ……………………………………………………… 252

五、杂醇油 …………………………………………………… 255

六、甲醇 ……………………………………………………… 258

七、糠醛 ……………………………………………………… 260

八、硫酸试验 ………………………………………………… 261

九、氧化试验（$KMnO_4$ 试验） …………………………… 263

十、正丙醇 …………………………………………………… 265

十一、不挥发物 ……………………………………………… 265

十二、重金属 ………………………………………………… 266

十三、氰化物 ………………………………………………… 267

第九节　废糟与废水分析 …………………………………… 268

一、酒精度 …………………………………………………… 268

二、生化需氧量（BOD_5） ………………………………… 272

三、化学需氧量（COD_{Cr}） …………………………… 274

四、悬浮物 …………………………………………………… 278

五、总固体 …………………………………………………… 279

附录 ………………………………………………………… 280

附表 1-1　斐林试剂糖量表（廉-爱农法） ………………… 280

附表 1-2　吸光度与测试 α-淀粉酶浓度对照表 ………… 280

附表 1-3　在 20℃时酒精水溶液的相对密度与酒精浓度换算表 … 286

附表 1-4　酒精浓度与温度校正表 ………………………… 288

附表 2-1　糖溶液的相对密度和 Plato 度或浸出物的百分含量 … 303

附表 2-2　计算原麦汁浓度经验公式校正表 ……………… 313

附表 2-3　酒精水溶液的相对密度与酒精含量对照表 …… 314

附表 3-1　糖量计读数（×1000）温度修正表 …………… 318

附表 3-2　不同酸类换算系数表 …………………………… 318

附表 3-3　葡萄醪的相对密度（×1000）、糖度和潜在酒度换算表 … 319

附表 3-4　酒精水溶液密度（g/L）与酒精度（％，体积分数）对照表（20℃） … 319

附表 3-5　酒精计示值与温度校正表 ……………………… 325

附表 3-6　相对密度与浸出物含量对照表 ………………… 327

附表 5-1　二倍稀释法测定糖蜜锤度更正表 ……………… 334

附表 5-2　糖度温度更正表（20℃） ……………………… 335

附表 5-3　酒精计示值换算成 20℃时的乙醇浓度（酒精度） … 339

主要参考文献 ……………………………………………… 340

第一章　白酒生产分析检验

第一节　原料分析

一、取样

供分析测试用的试样应保证具有足够的代表性，才能使分析测试结果反映真实的成分。原料的取样应由厂技术检验部门指定专人负责或固定生产人员按规定代理执行。

袋装原料用取样器在 2‰～5‰ 袋中取样。成堆原料，在堆的 4 个对角和中心的上、中、下层取样。取样数量见表 1-1。取样后用四分法进行缩分，获得平均试样，谷物或薯干 0.5～1kg，薯干片 1～2kg。将 200～250g 装入密闭玻璃容器留样以备复查。剩余部分经粉碎，全部通过 40 目筛（少量未能通过筛子的应直接混入试样中），混匀后用四分法缩分，获 100～250g 分析用试样。

表 1-1　取样数量

原料量/t	取样量/kg		
	谷物或薯干	粉碎原料	鲜薯
30 以下	10	4	20
30～60	15	5	30
60 以上	20	6	40

二、物理检查

1. 感官检查

在自然光线明亮的场所详细观察并记述原料色泽是否正常，颗粒是否饱满，有无杂菌污染和病斑霉味或其他异杂味。

2. 夹杂物

（1）测定步骤　称取 10kg 原料，经 2mm 孔径的铁丝筛网筛选，筛网上面是粮食颗粒和秸秆、大粒砂石等杂物。捡出杂物用粗天平（感量 0.1g）称重（m_a）。筛网下的是泥沙细粉中夹杂粮食细粉，称重（m_b）。同时用斐林滴定法测定原料中淀粉及筛网下细粉中淀粉的含量。

（2）计算　假设夹杂物 4.5g，筛出细粉 6g，细粉中淀粉含量 27%，原料淀粉含量为 65%。

则   6g 细粉相当于原料量：$6 \times \frac{27}{65} = 2.5$（g）

$$夹杂物含量 = \frac{4.5 + 6 - 2.5}{10 \times 1000} \times 100\% = 0.08\%$$

三、化学分析

1. 水分

水分在白酒酿造工业中是一个十分重要的分析项目，原料中水分含量多少对粮食品质和保管至关重要。若水分过高，则在贮存过程中容易发霉变质，影响原料出酒率。原料水分测定一般采用烘干法。

（1）原理　试样于 100～105℃ 烘箱中干燥，试样失去质量即为水分含量。

（2）测定步骤　准确称取试样 2g（准确至 0.0002g），于 100～105℃ 烘干至恒重的扁形称量瓶中，放入 100～105℃ 烘箱中干燥 3h，趁热盖上盖子，在干燥器中冷却 30min，称重。再于同样条件下烘 1h，冷却、称重，直至恒重。

（3）计算

$$水分含量 = \frac{m_1 - m_2}{m_1 - m_0} \times 100\%$$

式中　m_0——称量瓶质量，g；

　　　m_1——烘干前试样与称量瓶的总质量，g；

　　　m_2——烘干后试样与称量瓶的总质量，g。

2. 淀粉

（1）原理　淀粉经酸水解生成葡萄糖，用斐林法测定。

斐林试剂由甲、乙两液组成，甲液为硫酸铜溶液；乙液为酒石酸钾钠和氢氧化钠溶液。两液分别储存，使用时等体积混合。

甲、乙两液一经混合，先生成氢氧化铜沉淀，进一步与酒石酸钾钠反应，使沉淀溶解生成酒石酸钾钠铜络合物，络合物中二价铜是氧化剂，使还原糖中羰基氧化，自身则还原生成氧化亚铜沉淀，反应终点用亚甲基蓝指示剂显示。亚甲基蓝也是氧化剂，但其氧化能力比二价铜弱，待二价铜反应完毕，过量 1 滴还原糖，立即使亚甲基蓝还原，蓝色消失为终点。

（2）试剂

① 斐林试剂

a. 甲液：称取硫酸铜（$CuSO_4 \cdot 5H_2O$）69.3g 溶于水并稀释至 1L。

b. 乙液：称取酒石酸钾钠 346g，NaOH 100g 溶于水并稀释至 1L。

② 2%（质量分数）HCl 溶液：取 4.5mL 浓盐酸，用水稀释至 100mL。

③ 2g/L 葡萄糖标准溶液：准确称取于 100～105℃ 烘 2h 并在干燥器中冷却的无水葡萄糖约 2g（准确到 0.0002g），溶于水，加 5mL 浓盐酸，用水定容至 1L。

④ 10g/L 亚甲基蓝指示剂：1g 亚甲基蓝于 100mL 水中温热溶解。

⑤ 200g/L NaOH 溶液。

（3）测定步骤

① 斐林试剂标定：准确吸取斐林甲液、乙液各 5mL 于 250mL 三角瓶中，加水 20mL，用滴定管加入约 24mL 2g/L 标准葡萄糖液，其量控制在后滴定消耗约需 1mL 糖液，摇匀，微沸 2min 后，加 2 滴亚甲基蓝指示剂，继续用 2g/L 标准葡萄糖液滴定到蓝色消失为终点。最后的滴定操作应在 1min 内完成。消耗糖液总量为 V(mL)。

校正因子的计算：先求出 10mL 斐林试剂相当标准葡萄糖的克数（F）。

$$F = V \times C$$

式中　C——葡萄糖标准溶液的浓度，g/mL；

　　　V——滴定消耗葡萄糖标准溶液的体积，mL。

再从斐林试剂糖量表（附表 1-1）查体积 V 时 10mL 斐林试剂相当于标准葡萄糖的克数（F_1）。

$$校正因子(f) = \frac{F}{F_1}$$

② 水解糖液制备：准确称取试样 1.5～2g（准确至 0.0002g）于 250mL 三角瓶中，加 2%（质量分数）HCl 溶液 100mL，轻摇，使试样分散不粘瓶底，瓶口安装回流冷凝器或 1m 左右的长玻璃管，于沸水浴中水解 3h，冷却后用 200g/L NaOH 中和至 pH 6～7（约耗碱 11mL，用 pH 试纸试验）。经脱脂棉过滤，滤液接收在 500mL 容量瓶中，洗净残渣，用水定容至刻度。

③ 糖的测定

a. 预试：准确吸取斐林甲液、乙液各 5mL 于 250mL 三角瓶中，加水 20mL，亚甲基蓝指示剂 2 滴，在沸腾状态下用上述水解糖液滴定到终点，消耗体积为 V'(mL)。

b. 正式滴定：吸取斐林甲液、乙液各 5mL，加入（20＋25－V'）mL 水和（V'－1）mL 水解糖液，煮沸 2min，加 2 滴亚甲基蓝，继续用水解糖液滴定至蓝色消失，消耗水解糖液总体积 V(mL)。

（4）计算

$$淀粉含量 = \frac{C}{100} \times f \times 500 \times \frac{1}{m} \times 0.9 \times 100\%$$

式中　f——斐林试剂的校正因子；

　　　C——消耗水解糖液体积查斐林试剂糖量表（附表 1-1），求得 100mL 水解糖液中葡萄糖含量，g；

　　500——水解液稀释的总体积，mL；

　　　m——试样质量，g；

　　0.9——葡萄糖换算成淀粉的系数。

（5）讨论

① 酸水解法测得的淀粉含量还包括试样中半纤维素、多缩戊糖等成分，故称粗淀粉。

② 斐林法中，反应极为复杂，必须在相同的操作条件下进行，这些条件主要有加热煮沸条件、滴定速度、终点控制、反应液体积等。

3. 含单宁量高的原料中淀粉

（1）原理　野生植物如橡子等代用原料，单宁含量较高，经酸水解后产生还原性物质也能被斐林试剂还原，使淀粉测定结果偏高，所以应先用乙酸铅沉淀除去。

（2）试剂

① 乙酸铅澄清剂：称取乙酸铅［$Pb(CH_3COO)_2 \cdot 3H_2O$］250g，加水500mL充分溶解，取上清液使用。

② 除铅剂：称取磷酸氢二钠（$Na_2HPO_4 \cdot 12H_2O$）70g，草酸钾（$K_2C_2O_4 \cdot H_2O$）30g，溶于水并稀释至1L。

（3）测定步骤

① 除单宁：准确称取试样2～3g于250mL三角瓶中加酸水解，用碱中和（同粗淀粉测定）。然后移入250mL容量瓶，滴加乙酸铅至不再产生沉淀并稍过量，用水稀释至刻度、摇匀，用干滤纸滤入干燥的烧杯中。吸取滤液50mL于100mL容量瓶中，滴加除铅剂至不再有沉淀产生并稍微过量。用水稀释至刻度，摇匀。用干滤纸过滤，滤液为供试水解糖液。

② 糖量测定：同淀粉测定。

（4）计算

$$淀粉含量 = \frac{G}{100} \times f \times \frac{100}{50} \times 250 \times \frac{1}{m} \times 0.9 \times 100\%$$

式中　G——由滴定体积V查附表1-1所得糖液浓度，g/100mL；

　　50——吸取滤液体积，mL；

　　100——加除铅剂后试液体积，mL；

　　250——加澄清剂后试液体积，mL；

　　m——试样质量，g；

其余符号均同淀粉计算。

4. 蛋白质

蛋白质是白酒生产过程中微生物必需的氮源，原料中蛋白质含量高低对白酒品种和质量有很大影响。

（1）原理　蛋白质的测定常用凯氏法（Kjeldahl）。试样在硫酸铜、硫酸钾存在条件下与硫酸共热消化，使蛋白质分解产生硫酸铵。然后碱化蒸出游离氨，由硼酸溶液吸收，以甲基红-溴甲酚绿为指示剂，用标准酸滴定，进行定量。

在消化过程中，以硫酸铜为催化剂，硫酸钾用于提高硫酸的沸点，使之达到

400℃。当氧化不完全时，加入过氧化氢可增加氧化能力，促使有机物分解。

（2）试剂

① 浓硫酸。

② 混合催化剂：10g 硫酸铜（$CuSO_4 \cdot 5H_2O$）与 100g 硫酸钾研磨均匀。

③ 400g/L NaOH 溶液。

④ 20g/L 硼酸溶液：称取硼酸（H_3BO_3）20g 溶解于 1L 水中。

⑤ 混合指示剂：分别配制 0.1% 的溴甲酚绿与甲基红乙醇溶液。然后溴甲酚绿与甲基红 10＋4（体积比）混合使用。

⑥ 0.1mol/L 硫酸（$\frac{1}{2}H_2SO_4$）溶液：量取 2.8mL 浓硫酸，置入水中并稀释至 1L，用 0.1mol/L NaOH 标准溶液标定其浓度。

（3）测定步骤

① 消化：准确称取试样 2g（准确至 0.0002g），置入 250mL 凯氏烧瓶中。加入 10g 混合催化剂和 20mL 浓硫酸，摇匀，将瓶倾斜，瓶口放一小漏斗，在通风橱中加热消化，先用文火加热至泡沫停止发生，再用大火加热，待溶液清亮后继续加热 30min，冷却后移入 100mL 容量瓶中（瓶内先加约 20mL 水）。用水洗涤凯氏烧瓶，洗液并入容量瓶，冷却至室温，用水定容到刻度，摇匀。

② 碱化蒸馏：吸取消化液 50mL 于 500mL 圆底烧瓶中，加入 200mL 水和几粒素瓷粒。连接蒸馏装置，馏出液管口插入盛有 50mL 20g/L 硼酸溶液和 5 滴混合指示剂的 250mL 三角瓶液面下，摇动下加入 40mL 400g/L NaOH 溶液，轻摇，使内容物混合均匀，此时溶液应呈强碱性。加热蒸馏，蒸出约 100mL。

③ 滴定：用 0.1mol/L 硫酸（$\frac{1}{2}H_2SO_4$）滴定上述馏出液，颜色由绿变灰色为终点，消耗 H_2SO_4 的体积为 V(mL)。

在同样条件下做试剂空白试验。滴定消耗 H_2SO_4 的体积为 V_0(mL)。

（4）计算

$$总氮（绝干计，\%）=(V-V_0)\times c\times 0.014\times\frac{100}{50}\times\frac{1}{m}\times 100\times\frac{1}{1-w}$$

式中　c——硫酸（$\frac{1}{2}H_2SO_4$）溶液浓度，mol/L；

0.014——消耗 1mL 1mol/L 硫酸（$\frac{1}{2}H_2SO_4$）标准溶液相当于氮的克数；

50——吸取消化液体积，mL；

100——消化液总体积，mL；

m——试样质量，g；

w——试样水分，%。

$$蛋白质（绝干计，\%）=6.25\times 总氮（\%）$$

5. 脂肪

原料中脂肪也是白酒生产过程中微生物发酵的碳源之一，并形成白酒中必要的香味成分。

（1）原理　脂肪的测定，采用索氏抽提法（Soxhlet）。脂肪经有机溶剂，如乙醚、石油醚等提取。蒸发有机溶剂，残渣即为脂肪。在提抽过程中，原料中的其他脂溶性物质，如挥发油、树脂类、部分有机酸和色素等也被抽出，故称为粗脂肪。

（2）试剂　无水乙醚（乙醚中必须无水，否则会将试样中糖和无机物抽出，使结果偏高）。

乙醚脱水方法：在1L乙醚中加入50g无水硫酸钠或无水石膏，振荡，静置过夜后，重新蒸馏。

（3）测定步骤　准确称取干燥后的试样2～5g（准确至0.0002g），用滤纸包裹后放入滤纸筒内（也可用15cm×8cm定性滤纸自制，以脱脂白线扎住后代用）。滤纸筒的上口不高于回流管。用脱脂棉封口后，放入索氏脂肪抽提器的浸取管中，抽提瓶中放入约2/3体积的无水乙醚（该抽提瓶应预先用无水乙醚洗涤并烘干至恒重）。在80℃水浴上加热浸提4h。抽提速度为1h虹吸6～8次。抽提完毕，继续在水浴上加热回收乙醚，待抽提瓶中溶剂干涸后，取下瓶子，在水浴上蒸除残余乙醚后，在100～105℃的烘箱中烘1h，称量。再烘1h，称量，直至恒重。

（4）计算

$$脂肪含量=\frac{m_1-m_0}{m}\times100\%$$

式中　　m_1——抽提物和瓶总质量，g；

$\quad\quad\ m_0$——抽提空瓶质量，g；

$\quad\quad\ m$——试样质量，g。

6. 纤维素

（1）原理　试样经酸、碱处理后，使淀粉、半纤维素、蛋白质等变成可溶性物质而被除去，残余的纤维素和植物膜壁等称重定量，故称为粗纤维。

（2）试剂

① 1.25%（质量分数）硫酸溶液：量取7.1mL浓硫酸，缓慢倒入水中，并用水稀释至1L。

② 12.5g/L NaOH溶液：称取12.5g NaOH，用水溶解并稀释至1L。

③ 乙醇。

④ 乙醚。

（3）测定步骤

① 除脂肪：准确称取试样2～3g（准确至0.0002g），于500mL带盖三角瓶中，加入100mL乙醚，盖严，摇匀后静置过夜，以除去脂肪。用倾泻法倒出乙醚层。再用乙醚50mL洗涤残渣后倾出，残存少量乙醚在水浴上蒸发除去（或直接用粗脂肪测定中乙醚抽提后的残渣）。

② 酸处理：将残渣置入 500mL 烧杯中，加入 200mL 1.25％（质量分数）硫酸溶液，盖上表面皿，煮沸 30min，用 1 号耐酸玻璃过滤器抽滤，用热水洗涤残物至呈中性。

③ 碱处理：用 200mL 12.5g/L NaOH 溶液将玻璃滤器上的残物转移至 500mL 烧杯中，盖上表面皿，煮沸 30min。用古氏坩埚抽滤，热水洗涤至呈中性，再用乙醇、乙醚洗涤。然后在 100～105℃下烘烤至恒重（m_1），再于 500～550℃灼烧至恒重（m_2）。

注：古氏坩埚内铺先后经 50g/L NaOH 溶液和（1＋3）[1] HCl 溶液处理并灼烧过的石棉纤维层。

（4）计算

$$纤维素含量＝(m_1-m_2)\times\frac{1}{m}\times100\%$$

式中　m——试样质量，g；

m_1-m_2——纤维素质量，g。

第二节　酿造用水分析

一、酿造用水硬度

水的硬度是由水中溶解的钙镁盐和相对含量极少的铁、锰、铝、锌等离子造成的，通常只按钙、镁含量计算。

水的硬度按钙、镁盐的形式不同分为碳酸盐硬度（即暂时硬度）和非碳酸盐硬度（永久硬度）。前者在水煮沸时会分解成钙、镁碳酸盐沉淀而被除去，故称暂时硬度。

当水中钙、镁离子大于碳酸氢离子时，剩余的钙、镁离子就与水中 Cl^-、SO_4^{2-}、NO_3^- 形成永久性硬度，煮沸也不能除去。

无论哪一种硬度，经长期烧煮，都会形成锅垢，影响传热，不仅耗费燃料，而且易堵塞管路，严重时会引起锅炉爆炸。同时，硬水不宜作酿造用水，所以水要经软化处理。

水质硬度定义为：1L 水中含 1mg 碳酸钙称 1 度。水质评价级别见表 1-2。

表 1-2　水质评价级别

级别	软　水	中等软	硬　水	非常硬
硬度	71～143	143～321	321～535	＞535

---

[1] 表示浓盐酸与水按 1：3（体积比）混合而配成的溶液。书中其他地方类似形式均表示此种含义。——编者注

水中总硬度的测定常用 EDTA 滴定法。

1. 原理

在 pH 10 的条件下，EDTA 二钠盐（乙二胺四乙酸二钠）与水中钙、镁离子生成稳定的络合物，而铬黑 T 指示剂也能与钙、镁离子生成酒红色络合物。由于 EDTA 络合能力比铬黑 T 强，当用 EDTA 二钠盐滴定时，游离的与结合的钙、镁离子都被络合，到终点时铬黑 T 被游离出来，显示本身蓝色为终点。

2. 试剂

① 0.01mol/L EDTA 标准溶液：称取 3.72g EDTA 二钠盐（EDTA-Na$_2$·2H$_2$O），溶于适量热水中，冷后稀释至 1L。

标定：准确称取氧化锌基准物 0.8g（准确至 0.0002g），或锌粉 0.6500g（预先用 3mol/L 盐酸和丙酮依次洗涤，放入干燥器中干燥 24h），于 100mL 烧杯中，用少量水润湿后，滴加 6mol/L HCl 至溶，必要时稍加热使完全溶解。冷却后移入 1L 容量瓶中，用水清洗小烧杯，洗液全部并入容量瓶，定容、摇匀。

吸取上述锌标准溶液 25～30mL 于 250mL 三角瓶中，滴加 10% 氨水至开始出现白色沉淀。再加 10mL pH 10 的氢氧化铵-氯化铵缓冲液和 50mL 水，加入约 0.2g 铬黑 T 指示剂，用 EDTA 标准溶液滴定至溶液由酒红色变成纯蓝色为终点。同时做空白试验。

$$c = \frac{m}{0.08138(或\,0.06537)} \times V \times \frac{1}{V_1 - V_2}$$

式中　c——EDTA 的浓度，mol/L；

　　　m——1mL 锌标准溶液中氧化锌（或锌）的质量，g；

　　　V——锌标准液的用量，mL；

　　　V_1——消耗 EDTA 标准液的体积，mL；

　　　V_2——空白试验消耗 EDTA 标准液的体积，mL；

0.08138——ZnO 的毫摩尔质量，g/mmol；

0.06537——锌的毫摩尔质量，g/mmol。

② pH 10 缓冲液：称取 20g 氯化铵，溶于 500mL 水中，加 100mL 氨水，用水稀释至 1L。

③ 铬黑 T 指示剂：称取 0.5g 铬黑 T，加 100g 氯化钠，研磨均匀，使用时加一小匙（约 200mg）。

3. 测定步骤

① 总硬度测定：吸取 50mL 水样于 250mL 三角瓶中，加 10mL pH 10 缓冲液，加约 0.2g 铬黑 T 指示剂，用 0.01mol/L EDTA 标准溶液滴定至蓝色。消耗体积 V_1。

② 永久硬度测定：吸取 50mL 水样于 250mL 三角瓶中，加热煮沸 10min 后用滤纸过滤，洗净三角瓶和残渣。滤液接收于另一洁净的三角瓶中，加缓冲液、指示剂、滴定同总硬度测定，消耗体积为 V_2。

4. 计算

$$总硬度 = c \times V_1 \times 100 \times \frac{1}{V} \times 1000$$

$$永久硬度 = c \times V_2 \times 100 \times \frac{1}{V} \times 1000$$

式中　c——EDTA 标准溶液的浓度，mol/L；

　　V_1，V_2——测定总硬度和永久硬度时消耗 EDTA 标准溶液的体积，mL；

　　100——消耗 1mL 1mol/L EDTA 标准溶液相当于碳酸钙的毫克数；

　　V——试样量，mL。

$$暂时硬度 = 总硬度 - 永久硬度$$

二、低度白酒生产用水分析

对白酒酿造用水并无十分严格的要求，但低度白酒生产用水是直接食用的，它对酒的清澈度与质量有较大影响，通常要求原水经蒸馏、离子交换，或电渗析处理成无色、无臭、纯净透明的去离子水。参照实验室（最低要求）三级用水标准。

pH（25℃）：5.0～7.5；

电导率（25℃）：≤0.50mS/m；

蒸发残渣（105℃±2℃）：≤2.0mg/L。

1. pH

先用两种标准 pH 缓冲液校正仪器（定位），然后测定水样 pH，记录至一位小数。

2. 电导率

用电导仪测定电导率。按说明书安装、调试仪器，并测定水样电导率。

3. 蒸发残渣

量取 500mL 水样，分几次加入旋转蒸发器的蒸馏瓶中，于沸水浴上减压蒸发（避免蒸干）。待蒸至约 50mL 时，停止加热，转移至于 105℃±2℃烘干、恒重的 100mL 玻璃蒸发皿中，并用 5～10mL 水样分 2～3 次冲洗蒸馏瓶，洗液并入蒸发皿。于水浴上蒸干，在 105℃±2℃烘箱中干燥至恒重，计算蒸发残渣。

第三节　大曲和小曲分析

大曲和小曲两者因原料不同、曲块形状不同、培养条件也不同，故微生物种类和数量有所不同。但它们都是生产白酒常用的糖化发酵剂。在自然条件下的培养过程中，各种微生物群在曲坯上生长繁殖，分泌出的酶类使曲子具有液化力、糖化力、蛋白质分解力和发酵力等，并形成各种代谢物，对白酒风味、质量起重要作用。

一、取样

在生产车间粉碎后的曲粉中各部位取样，经四分法缩分成 200g 为试样。

二、水分

水分在制曲过程中与菌的生长和酶的生成密切相关，成品曲水分含量尤为重要，一般为 12%～13%。若大于 14%，则雨季容易二次生霉，使质量下降。测定水分的方法为 100～105℃烘干法测定，操作同原料水分的测定。

三、酸度

1. 原理

利用酸、碱中和法测定。酸度定义：100g 曲消耗 1mmol NaOH 为 1 度酸度。即 100g 曲消耗 1mL、1mol/L NaOH 溶液称 1 度酸度。

2. 试剂

① 5g/L 酚酞指示剂：称取 0.5g 酚酞，溶于 100mL 75%的乙醇中。

② 0.1mol/L NaOH 标准溶液。

标定：准确称取邻苯二甲酸氢钾（预先于 105℃烘 2h）0.5～0.6g（准确至 0.0002g），置于 250mL 三角瓶中，加 50mL 水溶解后，再加 2 滴酚酞指示剂，用 NaOH 溶液滴定至微红色。

$$c_{NaOH}(mol/L) = \frac{m}{204.2 \times V} \times 1000$$

式中　m——称取邻苯二甲酸氢钾质量，g；

204.2——邻苯二甲酸氢钾摩尔质量，g/mol；

V——消耗 NaOH 标准溶液的体积，mL。

3. 测定步骤

① 试样处理：称取试样 10g（准确至 0.01g），于 250mL 烧杯中，准确加水 100mL，于室温浸泡 30min（每隔 10min 搅拌 1 次），用脱脂棉过滤后备用。

② 酸度测定：吸取滤液 20mL 于 250mL 三角瓶中，加水 20mL，2 滴酚酞指示剂，用 0.1mol/L NaOH 标准溶液滴定至红色。

4. 计算

$$酸度 = c \times V \times \frac{100}{20} \times \frac{1}{10} \times 100$$

式中　c——NaOH 标准溶液的浓度，mol/L；

V——消耗 NaOH 标准溶液的体积，mL；

20——吸取滤液体积，mL；

100——试样稀释体积，mL；

10——试样体积，mL。

四、液化型淀粉酶活力

1. 原理

液化型淀粉酶俗称 α-淀粉酶，又称 α-1,4 糊精酶，能将淀粉中 α-1,4 葡萄糖苷键随机切断成分子链长短不一的糊精、少量麦芽糖和葡萄糖而迅速液化，并失去与碘生成蓝紫色的特性，呈红棕色。蓝紫色消失的快慢是衡量液化酶活力大小的依据。

2. 试剂

① 碘液

a. 原碘液：称取碘 11g、碘化钾 22g，用少量水研磨溶解，用水定容至 500mL，贮于棕色瓶中。

b. 稀碘液：吸取 2mL 原碘液，加碘化钾 20g，用水定容至 500mL，贮于棕色瓶中。

② 20g/L 可溶性淀粉溶液：准确称取绝干计的可溶性淀粉 2g（准确至 0.001g），于 50mL 烧杯中，用少量水调匀后，倒入盛有 70mL 沸水的烧杯中，并用 20mL 水分次洗涤小烧杯，洗液合并其中，用微火煮沸到透明，冷却后用水定容至 100mL，当天配制使用。

③ pH 6.0 的磷酸氢二钠-柠檬酸缓冲液：称取磷酸氢二钠（$Na_2HPO_4 \cdot 12H_2O$）45.23g，柠檬酸（$C_6H_8O_7 \cdot H_2O$）8.07g，溶解于水并稀释至 1L。

④ 标准比色液

a. 甲液：准确称取 40.2439g 氯化钴、0.4878g 重铬酸钾，溶于水并定容至 500mL。

b. 乙液：准确称取 40mg 铬黑 T，溶于水并定容至 100mL。

c. 标准比色液：取 41mL 甲液与 4.5mL 乙液混合。

3. 测定步骤

① 5% 酶液制备：称取相当于 10g 干曲的曲粉（准确至 0.01g）［曲粉量（g）＝10×1/（1－水分含量）］于 500mL 烧杯中，加入预热至 40℃的缓冲液 200mL。于 40℃水浴中浸 1h，每过 15min 搅拌 1 次。然后用滤纸过滤，弃去最初 5～10mL，滤液即为供试酶液。

② 测定：在大试管中，准确加入 20mL 20g/L 可溶性淀粉溶液和 5mL pH 6 的缓冲液，在 60℃水浴中预热 10min，准确加入酶浸出滤液 1mL，摇匀。继续保温并立即计时。每隔一定时间取出 0.5mL 反应液于盛有约 1.5mL 稀碘液的白瓷板孔穴中，随时间延长，颜色逐渐由蓝色变成红棕色，直至与标准色一致，记录反应时间（t），要求酶解反应在 2～3min 内完成为宜，否则须调整酶液浓度后重新测定。

4. 计算

液化酶活力定义：1g 干曲在 60℃、pH 6 条件下，1h 液化 1g 可溶性淀粉所需的酶量称为1个酶活力单位（U/g）。

$$液化型淀粉酶活力(U/g)=20\times0.02\times200\times\frac{1}{10}\times\frac{60}{t}$$

式中　20×0.02——反应液中淀粉质量，g；

　　　　200——酶浸出液体积，mL；

　　　　10——干曲质量，g；

　　　　t——液化反应时间，min；

　　　　60——换算为小时的系数。

5. 讨论

① 酶浸出液的过滤有用棉花或纱布作滤层的，但条件不易控制一致，使曲中淀粉质进入滤液中，容易产生分析误差。所以应用快速定性滤纸过滤为好。

② 测定时要严格控制反应温度和时间。淀粉采用浙江菱湖食品化工联合公司生产的酶制剂专用淀粉。

③ 分光光度计测定法

与目测法相似，在试管中先后加入 20mL 可溶性淀粉、5mL 缓冲液，于 60℃预热 10min，加入 1mL 酶浸出液后摇匀，并立刻计时，准确反应 5min。吸取反应液 1mL 于盛有 5mL 稀碘液的试管中，摇匀，以稀碘液为空白，在 660nm 波长下，用 10mm 比色皿测吸光度（A）。根据吸光度查附表 1-2，求得测试酶液浓度（c）。

$$液化型淀粉酶活力(U/g)=c\times200\times\frac{1}{10}\times\frac{60}{5}$$

式中　c——酶液浓度，U/mL；

　　　200——酶浸出液体积，mL；

　　　10——干曲质量，g；

　　　5——反应时间，min；

　　　60——换算为小时的系数。

五、糖化酶活力

1. 原理

固体曲中糖化酶（包括 α-淀粉酶和 β-淀粉酶）能将淀粉水解为葡萄糖，进而被微生物发酵，生成酒精。糖化酶活力高，淀粉利用率就高。

可溶性淀粉经糖化酶催化水解产生葡萄糖，用斐林快速法测定。

2. 试剂

① 20g/L 可溶性淀粉溶液：同液化型淀粉酶活力测定。

② 1g/L 葡萄糖标准溶液：准确称取预先在 100～105℃烘干的无水葡萄糖 1g（准确至 0.0002g），溶解于水，加 5mL 浓盐酸，用水定容至 1L。

③ 斐林试剂

a. 甲液：称取 15g 硫酸铜（$CuSO_4 \cdot 5H_2O$）、0.05g 亚甲基蓝，溶解于水并稀释至 1L。

b. 乙液：称取 50g 酒石酸钾钠、54g NaOH、4g 亚铁氰化钾，溶于水并稀释至 1L。

④ 乙酸-乙酸钠缓冲溶液（pH 4.6）

a. 2mol/L 乙酸溶液：取 118mL 冰乙酸，用水稀释至 1L。

b. 2mol/L 乙酸钠溶液：称取 272g 乙酸钠（$CH_3COONa \cdot 3H_2O$），溶于水并稀释至 1L。

将 a、b 液等体积混合，即为 pH 4.6 乙酸-乙酸钠缓冲溶液。

⑤ 0.5mol/L 硫酸溶液：量取 28.3mL 浓硫酸，缓慢倒入水中并稀释至 1L。

⑥ 1mol/L NaOH 溶液。

3. 测定步骤

（1）5%干曲浸出液制备　称取相当于 5g 干曲的曲粉（要求同液化力的测定），置入 250mL 烧杯中，加水（90−5×水分%）mL，缓冲液 10mL，在 30℃水浴中浸出 1h，每隔 15min 搅拌 1 次。然后用干滤纸过滤，弃去最初 5mL，接收 50mL 澄清滤液备用。

（2）糖化液制备　吸取 20g/L 可溶性淀粉溶液 50mL 于 100mL 容量瓶中，在 35℃水浴中保温 20min 后，准确加入酶浸出液 10mL，摇匀并立即计时，在 35℃水浴中准确保温 1h。立即加入 3mL 1mol/L NaOH 溶液，以停止反应。再冷却到室温，用水定容至刻度。此时溶液应呈碱性。

空白液制备：吸取 20g/L 可溶性淀粉溶液 50mL 于 100mL 容量瓶中。先加 1mol/L NaOH 溶液 3mL，混合均匀后再加酶浸出液 10mL，用水定容，摇匀。

（3）糖分测定

① 糖化液测定：准确吸取 5mL 糖化试液于盛有斐林甲液、乙液各 5mL 的 150mL 三角瓶中，加入适量 1g/L 标准葡萄糖溶液（使最后滴定消耗葡萄糖标准溶液在 0.5~1.0mL 之间），摇匀，在电炉上加热至沸后，立即用葡萄糖标准溶液滴定至蓝色消失。此滴定应在 1min 内完成，滴定消耗葡萄糖标准溶液体积为 V（mL）。

② 空白液测定：以 5mL 空白液代替糖化试液，其他操作同上。消耗体积 V_0（mL）。

4. 计算

糖化酶活力定义：1g 干曲在 35℃、pH 4.6 条件下，反应 1h，将可溶性淀粉分解为葡萄糖 1mg 所需的酶量称为 1 个酶活力单位（U/g）。

$$糖化酶活力（U/g）=(V_0-V) \times c \times \frac{100}{5} \times \frac{100}{10} \times \frac{1}{5} \times 1000$$

式中　V_0——5mL 空白液消耗标准糖液的体积，mL；

　　　　V——5mL 糖化液消耗标准糖液的体积，mL；

c——标准葡萄糖液浓度，g/mL；

5——测糖时吸取糖化液体积，mL；

100——糖化液体积，mL；

10——糖化时吸取酶浸出液体积，mL；

100——酶浸出液体积，mL；

5——干曲质量，g；

1000——换算成 mg。

六、蛋白酶活力

1. 原理

微生物的生育及酶的生成都需要蛋白质作为氮源，白酒中许多香味物质也来自蛋白质的分解产物。蛋白酶是水解蛋白质肽键的酶类的总称。它能将蛋白质水解为氨基酸，通常以适宜于酶活力的 pH 将蛋白酶分为酸性蛋白酶（pH 2.5～3）、中性蛋白酶（pH 7 左右）和碱性蛋白酶（pH 8 以上）。其酶活力测定方法基本相同，仅控制不同的 pH 进行测定而已。在测定蛋白酶活力时，以酪蛋白（干酪素）为底物，蛋白酶将酪蛋白水解，生成含酚基的酪氨酸，在碱性条件下使福林（Folin）试剂还原产生蓝色（钼蓝和钨蓝的混合物），用分光光度法测定。

2. 试剂

① 福林试剂：称取 50g 钨酸钠（$Na_2WO_4 \cdot 2H_2O$），12.5g 钼酸钠（$Na_2MoO_4 \cdot 2H_2O$）于 1000mL 烧瓶中，加入 350mL 水、25mL 85% 的磷酸、50mL 盐酸，微沸回流 10h。取下回流冷凝器后，加入 25g 硫酸锂（Li_2SO_4）、25mL 水，混匀，加入数滴溴（99.9%）脱色，直至溶液呈金黄色。再微沸 15min，驱除残余的溴（在通风橱中操作）。冷却后用 4 号耐酸玻璃滤器抽滤，滤液用水稀释至 500mL。使用时再用水 1+2 稀释。

② 0.4mol/L 碳酸钠溶液：称取 42.4g 碳酸钠，溶于水并稀释至 1L。

③ 0.4mol/L 三氯乙酸溶液：称取 65.5g 三氯乙酸，溶于水并稀释至 1L。

④ 10g/L 酪蛋白溶液：称取 1g 酪蛋白（即干酪素，准确至 0.001g），于 100mL 容量瓶中，加入约 40mL 水及 2～3 滴浓氨水，于沸水浴中加热溶解。冷却后用 pH 7.5 的磷酸缓冲液（用于测定中性蛋白酶）稀释定容至 100mL，储存于冰箱中备用，有效期为 3 天。

⑤ pH 7.5 磷酸缓冲液

a. 0.2mol/L 磷酸二氢钠溶液：称取 31.2g 磷酸二氢钠（$NaH_2PO_4 \cdot 2H_2O$）溶于水并稀释至 1L。

b. 0.2mol/L 磷酸氢二钠：称取 71.6g 磷酸氢二钠（$Na_2HPO_4 \cdot 12H_2O$）溶于水并稀释至 1L。

取 28mL a 液和 72mL b 液，用水稀释至 1L，即为 pH7.5 磷酸缓冲液。

⑥ 标准 L-酪氨酸溶液（100μg/mL）：准确称取 105℃ 干燥过的 L-酪氨酸 0.1000g，加 60mL 1mol/L HCl 溶液，在水浴中加热溶解，用水定容至 100mL，浓度为 1mg/mL。再用 0.1mol/L HCl 溶液稀释 10 倍，即为 100μg/mL 标准溶液。

⑦ 乳酸-乳酸钠缓冲液（pH 3.0）

a. 称取 80%～90% 的乳酸 10.6g，用水稀释至 1L。

b. 称取纯度为 70% 的乳酸钠 16g，用水溶解，并稀释到 1L。

吸取上述 a 液 8mL、b 液 1mL，混匀并用水稀释 1 倍，即为 0.05mol/L 乳酸-乳酸钠缓冲液。

⑧ 硼砂-NaOH 缓冲液（pH 10.5）

a. 0.1mol/L NaOH 溶液。

b. 0.2mol/L 硼砂溶液：称取 19.08g 硼砂，溶于水并稀释至 1L。

取 400mL a 液和 500mL b 液混合，并用水稀释至 1L，即为 pH 10.5 硼砂-NaOH 缓冲液。

注：缓冲液配制好后，均需用 pH 计校正。

3. 测定步骤

（1）标准曲线的绘制　取 8 支 25mL 试管，分别吸取 100μg/mL 标准酪氨酸溶液 0mL、1mL、2mL、3mL、4mL、5mL、6mL、7mL，分别补水至 10mL。

吸取稀释后的标准液各 1mL，分别放在另外 8 支试管中，加入 5mL 0.4mol/L Na_2CO_3 溶液和 1mL 福林试剂。在 40℃±0.2℃ 水浴中加热 20min 显色，在 680nm 波长，1cm 比色皿，以不含酪氨酸的"0"试管为空白，测定吸光度，绘制浓度对吸光度的标准曲线。在曲线上查得吸光度为 1 时对应酪氨酸的微克（μg）数，即为吸光常数 K 值。该 K 值应在 95～100 范围内，可作为常数用于试样计算。但若更换仪器或新配显色剂，则应重测 K 值。

（2）5% 酶浸出液（中性酶）　称取相当于绝干曲 10g 的试样（准确至 0.01g），加 200mL pH 7.2 磷酸缓冲液，在 40℃ 水浴中浸出 30min，根据酶活力高低，必要时可再用缓冲液稀释一定倍数，以使吸光度的测定值在 0.2～0.4 范围内。用干滤纸过滤（弃去最初几毫升），即为酶浸出液。

（3）试样测定　吸取酶浸出液 1mL，注入 10mL 离心管中（一式三份），在 40℃±0.2℃ 水浴中预热 5min，准确加入 20g/L 酪蛋白溶液 1mL，计时，准确保温 10min，立刻加入 2mL 0.4mol/L 三氯乙酸溶液，以沉淀多余的蛋白质，终止酶解反应。15min 后离心分离（或用干滤纸过滤）。吸取上层清液 1mL，注入试管中，加入 5mL 0.4mol/L 碳酸钠溶液和 1mL 福林试剂，摇匀，在 40℃±0.2℃ 水浴中加热显色 20min。

（4）空白试验　与试样测定同时进行，离心管中先后注入酶浸出液 1mL、三氯乙酸 2mL、20g/L 酪蛋白 1mL。15min 后离心分离或过滤，以下的操作均与试样测定相同。

以空白试液为对照，在 680nm 波长下，1cm 比色皿测定试样的吸光度。

4. 计算

蛋白酶活力定义：1g 干曲，在 40℃、一定 pH 条件下，1min 水解酪蛋白生成 1μg 酪氨酸所需的酶量为 1 个酶活力单位（U/g）。

$$蛋白酶活力（U/g）＝K×A×4×200×\frac{1}{10}×\frac{1}{m}$$

式中　K——吸光度为 1 时相当的酪氨酸微克数（吸光常数）；

　　　A——试样吸光度；

　　　m——干曲质量，g；

　　200——酶浸出液总体积，mL；

　　　4——酶反应液总体积，mL；

　　10——反应时间，min。

七、发酵力

1. 原理

大曲、小曲是糖化、发酵剂。其中的酵母能使酒醅中还原糖发酵，生成酒精和二氧化碳。测定发酵过程中生成的 CO_2 量，以衡量曲的发酵力。

2. 仪器与试剂

①发酵瓶：带发酵栓，容量为 250mL。

②5mol/L 硫酸$\left(\frac{1}{2}H_2SO_4\right)$溶液：取 14mL 浓硫酸，搅拌下缓慢加入到 50mL 水中，用水稀释至 100mL。

③0.1mol/L 碘$\left(\frac{1}{2}I_2\right)$溶液：称取 12.7g 碘、40g 碘化钾，加少量水研磨溶解，用水稀释至 1L。

3. 测定步骤

(1) 糖化液制备　取大米、玉米面或薯干淀粉原料 50g，加水 250mL，混匀，蒸煮 1～2h，使呈糊状。冷却到 60℃。加入原料量 15％的大曲或小曲粉，再加 50mL 预热到 60℃的水，搅匀。在 60℃糖化 3～4h，直至取出一滴与碘反应不显蓝色为止。加热到 90℃，用白布过滤，滤液备用。

(2) 灭菌　取 150mL 糖化液于 250mL 发酵瓶中，塞上棉塞并包上油纸，记录液面高度。同时用油纸包好发酵栓，一起放入灭菌锅中，在 98kPa 压力下灭菌 15min。

(3) 发酵、测定　灭菌后的糖液冷却到 25℃左右时，在无菌条件下加入曲粉 1.00g，发酵栓中加入 10mL 5mol/L 硫酸$\left(\frac{1}{2}H_2SO_4\right)$溶液。用石蜡密封发酵瓶，擦干瓶外壁，在千分之一感量的天平上称量。然后，放入 25℃保温箱中发酵 48h。取出发酵瓶，轻轻摇动，使二氧化碳全部逸出，在同一天平上再称重。

$$发酵力(以 CO_2 计,g/100g)=\frac{m_1-m_2}{m}\times100$$

式中 m_1——发酵前发酵瓶加内容物质量，g；

  m_2——发酵后发酵瓶加内容物质量，g；

  m——曲样质量，g。

八、酯化力及酯分解率

1. 原理

酯化酶是脂肪酶和酯酶的统称，它与短碳链香酯的生物合成有关。

白酒香味是以酯香为主的复合体，白酒酿造过程中酯酶的作用是使一个酸元和一个醇元结合、脱水而生成酯。酯化是一可逆反应，酯酶既能产酯，也能使酯分解。特别在不适宜的酯化条件下（如温度、pH、空气量等），会将已生成的酯迅速分解。因而要选育产酯能力强，酯分解能力相对较弱的菌株，才能使白酒中留存较多的酯类。所以对大曲而言，酯化能力和酯分解能力的测定同样重要。酯化力是以1g干曲在30～32℃反应100h所产生的己酸乙酯的毫克（mg）数表示。

2. 酯化力的测定

（1）试剂

① 0.1mol/L NaOH 标准溶液。

② 0.1mol/L 硫酸$\left(\frac{1}{2}H_2SO_4\right)$标准溶液。

③ 1%己酸的20%（体积分数）乙醇溶液：吸取 1mL 己酸（AR级）于100mL 容量瓶中，用 20%（体积分数）乙醇稀释至刻度。

（2）测定步骤

① 酯化液制备：取 100mL 1%己酸乙醇溶液于 250mL 蒸馏烧瓶中，加入相当于 5g 干曲的曲量，在 30～32℃保温酯化 100h。然后加水 50mL，加热蒸馏，接收蒸出液 100mL。用化学分析法测定馏出液中己酸乙酯含量（同白酒总酯测定）。

② 酯含量测定：吸取 50mL 馏出液，加 2 滴 5g/L 酚酞指示剂，用 0.1mol/L NaOH 标准溶液滴定至微红。再准确加入 0.1mol/L NaOH 标准溶液 25mL，于沸水浴中回流皂化 30min，冷却后用 0.1mol/L 硫酸$\left(\frac{1}{2}H_2SO_4\right)$标准溶液滴定到酚酞粉红色消失为终点。

（3）计算

$$酯化力(mg/g)=(c_1V_1-c_2V_2)\times144\times\frac{100}{50}\times\frac{1}{m}$$

式中 c_1，V_1——NaOH 标准溶液浓度，mol/L，与加入体积，mL；

  c_2，V_2——硫酸$\left(\frac{1}{2}H_2SO_4\right)$标准溶液的浓度，mol/L，与消耗体积，mL；

144——消耗 1mL 1mol/L NaOH 标准溶液相当于己酸乙酯的质量，mg/mmol；

50——吸取馏出液体积，mL；

100——馏出液体积，mL；

m——干曲质量，g。

（4）讨论　酯化力分析也可采用气相色谱分析己酸乙酯含量：取 5mL 馏出液，加 0.1mL 2％内标物，进样 0.5～1μL，操作与计算参考本章第十节白酒分析。

3. 酯分解率

（1）试剂

① pH 4.6 乙酸-乙酸钠缓冲液：同糖化酶活力测定。

② 100mg/100mL 己酸乙酯的 20％（体积分数）乙醇溶液。

（2）测定步骤

① 酯解：吸取 100mL 己酸乙酯溶液于 500mL 三角瓶中，加入相当于 5g 干曲的曲粉和 10mL pH 4.6 缓冲液。加盖，在 30～32℃ 保温反应 100h，加水 40mL，蒸出 100mL，酯含量的测定同酯化力测定法。

同时做空白试验，在 100mL 己酸乙酯中加同量曲粉和缓冲液后加水 40mL。立即蒸出 100mL，测酯含量。

② 测酯：试样蒸出液和空白蒸出液各吸取 50mL，分别注入 250mL 三角瓶中，测定方法同酯化力的酯含量测定。

（3）计算

$$试样酯含量(mg/g) = (c_1V_1 - c_2V_2) \times 144 \times \frac{100}{50} \times \frac{1}{m}$$

$$空白液酯含量(mg/g) = (c_1V_1 - c_2V_0) \times 144 \times \frac{100}{50} \times \frac{1}{m}$$

式中　V_0——空白试验消耗 H_2SO_4 标准溶液体积，mL；

其他符号意义同酯化力测定。

$$酯分解率 = \frac{试样酯含量}{空白液酯含量} \times 100\%$$

第四节　麸曲分析

麸曲是以麸皮为培养基，接纯菌种培养而成的。所以酶系较简单，是糖化剂，能把淀粉转化为葡萄糖。

一、取样

麸曲于出房前取样。盒曲应在 1％ 的曲盒内均匀取样，混合，四分法缩分。箱曲的取样点为对角线的 1/4、3/4 及中心点，共 5 处取样，并注意上、中、下层都取到，混合均匀，用四分法缩分。

二、外观检查

检查色泽、气味是否正常，有无烧曲、杂菌污染等现象。

三、化学分析

1. 水分

（1）烘箱干燥法　同大曲、小曲中水分的测定。

（2）红外线干燥法　称取试样 5g，放在红外线自动分析仪的托盘上，调节红外线灯（250W）中心与试样的垂直距离为 14～16cm。校正零点后，打开红外线灯，约照射 15min 左右，指针在 3min 内不变时，读到的数字即为水分质量分数，不需另行计算。

2. 酸度

同大曲、小曲中酸度的测定。

3. 糖化酶活力

同大曲、小曲中糖化酶活力的测定。

第五节　酒母分析

酒母是酵母菌经增殖、扩大培养后，制成发酵力强的酿酒用的酒母醪，使糖发酵变成酒精。

一、取样

将成熟的酒母醪液，搅拌均匀后取样，经棉花或双层纱布过滤后备用。

二、化学分析

1. 酸度

定义：10mL 酒母醪消耗 NaOH 的毫摩尔数表示。

（1）试剂　同大曲、小曲中酸度测定。

（2）测定步骤　吸取 2mL 滤液，于 150mL 三角瓶中，加水 20mL，5g/L 的酚酞指示剂 2 滴，用 0.1mol/L NaOH 标准溶液滴定至微红色。

（3）计算

$$酸度 = V \times c \times \frac{1}{2} \times 10$$

式中　c——NaOH 标准溶液浓度，mol/L；

　　　V——滴定消耗 NaOH 标准溶液的体积，mL；

　　　2——测定时吸取滤液体积，mL。

2. 还原糖

（1）原理　因酒母醪中含糖量低，采用斐林快速法测定。

（2）试剂　同大曲、小曲中糖化酶活力测定。

（3）测定步骤

①斐林液标定：吸取斐林甲液、乙液各 5mL，于 150mL 三角瓶中，加水 10mL 和 1g/L 葡萄糖标准溶液 9mL，煮沸后继续滴定至蓝色消失，后滴定在 1min 内滴定完毕，消耗葡萄糖标准溶液体积为 V_0(mL)。

②试样测定：吸取斐林甲液、乙液各 5mL，于 150mL 三角瓶中，加水 5mL，酒母滤液 5mL，煮沸后用葡萄糖标准溶液预试滴定，根据预试消耗糖液体积，增、减加水量，使溶液总体积与标定时基本一致。然后重新测定，消耗葡萄糖标准溶液体积 V(mL)。

（4）计算

$$\text{还原糖含量}(g/100mL)=(V_0-V)\times c\times\frac{1}{5}\times 100$$

式中　V_0——斐林液标定时消耗葡萄糖标准溶液体积，mL；

　　　V——试样测定时消耗葡萄糖标准溶液体积，mL；

　　　c——葡萄糖标准溶液浓度，g/mL；

　　　5——吸取酒母滤液体积，mL。

3. 发酵力

测定方法同大曲、小曲发酵力测定。但因酵母醪只能发酵，不能糖化，所以糖化要用曲（大曲、小曲或麸曲）。灭菌后加 1mL 混匀的酵母醪液（代替曲粉）进行发酵，称量、测定方法均同大曲、小曲。发酵力计算为：以 100mL 酵母醪液产生 CO_2 量（g）表示。

第六节　工业用糖化酶制剂分析

一、感官检查

取固体酶样 2g 于 25mL 干燥的小烧杯中，用鼻先嗅其气味，应无异杂味。然后目视检查其外观，应呈黄褐色粉末，无潮解结块，易溶于水等。

二、化学分析

1. 干燥失重

同原料中水分的测定。

2. 糖化酶活力

（1）原理　糖化酶催化水解淀粉，分解 α-1,4 葡萄糖苷键生成葡萄糖。葡萄糖分子中的醛基被次碘酸钠氧化。过量次碘酸钠酸化，析出的碘用标准硫代硫酸钠溶液滴定，计算出酶活力。

（2）试剂

① 乙酸-乙酸钠缓冲液（pH 4.6）：同大曲、小曲中糖化酶活力测定。

② 0.05mol/L 硫代硫酸钠标准溶液。

③ 0.1mol/L 碘$\left(\frac{1}{2}I_2\right)$溶液。

④ 0.1mol/L NaOH 溶液。

⑤ 200g/L NaOH 溶液。

⑥ 2mol/L 硫酸$\left(\frac{1}{2}H_2SO_4\right)$溶液：量取 5.6mL 浓硫酸，缓缓注入 80mL 水中，冷后，用水稀释至 100mL。

⑦ 20g/L 可溶性淀粉溶液：同大曲、小曲中液化型淀粉酶活力测定。

⑧ 10g/L 淀粉指示剂：将 20g/L 可溶性淀粉溶液稀释 1 倍后使用。

（3）测定步骤

① 待测酶液制备：称取酶粉 1～2g（准确至 0.0002g）或液体酶液 1mL，在 50mL 烧杯中加少量缓冲液溶解，同时用玻璃棒捣研。将上层溶液小心倾入容量瓶中。在沉渣中再加少量缓冲液，捣研溶解同前。如此反复 3～4 次，最后全部移入容量瓶中，用缓冲液定容至刻度。定容的体积要求待测液酶活力在 100～250U/mL 范围内。

② 测定

a. 糖化：在甲、乙两支 50mL 比色管中，各加 20g/L 可溶性淀粉溶液 25mL 和缓冲液 500mL，摇匀。在 40℃±0.2℃ 恒温水浴中预热 5min。在甲管（试样管）中加入待测酶液 2mL，摇匀。在此温度下准确反应 30min 后，立即各加 200g/L NaOH 溶液 0.2mL，摇匀，迅速冷却。并在乙管（空白管）中补加待测酶液 2mL。

b. 碘量法测糖：吸取甲、乙两管中反应液各 5mL，分别置于碘量瓶中。准确加入 0.1mol/L 碘$\left(\frac{1}{2}I_2\right)$溶液 10mL，再加 0.1mol/L NaOH 溶液 15mL。摇匀，加塞，在暗处反应 15min。取出，加 2mol/L 硫酸$\left(\frac{1}{2}H_2SO_4\right)$溶液 2mL 后，立即用 0.05mol/L 硫代硫酸钠标准溶液滴定到蓝色刚好消失。

③ 计算

糖化酶活力定义：1g 酶粉于 40℃、pH4.6 条件下，1h 分解可溶性淀粉产生 1mg 葡萄糖所需的酶量，即为 1 个酶活力单位（U/g）。

$$糖化酶活力(U/g)=(V_0-V)\times c\times 90.05\times \frac{32.2}{5}\times \frac{1}{2}\times n\times 2$$

式中　V_0——空白消耗硫代硫酸钠标准溶液体积，mL；

　　　V——试样消耗硫代硫酸钠标准溶液体积，mL；

　　　c——硫代硫酸钠标准溶液浓度，mol/L；

90.05——消耗 1mL 1mol/L 硫代硫酸钠标准溶液相当于葡萄糖的质量，mg/mmol；

32.2——反应液体积，mL；

5——吸取反应液体积，mL；

2——吸取酶液体积，mL；

n——稀释倍数；

2——反应 30min 换算成 1h 的系数。

3. 酶活力保存率

根据产品标签上标示的酶活力和实测酶活力之比，计算出酶活力保存率。

第七节　酿酒活性干酵母分析

酿酒活性干酵母是以糖蜜、淀粉质为原料，经发酵、通风培养制成的具有发酵产酒精能力的酿酒用活性干酵母。其中耐高温产品适宜的发酵温度为 32～40℃，常温型产品的发酵温度为 30～32℃。

一、感官检查

活性干酵母呈淡黄至浅棕色的颗粒或条状物，具有酵母特殊气味，无异味，无杂质异物。

二、化学分析

1. 水分

(1) 原理　水分是活性干酵母的重要指标之一，因为它直接影响酶活力，故一般以 4.5％～5％为宜，保存 2 年酶活力基本不变，而水分超过 8％时，半年后活力就大减。水分测定方法为烘干法。

(2) 测定步骤　准确称取干酵母 1g（准确至 0.0002g），置入已烘干恒重的 50mm×30mm 称量瓶中，在 103℃±2℃ 干燥箱中干燥 5h 后迅速盖上盖子，干燥器中冷却 30min 后称量。并重复烘烤、称量，直至恒重。

(3) 计算

$$水分含量 = \frac{m_1 - m_2}{m_1 - m} \times 100\%$$

式中　m——称量瓶质量，g；

m_1——干燥前称量瓶与样品质量之和，g；

m_2——干燥后称量瓶与样品质量之和，g。

2. 淀粉出酒率

(1) 原理　将淀粉经液化、糖化后加入活性干酵母发酵，测定产生的酒精量，计算淀粉出酒率。

（2）试剂和材料

① 玉米、黄玉米或白玉米粉碎，过 40 目筛。

② 20g/L 蔗糖溶液。

③ α-淀粉酶。

④ 糖化酶。

⑤ 消泡剂：食用油。

⑥ 硫酸溶液：体积分数为 10%。

⑦ 4mol/L NaOH 溶液。

（3）测定步骤

① 玉米粉按原料淀粉测定方法测定淀粉含量。

② 酵母活化：取 1.0g 活性干酵母，加入 38～40℃的 20g/L 蔗糖溶液 16mL，于 32℃恒温箱中活化 1h 备用。

③ 液化：取 200g 玉米粉于 2000mL 三角瓶中，加水 100mL 调成糊状，再加热水 600mL 搅匀，调节 pH 至 6～6.5，每克玉米粉加约 100U 的 α-淀粉酶，搅匀，在 70～85℃条件下液化 30min，用水冲净三角瓶壁上的玉米糊，最终使总质量为 1000g。

④ 蒸煮灭菌：将上述三角瓶用棉塞和防水纸封口，在高压灭菌釜中 0.1MPa 灭菌 1h，取出，冷却到 60℃。

⑤ 糖化：用硫酸溶液将 pH 调至 4.5，按每克玉米粉量加入 150～200U 糖化酶，摇匀。在 60℃条件下糖化 60min，摇匀，冷却到 32℃。取 250g（一式三份）于 500mL 碘量瓶中备用。

⑥ 发酵：于每个碘量瓶中加酵母活化液 2mL，摇匀，盖塞。普通干酵母在 32℃，耐高温干酵母在 40℃的恒温箱中发酵 65h。

⑦ 蒸馏：用 NaOH 溶液把发酵醪中和到 pH 6～7，移入 1000mL 蒸馏烧瓶中。用 100mL 水，分几次冲洗碘量瓶，洗液倒入蒸馏瓶中，加入消泡剂 1～2 滴进行蒸馏。用 100mL 容量瓶（外加冰水浴）接收馏出液，蒸出约 95mL 时停止蒸馏。待温度下降到室温时用水定容到刻度。

⑧ 酒精浓度测量：将蒸出液全部移入洁净干燥的 100mL 量筒中，用酒精计测酒精浓度。同时记录温度，换算成 20℃时的酒精浓度（查附表 1-3）。

（4）计算

$$x = \frac{c \times 0.8411}{50 \times w} \times \frac{1}{1-w_1} \times 100\%$$

式中　x——100g 绝干样品的淀粉出酒率（以体积分数为 96%的酒精计），%；

c——试样在 20℃时的酒精体积分数，%；

0.8411——将 100%酒精换算成 96%的系数；

50——玉米粉质量，g；

w——玉米粉中的淀粉含量，%；

w_1——玉米粉的水分，%。

3. 酵母活细胞率

（1）原理　取一定量干酵母，用无菌生理盐水活化，适当稀释后用显微镜、血球计数板测定酵母活细胞数和酵母细胞总数之百分比值，即为该样品的酵母活细胞率。

（2）试剂

① 无菌生理盐水。

② 亚甲基蓝染色液：准确称取 0.025g 亚甲基蓝、0.9g 氯化钠、0.042g 氯化钾、0.048g 六水氯化钙、0.02g 碳酸氢钠和 1g 葡萄糖，溶于水，稀释至 100mL。

（3）测定步骤　准确称取活性干酵母 0.1g（准确至 0.0002g），加入 38～40℃无菌生理盐水 20mL，在 32℃恒温箱中活化 1h。吸取活化液 0.1mL，与 0.9mL 染色液混匀，在室温染色 10min 后，立刻在显微镜下用血球计数板计数。

（4）计算

$$x_1 = \frac{A_1}{A_1 + B_1} \times 100\%$$

式中　x_1——样品的酵母活细胞率，%；

$\quad\quad A_1$——酵母活细胞总数，个；

$\quad\quad B_1$——酵母死细胞总数，个。

4. 酵母保存率

（1）原理　样品在一定温度下放置一定时间后，酵母活细胞率与原样活细胞率的百分数比值，即为该样品的保存率。

（2）测定步骤　将原包装的活性干酵母在 47.5℃恒温箱内保温 7 天，取出后，测定酵母活细胞率。

（3）计算

$$x_2 = \frac{A_2}{A_2 + B_2} \times 100\%$$

式中　x_2——保温处理后酵母活细胞率，%；

$\quad\quad A_2$——保温处理后酵母活细胞总数，个；

$\quad\quad B_2$——保温处理后酵母死细胞总数，个。

$$酵母保存率 = \frac{x_2}{x_1} \times 100\%$$

第八节　窖泥分析

一、取样

窖泥是浓香型大曲酒生产过程中的重要条件之一，它对酒中微量香味成分的形成及其量比关系起着重要的作用。窖泥质量的好坏直接影响浓香型大曲酒产品的质量。

取回的泥样（包括人工培窖的黄泥、发酵泥、复壮泥）因水分大，不宜长期贮存，应立即平摊在瓷盘、木板，或光洁地面上，层厚约2cm，风干3～5昼夜，间隔翻拌，使之均匀风干。在半干时，将大块土捣碎，以免完全干后成硬块，不易粉碎。

泥样风干后，用四分法分取约250g，研磨成粉，并通过60目筛，保存在磨口瓶中。

氨态氮在风干过程中易起变化，需用新鲜泥样测定，同时测定水分，以换算为绝干样的含量。

二、水分及挥发物

1. 原理

微生物的生化活动与窖泥含水量也有密切关系，水分过少时，微生物生长、繁殖困难；水分过大时，窖泥过稀，搭窖困难，使用不便。人工窖泥必须湿润柔熟。同时，各分析项目都以绝干样中含量表示。

窖泥中水分有化学结合水、吸附水和自由水，以吸附水为主。采用105～110℃直接烘干法，结果包括自由水和吸附水。

2. 测定步骤

（1）风干土样水分测定　取风干土样4～5g，置入已恒重的称量皿中，并使试样平铺。在105～110℃烘箱内，烘6h后，取出、加盖，在干燥器中冷却30min称重，再于100～105℃烘2～3h，冷却、称重，直至恒重（两次质量差小于0.004g）。

（2）新鲜土样水分测定　称取土样10～15g，测定方法同（1）。

3. 计算

$$w = \frac{m - m_1}{m - m_0} \times 100\%$$

式中　w——水分和挥发物含量，%；

m——烘干前空皿与试样质量之和，g；

m_1——烘干后空皿与试样质量之和，g；

m_0——空皿质量，g。

注：若试样中腐殖质含量较高，为防止分解，第1次烘后称重就可计算，不必反复烘烤至恒重。

三、pH

1. 原理

因酿酒微生物生长繁殖过程中的生化变化和代谢产物受窖泥pH的影响较大，故在人工培窖过程中，必须测定土壤的pH。

窖泥经水提取后，用 pH 计测定。

2. 试剂

同酿造用水中 pH 的测定。

3. 测定步骤

称取风干、粉碎后的土样 5.0g，于 100mL 烧杯中，加水 50mL，间歇搅拌 30min，放置 30min，用 pH 计测定试样 pH。

四、氨态氮

1. 原理

氨态氮是微生物分解有机质而形成的，它是窖泥功能菌生长、繁殖所需的主要氮源。用氯化钠溶液浸出土壤中的氨态氮，与碱性碘化汞钾（K_2HgI_4，奈氏试剂）反应生成淡黄色至红棕色络合物。可用分光光度计在 425nm 处测定吸光度，与标准氨溶液比较，求得氨态氮含量。

本法测得的氨态氮是游离氨（NH_3）和铵盐的总量。

试样溶液中若有钙、镁离子，可与奈氏试剂形成沉淀，使溶液混浊，干扰氨的正确测定。加入酒石酸钾钠与 Ca^{2+}、Mg^{2+} 生成稳定的络合物，以避免与奈氏试剂相互作用。

2. 试剂

① 奈氏试剂：称取 10g 碘化汞、7g 碘化钾，溶解后加到 50mL 360g/L NaOH 溶液中，摇匀，稀释至 100mL，摇匀，静置，取上层清液使用。贮存于棕色具胶塞瓶中，可保存 1 年。

② 酒石酸钠钾溶液：50g 酒石酸钠钾溶于 100mL 水中，为驱除酒石酸钠钾中可能存在的铵盐，煮沸蒸发约 1/3 体积，冷却后再稀释至 100mL。

③ 氯化铵标准液：准确称取 0.3819g NH_4Cl，溶于水并定容至 100mL。其浓度以 N 计为 1mg/mL。

④ 氯化铵标准使用液：吸取氯化铵标准液 10mL 用水稀释定容至 1L。浓度以 N 计为 $10\mu g/mL$，以 NH_3 计为 $12.2\mu g/mL$。

3. 测定步骤

（1）试样制备　称取新鲜泥样 1～5g（准确至 0.01g），加入 100g/L 的氯化钠溶液，使体积为 25mL，搅匀，浸出 10min（必要时把硬块捣碎），用干滤纸过滤后备用。

吸取 1mL 滤液（必要时用水稀释后再吸取）于 50mL 比色管中，用水稀释至刻度。加入 1～2 滴酒石酸钠钾溶液和 1mL 纳氏试剂，充分混匀。放置 10min 后以标准系列中"0"管为空白，于波长 425nm 处测吸光度。

（2）标准系列配制　吸取标准使用液（$10\mu g/mL$ 的氮）0mL、0.5mL、1.0mL、2.0mL、4.0mL、6.0mL、8.0mL、10.0mL，分别置入 50mL 比色管中，用水稀释至刻度后，按试样相同显色、测吸光度。以吸光度对氨态氮（N）

微克数绘制标准曲线。或用目测法进行比较。

4. 计算

$$氨态氮(绝干计,mg/100g) = c \times 25 \times n \times \frac{1}{m} \times \frac{1}{1000} \times 100 \times \frac{1}{1-w}$$

式中　c——试样溶液中氨态氮质量，μg；

　　 25——泥样稀释体积，mL；

　　 n——试样再稀释倍数，若不再稀释，则 $n=1$；

　　 m——新鲜泥样质量，g；

　　 1000——把 μg 换算成 mg 的系数；

　　 w——新鲜泥样水分，％。

5. 讨论

加入奈氏试剂后，若有黄色沉淀，则说明试样中氨态氮浓度过高，应适当稀释后再测定。土壤中液态氮和硝酸盐氮因受微生物作用会迅速转化，用氯化钠溶液浸出土样时，加几滴甲苯，可抑制微生物的作用。

五、有效磷

1. 原理

有效磷是土壤中能被植物吸收利用的磷，是细胞核的组成成分，也是微生物生长、繁殖的必需物质。首先用酸性氯化铵提取泥样中的有效磷，溶出的磷酸或磷酸盐在酸性溶液中加入钼酸铵，生成黄色的磷钼酸盐，再被氯化亚锡还原成蓝色络合物钼蓝，用比色法测定。

2. 试剂

① 氟化铵-盐酸溶液：称取 0.56g 氟化铵溶于 400mL 水中，加入 12.5mL 1mol/L HCl 溶液，用水稀释至 500mL，贮于塑料瓶中。

② 酸性钼酸铵溶液：称取 5g 钼酸铵溶于 42mL 水中；在另一烧杯中注入 8mL 水和 82mL 浓盐酸。然后在搅拌下把钼酸铵溶液倒入烧杯中，贮于棕色瓶中。

③ 氯化亚锡溶液：称取 1g 氯化亚锡（$SnCl_2 \cdot 2H_2O$）溶于 40mL 1mol/L HCl 溶液中，贮于棕色瓶中。

④ 无磷滤纸：将直径为 9cm 的定性滤纸浸于 0.2mol/L HCl 溶液中 4～5h，使磷、砷等化合物溶出，取出后用水冲洗数次，再用 0.2mol/L HCl 淋洗数次。最后用水洗至无酸性，在 60℃ 烘箱中干燥。

⑤ 磷标准液：准确称取于 110℃ 干燥 2h 后冷却的磷酸二氢钾（KH_2PO_4）0.2195g，溶于水，并定容至 1L。此溶液含磷为 $50\mu g/mL$。

⑥ 磷标准使用液：准确吸取磷标准溶液 25mL 于 250mL 容量瓶中，用水稀释至刻度，其浓度为 $5\mu g/mL$。

3. 测定步骤

(1) 试样处理　称取 2.00g 风干土样于 50mL 烧杯中，加入氯化铵-盐酸溶液至 20mL，浸泡 30min，每隔 5min 搅拌 1 次。然后用烘干的无磷滤纸过滤，加入约 0.1g 硼酸，摇匀，使之溶解后备用。

（2）磷的测定　吸取 1mL 试样浸出液，注入 25mL 容量瓶中，用水稀释至刻度。吸取此稀释液 1～2.5mL（视磷含量多少而异，一般黄泥含磷少，可直接取浸出滤液测定。窖皮泥磷含量较高，吸取稀释液 2.5mL 测定。老窖泥含磷量多，吸取 1mL 稀释液即可），于 25mL 比色管中，加入 2mL 酸性钼酸铵溶液和 3 滴氯化亚锡溶液，用水稀释至刻度。放置 15min 后，用 2cm 比色皿在 680nm 波长处，以标准系列中"0"管为空白测定吸光度。

（3）标准系列制备　吸取磷标准使用液 0mL、0.5mL、1.0mL、2.0mL、3.0mL、5.0mL，分别注入 25mL 比色管中。加入 2mL 酸性钼酸铵溶液和 3 滴氯化亚锡溶液显色，用水稀释至刻度。同上条件测定吸光度，以吸光度为纵坐标，标准液的磷微克数为横坐标，绘制标准曲线。

4. 计算

$$有效磷含量(mg/100mg) = m_1 \times \frac{1}{V} \times 25 \times 20 \times \frac{1}{m} \times \frac{1}{1000} \times 100 \times \frac{1}{1-w}$$

式中　m_1——试样溶液中有效磷质量，μg；

　　　V——吸取稀释试样的体积，mL；

　　　25——稀释试样总体积，mL；

　　　20——试样浸取液体积，mL；

　　　m——风干泥试样质量，g；

　　　w——风干试样水分，％。

5. 讨论

① 氟化铵有毒性，溶液不能用嘴吸取。

② 加入硼酸可防止氟离子的干扰和对玻璃的侵蚀，能增加显色灵敏度。

③ 因显色温度对色泽影响较大，故试样和标准系列应保持相同的显色温度和显色时间。

六、有效钾

1. 原理

土壤中有效钾主要为水溶性钾和代换性钾，它是酵母、霉菌、细菌等微生物所必需的无机盐类。首先用碳酸铵置换，浸出土壤中钾，同时使试样中钙、镁沉淀。然后灼烧除去铵盐。在酸性溶液中用亚硝酸钴三钠作钾的沉淀剂，生成亚硝酸钴钠钾黄色沉淀，用重量法测定。

$$Na_3Co(NO_2)_6 + 2K^+ \longrightarrow K_2NaCo(NO_2)_6 \downarrow + 2Na^+$$

2. 试剂

① 碳酸铵溶液：称取 28.5g 碳酸铵溶于水，稀释至 1L。

② 0.01mol/L 硝酸溶液：取 6.7mL 浓硝酸用水稀释至 1L。再稀释 10 倍为

0.01mol/L。

③ 200g/L 亚硝酸钴钠溶液：称取 10g 亚硝酸钴钠，溶于 50mL 水中，临用时配制。

④ 0.01mol/L 硼酸溶液：称取 0.6g 硼酸溶于水，稀释至 1L。

3. 测定步骤

① 试样处理：准确称取 2.500g 风干土样于 250mL 具塞三角瓶中，加入 100mL 碳酸铵溶液，浸出 1h，其间每 15min 摇动 1 次。然后用 1 号烧结玻璃滤器上铺滤纸片抽气过滤，用 100mL 钼酸铵溶液分 3～4 次洗涤。过滤速度不宜太快，以使土壤胶体吸附的钾全部置换出来，将浸出液定量移入蒸发皿内，在水浴上蒸干。残渣加 3～5mL 硝酸再蒸干，并反复操作 3 次，至有机物去净。

蒸干后，在低于 500℃的条件下灼烧去除氨，冷却至室温。

② 钾的沉淀：在灼烧去除氨的试样蒸发皿中，准确加入 25mL 0.1mol/L 硝酸溶液，用带橡皮头的玻璃棒擦洗皿壁，使残留物溶解并混合均匀。迅速用干滤纸过滤于 50mL 三角瓶中，吸取 10mL 滤液于 200mL 烧杯中，边搅拌边徐徐加入 10mL 亚硝酸钴钠溶液，盖好表面皿，在 20℃放置过夜，使沉淀完全。

用 2 号烧结玻璃滤器上铺定量滤纸片（事先烘干至恒重），抽气过滤，将 0.01mol/L 硼酸将杯中沉淀全部移入滤器。再用 0.01mol/L 硝酸洗沉淀 10 次，每次 2mL。接着用 95％的乙醇洗 5 次，每次 2mL。擦干滤器外壁，在 110℃烘 1h，置干燥器中冷却后称重。

4. 计算

沉淀组成为 $K_2NaCO(NO_3)_6 \cdot H_2O$，其中 $K_2O = 17.216\%$

$$x = m_1 \times 0.17216 \times \frac{1}{10} \times 25 \times \frac{1}{m} \times 1000 \times 100 \times \frac{1}{1-w}$$

式中　x——绝干试样中有效钾含量（以 K_2O 计），mg/100g；

　　　m_1——亚硝酸钴钠钾沉淀质量，g；

　　　m——风干试样质量，g；

　　　10——测定时吸取浸出液体积，mL；

　　　25——浸出液总体积，mL；

　　1000——换算成 mg 的系数；

　　　w——试样水分，%。

七、腐殖质

1. 原理

腐殖质是土壤中结构复杂的有机物，它只有在好气性过程受到某种抑制时，才能在土壤中积累，主要成分是含有氨基及环状有机氮的化合物。腐殖质及其分解产物是微生物主要养分。土壤中腐殖质含量常用重铬酸钾氧化法测定。在硫酸存在下，加入已知量的过量重铬酸钾溶液与土壤共热，使其中活性有机质的碳氧化。过量的重铬酸钾，以邻菲咯啉亚铁为指示剂，用标准硫酸亚铁铵溶液滴定。以与有机碳反应所耗重铬酸钾计算有机碳含量。

$$2K_2Cr_2O_7 + 8H_2SO_4 + 3C \longrightarrow 2Cr_2(SO_4)_3 + 2K_2SO_4 + 3CO_2\uparrow + 8H_2O$$

$$K_2Cr_2O_7 + 6(NH_4)_2Fe(SO_4)_2 + 7H_2SO_4 \longrightarrow$$
$$Cr_2(SO_4)_3 + 3Fe_2(SO_4)_3 + 6(NH_4)_2SO_4 + K_2SO_4 + 7H_2O$$

腐殖质中平均含碳 58%。本法操作简便，且不受碳酸盐中碳的影响。但土壤中腐殖质平均氧化率只能达到 90%，所以将测出的有机碳乘以氧化校正系数（100/90=1.1）和碳与腐殖质的换算系数（100/58），才能代表土壤中腐殖质的实际含量。

2. 仪器与试剂

① 油浴：加热用油为固体石蜡或植物油。

② 插试管用的铁丝笼。

③ 0.2mol/L 硫酸亚铁铵标准溶液（即莫氏盐溶液）：称取 80g(NH$_4$)$_2$SO$_4$·FeSO$_4$·6H$_2$O，溶于水中，加入 30mL 6mol/L 的硫酸，用水稀释至 1000mL。

标定：吸取硫酸亚铁铵溶液 10mL，于 250mL 三角瓶中，加 50mL 水和 10mL 6mol/L 硫酸。用 0.1mol/L 高锰酸钾 $\left(\dfrac{1}{5}KMnO_4\right)$ 标准溶液滴定至粉红色。

$$c = \frac{c_1 V_1}{10}$$

式中　c——硫酸亚铁铵标准溶液浓度，mol/L；

c_1——高锰酸钾 $\left(\dfrac{1}{5}KMnO_4\right)$ 标准溶液浓度，mol/L；

V_1——消耗高锰酸钾标准溶液体积，mL。

④ 重铬酸钾-硫酸溶液：取 200g 研细的重铬酸钾，溶于 250mL 水中，必要时加热使完全溶解。冷后稀释至 500mL，全部移入 1L 烧杯中. 缓缓加入浓硫酸 500mL，冷后加水稀释至 1000mL。

⑤ 5g/L 邻菲咯啉指示剂：称取 0.5g 硫酸亚铁（FeSO$_4$·7H$_2$O）溶于 100mL 水中，加 2 滴浓硫酸和 0.5g 邻菲咯啉，摇匀，该溶液现配现用。

3. 测定步骤

称取风干土样 0.1~0.3g（准确至 0.001g），放入 18mm×160mm 硬质试管中，准确加入重铬酸钾-硫酸溶液 10mL，将试管插入预先加热至 185~190℃ 的油浴中（用铁丝笼固定试管）。此时温度下降到 170~180℃，调节热源，保持此温度。当试管内容物液面开始滚动或有较大气泡发生时，开始计时，沸腾 5min。取出冷却后把试管内容物全部转移入 250mL 三角瓶，用水洗净试管，洗液并入三角瓶内，总体积为 50~60mL。滴入 2~3 滴邻菲咯啉指示剂，用 0.2mol/L 硫酸亚铁铵标准溶液滴定，颜色由橙红变绿，最后呈灰紫色为终点。同时做空白试验。

4. 计算

$$x = (V_0 - V) \times c \times 0.003 \times 1.724 \times 1.1 \times \frac{1}{m} \times \frac{1}{1-w} \times 100\%$$

式中　x——干土中腐殖质含量，％；

　　V_0——空白试验消耗硫酸亚铁铵标准溶液体积，mL；

　　V——测定试样消耗硫酸亚铁铵标准溶液体积，mL；

　　c——硫酸亚铁铵标准溶液浓度，mol/L；

　0.003——消耗 1mL 1mol/L 硫酸亚铁铵标准溶液相当于碳的克数；

　1.1——氧化校正系数；

　1.724——土壤中有机质含碳 58％，将有机碳换算成有机质的系数(100/58＝1.724)；

　　m——风干土试样质量，g；

　　w——风干土水分，％。

5. 讨论

① 称样量视有机质多少而定，含腐殖质 7％～15％的窖泥，称 0.1g；2％～4％者称 0.3g；小于 2％者则称 0.5g。

② 消煮温度和时间应严格掌握，否则对结果有较大影响。若消煮完毕后，试管内重铬酸钾的红棕色消失，则应适当减少试样用量再测定。

③ 邻菲咯啉指示剂与空气接触时间长了会失效，应现配现用。

八、蛋白质

蛋白质在酸性条件下可水解为分子量小的 α-氨基酸，氨基酸是窖泥有益微生物生长、繁殖的营养物质，同时也是酒中高级醇的前驱物，窖泥中蛋白质最佳含量为 5％左右。

测定方法同原料中粗蛋白质的测定，称样量以相当于含氮 30～40mg 为宜。

第九节　固体发酵酒醅分析

酒醅分析包括入池、出池醅中水分、酸度、还原糖、总糖以及出池醅和酒糟中酒精含量等。酒醅中各成分分布不均匀，取样应力求具有代表性，入池醅从堆的四个对角部位及中间的上、中、下层取样。出池酒醅在窖池内按出房曲箱的取样办法，窖壁、窖中的上、中、下层等量取样。用四分法缩分后，取供试样品 250g。

一、水分

同大曲、小曲中水分的测定。

二、酸度

利用酸碱中和法测定，其定义为 100g 酒醅消耗 NaOH 的物质的量（mmol），以度表示。

同大曲、小曲中酸度测定。

三、还原糖

以总酸测定时的滤液为试样，采用酒母醪中还原糖的测定法。

四、淀粉

1. 原理

采用盐酸水解，以标准葡萄糖溶液反滴定法，测出的量实际是包括还原糖在内的总糖量。

2. 试剂

（1+4）HCl 溶液。其他试剂同原料中淀粉测定。

3. 测定步骤

（1）水解液制备　称取入池醅 5.0 g（出池醅称 10.0g）于 250mL 三角瓶中，加入（1+4）HCl 溶液 100mL，安装回流冷凝器，或 1m 长玻璃管，微沸水解 30min，与淀粉测定相同，中和、过滤、定容至 500mL。

（2）还原糖测定

① 斐林液标定：同原料淀粉测定中用葡萄糖标准溶液标定斐林液方法。消耗葡萄糖标准溶液体积为 V_0（mL）。

② 试样测定

a. 预试：吸取斐林甲液、乙液各 5mL，于 250mL 三角瓶中，加入 10mL 水解糖液、10mL 水、2 滴亚甲基蓝指示剂，加热至沸，用 2g/L 葡萄糖标准溶液滴定到蓝色消失，消耗体积为 V_1（mL）。

b. 正式滴定：吸取斐林甲液、乙液各 5mL，于 250mL 三角瓶中，加入水解糖液 10mL，加一定量水，使总体积与斐林液标定时滴定总体积基本一致〔加水量（mL）=10+(V_0-V_1)〕。

从滴定管中加入（V_1-1）mL 2g/L 葡萄糖标准溶液，煮沸 2min，加 2 滴亚甲基蓝指示剂，继续用葡萄糖标准溶液在 1min 内滴定到蓝色消失。消耗葡萄糖标准溶液体积为 V（mL）。

4. 计算

$$淀粉含量 = (V_0 - V) \times c \times \frac{1}{10} \times 500 \times \frac{1}{m} \times 0.9 \times 100\%$$

式中　V_0——标定斐林液消耗葡萄糖标准溶液的体积，mL；

V——试样滴定时消耗葡萄糖标准溶液的体积，mL；

c——葡萄糖标准溶液浓度，g/mL；

10——滴定时加入稀释试样体积，mL；

500——稀释试样总体积，mL；

0.9——还原糖换算成淀粉的系数；

m——试样质量，g。

五、出池酒醅中酒精含量

1. 相对密度法

（1）原理 用密度瓶法测定酒醅馏出液的相对密度，由酒精的相对密度查出相应的酒精体积分数（即酒度）。

（2）仪器 附温密度瓶（25mL）。

（3）测定方法

① 蒸馏：称取 100g 酒醅，于 500mL 蒸馏烧瓶中，加水 200mL，连接蒸馏装置，蒸出馏出液 100mL，于 100mL 量筒中，搅匀。

② 酒精的测量：将附温度计的 25mL 密度瓶洗净，热风吹干，恒重。然后注满煮沸并冷却至 15℃左右的水，插上带温度计的瓶塞，排除气泡，浸入 20℃±0.1℃的恒温水浴中，待内容物温度达 20℃时，取出。用滤纸擦干瓶壁，盖好盖子，立即称重。

倒掉密度瓶中水，用馏出液洗涤并注满馏出液，同上操作，称重。

（4）计算

$$d = \frac{m_2 - m}{m_1 - m}$$

式中 d——馏出液 20℃时的相对密度；

m——密度瓶的质量，g；

m_1——密度瓶和水的质量，g；

m_2——密度瓶和馏出液的质量，g。

根据酒样相对密度，查附表 1-3，得出酒醅的酒精含量。

2. 酒精计法

将量筒中馏出液搅拌均匀，静置几分钟，排除气泡，轻轻放入洗净、擦干的酒精计。再略按一下，静置后，水平观测与弯月面相切处的刻度示值。同时测量温度，查附表 1-4，换算成 20℃时的酒精体积分数。

六、酒糟中残余酒精含量

1. 原理

酒糟中残余酒精含量是衡量白酒蒸馏技术的一个重要指标。但酒糟中酒精含量甚低，其蒸馏液难以用相对密度法或酒精计准确测量。重铬酸钾把酒精氧化为乙酸，同时黄色的六价铬被还原为绿色的三价铬，可用比色法进行测定。该法对酒精的检测下限可达 0.02％。其反应式如下：

$$3CH_3CH_2OH + 2K_2Cr_2O_7 + 8H_2SO_4 ==$$

$$3CH_3COOH + 2Cr_2(SO_4)_3 + 2K_2SO_4 + 11H_2O$$

2. 试剂

① 0.1％（体积分数）酒精标准溶液：准确吸取 0.1mL 无水酒精，于 100mL 容量瓶中，用水定容到刻度。

② 20g/L 重铬酸钾溶液：称取 2g 重铬酸钾，溶于水，并稀释至 100mL。

③ 浓硫酸。

3. 测定步骤

① 标准曲线的绘制：在 6 支 10mL 的比色管中，分别加入 0mL、1mL、2mL、3mL、4mL、5mL 0.1％（体积分数）酒精标准溶液，分别补水至 5mL。各管中加入 1mL 20g/L 重铬酸钾溶液、5mL 浓硫酸，摇匀，于沸水浴中加热 10min，取出冷却。该标准系列管密塞，可长期保存，或于波长 600nm，1cm 比色皿测吸光度，绘制标准曲线。

② 测定：吸取 5mL 出池醅馏出液，于 25mL 比色管中，加 1mL 20g/L 的重铬酸钾溶液，5mL 浓硫酸，摇匀，与标准系列管一起加热，冷却，目视比色或分光光度计比色测定。

4. 计算

$$酒精含量（mL/100g） = V \times 0.001 \times \frac{1}{5} \times 100 \times \frac{1}{m} \times 100$$

式中　V——试样管与标准系列中颜色相当时标准酒精液的体积，mL，或试样管吸光度，查标准曲线求得酒精含量，mL；

　　0.001——标准酒精液的浓度，mL/mL；

　　　　5——吸取出池醅馏出液体积，mL；

　　100——出池醅馏出液总体积，mL；

　　　m——试样质量，g。

第十节　成品分析

一、酒精含量

1. 相对密度法

（1）样品制备　吸取 100mL 酒样，于 500mL 蒸馏烧瓶中加水 100mL 和数粒玻璃珠或碎瓷片，装上冷凝器进行蒸馏，以 100mL 容量瓶接收馏出液（容量瓶浸在冰水浴中）。收集约 95mL 馏出液后，停止蒸馏，用水稀释至刻度，摇匀备用。

注：原酒样经蒸馏处理，有利于避免酒中固形物和高沸物对酒精含量测定的

影响，测出的酒精含量会高一些，高 0.15%～0.45%（体积分数）。同时这种蒸馏方法也容易造成酒精挥发损失和蒸馏回收不完全的负效应，使测定值偏低。所以在固形物不超标的情况下，采用不蒸馏直接测定法。

（2）酒精含量测量　同出池醅中酒精含量测定与计算方法。

2. 酒精计法

把蒸出的酒样（或原酒样）倒入洁净、干燥的 100mL 量筒中，同时测定酒精度及酒液温度。查附表 1-4 换算成 20℃时的酒精含量。

二、固形物

1. 原理

白酒经蒸发、烘干后，不挥发物质即为固形物含量。

2. 测定步骤

吸取酒样 50mL，注入已烘干恒重的 100mL 瓷蒸发皿内，于沸水浴上蒸发至干。然后于 100～105℃烘箱内干燥 2h。取出置于干燥器内冷却 30min 后称量。再烘 1h，于干燥器内冷却 30min 后称量。反复上述操作，直至恒重。

3. 计算

$$固形物含量(g/L) = (m - m_1) \times \frac{1}{50} \times 1000$$

式中　m——固形物和蒸发皿的质量，g；

　　　m_1——蒸发皿的质量，g；

　　　50——取样体积，mL。

三、总酸

1. 原理

白酒中的有机酸，以酚酞为指示剂，用 NaOH 标准溶液中和滴定，以乙酸计算总酸量。

2. 试剂

① 5g/L 酚酞指示剂。

② 0.1mol/L NaOH 标准溶液。

3. 测定步骤

吸取酒样 50mL 于 250mL 三角瓶中，加入酚酞指示剂 2 滴，用 0.1mol/L NaOH 标准溶液滴定至微红色。

4. 计算

$$总酸(以乙酸计,\%) = V \times c \times 0.0601 \times \frac{1}{50} \times 1000$$

式中　c——NaOH 标准溶液浓度，mol/L；

　　　V——消耗 NaOH 标准溶液的体积，mL；

0.0601——消耗 1mL 1mol/L NaOH 标准溶液相当于乙酸的质量，g/mmol；

50——取酒样体积，mL。

四、总酯

1. 中和滴定（指示剂）法

（1）原理 先用碱中和白酒中游离酸，再加一定量（过量）碱使酯皂化，过量的碱再用酸反滴定。

（2）试剂

① 5g/L 酚酞指示剂。

② 0.1mol/L NaOH 标准溶液。

③ 0.1mol/L 硫酸 $\left(\frac{1}{2}H_2SO_4\right)$ 标准溶液：取浓硫酸 3mL，缓缓加入适量水中，冷却后用水稀释至 1L。

标定：吸取 H_2SO_4 溶液 25mL 于 250mL 三角瓶中，加入 2 滴酚酞指示剂，以 0.1mol/L NaOH 标准溶液滴定至微红色。

计算公式如下：

$$c_1 = \frac{cV}{25}$$

式中 c_1——硫酸 $\left(\frac{1}{2}H_2SO_4\right)$ 标准溶液浓度，mol/L；

c——NaOH 标准溶液浓度，mol/L；

V——滴定消耗 NaOH 标准溶液体积，mL；

25——吸取 H_2SO_4 标准溶液体积，mL。

（3）测定步骤 吸取酒样 50mL 于 250mL 三角瓶中，加酚酞指示剂 2 滴，以 0.1mol/L NaOH 标准溶液滴定至微红（切勿过量），记录消耗体积可作总酸含量计算。再准确加入 0.1mol/L NaOH 标准溶液 25mL（若酒样中含酯量高可适当多加），摇匀，装上回流冷凝管，于沸水浴中回流 30min，取下冷却至室温。然后，用 0.1mol/L 硫酸 $\left(\frac{1}{2}H_2SO_4\right)$ 标准溶液滴定过量的 NaOH 溶液，使微红色刚好完全消失为终点，记录消耗的 0.1mol/L 硫酸 $\left(\frac{1}{2}H_2SO_4\right)$ 体积。

（4）计算

$$总酯（以乙酸乙酯计，\%）=(c \times 25 - c_1 \times V) \times 0.088 \times \frac{1}{50} \times 1000$$

式中 c——NaOH 标准溶液的浓度，mol/L；

25——皂化时加入 0.1mol/L NaOH 标准溶液的体积，mL；

c_1——硫酸 $\left(\frac{1}{2}H_2SO_4\right)$ 标准溶液的浓度，mol/L；

0.088——消耗 1mL 1mol/L NaOH 标准溶液相当于乙酸乙酯的质量，

g/mmol；

50——取酒样体积，mL。

2. 电位滴定法

（1）原理　与中和滴定法相同，终点用酸度计确定。

（2）试剂与仪器

① pH 8.0 缓冲溶液：分别取 46.1mL 0.1mol/L 的 NaOH 溶液，25mL 0.2mol/L 磷酸二氢钾溶液于 100mL 容量瓶中，用水稀释至刻度。

其他试剂同中和滴定法。

② 自动电位滴定仪（或附电磁搅拌器的 pH 计）。

（3）测定步骤：酒样中和与皂化同中和滴定法。当用 0.1mol/L 硫酸 $\left(\dfrac{1}{2}H_2SO_4\right)$ 标准溶液滴定时采用酸度计显示，滴定至 pH 9.0 时为终点。

（4）计算：同中和滴定法中计算。

五、杂醇油

杂醇油系指甲醇、酒精以外的高级醇类。它包括正丙醇、异丙醇、正丁醇、异丁醇、正戊醇、异戊醇、己醇、庚醇等。因杂醇油的沸点比酒精高，在酒尾中含量较高。杂醇油对人体的麻醉作用比酒精强，且在人体中停留时间长，能引起头痛等症状。杂醇油与有机酸酯化生成酯类，是酒中重要的香味成分。

1. 比色法

（1）原理　杂醇油的测定基于脱水剂浓硫酸存在下生成烯类与芳香醛缩合成有色物质，以比色法测定。

显色剂采用对二甲氨基苯甲醛，它对不同醇类呈色程度是不一致的，其显色灵敏度为异丁醇＞异戊醇＞正戊醇，而正丙醇、正丁醇、异丙醇等显色灵敏度极弱。作为卫生指标的杂醇油指异丁醇和异戊醇的含量，标准杂醇油采用异丁醇比异戊醇（1＋4）的混合液。

（2）试剂

① 5g/L 对二甲氨基苯甲醛硫酸溶液：取 0.5g 对二甲氨基苯甲醛溶于 100mL 浓硫酸中，于棕色瓶内，贮存于冰箱中。

② 无杂醇油酒精：取无水酒精 200mL，加入 0.25g 盐酸间苯二胺，于沸水浴中回流 2h。然后改用分馏柱蒸馏，收集中间馏分约 100mL。取 0.1mL 已制备的酒精，按酒样分析一样操作，以不显色为合格。

③ 杂醇油标准溶液：称取 0.08g 异戊醇和 0.02g 异丁醇（或吸取 0.26mL 异丁醇与 1.04mL 异戊醇）于 100mL 容量瓶中，加无杂醇油酒精 50mL，然后用水稀释至刻度，即浓度为 1mg/mL 的杂醇油标准溶液，贮存于冰箱中。

④ 杂醇油标准使用液：吸取杂醇油标准溶液 5mL 于 50mL 容量瓶中，加水稀释至刻度，即为 0.1mg/mL 的杂醇油标准使用液。

（3）测定步骤　标准曲线的绘制：取 6 支 10mL 比色管，分别吸取 0mL、0.1mL、0.2mL、0.3mL、0.4mL、0.5mL 杂醇油标准使用液，分别补水至 1mL。放入冰浴中，沿管壁加入 2mL 5g/L 对二甲氨基苯甲醛硫酸溶液，摇匀，放入沸水浴中加热 15min 后取出，立即冷却，并各加 2mL 水，混匀，冷却。于波长 520nm，1cm 比色皿测吸光度，绘制标准曲线。

吸取 1mL 酒样于 10mL 容量瓶中，加水稀释至刻度。混匀后吸取 0.3mL 置于 10mL 比色管中。同标准系列管一起操作测定吸光度。查标准曲线求得试样中杂醇油含量（mg）。

（4）计算

$$杂醇油含量(g/L) = m \times \frac{1}{V_2} \times 10 \times \frac{1}{V_1} \times \frac{1}{1000} \times 1000$$

式中　m——试样稀释液中杂醇油含量，mg；

V_2——测定时吸取稀释酒样体积，mL；

10——稀释酒样总体积，mL；

V_1——吸取酒样体积，mL。

（5）讨论

① 若酒中乙醛含量过高对显色有干扰，则应进行预处理：取 50mL 酒样，加 0.25g 盐酸间苯二胺，煮沸回流 1h，蒸馏，用 50mL 容量瓶接收馏出液。蒸馏至瓶中尚余 10mL 左右时加水 10mL，继续蒸馏至馏出液为 50mL 止。馏出液即为供试酒样。

② 酒中杂醇油成分极为复杂，故用某一醇类以固定比例作为标准计算杂醇油含量时，误差较大，准确的测定方法应用气相色谱法定量。

2. 气相色谱法

（1）原理　杂醇油测定采用气相色谱法，氢火焰离子化鉴定器，内标法定量。

（2）试剂

① 2%（体积分数）异丁醇标准溶液：吸取 2mL 标准异丁醇，用 60%（体积分数）乙醇稀释定容至 100mL。

② 2%（体积分数）异戊醇标准溶液：吸取 2mL 标准异戊醇，用 60%（体积分数）乙醇稀释定容至 100mL。

③ 2%（体积分数）乙酸正丁酯（或乙酸正戊酯）标准溶液，吸取 2mL 标准乙酸正丁酯（或标准乙酸正戊酯），用 60%（体积分数）乙醇稀释定容至 100mL。

（3）仪器　气相色谱仪，具有氢火焰离子化鉴定器。

① 毛细管色谱柱：LZP—930 白酒分析专用柱（柱长 18m，内径 0.53mm）或 FFAP 毛细管色谱柱（柱长 35～50m，内径 0.25mm，涂层 0.2μm）或其他具有同等分析效果的毛细管色谱柱。

毛细管色谱条件如下。

载气：流速约 0.5～1.0mL/min，分流比约 37：1，尾吹气约 20～30mL/min。

氢气：流速约 40mL/min。

空气：流速约 400mL/min。

检测器温度：220℃。

注样器温度：220℃。

柱温：起始温度 60℃，恒温 3min，以 3.5℃/min 程序升温至 180℃，继续恒温 10min。

② 填充柱：柱长 2m，内径 3mm。载体为 chromasorb w AW DMCS，60～80 目。固定液为 20％DNP（邻苯二甲酸二壬酯）加 7％吐温 80 或 10％PEG（聚乙二醇）20M。

填充柱色谱条件如下。

载气：流速约 20～30mL/min。

氢气：流速约 40mL/min。

空气：流速约 400mL/min。

柱温：90℃。

检测器温度：150℃。

注样器温度：150℃。

注：实际操作条件应是仪器选择的最佳条件，以内标峰与样品中其他组分峰完全分离为准。

（4）测定步骤

① 校正系数测定　吸取 1mL 2％（体积分数）异丁醇标准溶液、1mL 2％（体积分数）异戊醇标准溶液，置入 50mL 容量瓶中，加 1mL 2％（体积分数）内标溶液（DNP 柱内标为乙酸正丁酯，PEG 柱内标为乙酸正戊酯），用 60％（体积分数）乙醇稀释定容至 50mL。在一定的色谱条件下进样分析，求得异丁醇、异戊醇、内标峰高或峰面积，分别求得异丁醇与异戊醇校正系数。

校正系数计算

$$f = \frac{A_1}{A_2} \times \frac{d_2}{d_1}$$

式中　f——异丁醇或异戊醇校正系数；

A_1——内标峰高或峰面积；

A_2——异丁醇或异戊醇峰高或峰面积；

d_1——内标相对密度；

d_2——异丁醇或异戊醇相对密度。

② 样品测定　吸取 10mL 酒样，置入 10mL 容量瓶中，加 0.2mL 2％（体积分数）内标溶液，与 f 值测定相同条件下进样分析，求得异丁醇、异戊醇、

内标峰高或峰面积。

（5）计算

$$c = f \times \frac{A_3}{A_4} \times I$$

式中　c——样品中异丁醇或异戊醇含量，g/L；

　　　f——异丁醇或异戊醇校正系数；

　　　A_3——样品中异丁醇或异戊醇峰高或峰面积；

　　　A_4——添加于酒样中内标峰高或峰面积；

　　　I——添加于酒样中内标的质量浓度 0.352g/L。

杂醇油含量以异丁醇与异戊醇含量之和表示。

六、甲醇

甲醇为白酒中的有害成分，它在人体内有积累作用，能引起慢性中毒，使视觉模糊，严重时失明。薯干、谷糠、代用原辅料制的白酒中，甲醇含量较高。

1. 亚硫酸品红比色法

（1）原理　甲醇在磷酸介质中被高锰酸钾氧化为甲醛，过量的高锰酸钾被草酸还原，所生成的甲醛与亚硫酸品红（又称席夫试剂，Schiff）反应，生成醌式结构的蓝紫色化合物。

（2）试剂

①高锰酸钾-磷酸溶液：称取 3g 高锰酸钾，加入 15mL 85％磷酸与 70mL 水的混合液中。溶解后加水稀释至 100mL，贮于棕色瓶中。

②草酸-硫酸溶液：称取 5g 无水草酸或 7g 含 2 分子结晶水的草酸，溶于 100mL（1＋1）硫酸中，稀释至 100mL。

③亚硫酸品红溶液：称取 0.1g 碱性品红，置入 60mL 80℃的水中，使之溶解。冷却后加 10mL 100g/L 亚硫酸钠溶液（称取 1g 亚硫酸钠，溶于 10mL 水中）和 1mL 浓盐酸，再加水稀释至 100mL，放置过夜。如溶液有颜色，可加少量活性炭搅拌后立即过滤，贮于棕色瓶中，置暗处保存。溶液呈红色时，应弃去重新配制。

④甲醇标准溶液：称取 1.000g 甲醇或吸取密度为 0.7913g/mL 的甲醇 1.26mL，于 100mL 容量瓶中，加水稀释至刻度。此甲醇溶液浓度为 10mg/mL 置于低温下保存。

⑤甲醇标准使用液：吸取 10mL 甲醇标准液于 100mL 容量瓶中，用水稀释至刻度。此甲醇溶液浓度为 1mg/mL。

⑥无甲醇酒精：取 300mL 95％的酒精，加入少许高锰酸钾，蒸馏，收集馏出液。在馏出液中加入硝酸银溶液（1g 硝酸银溶于少量水中）和氢氧化钠溶液（1.5g 氢氧化钠溶于少量水中），摇匀，取上层清液蒸馏。弃去最初 50mL，收集中间馏出液约 200mL，用酒精计测定其酒精体积分数后，加水配成体积分数为

60%的无甲醇酒精溶液。取 0.3mL 按试样操作方法检查，不应显色。

（3）测定步骤

① 试样：根据酒中酒精浓度适当取样（体积分数 30% 取 1.0mL，40% 取 0.8mL，50% 取 0.6mL，60% 取 0.5mL），置于 25mL 比色管中，加水稀释至 5mL，以下操作同标准曲线绘制，测定吸光度，并从标准曲线求得甲醇含量（mg）。

② 标准曲线的绘制：取 6 支 10mL 比色管，分别加入甲醇标准使用液 0mL、0.2mL、0.4mL、0.6mL、0.8mL、1.0mL，各加 0.5mL 60% 无甲醇酒精溶液，分别补水至 5mL。

于试样管和标准管中各加 2mL 高锰酸钾-磷酸溶液，混匀，放置 10min。各加 2mL 草酸-硫酸溶液，混匀，使之退色。再各加 5mL 亚硫酸品红溶液，混匀，于室温（应在 20～40℃）静置反应 30min。用 1cm 或 2cm 比色皿，于波长 590nm 处测吸光度，绘制标准曲线（低浓度甲醇不成直线关系）。

（4）计算

$$甲醇(g/L) = m \times \frac{1}{V} \times \frac{1}{1000} \times 1000$$

式中　m——试样管中甲醇含量，mg；

　　　V——吸取酒样体积，mL。

2. 变色酸比色法

（1）原理　甲醇被高锰酸钾氧化成甲醛，过量高锰酸钾用偏重亚硫酸钠（$Na_2S_2O_5$）除去，甲醛与变色酸在浓硫酸存在下，先缩合，随之氧化，生成对醌结构的蓝紫色化合物，比色法测定。

（2）试剂

① 高锰酸钾-磷酸溶液：同亚硫酸品红比色法。

② 100g/L 偏重亚硫酸钠溶液：100g $Na_2S_2O_5$ 溶解于水，稀释至 1L。

③ 变色酸显色剂：称取 0.1g 变色酸溶于 10mL 水中，边冷却，边加 90mL 90%（质量分数）硫酸。移入棕色瓶中，置于冰箱中保存，有效期为 1 周。

④ 10g/L 甲醇标准液：同亚硫酸品红比色法。

⑤ 甲醇标准使用液：同亚硫酸品红比色法。

（3）测定步骤　标准系列管与样品管的制备同亚硫酸品红比色法。

然后根据样品中甲醇含量，选择 4～5 个不同浓度的甲醇标准使用液各取 2mL，分别置入 25mL 比色管中。

在样品管和标准系列管中各加高锰酸钾-磷酸溶液 1mL，放置 15min。加 100g/L 的偏重亚硫酸钠 0.6mL，使脱色。在外加冰水冷却的情况下，沿管壁加变色酸显色剂 10mL，摇匀，置于 70℃±1℃ 水浴中 20min 后，取出冷却 10min。立即用 1cm 比色皿在 570mn 波长处，测定吸光度，绘制标准曲线（呈直线关系）。

（4）计算　同亚硫酸品红比色法中计算。

3. 气相色谱法

（1）原理　同杂醇油的气相色谱法测定。

（2）试剂

① 2%（体积分数）甲醇标准溶液：吸取 2mL 标准甲醇，用 60%（体积分数）乙醇稀释定容至 100mL。

② 内标溶液同杂醇油气相色谱分析。

（3）仪器　仪器与色谱条件同杂醇油气相色谱分析。

（4）测定步骤

① 校正系数测定　吸取 1mL 2%（体积分数）甲醇标准溶液，置于 50mL 容量瓶中，加 1mL 2%（体积分数）内标溶液，用 60%（体积分数）乙醇稀释定容至 50mL。在一定的色谱条件下进样分析，求得甲醇与内标峰高或峰面积。

校正系数公式如下：

$$f = \frac{A_1}{A_2} \times \frac{d_2}{d_1}$$

式中　f——甲醇校正系数；

　　　A_1——内标峰高或峰面积；

　　　A_2——甲醇峰高或峰面积；

　　　d_1——内标相对密度；

　　　d_2——甲醇相对密度。

② 样品测定　吸取 10mL 酒样，置入 10mL 容量瓶中，加 0.2mL 2%（体积分数）内标溶液，与 f 值测定相同条件下进样分析，求得甲醇与内标峰高或峰面积。

（5）计算

$$c = f \times \frac{A_3}{A_4} \times I$$

式中　c——样品中甲醇含量，g/L；

　　　f——甲醇校正系数；

　　　A_3——样品中甲醇峰高或峰面积；

　　　A_4——添加于酒样中内标峰高或峰面积；

　　　I——添加于酒样中内标的质量浓度，0.352g/L。

七、铅

1. 双硫腙比色法

（1）原理　酒样经消化后，在 pH 8.5～9.0 条件下，铅离子与双硫腙（dithizone）作用生成红色络合物。该络合物溶于三氯甲烷，与标准系列进行比较定量。

（2）试剂

① 氨水（1+1）。

② 6mol/L HCl 溶液。

③ 酚红指示剂：1g/L 酒精溶液。

④ 200g/L 盐酸羟胺溶液：取 20g 盐酸羟胺，加水溶解至约 50mL，加 2 滴酚红指示剂，用（1+1）氨水调至 pH 8.5～9.0（由黄变红，再多加 2 滴），用双硫腙-三氯甲烷使用液提取至三氯甲烷层绿色不变为止。再用三氯甲烷洗 2 次，弃去三氯甲烷层，水层滴加 6mol/L HCl 至呈酸性，用水稀释至 100mL。

⑤ 200g/L 柠檬酸铵溶液：称取 50g 柠檬酸铵，溶于 100mL 水中，加 2 滴酚红指示剂，用（1+1）氨水调至 pH 8.5～9.0，用双硫腙-三氯甲烷使用液抽提，至三氯甲烷层绿色不变为止。弃去三氯甲烷层，再用三氯甲烷洗 2 次。弃去三氯甲烷层，水层用水稀释至 250mL。

⑥ 100g/L 氰化钾溶液。

⑦ 双硫腙溶液：1g/L 三氯甲烷溶液，于冰箱中保存，必要时用下述方法纯化。

称取 0.5g 研细的双硫腙，溶于 50mL 三氯甲烷中。如不能完全溶解，可用滤纸过滤于 250mL 分液漏斗中，用（1+99）的氨水抽提 3 次，每次 100mL，将水层用棉花过滤至 500mL 分液漏斗中，用 6mol/L HCl 调至酸性，将沉淀出的双硫腙用三氯甲烷提取 2～3 次，每次 20mL，合并三氯甲烷层，用等量水洗涤，弃去洗涤液，在 50℃水浴上蒸除三氯甲烷，精制的双硫腙置硫酸干燥器中干燥备用。

⑧ 双硫腙使用液：吸取 1.0mL 双硫腙溶液，加 100mL 三氯甲烷。

⑨ 铅标准溶液：准确称取硝酸铅 0.1598g，加 10mL 1%（体积分数）硝酸，溶解后用水定容至 100mL，此溶液含铅量为 1mg/mL。

⑩ 铅标准使用液：吸取 1mL 铅标准溶液，于 100mL 容量瓶中，用水稀释至刻度，其浓度为 10μg/mL 铅。

（3）测定步骤

① 样品消化：吸取 20mL 酒样于 250mL 定氮瓶中，先用小火加热除去酒精，再加 5～10mL 浓硝酸混匀后，沿壁加入浓硫酸 10mL，放置片刻。用小火加热，待作用缓和，放冷。再沿壁加入 10mL 浓硝酸。再加热，至瓶中液体开始变成棕色时，不断沿壁滴加浓硝酸至有机质分解完全。再加大火力，至产生白烟，溶液呈无色或微黄色后，放冷。

加 20mL 水煮沸，除去残余的硝酸至产生白烟为止。如此处理 2 次。放冷后移入 100mL 容量瓶中，用水洗涤定氮瓶，洗液并入容量瓶中。放冷、定容至刻度，混匀。

用与消化酒样同量的硝酸-硫酸，按同样方法做试剂空白试验。

② 测定：吸取酒样消化溶液和空白液各 20mL，分别置于 125mL 分液漏

斗中。

吸取 0mL、0.1mL、0.2mL、0.3mL、0.4mL、0.5mL 铅标准使用液，分别置于 125mL 分液漏斗中，分别补水至 20mL。

于试样、空白和铅标准液的分液漏斗中各加 2mL 200g/L 柠檬酸铵溶液，1mL 200g/L 的盐酸羟胺溶液和 2 滴酚红指示剂，用（1＋1）氨水调至红色。再各加 2mL 200g/L 氰化钾溶液，混匀。各加 10mL 双硫腙使用液，剧烈振摇 1min，静置分层后，把三氯甲烷层经脱脂棉滤入 1cm 比色杯中，以零管为空白，于波长 510nm 处测吸光度，绘制标准曲线，或用目测法比较。

（4）计算

$$铅含量(mg/L) = (m - m_0) \times \frac{1}{V_1} \times V_2 \times \frac{1}{V} \times \frac{1}{1000} \times 1000$$

式中　m——酒样消化液中铅的质量，μg；

　　　m_0——试剂空白液中铅的质量，μg；

　　　V_1——酒样消化后定容总体积，mL；

　　　V_2——测定用消化液体积，mL；

　　　V——吸取酒样体积，mL。

（5）讨论

① 双硫腙法测铅灵敏度很高，故对所用试剂和溶剂都要检查是否含铅，必要时需经纯化处理。双硫腙并非铅的专一试剂，它能对许多金属离子呈色，为避免其他离子干扰铅的测定，可采用下列方式：控制 pH 8.5～9.0；加入络合剂氰化钾，使许多金属离子成稳定的络合物而被掩蔽；加入柠檬酸铵，以防碱性条件下碱土金属沉淀；加入还原剂盐酸羟胺，防止三价铁离子使双硫腙氧化。

② 酚红指示剂变色范围 pH 6.8～8.0，色变从黄色到红色。在 pH＜6.8 酸性条件下也呈红色，因酒样是酸性，故呈红色，用氨水调至由红变黄再变红为止。

③ 试样简易处理法：吸取 4mL 酒样，置入 50mL 烧杯中，于沸水浴中蒸干，加 10mL（1＋1）HCl 溶液，继续蒸干，加 2mL 10％（体积分数）HCl 溶解残渣，转入分液漏斗中，用热水洗涤约 20mL。以下操作同标准曲线绘制。

2. 原子吸收分光光度法

（1）原理　酒样直接导入原子吸收分光光度计中，原子化后，吸收 283.3nm 共振线，其吸收值与铅含量成正比，可与标准系列比较定量。

（2）试剂与仪器

① 0.5％（体积分数）硝酸：取 1mL 浓硝酸，加水稀释至 200mL。

② 铅标准溶液：准确称取金属铅（99.99％）1.0000g，分次加入 6mol/L 硝酸（总量不超过 37mL）。使铅溶解后移入 1L 容量瓶中，再用水稀释至刻度。此溶液铅含量为 1mg/mL。

③ 铅标准使用液：准确吸取 10mL 铅标准液，于 100mL 容量瓶中，用

0.5%（体积分数）硝酸稀释至刻度后摇匀。再从中吸取 1mL 于 100mL 容量瓶中，用 0.5%（体积分数）硝酸稀释至刻度。此溶液铅含量为 $1\mu g/mL$。

④ 原子吸收分光光度计。

（3）测定步骤

吸取 0mL、0.5mL、1.0mL、2.0mL、3.0mL、4.0mL 铅标准使用液（$1\mu g/mL$），分别置入 100mL 容量瓶中，用 0.5（体积分数）硝酸溶液稀释定容至刻度，摇匀。

将试样、试剂空白液和标准系列液分别进行测定。

空气-乙炔火焰条件：灯电流 7.5mA；波长 283.3nm；狭缝 0.2nm；空气流量 7.5L/min；乙炔流量 1L/min；火焰高度 3mm；灯背景校正。

石墨炉条件：灯电流 5~7mA；波长 283.3nm；干燥温度 120℃，20s；灰化温度 450℃，持续 15~20s；原子化温度 1700~2300℃，持续 4~5s；灯背景校正。

以铅浓度对吸光度绘制标准曲线，试样吸光度从标准曲线中求得铅含量。

（4）计算

$$铅含量(mg/L) = (m - m_0) \times \frac{1}{V} \times \frac{1}{1000} \times 1000$$

式中　m——试样中铅的含量，μg；

　　　m_0——试剂空白中铅的含量，μg；

　　　V——取酒样体积，mL。

八、锰

1. 原理

利用原子吸收分光光度法测定。试样经湿法消化，火焰原子化器，标准系列法定量。

2. 试剂与仪器

（1）锰标准溶液　吸取 10mL 锰标准溶液（1mg/mL），置入 100mL 容量瓶中，用 0.5mol/L 硝酸溶液稀释定容至刻度。此溶液浓度为 $100\mu g/mL$。

（2）0.5mol/L 硝酸溶液　吸取 30mL 浓硝酸，用水稀释至 1000mL。

（3）高氯酸-硝酸溶液（1+4）。

（4）原子吸收分光光度计　空气-乙炔火焰，波长 279.5nm，其他操作条件：仪器狭缝、空气及乙炔流量、灯头高度、灯电流等均按使用的仪器说明调至最佳状态。

3. 操作步骤

（1）标准曲线绘制　吸取 0mL、0.5mL、1.0mL、2.0mL、3.0mL、4.0mL 锰标准溶液（$100\mu g/mL$），置入 200mL 容量瓶中，用 0.5mol/L 硝酸溶液稀释定容至刻度，摇匀。进样分析，绘制锰浓度对吸光度的标准曲线。

（2）试样分析　吸取 10mL 酒样，置入 50mL 烧杯中，在电热板上加热蒸发至约 1~2mL，加 5mL 高氯酸-硝酸溶液（1＋4），继续加热至冒白烟，冷却，用水定容至 10mL。

另取 10mL 水，同上操作，做空白试验。

在相同的操作条件下进样分析，并从标准曲线中求得试样中锰含量（mg/L）。

4. 计算

$$锰(mg/L) = (m - m_0) \times \frac{1}{V} \times \frac{1}{1000} \times 1000$$

式中　m——试样从标准曲线中求得锰含量，μg；

m_0——空白样从标准曲线中求得锰含量，μg；

V——测定时吸取酒样体积，mL。

九、糠醛

白酒中糠醛由多缩戊糖热分解生成，也是香味成分之一，在酱香、芝麻香型酒中含量较高。

1. 原理

糠醛与盐酸苯胺反应生成樱桃红色物质，用比色法测定。

首先苯胺与盐酸反应生成盐酸苯胺，然后再与糠醛反应，脱水后呈色。具体反应如下：

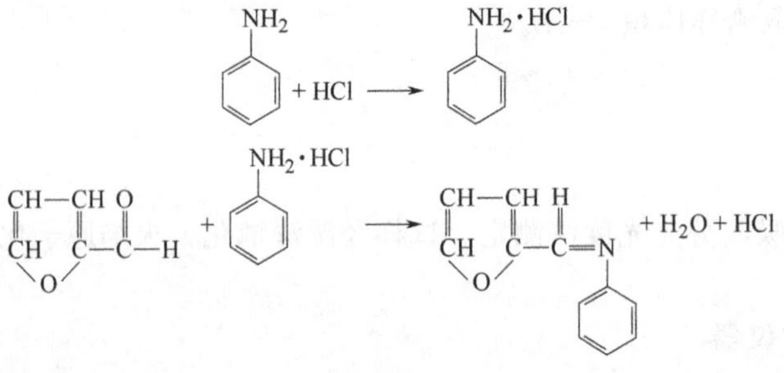

2. 试剂

（1）相对密度为 1.125 的 HCl 溶液　取浓盐酸 350mL，用水稀释至 500mL。

（2）苯胺　应为无色，否则重新蒸馏，收集沸点为 184℃ 馏出物，贮于棕色瓶中。

（3）体积分数为 50% 的酒精溶液。

（4）糠醛标准溶液　糠醛易氧化变成黑色，需重新蒸馏，收集沸点为 162℃ 馏出液，于棕色瓶中保存。吸取 0.87mL 新蒸馏的糠醛，用 50% 的酒精定容至 100mL，1mL 含 10mg 糠醛。

（5）糠醛标准使用液　吸取 1mL 糠醛标准溶液，用 50% 的酒精稀释至 100mL，1mL 含糠醛 100μg。

3. 测定步骤

（1）标准系列管制备　取 6 支 50mL 比色管，分别加入糠醛标准使用液 0mL、0.1mL、0.2mL、0.3mL、0.4mL、0.5mL，用 50％的酒精稀释至 25mL。其糠醛含量分别为 $0\mu g$、$10\mu g$、$20\mu g$、$30\mu g$、$40\mu g$、$50\mu g$。

（2）试样制备　糠醛与盐酸苯胺呈色反应的灵敏度与酒精含量有关，故试样管的酒精含量应与标准系列保持一致。当酒样酒精含量大于 50％时，应用水先稀释至 50％，酒样体积计算如下：

$$V = \frac{10 \times 50}{c}$$

式中　V——吸取酒样体积，mL；

　　　10——将酒样稀释至 10mL；

　　　50——酒样稀释后的酒精体积分数，％；

　　　c——酒样的酒精体积分数，％。

测定时取 V（mL）酒样加水稀释至 10mL。

若酒样的酒精体积分数低于 50％时，则取一定量酒样加 95％酒精，使试样的酒精体积分数达到 50％。若原酒样的酒精体积分数为 35％，则酒样体积 V' 计算式如下：

$$10 \times 50 = 35 \times V' + 95(10 - V')$$

$$V' = \frac{950 - 500}{95 - 35} = 7.5 \text{（mL）}$$

测定时取 V'mL 酒样，用 95％的酒精定容至 10mL。

根据酒样的酒精体积分数取 V（或 V'mL）于 50mL 比色管中，用水稀释至 10mL。再加 15mL 50％的酒精溶液，使总体积为 25mL。

（3）显色测定　在标准系列和试样制备液中，各加 1mL 苯胺、0.25mL 相对密度为 1.125 的盐酸溶液，加盖，摇匀。在室温（不低于 20℃）条件下显色 20min，用分光光度计 1cm 比色皿，在 510nm 波长条件下，以标准系列中零管为空白测定吸光度，绘制标准曲线，求得酒样中糠醛含量。也可用目测法将试样与标准系列进行比较。

4. 计算

$$糠醛含量（mg/L） = \frac{m}{V}$$

式中　m——试样管与标准系列中色泽相当的管中糠醛质量，μg；

　　　V——酒样体积，mL。

十、乙酸乙酯与己酸乙酯

1. 原理

清香型白酒需测定乙酸乙酯含量，浓香型白酒需测定己酸乙酯含量。测定方法采用气相色谱法，色谱柱为 DNP 混合柱（或 PEG20M 柱），氢火焰离子化检测器，内标法定量。

2. 试剂与仪器

(1) 2%（体积分数）乙酸乙酯（或己酸乙酯）的50%（体积分数）乙醇溶液。

(2) 气相色谱仪，氢火焰离子化检测器。

色谱柱和色谱条件同杂醇油测定。

3. 测定步骤

(1) 校正系数的测定 吸取1mL 2%（体积分数）标准溶液及1mL 2%（体积分数）内标溶液，用50%乙醇稀释定容至50mL，进样分析。

其计算公式如下：

$$f = \frac{A_1}{A_2} \times \frac{d_2}{d_1}$$

式中 f——乙酸乙酯（或己酸乙酯）校正系数；

A_1——内标峰面积；

A_2——乙酸乙酯（或己酸乙酯）峰面积；

d_1——内标物相对密度；

d_2——乙酸乙酯（或己酸乙酯）相对密度。

(2) 酒样测定 吸取10mL酒样，加0.2mL 2%（体积分数）内标溶液，摇匀，进样分析。

4. 计算

$$c = f \times \frac{A_3}{A_4} \times 0.352$$

式中 c——酒样中乙酸乙酯（或己酸乙酯）含量，g/L；

f——校正系数；

A_3——乙酸乙酯（或己酸乙酯）峰面积；

A_4——内标峰面积；

0.352——酒样中添加内标量，g/L。

第二章　啤酒生产分析检验

第一节　原料分析

一、大麦分析

1. 物理检验

（1）夹杂物　称取试样 200.0g（准确至 0.1g），拣出其他植物种子、秸秆、土石、杂质等非大麦物质及麸皮、病害粒，称其质量，计算所占的百分数。结果取一位小数。

（2）破损率　称取试样 200.0g（准确至 0.5g），拣出破粒、半粒，称其质量，计算所占的百分数。结果取一位小数。

（3）千粒重　称取试样 40.0g（准确至 0.1g），用计数器或默记法数出样品的粒数。

$$试样的千粒重(以绝干计,g)=\frac{40.0}{n}\times 1000\times \frac{1}{1-w}$$

式中　w——样品的水分含量，％；

　　　n——样品的粒数。

2. 水分

（1）原理　样品于 105～107℃直接干燥，所失质量的百分数即为该样品的水分。

（2）仪器

① 有盖铝制或玻璃制称量皿。

② 电热干燥箱，控温 106℃±1℃。

③ 干燥器，用变色硅胶作干燥剂。

（3）测定步骤　取经除杂且均匀的大麦样品，采用 DLFU 盘式粉碎机（Bühler-Ming），盘间距为 0.2mm，或相似类型的粉碎机，进行粉碎后，即得到细粉样品。准确称取细粉样品 5.0000g 于已烘至恒重的称量皿中，将称量皿置于 106℃±1℃电热干燥箱内，取下盖子，烘 3h。趁热盖上盖子移入干燥器内冷却，30min 后称量，然后再放入电热干燥箱内烘 1h，称量，直至恒重。前后两次质量差不超过 2mg，即为恒重。

（4）计算

$$试样的水分含量(\%) = \frac{m_1 - m_2}{m_1 - m}$$

式中　m——称量皿的质量，g；

　　m_1——烘干前称量皿和样品的质量，g；

　　m_2——烘干后称量皿和样品的质量，g。

（5）讨论　在此温度下大麦所失去的是挥发性物质的总量，不完全是水，而且大麦中结合水的排除比较困难，因此测出的并不是大麦的真正水分。

3. 蛋白质

（1）原理　在催化剂作用下，用硫酸分解样品，使蛋白质中的氮转变成氨，并与过量硫酸生成硫酸铵，固定在消化液中，将消化液加碱中和过量硫酸，使硫酸铵生成氢氧化铵，加热使氨蒸出，以硼酸溶液吸收蒸馏出的氨，生成四硼酸铵，以溴甲酚绿-甲基红为指示剂，用标准酸滴定，测定氮含量，再换算成蛋白质含量。

（2）仪器与试剂

① 凯氏定氮仪，自行组装的仪器或成套仪器（如 Tecator 的 Kjeltec 系列定氮仪或相同质量的仪器）。

② 400g/L NaOH 溶液。

③ 40g/L 硼酸溶液。

④ 0.1mol/L HCl 标准溶液，用无水碳酸钠或 NaOH 标准溶液标定。

⑤ 混合催化剂：将硫酸钾、二氧化钛、硫酸铜按 10∶0.3∶0.3 的比例混合，并研细。

⑥ 溴甲酚绿混合指示液：按 10∶7 的比例吸取 1g/L 溴甲酚绿乙醇溶液和 1g/L 甲基红乙醇溶液混合。

（3）测定步骤　成套仪器按使用说明书进行样品测定。自行组装的仪器按下述方法进行操作。

① 样品消化：准确称取细粉样品 1.5000g，置入 250mL 已干燥的凯氏烧瓶中，加入混合催化剂 10g，缓缓加入浓硫酸 20mL，轻轻摇匀，在通风橱内文火加热至泡沫停止发生后，再大火加热。等溶液清亮后，再继续加热 20～30min。

② 碱化蒸馏：在 500mL 烧瓶中预先加入约 50mL 水，将消化液转入烧瓶中，用约 100mL 水洗涤，连接定氮球及冷凝蒸馏装置，馏出管尖端插入已盛有 40g/L 硼酸溶液 25mL 和溴甲酚绿混合指示液 0.5mL 的三角瓶中。在烧瓶中加入几粒玻璃珠，徐徐加入 80mL 400g/L 的 NaOH 溶液，立即加热蒸馏，蒸至烧瓶内残液减少到 1/3 时，打开定氮球与烧瓶的塞口处，停止加热，用水冲洗冷凝管及流出液管。

③ 滴定：用 0.1mol/L HCl 标准溶液滴定馏出液，颜色由绿色消失转变为灰色即为终点。记录消耗 HCl 标准溶液的毫升（mL）数。

同时进行空白试验。

（4）计算

$$氮含量(以绝干计,\%)=(V-V_0)\times c\times0.014\times\frac{1}{m}\times100\times\frac{1}{1-w}$$

$$蛋白质含量(以绝干计,\%)=氮含量\times6.25$$

式中　V_0——空白滴定时消耗 HCl 标准溶液的体积，mL；

　　　V——试样滴定时消耗 HCl 标准溶液的体积，mL；

　　　c——HCl 标准溶液的浓度，mol/L；

　0.014——消耗 1mL 1mol/L HCl 标准溶液相当于氮的质量，g/mmol；

　　　m——试样的质量，g；

　　　w——试样的水分，%；

　6.25——氮与蛋白质的换算系数。

（5）讨论

① 消化时间视样品中脂肪和蛋白质的含量而定，一般样液呈现清亮绿色后再消化 30min。

② 蒸馏完毕应先将三角瓶下降，使馏出管尖端离开液面，然后再撤离电炉，否则会引起硼酸倒吸。

4. 脂肪

（1）原理　大麦粉碎后干燥，经过脂肪抽提装置，在一定温度下以有机溶剂提取所得脂肪含量。

（2）仪器与试剂

① EBC 粉碎机：使用 1mm 筛，否则样品渗透不完全。

② Soxhlet 浸出抽提器：如果是磨口玻璃，不能用润滑油。

③ 恒温水浴。

④ 无水乙醚。

（3）测定步骤　大麦粉碎后，在 100～105℃烘箱中干燥 3h。

准确称取样品 10g 左右，用滤纸将样品包好，不能泄漏，置于抽提管内。将抽提烧瓶恒重（m_1）后，加入 2/3 体积的无水乙醚，连接在抽提器上。

接上回流冷凝管，加热，样品回流抽提 5h（约虹吸 50 次）；取下抽提瓶，于沸水浴中蒸发（或回收）乙醚至干，将抽提瓶中残留物在 105～107℃下干燥约 30min，在干燥器内冷却，称重（m_2）。直至恒重（前后两次质量差不超过 0.001g 为恒重）。

（4）计算

$$脂肪含量(以绝干计,\%)=\frac{m_2-m_1}{m}\times100$$

式中　m——样品的质量，g。

5. 浸出物

（1）原理　利用麦芽浸出液所含多种酶，在一定温度下的综合水解性能，促进大麦内容物的分解，然后测出浸出物的相对密度，从而求得样品浸出物质量。

（2）仪器　附温密度瓶。

（3）测定步骤

① 麦芽浸出液的制备：称取 100g 浅色粉碎麦芽，加 400mL 水混合均匀，在 20℃下浸渍 2～3h，并不断搅拌。滤纸过滤，如滤液不清，要反复过滤。用密度瓶法测定滤液的相对密度，从附表 2-1 中查出 100g 浸出液中浸出物的克数。

② 样品测定：称取细粉含量占 85%～90%大麦样品 25g 于一已知质量的烧杯中，加入 100mL 麦芽浸出液，搅匀，在 14～18℃下静置 15h。将烧杯置于70℃水浴中保温 1h，并搅拌。冷却，加水使其总质量为 250g。搅拌，用滤纸过滤。用密度瓶测定滤液的相对密度，并从附表 2-1 中查出浸出物的克数。

（4）计算

$$浸出物含量（\%）=\frac{4\left[\dfrac{w_2\left(250-25+\dfrac{w}{4}-Dw_1\right)}{100-w_2}-Dw_1+0.09\right]}{100-w}$$

$$=\frac{(899.64+w)w_2-400Dw_1+36}{100-w_2}\times\frac{1}{100-w}$$

式中　w_1——100g 麦芽浸出液中含有的浸出物，g；

　　　w_2——100g 大麦糖化醪中含有的浸出物，g；

　　　D——麦芽浸出液的相对密度；

　　　w——100g 大麦样品中的水分含量，g；

　0.09——100mL 麦芽浸出液糖化时，升温到 70℃时有一部分含氮物质凝析出来，使浸出物减少的平均数。

（5）讨论

① 准确控制糖化时间和温度。

② 选择高糖化力（>300WK）和高活力 α-淀粉酶的麦芽作为糖化剂的麦芽，其浸出液应有 4.5%～5%的浸出物。

二、麦芽分析

1. 协定糖化法

（1）仪器

① DLFU 盘式粉碎机（Buhler-Ming），盘间距为 0.20mm，进行粉碎后，即得到细粉样品。

② 糖化杯和搅拌器，不锈钢或纯镍或黄铜制成的糖化杯。

③ 糖化器，应装有合适的加热装置和温度调节装置，搅拌速度 80～100r/min。

（2）操作步骤　称取约 55g 麦芽，用 DLFU 盘式粉碎机粉碎，将粉碎麦芽用匙混合均匀。

称取细粉样品 50.0g（准确至 0.1g）于已知质量的糖化杯（500～600mL 专用金属杯或烧杯）中，加入 46℃ 的水 200mL，在不断搅拌下于 45℃ 水浴中保温 30min。

使醪液以 1℃/min 的升温速度，在 25min 内升至 70℃，此时于杯内加入 70℃ 的水 100mL；醪液于 70℃ 下保温 1h 后，在 10～15min 内迅速冷至室温。

用水冲洗搅拌器，擦干糖化杯外壁，加水使其内容物准确称量至 450.0g。用玻璃棒搅动糖化醪，并用中速滤纸过滤，将最初收集的 100mL 滤液返回重滤，收集滤液于一干燥三角瓶中。

（3）讨论　每次制备的糖化麦芽汁，必须在 4h 内测定完毕。

2. 水分

同大麦水分测定。

3. 浸出物

（1）原理　用协定糖化法制得麦芽汁，然后用密度瓶法测定相对密度，根据相对密度查附表 2-1，求得麦芽汁的浸出物含量，再计算成麦芽的浸出物含量。

（2）仪器

① 附温密度瓶，25mL。

② 高精度恒温水浴，精度为 ±0.1℃。

（3）测定步骤

① 将煮沸后冷至 15℃ 的水注满于一洗净、干燥、恒重的密度瓶内，插入温度计（瓶中应无气泡），立即浸入 20℃±0.1℃ 高精度恒温水浴中，待内容物温度达 20℃ 时，用滤纸吸去溢出支管的水，盖上小帽，擦干瓶壁，直到密度瓶升至室温后擦干，准确称量至小数点后第 4 位。

② 将水倒去，用协定糖化法制得麦芽汁反复冲洗密度瓶 2～3 次，然后注入麦芽汁，按①进行同样操作，计算出 20℃ 时麦芽汁的相对密度，然后从附表 2-1 中查得相应的麦芽汁的浸出物含量 G。再用下式求得麦芽的浸出物含量：

$$麦芽浸出物（以绝干计，\%）=\frac{(800-w)G}{100-G}\times\frac{1}{100-w}$$

式中　G——麦芽汁的浸出物，g/100g；

　　　w——麦芽的水分，g/100g。

（4）讨论　密度瓶称量前必须将温度调整到室温，否则在室温高于 20℃ 时，称量过程会因为水气在瓶的外壁冷凝而引起误差。

4. 色度

（1）原理　将麦芽汁注入比色皿中，通过 EBC 比色计（或 SD 色度仪），与标准色盘进行比较，确定麦芽汁的色度，即为麦芽色度。

（2）仪器和试剂

① EBC 比色计（或 SD 色度仪）。

② 比色皿 25mm 或 40mm。

③ 哈同溶液（Hartong's Solution）：称取重铬酸钾（$K_2Cr_2O_7$）0.100g和亚硝酰铁氰化钠（$Na_2[Fe(CN)_5NO]\cdot2H_2O$）3.500g，用水溶解并定容至1000mL，贮于棕色瓶中，置于暗处24h后使用。该溶液每月配制一次。

（3）测定步骤

① 仪器视觉校正：将哈同溶液注入40mm比色皿中，用比色计测定，其标准读数是15EBC单位。若有偏差，在测定样品时，应用下式校正：

$$E=\frac{15E_1}{E_2}$$

式中　E——麦芽（麦芽汁）的色度，EBC单位；

　　　E_1——测定麦芽汁时的读数，EBC单位；

　　　E_2——测定哈同溶液时的读数，EBC单位；

　　　15——换算系数，EBC单位。

② 测定：取协定糖化法制备好的麦芽汁，注入比色皿中，放入比色计内，与标准色盘进行比较，并读数。测定浓（着）色、黑色麦芽时，应适当稀释，然后再比色。

注：无论采用何种规格的比色皿，其结果都应折算为25mm比色皿的值。

在重复性条件下获得的两次测定结果之差不大于0.25EBC。

5. pH

（1）原理　将玻璃电极和甘汞电极同时插入协定糖化麦汁中，构成一个原电池。两极间的电动势与水样的pH有关，通过测量原电池的电动势，即可得到协定糖化麦汁的pH。

（2）仪器和试剂

① 酸度计：测量范围pH 0～14，最小分度为0.02pH。

② pH标准缓冲溶液。

（3）测定步骤　按仪器说明书校正pH计，并注意校正和测量时温度一致。

将电极和小烧杯用水冲洗干净，再用样品冲洗6～8次，将电极插入盛有样品的小烧杯中，测量样品的pH。

（4）讨论　新的玻璃电极在使用前，必须在水中或0.1mol/L HCl中浸泡一昼夜以上，不用时也应浸泡在水中。

6. 总酸

（1）原理　使用酸度计，用0.1mol/L NaOH标准溶液滴定样品，滴定至pH 9.0作为终点，由NaOH消耗量来计算麦汁总酸。

（2）仪器和试剂

① 酸度计：最小分度为0.02pH。

② 磁力搅拌器。

③ 0.1mol/L NaOH标准溶液。

（3）测定步骤　用pH标准缓冲溶液校正酸度计，用清水进行冲洗，并用洁净滤纸吸干电极表面。

吸取 50mL 协定糖化麦汁放入干燥的烧杯中，将电极放入协定糖化麦汁中，打开磁力搅拌器，用 NaOH 标准溶液滴定，直至终点 pH9.0，记录消耗 NaOH 溶液的体积。

（4）计算　总酸以 100mL 麦芽汁或 100g 无水麦芽消耗 1mol/L NaOH 溶液的 mL 数表示。

$$总酸(mL/100mL 麦芽汁)=V \times c \times \frac{1}{V_1} \times 100$$

$$总酸(mL/100g 无水麦芽)=V \times c \times \frac{1}{V_1} \times 100 \times \frac{E}{DG}$$

式中　c——NaOH 标准溶液浓度，mol/L；

V——NaOH 标准溶液消耗体积，mL；

V_1——协定糖化麦汁取样量，mL；

E——无水麦芽浸出物，%；

D——麦芽汁相对密度；

G——麦芽汁中浸出物，g/100g。

（5）讨论　在协定麦汁中，有机酸有较强的缓冲能力，滴定终点没有明显的 pH 突跃，因此在滴定时要注意酸度计的平衡。

7. 还原糖

（1）原理　还原糖中的自由醛基，在碱性溶液中能将二价铜还原成氧化亚铜，滴定终点用亚甲基蓝指示剂显示。

（2）试剂

① 斐林试剂

a. A 液（硫酸铜溶液）：称取硫酸铜($CuSO_4 \cdot 5H_2O$)69.278g，溶于水并稀释至 1000mL。

b. B 液（碱性酒石酸盐液）：称取酒石酸钾钠 346g 和 NaOH 100g，溶于水并稀释至 1000mL。

② 亚甲基蓝指示剂：取 1g 亚甲基蓝，溶于水并稀释至 100mL，置于棕色试剂瓶中。

③ 2g/L 葡萄糖标准溶液：准确称取 0.5000g 无水葡萄糖（105℃烘 2h）溶于水并定容至 250mL。

（3）测定步骤

① 斐林试剂标定：在 250mL 锥形瓶中加入 A 液、B 液各 5mL，加水 20mL，从滴定管中预先加入 2g/L 葡萄糖标准溶液约 24mL，加热至沸，并保持微沸 2min，加 2 滴亚甲基蓝指示剂，继续用 2g/L 葡萄糖标准溶液滴定至蓝色消失，要求 3min 滴完。

$$f_1=\frac{0.5000}{250} \times V$$

$$f_2 = \frac{0.5000}{250} \times V \times 1.612$$

式中　f_1——10mL斐林试剂相当的葡萄糖量，g；

　　　f_2——10mL斐林试剂相当的麦芽糖量，g；

　　　V——消耗葡萄糖标准溶液总体积，mL。

② 预滴定：根据样品中还原糖的含量，稀释10～20倍，使滴定量在15～50mL之间。在250mL锥形瓶中先加入A液、B液各5mL，加20mL水，加热使其于5min内沸腾，在沸腾状态下用稀释麦芽汁滴定，至蓝色即将消失时，加1～2滴亚甲基蓝指示剂，继续滴至蓝色消失，记录所用稀释麦芽汁的数量。

③ 正式滴定：在250mL锥形瓶中先加入A液、B液各5mL，加20mL水，再加入比预滴定时少1mL左右的稀释麦芽汁，沸腾2min后加2滴指示剂，继续用稀释麦芽汁滴定至蓝色消失，记下消耗稀释麦芽汁体积（V）。

（4）计算

$$\text{总还原糖（以麦芽糖计，g/100mL）} = \frac{f_2 \times n}{V} \times 100$$

式中　n——稀释倍数。

（5）讨论　本测定的操作条件必须严格控制，加热时间、滴定速度等都必须一致，由沸腾至滴定完毕必须在3min内结束。

8. 糖与非糖比

浸出物中糖与非糖比的计算如下：

$$\text{糖与非糖比} = 1 : \frac{100 - X}{100}$$

式中　X——100克麦汁中浸出物中的总还原糖，g。

9. β-葡聚糖

（1）原理　刚果红与β-葡聚糖（分子质量10^3～10^4u）形成有色物质，当反应条件（如pH、缓冲溶液离子强度、刚果红试剂浓度）一定时，在β-葡聚糖为0～100μg时，反应液吸光度与β-葡聚糖的量符合比耳定律（Beer's law）。

（2）仪器和试剂

① 可见光分光光度计。

② 恒温水浴锅。

③ pH计。

④ 0.1mol/L磷酸缓冲液（pH 8.0）。

⑤ 100mg/L刚果红溶液。

⑥ 100μg/mL β-葡聚糖标准溶液。

（3）测定步骤

① β-葡聚糖标准曲线的绘制：吸取β-葡聚糖标准溶液0mL、0.1mL、0.2mL、0.3mL、0.4mL、0.5mL、0.6mL置入比色管中，分别补水至2mL，依次加入4mL刚果红溶液，于20℃水浴准确反应10min（加入刚果红溶液开始

计时）。波长 550nm，以 0 号管作为空白，测定吸光度。以 β-葡聚糖的质量（μg）作为横坐标，吸光度为纵坐标，绘制标准曲线。在标准曲线上求吸光度为 1 时相当的 β-葡聚糖的质量（μg）即为 K 值（比色计常数）。

② 样品测定：取 5mL（或 10mL）协定糖化法麦芽汁，用水稀释定容至 100mL。

吸取稀释样品 2mL 于试管中，加入 4mL 刚果红溶液，准确计时，反应 10min，用 2mL 水代替试样作为空白，测定反应液的吸光度。

（4）计算

$$\beta\text{-葡聚糖}(mg/L) = A \times K \times \frac{1}{2} \times 100 \times \frac{1}{5(10)} \times \frac{1}{1000} \times 1000$$

式中　K——比色计常数；

　　A——试样吸光度；

　　2——吸取稀释试样体积，mL；

　100——稀释试样总体积，mL；

5（10）——吸取麦芽汁体积，mL。

10. α-氨基氮

（1）原理　茚三酮与麦芽汁中的 α-氨基氮反应，生成还原茚三酮并释放出氨。还原茚三酮再与未还原的茚三酮和氨反应，生成蓝紫色络合物。其颜色深浅与 α-氨基氮含量成正比，在波长 570nm 下有最大吸收，测定吸光度，计算麦芽的 α-氨基氮含量。

（2）仪器和试剂

① 可见光分光光度计。

② 高精度恒温水浴，精度为 ± 0.1℃。

③ 发色剂：称取磷酸氢二钠（$Na_2HPO_4 \cdot 12H_2O$）10g、磷酸二氢钾（KH_2PO_4）6g、茚三酮 0.5g 和果糖 0.3g，用水溶解并定容至 100mL。将溶液贮于棕色瓶中，放入冰箱内保存，一周内使用。

④ 稀释溶液：称取碘酸钾（KIO_3）2g 溶于 600mL 水中，加入 96%（体积分数）乙醇 400mL，冰箱贮存。

⑤ 甘氨酸标准贮备液：称取甘氨酸 0.1072g 用水溶解并定容至 100mL，冰箱贮存。

⑥ 甘氨酸标准使用液：吸取甘氨酸标准贮备液 1mL，用水稀释定容至 100mL。使用时现配。此标准溶液含游离氨基氮 2mg/L。

（3）测定步骤　样液的制备：取协定糖化麦芽汁 1mL，用水稀释至 100mL。

取 7 支试管并编号，于 1、2、3 号管中分别加入样液 2mL；4 号管中加水 2mL，5、6 号管中分别加入甘氨酸标准使用液 2mL。各加入发色剂 1mL，并分别放一颗玻璃球于试管口上，将试管放入沸水浴中，准确加热 16min。在 20℃$\pm$ 0.1℃水浴中冷却 20min。各加入稀释溶液 5mL，充分摇匀，用空白液管（4 号管）调仪器零点，于 570nm 波长下，测量吸光度。测量应在 30min 内完成。

（4）计算

$$MF_1 = \frac{A_1}{A_2} \times 2 \times n$$

式中　MF_1——麦芽汁中的 α-氨基氮含量，mg/L；

　　　A_1——样液的平均吸光度；

　　　A_2——甘氨酸标准使用液的平均吸光度；

　　　2——甘氨酸标准使用液中 α-氨基氮的含量，mg/L；

　　　n——样液的稀释倍数。

$$MF_2 = MF_1 \times \frac{E}{DG}$$

式中　MF_2——麦芽中 α-氨基氮含量，mg/100g 无水麦芽；

　　　MF_1——麦芽汁中的 α-氨基氮含量，mg/L；

　　　E——无水麦芽的浸出物，%；

　　　D——麦芽汁（20℃）的相对密度；

　　　G——麦芽汁的浸出物，g/100g。

（5）讨论　各种氨基酸与茚三酮产生的相对颜色强度不同，亚氨基酸与茚三酮产生黄色，胺及多肽与茚三酮也有类似反应，因此以甘氨酸为标准做出的测定结果，只是一个相对值，当麦芽汁和啤酒中肽和各种氨基酸比例不同时，会有较大误差。

11. 糖化力

（1）原理　用麦芽浸出液的糖化酶水解淀粉，生成含有自由醛基的单糖和双糖：

$$(C_6H_{12}O_6)_n \longrightarrow nC_6H_{12}O_6$$

醛糖在碱性碘液中定量氧化为相应的羧酸：

$$CH_2OH(CHOH)_4CHO + I_2 + 2NaOH \longrightarrow$$
$$CH_2OH(CHOH)_4COOH + 2NaI + H_2O$$

剩余的碘，酸化后以淀粉作指示剂，用标准硫代硫酸钠溶液滴定。

$$I_2(剩余) + 2NaOH \longrightarrow NaOI + NaI + H_2O$$
$$NaOI + NaI + H_2SO_4 \longrightarrow Na_2SO_4 + I_2 + H_2O$$
$$I_2 + 2Na_2S_2O_3 \longrightarrow 2NaI + Na_2S_4O_6$$

（2）仪器和试剂

① 糖化器：应满足麦芽汁制备工艺要求，并附有温度计和搅拌器。

② 高精度恒温水浴：精度±0.1℃。

③ 1mol/L NaOH 溶液。

④ 0.5mol/L 硫酸溶液。

⑤ 硫代硫酸钠标准溶液（0.1mol/L）：称取硫代硫酸钠（$Na_2S_2O_3 \cdot 5H_2O$）25g 和无水碳酸钠 0.2g，溶于 600~700mL 水，缓缓煮沸 10min，冷却，并稀释

至 1000mL，放置一周后用重铬酸钾标定使用。

⑥ 0.1mol/L 碘 $\left(\frac{1}{2}I_2\right)$ 标准溶液：称取 12.7g 碘及 35g 碘化钾，加少量水，于研钵中研磨溶解，用水稀释至 1000mL，摇匀，贮存于棕色瓶中。

⑦ 20g/L 淀粉溶液：称取可溶性淀粉 10.0g，用少量冷水调成糊状，在不断搅拌下注入 400mL 沸水中，将残余淀粉糊用少许水洗入沸水中，继续煮沸至透明，迅速冷却至室温，并定容至 500mL。

⑧ 乙酸-乙酸钠缓冲溶液（pH 4.3）：28.8mL 冰乙酸用水稀释至 1L；34g 乙酸钠（$CH_3COONa \cdot 3H_2O$）溶于水并稀释至 500mL；将两溶液混合，其 pH 应为 4.3±0.1。

（3）测定步骤

① 麦芽浸出液的制备：称取细粉样品 20.0g（准确至 0.1g）于已知质量的糖化杯中，加入 40℃的水 450～480mL。将糖化杯放入 40℃±0.1℃水浴中，在不断搅拌下保温 1h。取出糖化杯，冷却至室温，加水，使其内容物质量为 520.0g。搅拌均匀后，用双层滤纸过滤，弃去最初 200mL 滤液，随后的 50mL 供分析用。

② 糖化：于 4 个已编号的 200mL 容量瓶中各加入 20g/L 淀粉溶液 100mL，1、2 号容量瓶中加入乙酸-乙酸钠缓冲溶液 5mL，将 4 个容量瓶放入 20℃± 0.1℃水浴中保温 30min。

先于 1、2 号容量瓶中加入麦芽浸出液 5mL，立即计时摇匀，放入 20℃± 0.1℃水浴中准确保温 30min（保温时间从加入麦芽浸出液算起）。

于 1、2 号容量瓶中立即各加入 1mol/L NaOH 溶液 4mL，摇匀。3、4 号容量瓶各加入 1mol/L NaOH 溶液 2.35mL，然后各补加麦芽浸出液 5mL，摇匀。

将 4 个容量瓶用水稀释至刻度，摇匀。

③ 测定：分别吸取 4 个容量瓶中的反应液 50mL 于 4 个 250mL 碘量瓶中，准确加入 0.1mol/L 碘液 25mL 和 1mol/L NaOH 溶液 3mL。加塞，于暗处放置 15min。各瓶加入 0.5mol/L 硫酸溶液 4.5mL，用 0.1mol/L 硫代硫酸钠标准溶液滴定至蓝色消失。

（4）计算　麦芽糖化力定义：100g 无水麦芽在 20℃，pH 4.3 条件下，分解可溶性淀粉 30min，产生 1g 麦芽糖称 1 个维-柯（WK）单位。

$$100g\ \text{风干麦芽糖化力（WK）} = (V_0 - V) \times c \times 342$$

式中　c——硫代硫酸钠标准溶液的浓度，mol/L；

V——麦芽糖化液消耗硫代硫酸钠标准溶液的体积，mL；

V_0——空白试验消耗硫代硫酸钠标准溶液的体积，mL；

342——麦芽样品量为 20g 时的转换系数，即 0.171×200/50×500/5×100/ 20，其中 0.171 为 1mL 1mol/L 硫代硫酸钠标准溶液相当于 0.171g 麦芽糖。

$$100\text{g 无水麦芽糖化力(WK)} = (V_0 - V) \times c \times 342 \times \frac{1}{1-w}$$

式中　w——麦芽的水分,%。

12. 库尔巴哈值

(1) 原理　采用凯氏定氮法测得麦芽的总氮和可溶性氮含量,两者比值的百分数,即为麦芽的库尔巴哈值。

(2) 仪器和试剂　同大麦中"蛋白质的测定"。

(3) 测定步骤

① 总氮的测定:同大麦中"蛋白质的测定"。

计算公式如下:

$$TN(\%) = (V - V_0) \times c \times 0.014 \times \frac{1}{m} \times 100 \times \frac{1}{1-w}$$

式中　TN——无水麦芽中的总氮量,%;

　　　V_0——空白滴定时消耗 HCl 标准溶液的体积,mL;

　　　V——样品滴定时消耗 HCl 标准溶液的体积,mL;

　　　c——HCl 标准溶液的浓度,mol/L;

　　0.014——消耗 1mL 1mol/L HCl 标准溶液相当于氮的质量,g;

　　　m——样品的质量,g;

　　　w——麦芽的水分,%。

② 可溶性氮的测定:吸取协定糖化法麦芽汁 25mL,置入凯氏烧瓶中,加入浓硫酸 2～3mL,加热蒸发至近干。以下操作同大麦中"蛋白质的测定"。

计算公式如下:

$$SN = (V - V_0) \times c \times 0.014 \times \frac{100}{25} \times \frac{E}{GD} \times 100\%$$

式中　SN——无水麦芽中的可溶性氮量,%;

　　　V_0——空白滴定时消耗 HCl 标准溶液的体积,mL;

　　　V——样品滴定时消耗 HCl 标准溶液的体积,mL;

　　　c——HCl 标准溶液的浓度,mol/L;

　　　E——麦芽的浸出物,%;

　　　G——麦芽汁的浸出物,%;

　　　D——麦芽汁在 20℃时的相对密度;

　　0.014——消耗 1mL 1mol/L HCl 标准溶液相当于氮的质量,g/mmol。

(4) 库尔巴哈值 (KB) 的计算

$$KB = \frac{SN}{TN} \times 100\%$$

13. 蛋白质区分

(1) 原理　高分子含氮物质在酸性溶液中能被单宁所沉淀。磷钼酸可同时沉淀高、中分子含氮物质。低分子含氮物质则不会被上述试剂所沉淀。将麦汁用硫酸酸化后，加单宁使高分子含氮物质沉淀，另一份样品则用磷钼酸沉淀，测定滤液中的含氮量，求得麦芽汁中的高、中、低分子含氮物质的含氮量，即A区分、B区分、C区分。

（2）仪器和试剂

① 总氮测定仪器。

② 恒温水浴。

③ 测定总氮所用试剂：同大麦中"蛋白质的测定"。

④ 16g/L单宁溶液。

⑤ 500g/L钼酸钠溶液。

⑥ 相对密度为1.4硫酸：量取92mL水，加54.3mL浓硫酸。

（3）测定步骤

① 总氮的测定，同麦芽中"库尔巴哈值"中总氮的测定。

② 用单宁沉淀后滤液中氮的测定：取100mL麦汁于200mL的容量瓶中，加水至180～185mL，加4mL相对密度1.4的硫酸，混匀。置于20℃水浴中保温15～20min。加10mL单宁溶液，加水至刻度，摇匀。立即用双层折叠滤纸过滤，返滤至滤液澄清。用凯氏定氮法测定滤液含氮量。

③ 用磷钼酸沉淀后滤液中氮的测定：取100mL麦汁于200mL容量瓶中，加水75mL，加入10mL钼酸钠溶液，摇匀。置于20℃水浴中保温15～20min。加入10mL相对密度为1.4的硫酸，加水至刻度，摇匀。立即使用双层折叠滤纸过滤，返滤至滤液澄清，用凯氏定氮法测定滤液中的氮含量。

（4）计算　使用总氮计算公式计算麦汁中的总氮含量、单宁沉淀滤液氮含量、钼酸钠沉淀滤液氮含量。

$$A区分＝\frac{麦汁总氮量－单宁沉淀滤液总氮量}{麦汁总氮量}×100\%$$

$$B区分＝\frac{单宁沉淀滤液总氮量－钼酸钠沉淀滤液总氮量}{麦汁总氮量}×100\%$$

$$C区分＝\frac{钼酸钠沉淀滤液总氮量}{麦汁总氮量}×100\%$$

（5）讨论　用单宁沉淀高分子氮对温度的变化非常敏感，最好实验室温度能保持近似20℃，沉淀后的蛋白质应立即过滤。

三、酒花分析

1. 取样

（1）取样　一批产品的堆垛上下内外部位随机抽取数件。每批取样总量不得少于600g，件数较少时，可适当加大每件的取样量。

① 压缩啤酒花：取样前，对照检验单，核实产品批次、数量、包装等，然后在压缩啤酒花包的任一侧面选取两个点，点距不小于250mm，用不锈钢刀（带护档）切口，掀开包装材料，从切口下50～100mm深处取一块不少于30g

的样品，迅速装入备妥的容器（带严密盖、干净的金属筒或不透气的塑料袋）中。取样时，随时注意产品的外观、香气、有害夹杂物，包与包间的差异，并做好记录。

② 颗粒啤酒花：取样前，对照检验单，核实产品批次、数量、包装等，然后拆封包装箱（桶）、每箱（桶）抽取一袋或一盒，用小铲任意铲取 25～50g 样品，迅速装入备妥的容器中，取样时，随时注意产品的外观、香气、匀整度，并做好记录。

(2) 样品的分配处理

① 压缩啤酒花：在实验室，将采取的全部压缩啤酒花平均分为两份，各约300g，一份装入取样容器中密封保存备查，另一份作试样，试样再均分两份，各约150g，一份供色泽、香气、褐色花片、夹杂物试验用；另一份 6～8g 做水分试验，再取 15g 粉碎做 α-酸试验用。

② 颗粒啤酒花：在实验室，将采取的全部颗粒啤酒花平均分为两份，各约300g，一份装入取样容器中密封保存备查，另一份作试样，试样再均分两份，各约150g，一份供色泽、香气、匀整度、硬度、崩解时间试验用；另一份则均匀地摄取 30g，粉碎作水分、α-酸试验用。

2. 水分

(1) 原理　样品于 103℃±1℃ 直接干燥，所失质量的百分数即为该样品的水分含量。

(2) 仪器

① 有盖铝制或玻璃制称量皿。

② 电热干燥箱，控温 103℃±1℃。

③ 玻璃干燥器，用变色硅胶作干燥剂。

(3) 测定步骤　准确称取酒花 5.000g，置于已烘至恒重的平底称量皿中，连同盖一并放入已恒定 103～104℃ 的电热烘箱中烘 1h，加盖取出，放入干燥器中冷却至室温连盖称重。前后两次质量差不超过 2mg，即为恒重。

(4) 计算

$$水分含量 = \frac{m_1 - m_2}{m_1 - m} \times 100\%$$

式中　m_1——烘干前称量皿及样品质量，g；

　　　m_2——烘干后称量皿及样品质量，g；

　　　m——称量皿质量，g。

(5) 讨论　酒花易吸收水分，操作要迅速。

3. α-酸

(1) 原理　用碱性有机溶剂萃取酒花中的 α-酸，然后在紫外光区 275nm、325nm、355nm 测定吸光度，求得 α-酸含量。

(2) 仪器和试剂

① 紫外分光光度计。

② 离心机，5000r/min。

③ 甲苯（分析纯）。

④ 甲醇（分析纯）。

⑤ 6mol/L NaOH 溶液：吸取 NaOH 饱和溶液 31.2mL 注入 100mL 水中。

⑥ 碱性甲醇溶液：每 100mL 甲醇加入 0.2mL 6mol/L NaOH 溶液，此溶液当天使用当天配制。

（3）测定步骤

① 萃取：准确称取酒花粉碎试样 5.000g，置入 250mL 具磨口塞的干净锥形瓶内，用吸管移入 100mL 甲苯，加塞称重后，轻轻摇动（或在振荡器上）30min（倘若摇动 30min 后失重超过 0.3g，则应重做试验）。静置 5min。

② 测定

a. 稀释 A 液：吸取萃取液 5mL，用甲醇稀释定容至 100mL。

b. 稀释 B 液：吸取稀释 A 液 3mL，用碱性甲醇稀释定容至 50mL。

c. 参比液：吸取 5mL 甲苯，用甲醇稀释定容至 100mL，吸取 3mL，用碱性甲醇稀释定容至 50mL 作参比液。

在波长 275nm、325nm、355nm 下，用 10mm 石英皿分别测定稀释 B 液的吸光度，测定时，应迅速读数。

（4）计算

$$稀释指数 = \frac{100 \times 50}{500 \times 5 \times 3} = 0.667$$

$$\alpha\text{-酸含量}(\%) = 0.667(-51.56A_{355} + 73.79A_{325} - 19.07A_{275})$$

$$\alpha\text{-酸}(绝干计,\%) = \alpha\text{-酸含量}(\%) \times \frac{1}{1-w}$$

式中　A_{275}，A_{325}，A_{355}——分别为波长 275nm，325nm，355nm 下的吸光度；

w——试样水分含量，%。

（5）讨论　苯有毒，易挥发，应在通风橱中操作。

4. β-酸

（1）原理　用碱性有机溶剂萃取酒花中的 β-酸，然后在紫外光区 275nm、325nm、355nm 测定吸光度，求出 β-酸含量。

（2）仪器和试剂　同 α-酸。

（3）测定步骤　同 α-酸。

（4）计算

$$\beta\text{-酸含量}(\%) = 0.667(55.57A_{355} - 47.59A_{325} + 5.10A_{275})$$

$$\beta\text{-酸}(绝干计,\%) = \beta\text{-酸含量} \times \frac{1}{1-w}$$

式中　A_{275}，A_{325}，A_{355}——分别为样品在波长 275nm，325nm，355nm 下的吸光度；

w ——试样水分含量，%。

5. 贮藏指数

（1）原理　啤酒花长期贮放及贮存不当时，α-酸和 β-酸会发生氧化，在酒花中的含量会降低。用紫外分光光度计，在波长 275nm 和 325nm 下，测定酒花制品的碱性甲醇萃取液的吸光度之比，即为啤酒花的贮藏指数。

（2）仪器和试剂　同 α-酸。

（3）测定步骤　同 α-酸。

（4）计算

$$贮藏指数（HSI）=\frac{A_{275}}{A_{325}}$$

式中　A_{275}，A_{325}——分别为样品在波长 275nm、325nm 下的吸光度。

四、酿造用水分析

1. 取样方法

打开水阀放水 5～10min 后取样，取样量 2000mL。

2. 外观和气味

将水样置于干净三角瓶中，于光线良好处观察其色泽、透明度，并闻其气味。

3. pH

同麦芽汁中 pH 测定。

4. 总硬度

（1）原理　乙二胺四乙酸二钠（EDTA-Na$_2$）在 pH 为 10 的条件下与水中的钙、镁离子生成无色可溶性络合物，用铬黑 T 作指示剂。铬黑 T 在 pH 8～11 时为蓝色，它与钙、镁等离子能形成酒红色络合物，使水溶液呈酒红色。

EDTA 与钙、镁离子形成的络合物较铬黑 T 与钙、镁形成的络合物更稳定，当用 EDTA 标准溶液滴定到终点时，EDTA 将铬黑 T 络合物中的钙、镁置换过来，而使铬黑 T 游离，此时溶液即显指示剂本身的蓝色。

（2）试剂

① pH 10 缓冲液：称取氯化铵 27.0g，溶解后加入浓氨水 175mL，用水稀释至 500mL，存于玻璃或塑料瓶中，最长使用一个月。

② 0.01mol/L EDTA 标准溶液：称取 3.723g EDTA-Na$_2$ · 2H$_2$O 溶于水中，并稀释至 1000mL。

③ 铬黑 T 指示剂：将 NaCl 于 105～107℃烘 3～4h，称取 1.0g 铬黑 T 与 100g NaCl 研细，混匀，棕色瓶中保存，或取 0.5g 铬黑 T 溶于 10mL 缓冲液中，并用无水乙醇稀释至 100mL 密塞，冷藏存放 1 个月。

④ 0.02mol/L 锌标准溶液：准确称取 1.627g 于 110℃干燥 2h 的氧化锌，加入（1+1）HCl 溶液 20mL，搅拌溶解后定容至 1000mL。

（3）测定步骤

① EDTA 溶液的标定：吸取锌标准溶液 10mL 于 250mL 三角瓶中，加水至约 50mL，加 5mL pH 10 缓冲液和约 0.2g 的铬黑 T 指示剂，溶液呈酒红色，用欲标定的 EDTA 标准溶液滴定至蓝色。同时做空白试验。

$$c = \frac{c_1 V_1}{V_2 - V_3}$$

式中　c——EDTA 溶液浓度，mol/L；

c_1——锌标准溶液浓度，mol/L；

V_1——吸取锌标准溶液的体积，mL；

V_2——测定时消耗 EDTA 溶液的体积，mL；

V_3——空白消耗 EDTA 溶液的体积，mL。

② 测定：吸取 50mL 水样，加 5mL pH 10 缓冲液（此时水样 pH 应为 10），加铬黑 T 指示剂 2~3 滴（或铬黑 T 固体指示剂约 0.2g）用 EDTA 标准溶液滴定至蓝色为止。

（4）计算　硬度定义：1L 水中含 1mg 碳酸钙称 1 度。

$$总硬度 = c \times V \times 100 \times \frac{1}{50} \times 1000$$

式中　c——EDTA 溶液的浓度，mol/L；

V——消耗 EDTA 溶液的体积，mL；

100——消耗 1mL 1mol/L EDTA 标准溶液相当于碳酸钙的毫克数；

50——水样取样体积，mL。

（5）讨论　水中铜离子可用 1mL 50g/L 硫化钠掩蔽，铁、锰离子可用 1mL 10g/L 盐酸羟胺掩蔽。

5. 永久硬度

（1）原理　水的总硬度包括暂时硬度和永久硬度两个部分。将水样煮沸后去除暂时硬度，再用总硬度的方法测定，得到的结果即为永久硬度。

（2）试剂　同总硬度测定。

（3）测定步骤　取水样 100mL，加入三角瓶中，煮沸 5min，冷却沉淀后，过滤，用水充分洗涤，滤液用水稀释至约 100mL，按总硬度操作测定并计算永久硬度。

6. 暂时硬度

$$暂时硬度 = 总硬度 - 永久硬度$$

7. 钙

（1）原理　EDTA 与钙、镁离子都能生成溶于水的络合物，但 EDTA 与钙离子生成的络合物有较高的稳定性。当 pH>12 时，镁离子生成氢氧化物沉淀，可用 EDTA 滴定钙离子，以铬蓝黑 R 为指示剂，终点前显示它与钙的络合物的红色，终点时转变为它本身的蓝色。

（2）试剂

① 0.01mol/L EDTA 标准溶液（配制和标定同总硬度测定）；

② 1mol/L NaOH 溶液；

③ 铬蓝黑 R 指示剂：将氯化钠于 105～107℃烘 3～4h，称取 0.5g 铬蓝黑 R（钙指示剂）与 100g 氯化钠研细，混匀，棕色瓶保存。

（3）测定步骤　吸取 50mL 水样［钙含量约在 5～10mg 之间，若欲测样品是较高碱度的硬水，可加入刚果红试纸一小块，用（1＋1）HCl 溶液中和至试纸变蓝色，然后煮沸 1min，冷却后滴定］于 250mL 三角瓶中，加 2mL 1mol/L NaOH 溶液，使 pH 达 12～13，加约 0.2g 指示剂，用 EDTA 标准溶液滴定至溶液由红色转为蓝色。

（4）计算

$$\text{钙离子含量}(\text{mg/L}) = V \times c \times 40.08 \times \frac{1}{50} \times 1000$$

式中　c——EDTA 标准溶液的浓度，mol/L；

　　　V——消耗 EDTA 标准溶液的体积，mL；

　40.08——消耗 1mL 1mol/L EDTA 标准溶液相当于的钙的质量，mg/mmol；

　　　50——取样体积，mL。

8. 镁

（1）原理　以铬黑 T 为指示剂，在 pH 为 10 条件下用 EDTA 滴定水样中钙、镁离子总量，再以钙指示剂为指示剂，于 pH 12.5 用 EDTA 滴定水样中钙离子。以钙、镁离子总量减去钙离子含量，即得水样中镁离子含量。

（2）试剂　同钙的测定。

（3）测定步骤　同钙的测定。

（4）计算

$$\text{镁离子含量}(\text{mg/L}) = (c_1 V_1 - c_2 V_2) \times 24 \times \frac{1}{V_3} \times 1000$$

式中　c_1，V_1——测定总硬度时 EDTA 标准溶液浓度，mol/L，及消耗体积，mL；

　　　c_2，V_2——测定钙时 EDTA 标准溶液浓度，mol/L，及消耗体积，mL；

　　　24——消耗 1mL 1mol/L EDTA 标准溶液相当的镁的质量，mg/mmol；

　　　V_3——取样体积，mL。

9. 氯

（1）原理　以铬酸钾为指示剂，用硝酸银标准溶液进行滴定。由于氯化银溶解度比铬酸银小，因此氯化银首先从溶液中沉淀出来。当氯化银定量沉淀后，过量一滴硝酸银溶液即与铬酸根离子生成砖红色铬酸银沉淀，从而指示滴定终点。

铬酸银易溶于酸，硝酸银在强碱性溶液中则生成氧化银沉淀，因此滴定只能在中性或弱碱性（pH6.5～10.5）溶液中进行。

（2）试剂

① 0.1mol/L 氯化钠标准溶液：将氯化钠于 500～600℃灼烧 30min，放置干燥器中冷却，亦可将氯化钠置于瓷坩埚中，放于电炉上烧，并不断搅拌。称取干燥好的氯化钠 1.461g，溶于水并定容至 250mL。

② 50g/L 铬酸钾溶液。

③ 0.1mol/L 硝酸银标准溶液：称取 17g 硝酸银，溶于水并稀释至 1000mL。

（3）测定步骤

① 硝酸银标准溶液的标定：吸取 25mL 氯化钠标准液加 25mL 水，加 1mL 50g/L 铬酸钾溶液，用硝酸银标准溶液滴定至沉淀出现淡砖红色，同时做空白试验。

$$c = \frac{c_1 V}{V_2 - V_1}$$

式中　c——硝酸银标准溶液浓度，mol/L；

　　　c_1——氯化钠标准溶液浓度，mol/L；

　　　V——吸取氯化钠标准溶液体积，mL；

　　　V_1——空白消耗硝酸银标准溶液体积，mL；

　　　V_2——标定时消耗硝酸银标准溶液体积，mL。

② 水样的测定：取 100mL 水样，若水样 pH 在 6.5～10 范围内，可直接滴定，否则应用 NaOH 溶液或硫酸溶液调至上述范围，然后加入 1mL 50g/L 铬酸钾，用硝酸银标准液滴定至淡砖红色。

（4）计算

$$氯离子含量(mg/L) = V \times c \times 35.45 \times \frac{1}{100} \times 1000$$

式中　c——硝酸银标准溶液的浓度，mol/L；

　　　V——消耗硝酸银标准溶液的体积，mL；

　35.45——消耗 1mL 1mol/L 硝酸银标准溶液相当于氯离子的质量，mg/mmol；

　　100——吸取水样体积，mL。

（5）讨论　当水样中氯离子含量较低时（少于 10mg/L），应取 200～300mL，浓缩到 100mL 左右再测定。

10. 有机物

（1）原理　水中含有的有机物质具有还原性，在酸性溶液中可以被高锰酸钾氧化成水和二氧化碳。用草酸还原过量的高锰酸钾，然后再用高锰酸钾滴定过量的草酸。

（2）试剂

① 0.1mol/L 高锰酸钾$\left(\frac{1}{5}KMnO_4\right)$溶液：1.58g 高锰酸钾用水溶解并稀释至 500mL。

标定：准确称取 0.15g 草酸钠（预先于 105℃ 烘 2h），置入 250mL 三角瓶中，加 20mL 水溶解，加 20mL 1mol/L 硫酸溶液，加热至 75～85℃，趁热用高锰酸钾溶液滴定至微红色。

计算公式如下：

$$c = \frac{m}{V \times 0.0355}$$

式中　c——高锰酸钾 $\left(\frac{1}{5}KMnO_4\right)$ 标准溶液浓度，mol/L；

V——消耗高锰酸钾标准溶液的体积，mL；

m——称取草酸钠质量，g；

0.0355——消耗 1mL 1mol/L 高锰酸钾 $\left(\frac{1}{5}KMnO_4\right)$ 溶液相当于草酸钠的质量，g/mmol。

② 0.01mol/L 高锰酸钾 $\left(\frac{1}{5}KMnO_4\right)$ 溶液：由 0.1mol/L 高锰酸钾 $\left(\frac{1}{5}KMnO_4\right)$ 溶液配制，且每次均标定。

③ 0.02mol/L 草酸钠 $\left(\frac{1}{2}Na_2C_2O_4\right)$ 溶液：准确称取 0.67g 草酸钠，用水溶解并稀释至 1000mL。

④ 1mol/L 硫酸溶液：量取 14mL 浓硫酸，用水稀释至 250mL。

（3）测定步骤　水样的测定：取水样 100mL，加硫酸溶液 20mL，加热煮沸，准确加入 0.1mol/L 高锰酸钾 $\left(\frac{1}{5}KMnO_4\right)$ 溶液 10mL。沸腾 10min，离火冷却至 80～90℃，准确加入 0.02mol/L 草酸钠 $\left(\frac{1}{2}Na_2C_2O_4\right)$ 溶液 10mL，在 80～90℃ 下充分振荡，用 0.01mol/L 高锰酸钾 $\left(\frac{1}{5}KMnO_4\right)$ 溶液滴至微红色（不能低于 60℃）。同时做空白实验。

（4）计算

$$有机物含量(O_2,mg/L) = (V_2 - V_1) \times c \times 40 \times \frac{1}{100} \times 1000$$

式中　c——高锰酸钾 $\left(\frac{1}{5}KMnO_4\right)$ 标准溶液浓度，mol/L；

V_1——试样消耗高锰酸钾标准溶液总体积，mL；

V_2——空白消耗高锰酸钾标准溶液总体积，mL；

40——消耗 1mL 1mol/L 高锰酸钾 $\left(\frac{1}{5}KMnO_4\right)$ 标准溶液相当于氧的质量，mg/mmol；

100——取样体积，mL。

11. 铁

（1）原理　水样在酸和盐酸羟胺存在下煮沸，使铁还原成亚铁，在 pH 3～9 条件下，亚铁离子与邻菲咯啉生成稳定的橘红色络合物，其色度与亚铁离子的含量成正比，比色法测定。

（2）仪器和试剂

① 可见光分光光度计。

② 0.02mol/L 高锰酸钾溶液。

③ 铁贮备液（200μg/mL）：准确称取六水硫酸亚铁铵 1.404g，加入 70mL 硫酸溶液（20mL 浓硫酸与 50mL 水的混合液），待溶解后将溶液稀释定容至 1L。

铁标准液（10μg/mL）：吸取 5mL 铁贮备液，用水稀释定容至 100mL，现用现配。

④ 100g/L 盐酸羟胺溶液：50g 盐酸羟胺，溶解于水并稀释至 500mL（数日后要重配）。

⑤ 200g/L 乙酸钠溶液：200g 乙酸钠（NaAc·3H$_2$O）溶解于水并稀释至 1000mL。

⑥ 邻菲咯啉显色剂：0.5g 邻菲咯啉，用水溶解（可加热至 80～90℃，或加入数滴浓盐酸以助溶解），稀释至 500mL。

⑦ 50g/L 酒石酸溶液：称取 10g 酒石酸，用水溶解，稀释至 200mL。

（3）测定步骤

① 标准曲线绘制：取 100mL 容量瓶 8 个，分别加入铁标准溶液 0mL、0.25mL、0.50mL、1.00mL、2.00mL、3.00mL、4.00mL、5.00mL，加入 1mL 盐酸羟胺溶液、1mL 乙酸钠溶液，用水稀释至约 75mL，加入 10mL 邻菲咯啉溶液，用水稀释至刻度，摇匀，静置 10min，用 2cm 比色皿，于 510nm 下以空白试剂作参比，测定吸光度，以吸光度对铁含量作图，绘制标准曲线。

② 试样测定：分别吸取 100mL 水样和 100mL 水于两个 250mL 三角瓶中，分别加入 2mL 浓盐酸、1mL 盐酸羟胺溶液，加热蒸发至约 25mL 左右，冷却，分别移入两个 100mL 容量瓶中，并冲洗三角瓶，洗液并入容量瓶。各加 10mL 乙酸钠溶液、5mL 酒石酸溶液、1.5mL 浓氨水、10mL 邻菲咯啉溶液，用水定容，摇匀，静置 10min。用 2cm 比色皿，于 510nm 下比色，测其吸光度。

（4）计算　据试样测得的吸光度，从标准曲线上查得铁含量。

$$铁含量（mg/L）=\frac{标准曲线上查出的铁微克（μg）数}{取样体积（mL）}$$

12. 固形物

（1）原理　水样在 103～105℃ 烘至恒重，以每升水样残留的固体总量（mg）表示水样的固形物含量。

（2）仪器

① 瓷蒸发皿。

② 蒸汽浴。

③ 烘箱。

(3) 测定步骤　将洁净干燥的蒸发皿于 103～105℃烘箱内烘 30min，置干燥器中冷却至室温，称重，直至恒重。

吸取 50mL 振荡均匀水样于已恒重蒸发皿中，置皿于蒸汽浴上蒸发至干，再移入 103～105℃烘箱中干燥 1h，取出放入干燥器中冷却，称重，再次放入烘箱中烘 30min，冷却称重，至恒重。

(4) 计算

$$固形物含量(mg/L) = (W_2 - W_1) \times \frac{1}{50} \times 1000 \times 1000$$

式中　W_1——蒸发皿质量，g；

W_2——蒸发皿和固形物质量，g。

13. 氨氮

(1) 原理　奈氏试剂（碘化汞钾的 NaOH 溶液）与氨氮在碱性溶液中反应生成黄色的氨基汞络合离子的碘衍生物，其色度与氨氮的含量成正比，颜色由淡黄色变至红棕色，在 0～20mg/L 氨氮范围内符合比耳定律，可用比色法测定。

(2) 仪器和试剂

① 可见光分光光度计。

② 无氨水：将 150mL 水煮沸，在沸腾状态加入 5～6 滴 6mol/L NaOH 溶液，使 pH 为 10，蒸发掉 1/3，冷却。

③ EDTA 二钠掩蔽剂：50g 乙二胺四乙酸二钠盐溶于含有 10g NaOH 的 60mL 水中，用水稀释至 100mL。

④ 奈氏试剂：100.0g 碘化汞和 70g 碘化钾用水溶解后，搅拌下加入含有 180g NaOH 的 500mL 水，稀释至 1000mL，静置，取上清液，存于棕色玻璃瓶中，用橡皮塞避光保存，可稳定一年。

⑤ 硫酸锌溶液：100g $ZnSO_4 \cdot 7H_2O$ 溶于水并稀释至 1L。

⑥ 氯化铵贮存溶液：准确称取 3.819g 于 105℃干燥过的无水氯化铵，溶于水并稀释定容至 1000mL。

⑦ 氯化铵标准溶液：吸取 10mL 氯化铵贮备液稀释定容至 1000mL，1mL 相当于 10.0μg 氮或 12.2μg 氨。

(3) 测定步骤

① 标准曲线的绘制：吸取 0mL、0.2mL、0.4mL、0.6mL、0.7mL、1.0mL、1.4mL、1.7mL、2.0mL、2.5mL、3.0mL、3.5mL、4.0mL、4.5mL、5.0mL、6.0mL 氯化铵标准溶液于 50mL 容量瓶中，用无氨水稀释至 50mL，各加 2.0mL 奈氏试剂，混匀，30min 后于 425nm 下用 1cm 比色皿测定吸光度。以吸光度对氨氮微克数作图，绘制标准曲线。

② 水样处理：取 100mL 水样，加入 2mL 硫酸锌溶液，加 6～7 滴 6mol/L

NaOH 溶液调 pH 10.5，静置过夜，过滤除去沉淀，滤液备用。

③ 试样测定：取 50mL 处理后水样于 50mL 容量瓶中，加入 1 滴 EDTA 掩蔽剂、2.0mL 奈氏试剂，摇匀，30min 后，于 425nm 下用 1cm 比色皿测定吸光度，用与试样同样条件下制备的试剂空白作参比。

（4）计算　试样测得的吸光度，从标准曲线上查得氨氮含量。

$$氨氮含量(N,mg/L) = \frac{标准曲线上查出的氨氮微克(\mu g)数}{取样体积(50mL)}$$

（5）讨论

① 若水样中含有余氯，由于它能与氨结合生成氯胺，使测定结果偏低，应于测定前加等摩尔量硫代硫酸钠除去。

② 若水样呈色混浊，可在 100mL 样品中加 1mL 硫酸锌溶液，混匀，加 0.4～0.5mL 6mol/L NaOH 溶液，在酸度计测定下调节 pH 至 10.5，放置几分钟，使絮状沉淀下沉，得一无色透明上清液，过滤，弃去开始的 25mL 滤液后测定。

③ 如氨含量大时，易生成红褐色沉淀，故氨氮含量大于 1mg/L 时，不宜用比色法测定。

14. 亚硝酸盐氮

（1）原理　水中亚硝酸盐氮与对氨基苯磺酸先发生重氮化反应，再与 α-萘胺起偶氮反应，生成紫红色的偶氮染料，颜色深浅与亚硝酸盐含量成正比，比色法测定。

（2）仪器与试剂

① 可见光分光光度计。

② 不含亚硝酸盐水：1000mL 水中加 1mL 浓硫酸和 0.2mL 硫酸锰溶液（100mL 水含 36.4g 硫酸锰），再加 2mL 高锰酸钾溶液（1L 水含高锰酸钾 400mg）使溶液成粉红色，煮沸 15min 后，用草酸铵溶液 [1 升水中含 $(NH_4)_2C_2O_4 \cdot H_2O$ 900mg] 脱色。

③ EDTA 溶液：溶 500mg EDTA 于水中并稀释至 100mL。

④ 对氨基苯磺酸溶液：溶解 600mg 对氨基苯磺酸于 70mL 热水中，冷却，加 20mL 浓盐酸，用水稀释到 100mL。

⑤ α-萘胺盐酸盐溶液：溶解 600mg α-萘胺盐酸盐于加有 1mL 浓盐酸的水中，溶解后用水稀释到 100mL，贮于棕色瓶中，冰箱保存。

⑥ 亚硝酸盐标准溶液：准确称取 0.246g 干燥的亚硝酸钠溶于水中并定容至 1000mL，作为贮备液，取此液 10mL，用水稀释定容至 1000mL，作为标准液，此液 1mL 相当于 0.500μg 亚硝酸盐氮，此液需当日配制。

⑦ 2mol/L 乙酸钠溶液：溶解 16.4g 无水乙酸钠于水中并稀释至 100mL。

（3）测定步骤

① 标准曲线的制备：在 50mL 容量瓶中分别加入亚硝酸盐标准溶液：0mL、

0.1mL、0.2mL、0.4mL、0.8mL、1.0mL、1.4mL、1.8mL、2.0mL、2.5mL，用水稀释至50mL，加入1mL EDTA溶液和1mL对氨基苯磺酸溶液，混匀。3～10min后，加1mL α-萘胺盐酸盐溶液、1mL乙酸钠溶液，混匀，10～30min后，于520nm处以试剂空白作参比，用1cm比色皿测定各标准液吸光度，以吸光度对亚硝酸盐氮含量作图，绘制标准曲线。

②试样测定：吸取50mL水样于100mL容量瓶中，加入1mL EDTA溶液、1mL对氨基苯磺酸溶液，3～10min后加入1mL α-萘胺盐酸盐溶液、1mL乙酸钠溶液，混匀，10～30min后，用与试样同样条件下制备的试剂空白作参比，于520nm处测定吸光度。

（4）计算 试样测得吸光度，从标准曲线上查得亚硝酸盐氮含量。

$$亚硝酸盐氮含量(N,mg/L) = \frac{标准曲线上查出的亚硝酸盐氮微克(\mu g)数}{取样体积(mL)}$$

（5）讨论

①采样后应先做此项目测定，以免放置过久，亚硝酸盐氧化损失。

②若水样混浊并有颜色，可在100mL水样中加2mL 100g/L氢氧化铝悬浊液，充分搅拌，放置几分钟，过滤，弃去部分开始滤出的滤液后，用清滤液测定。

15. 硝酸盐氮

（1）原理 浓硫酸与酚作用生成二磺酸酚，二磺酸酚在无水条件下与硝酸盐作用生成二磺酸硝基酚，二磺酸硝基酚在碱性溶液中发生分子重排，生成黄色化合物，比色法测定。

（2）仪器和试剂

①可见光分光光度计。

②硫酸银标准溶液：0.44g不含硝酸盐的硫酸银溶于水并定容至100mL，此溶液1mL相当于1mg氯。

③二磺酸酚溶液：溶25g白色纯酚于150mL浓硫酸中，加75mL发烟硫酸，搅拌，在热水浴上加热2h，若无发烟硫酸则应加热6h以上，棕色瓶冰箱保存。

④硝酸盐标准溶液：准确称取721.8mg无水硝酸钾，溶于水并定容至1000mL，此液含硝酸盐氮100mg/L。将此液50mL置于蒸发皿内，置沸水浴上蒸发至干，残渣与2mL二磺酸酚溶液一起研磨，溶解后用水稀释定容至500mL，此液1mL相当于10μg硝酸盐氮。

（3）测定步骤

①标准曲线的制备：吸取硝酸盐标准溶液：0mL、0.1mL、0.3mL、0.5mL、0.7mL、1.0mL、1.5mL、2.0mL、3.5mL、6.0mL、10.0mL、15.0mL、20.0mL、30.0mL于50mL容量瓶中，分别加入2mL二磺酸酚溶液和6～7mL浓氨水，用水定容至50mL，于410nm下以试剂空白作参比，用1cm比色皿测

定吸光度，以吸光度对硝酸盐氮含量作图，绘制标准曲线。

② 水样中氯化物的除去：在100mL水样中，根据已测出氯化物的含量，加入相当量的硫酸银标准液，加塞，避光，静置过夜，过滤除去沉淀，澄清液备用。

③ 蒸发与显色：吸取10mL处理水样于一干燥坩埚中，放于沸水浴上蒸发至干，冷却，加2mL二磺酸酚溶液，加约20mL水稀释，用玻璃棒搅拌，使残渣与试剂充分接触，并至全溶，搅拌下加入6～7mL浓氨水至黄色最深，移入50mL容量瓶，冲洗坩埚，洗液并入容量瓶，定容至50mL，混匀，于波长410nm处用1cm比色皿测定样品的吸光度，用与试样同样条件下制备的试剂空白作参比。

（4）计算　根据试样测得的吸光度，从标准曲线上查得硝酸盐氮的含量。

$$硝酸盐氮含量(N,mg/L) = \frac{标准曲线上查出的硝酸盐氮微克(\mu g)数}{取样体积(mL)}$$

（5）讨论

① 若水样混浊并有颜色，可在100mL水样中2mL 100g/L氢氧化铝悬浊液，充分搅拌，放置几分钟，过滤，弃去部分开始滤出的滤液后，用清滤液测定。

② 水样蒸发浓缩时，溶液一定要呈弱碱性，否则硝酸根离子生成硝酸分子在加热时挥发，使结果偏低。

16. ICP-AES（电感耦合等离子体发射光谱仪）法测定水样离子含量

ICP光谱仪分析水样中的K、Na、Ca、Mg、Fe、Cu、Zn、Mn、Al、Si、Sr、Ba、Li、B等离子。

（1）原理　水样经雾化后，随载气氩带入火焰的中心通道中而被原子化，其中一部分原子或离子被激发为激发态，由激发态粒子所辐射出来的光经照明系统进入光谱仪被分解为光谱，元素的含量和其特征谱线的强度成正比。

（2）仪器和试剂

① 超纯水系统。

② 电感耦合等离子体发射光谱仪，带数据工作站。

③ 3%（体积分数）HNO_3溶液（优级纯）。

④ 各离子的标准贮备溶液，除Al、Si（以SiO_2计）为100mg/L外，其他均为1000mg/L的3%（体积分数）HNO_3溶液。

⑤ 各离子的标准工作溶液（3% HNO_3介质）：K，10mg/L；Na，100mg/L；Ca，100mg/L；Mg，40mg/L；Fe、Cu、Zn、Mn、Al、Sr、Ba、Li、B，各0.5mg/L；Si，10mg/L，用3%（体积分数）HNO_3溶液稀释。

⑥ 去离子水，电导率为18.2MΩ/cm。

（3）测定步骤　建立测定方法，用3%（体积分数）HNO_3溶液作空白，各标准溶液作标准，对所建方法进行校准。将水样直接导入仪器，仪器将自动进行测定。

各元素的回收率均在 94%～105%，变异系数均小于 3.0%。

（4）讨论

① 电感耦合等离子体发射光谱仪法测定的是物质中的元素的总量，如铁，测定的是二价铁和三价铁的总量。

② 测定选取的谱线及仪器的条件是保证测定结果准确的关键因素。

17. 离子色谱分析水样中的阴离子

本法分析水中 F^-、Cl^-、NO_2^-、Br^-、NO_3^-、$H_2PO_4^-$、SO_4^{2-} 等 7 种离子。

（1）原理　以低交换容量的离子交换树脂为固定相，对水中的离子性物质进行分离分析，用电导检测器连续检测流出物电导变化，通过标样和样品中同种物质的积分面积相比较，确定该物质的含量。

（2）仪器和试剂

① 离子色谱仪，带数据工作站。

② 去离子水，电导率为 18.2MΩ/cm。

③ 淋洗液：称取 1.696g Na_2CO_3、0.168g $NaHCO_3$，用去离子水溶解并稀释至 2L。

④ 再生液：4mL 浓硫酸用去离子水稀释至 2L。

⑤ 各离子标准贮备溶液：F^-、Cl^-、NO_2^-、Br^-、NO_3^-、$H_2PO_4^-$、SO_4^{2-} 各 1000mg/L 的水溶液。

⑥ 各离子标准溶液：F^-，10mg/L；Cl^-，100mg/L；NO_2^-，10mg/L；Br^-，10mg/L；NO_3^-，50mg/L；$H_2PO_4^-$，20mg/L；SO_4^{2-}，140mg/L。

（3）测定步骤　打开离子色谱仪、数据工作站，打开气瓶，在软件中打开泵，仪器平衡约 30min，建立分析所用参数，进样，最后处理标样及样品的积分曲线，得出结果。

各离子变异系数均小于 3.0%。

第二节　半成品分析

一、取样方法及样品处理

一般分析项目均在麦芽汁冷却 30min 后取样。每一锅为一批次。所取样品放在一干燥三角瓶中，塞以胶塞，冰箱保存。

分析前从冰箱中取出，保温至室温，以中速滤纸过滤放入干燥三角瓶中。全部分析项目应在 24h 内完成。

二、麦芽汁浓度

用密度瓶法测定麦芽汁 20℃之相对密度，查附表 2-1，即为麦芽汁浓度。测定方法同麦芽汁浸出物测定。

三、pH

酸度计法测定,见麦芽汁 pH 测定。

四、色度

将麦芽汁注入比色皿中,通过 EBC 比色计,与标准色盘进行比较,确定麦芽汁的色度。操作同麦芽汁中色度测定。

五、苦味质

1. 原理

麦芽汁中的主要苦味成分是异 α-酸,酸化的麦芽汁可用异辛烷萃取其苦味物质,在紫外分光光度计上,用 1cm 石英比色皿于波长 275nm 处测量萃取液的吸光度,计算苦味质的含量。

2. 仪器和试剂

① 离心机:转速 3000r/min。

② 分液漏斗,125mL。

③ 紫外分光光度计,配有 1cm 石英比色皿。

④ 3mol/L HCl 溶液。

⑤ 异辛烷:在 10mm 比色皿中,以水为空白,于 275nm 测其吸光度,接近水的吸光度方可使用,若达不到此纯度,可用活性炭处理。

3. 测定步骤

取 5mL 过滤麦汁置入分液漏斗中,加入 5mL 水、1mL 3mol/L HCl 溶液和 20mL 异辛烷。强烈振荡使异辛烷提取液呈乳状后,振荡 15min,静置分层后,放出下部液体。将上部液体倒入离心管中,3000r/min 离心 15min。取上清液于 1cm 比色皿中,275nm 波长下,用异辛烷作空白,测定其吸光度。

4. 计算

$$苦味质含量 = A_{275} \times 100$$

式中　A_{275}——波长 275nm 处的吸光度。

六、总酸

吸取 50mL 过滤麦芽汁测定,操作同麦芽汁中总酸测定。

计算公式如下:

$$总酸含量(mL/100mL) = 2cV$$

式中　c——NaOH 标准溶液的浓度,mol/L;

　　　V——消耗 NaOH 标准溶液的体积,mL;

　　　2——换算成 100mL 样品的系数。

七、黏度

1. 原理

在一充满麦芽汁的柱体中,将一适宜密度的球体,从柱体上线落至底线,从球体下落时间(s),结合被测溶液的相对密度、球体密度和球体系数,可以计算出溶液的黏度。

2. 仪器和试剂

① Hoppler 黏度计及附件。

② 超级恒温水浴 20℃±0.01℃。

3. 测定步骤

将 Hoppler 黏度计与超级恒温水浴连接,调节水浴温度,使黏度计夹套水温准确控制在 20℃±0.01℃。用麦汁清洗黏度计的下落柱体。

用吸管将预先调温至 20℃ 的被测样品,注入柱体管内至边缘,不应存有气泡。调节黏度计支柱上的水珠水平仪至水平位置上。

取 1 号硼硅玻璃球(φ15.81mm),球体密度 2.2,球体系数0.007mPa·s·cm/(g·s),放入柱体的被测麦芽汁中。关上柱体的盖子。当球体落在柱体上线时,用秒表开始记时,直至球体落至柱体下线时为止,准确记录下落时间。将黏度计玻璃柱体倒转 180°,再一次用上述方法测球落时间,比较两次的时间,重复测定,求平均值。

4. 计算

$$黏度(\eta, mPa·s) = 球体下落时间(s) \times (球体密度 - 试液相对密度) \times 球体系数$$

八、还原糖

吸取 20mL 麦芽汁于 500mL 容量瓶中,用水定容至刻度(样品稀释至还原糖含量以 0.2%～0.5% 为宜),测定方法同麦芽汁中还原糖测定。

第三节 成品分析

一、试样的制备

1. 排气

在保证样品有代表性,不损失或少损失酒精的前提下,用振摇、超声波或搅拌等方式除去酒样中的二氧化碳气体。

第一法:将恒温至 15～20℃ 的酒样约 300mL 倒入 750mL(或 1L)锥形瓶中,盖塞,在恒温室内,轻轻(划圈)摇动,开塞放气(开始有"砰砰"声),盖塞。反复操作,直至无气体逸出为止,用单层中速干滤纸(漏斗上面盖表面玻璃）过滤。

第二法：采用超声波或磁力搅拌法除气。将恒温至 15～20℃ 的酒样约 300mL 移入带排气塞的瓶中，置于超声波水槽中（或搅拌器上），超声（或搅拌）一定时间后，用单层中速干滤纸过滤（漏斗上面盖表面玻璃）。

注：要通过与第一法比对，使其酒精度测试结果相似，确定超声（或搅拌）时间。

2. 试样的保存

将除气后的酒样收集于具塞锥形瓶中，温度保持在 20℃±0.1℃，密封保存，限制在 2h 内使用。

二、色度

测定方法同麦芽汁中色度测定。

三、浊度

1. 原理

利用富尔马肼（Formazin）标准浊度溶液校正浊度计，直接测定啤酒样品的浊度，以 EBC 浊度单位表示。

2. 仪器和试剂

① 浊度计：测量范围 0～5 EBC 单位，分度值 0.01 EBC 单位。

② 富尔马肼标准浊度贮备液：吸取 100g/L 六次甲基四胺溶液 25mL 于一个具塞锥形瓶中，边搅拌边用吸管加入 10g/L 的硫酸肼溶液 25mL，摇匀，盖塞，于室温下放置 24h 后使用。此溶液为 1000 EBC 单位，在 2 个月内可保持稳定。

③ 富尔马肼标准浊度使用液：分别吸取标准浊度贮备液 0mL、0.2mL、0.5mL、1.0mL 于 4 个 1000mL 容量瓶中，加水稀释至刻度，摇匀。该标准浊度使用液的浊度分别为 0、0.20、0.50、1.00 EBC 单位。该溶液应当天配制与使用。

3. 测定步骤

按照仪器使用说明书安装与调试，用标准浊度使用液校正浊度计。

取除气但未经过滤，温度在 20℃±0.1℃ 的试样倒入浊度计的标准杯中，于浊度计中测定，直接读数（应在试样脱气后 5min 内测定完毕）。

或者将整瓶酒放入仪器中，旋转一周，取平均值（手工旋转 4 个 90°，读数，取 4 个读数的平均值报告结果）。

四、酒精度

1. 密度瓶法

（1）原理　利用在 20℃ 时酒精水溶液与同体积纯水质量之比，求得相对密度，然后，查附表 2-3 得出试样中酒精含量的百分比，即酒精度，以％（质量分数）表示。

(2) 仪器

① 全玻璃蒸馏器，500mL。

② 恒温水浴，精度±0.1℃。

③ 附温度计密度瓶，25mL 或 50mL。

(3) 测定步骤

① 蒸馏

a. 容量法：用 100mL 容量瓶准确量取试样 100mL，置于蒸馏瓶中，用 50mL 水分 3 次冲洗容量瓶，洗液并入蒸馏瓶中，加玻璃珠数粒，装上冷凝管，用 100mL 容量瓶接收馏出液（外加冰浴），缓缓加热蒸馏（冷凝管出口水温不得超过 20℃），收集约 96mL 馏出液（蒸馏应在 30～60min 内完成），取下容量瓶，调节液温至 20℃，加水定容至刻度，混匀，备用。

b. 重量法：称取试样 100.0g，准确至 0.1g，全部移入 500mL 已知质量的蒸馏瓶中，加水 50mL 和数粒玻璃珠，装上冷凝器，用已知质量的 100mL 容量瓶接收馏出液（外加冰浴），缓缓加热蒸馏（冷凝管出口水温不得超过 20℃），收集约 96mL 馏出液（蒸馏应在 30～60min 内完成），取下容量瓶，调节液温至 20℃，然后补加水，使馏出液质量为 100.0g，混匀（注意保存蒸馏后的残液，供做测定真正浓度用）。

② 测量 A：将密度瓶洗净、干燥、称量，反复操作，直至恒重（前后两次质量差不超过 2mg，即为恒量）。将煮沸冷却至 15℃的水注满恒重的密度瓶中，插上附温度计的瓶塞（瓶中应无气泡），立即浸于 20℃±0.1℃的水浴中，待内容物温度达 20℃，并保持 5min 不变后取出。用滤纸吸去溢出支管的水，立即盖好小帽，擦干后，称量。

③ 测量 B：将水倒去，用试样馏出液反复冲洗密度瓶 3 次，然后装满，按测量 A 同样操作。

(4) 计算　试样馏出液（20℃）的相对密度按下式计算：

$$d = \frac{m_2 - m}{m_1 - m}$$

式中　d——试样馏出液（20℃）的相对密度；

　　　m——密度瓶的质量，g；

　　　m_1——密度瓶和水的质量，g；

　　　m_2——密度瓶和试样馏出液的质量，g。

根据相对密度查附表 2-3，得到试样馏出液的酒精度［%（质量分数）］，即为试样的酒精度。

2. Anton Paar 啤酒自动分析仪法

(1) 原理　Anton Paar 啤酒自动分析仪将密度及声音速度的测定方法相结合，测定在 20℃下进行，使用的是内置式固体控温器，两只 PT100 铂温度计具有很高的温控精度。进行测定前，将样品倒入测定池，测定完成后，声音信号提示，通过内置转换表和转换功能，测定结果自动转换为浓度、相对密度或行业其他参数。

（2）仪器和试剂

① Anton Paar 啤酒自动分析仪。

② 重蒸水：取 200mL 重蒸水，煮沸 15min 后冷却至 20℃左右。

（3）测定步骤

① 按仪器使用说明书安装与调试仪器。

② 按 A.P. 操作规程，每次预热后，用重蒸馏水校正；每两周用干燥空气和重蒸水校正一次。

③ 按 A.P. 操作规程，将制备好的酒样导入仪器进行测定。

仪器自动打印酒精度，以％（体积分数）或％（质量分数）表示。

3. SCABA 啤酒自动分析仪法

（1）原理　除气后的啤酒试样导入 SCABA 啤酒自动分析仪后，一路进入内部组装的"U"形振荡管密度计中，测定其密度；另一路进入酒精传感器，测定啤酒试样中的酒精度。

（2）仪器和试剂

① SCABA 啤酒自动分析仪。

② 96％乙醇。

③ 清洗液：按仪器使用说明书配制。

④ 3.5％（质量分数）乙醇校准溶液：量取 96％乙醇 46mL，加水定容至 1L。

⑤ 7.0％（质量分数）乙醇校准溶液：量取 96％乙醇 91mL，加水定容至 1L。

（3）测定步骤

① 按啤酒自动分析仪使用说明书安装与调试仪器。

② 按分析仪使用手册，依次用水、3.5％（质量分数）乙醇校准溶液和 7.0％（质量分数）乙醇校准溶液校正仪器。

③ 将试样导入啤酒自动分析仪进行测定。

仪器自动打印酒精度，以％（体积分数）或％（质量分数）表示。

五、原麦汁浓度

1. 密度瓶法

（1）原理　测出啤酒试样中的真正浓度和酒精度，按经验公式计算出啤酒试样的原麦汁浓度。或用仪器法直接自动测定、计算、打印出试样的真正浓度及原麦汁浓度。

（2）仪器和试剂

① 全玻璃蒸馏器，500mL。

② 恒温水浴，精度±0.1℃。

③ 附温度计密度瓶，25mL 或 50mL。

（3）测定步骤

① 真正浓度的测定

a. 试样的准备：将在酒精度的测定中蒸馏除去酒精后的残液（在已知质量的蒸馏烧瓶中），冷却至20℃，准确补加水使残液至100.0g，混匀。或用已知质量的蒸发皿称取试样 100.0g（准确至 0.1g），于沸水浴上蒸发，直至原体积的 1/3，取下冷却至20℃，加水恢复至原质量，混匀。

b. 测定：用密度瓶测定残液的相对密度。查附表 2-1，求得 100g 啤酒试样中浸出物的克数（g/100g）。即为试样的真正浓度，以 Plato 度（°P）或％（质量分数）表示。

② 酒精度的测定：同密度瓶法。

（4）计算　根据测得的酒精度和真正浓度，按下式计算试样的原麦汁浓度：

$$原麦汁浓度 = \frac{(A \times 2.0665 + E) \times 100}{100 + A \times 1.0665}$$

式中　A——试样的酒精度，％（质量分数）；

E——试样的真正浓度，°P 或％（质量分数）。

或查附表 2-2 求得校正系数 b，按下式计算试样的原麦汁浓度：

$$原麦汁浓度 = 2A + E - b$$

式中　A——试样的酒精度，％（质量分数）；

E——试样的真正浓度，°P 或％（质量分数）；

b——校正系数。

2. Anton Paar 啤酒自动分析仪法

Anton Paar 啤酒自动分析仪：测定酒精度，同时打印出真正浓度，其分析精度为 0.01％。

3. SCABA 啤酒自动分析仪法

SCABA 啤酒自动分析仪：测定酒精度，同时打印出真正浓度，其分析精度为 0.01％。

六、总酸

吸取试样 50mL 测定，操作同麦芽汁中总酸测定。

计算公式如下：

$$总酸含量(mL/100mL) = 2cV$$

式中　c——NaOH 标准溶液的浓度，mol/L；

V——消耗 NaOH 标准溶液的体积，mL；

2——换算成 100mL 试样的系数。

七、双乙酰

1. 原理

用蒸汽将双乙酰蒸馏出来，与邻苯二胺反应，生成2,3-二甲基喹喔啉，在波长335nm下测其吸光度。由于其他联二酮类都具有相同的反应特性，另外蒸馏过程中部分前驱体要转化成连二酮，因此上述测定结果为总连二酮含量（以双乙酰表示）。

2. 仪器和试剂

① 带有加热套管的双乙酰蒸馏器。

② 水蒸气发生瓶：2000mL（或3000mL）锥形瓶或平底蒸馏烧瓶。

③ 紫外分光光度计：备有10mm石英比色皿。

④ 4mol/L HCl溶液：取33.5mL浓盐酸，用水稀释至100mL。

⑤ 10g/L邻苯二胺溶液：称取邻苯二胺0.100g，溶于4mol/L HCl溶液中，并定容至10mL，摇匀，放于暗处，此溶液须当天配制与使用，若配制出来的溶液呈红色，应重新更换新试剂。

⑥ 有机硅消泡剂（或甘油聚醚）。

3. 测定步骤

① 蒸馏：将双乙酰蒸馏器安装好，加热蒸汽发生瓶至沸腾。通蒸汽预热后，置25mL容量瓶于冷凝器出口接收馏出液（外加冰浴冷却），加1～2滴消泡剂于100mL量筒中，再注入未经除气的预先冷至约5℃的酒样100mL，迅速转移至蒸馏器内，并用少量水冲洗带塞漏斗，盖塞。然后用水密封，进行蒸馏，直至馏出液接近25mL（蒸馏需在3min内完成）时取下容量瓶，达到室温后用水定容，摇匀。

② 显色与测量：分别吸取馏出液10mL于两支干燥的比色管中，并于第1支管中加入邻苯二胺溶液0.5mL，第2支管中不加（作空白），充分摇匀后，同时置于暗处放置20～30min，然后于第1支管中加4mol/L HCl溶液2mL，于第2支管中加4mol/L HCl溶液2.5mL，混匀后，用10mm石英比色皿，于波长335nm下，以空白作参比，测定其吸光度（比色测定操作须在20min内完成）。

4. 计算

$$双乙酰含量(mg/L) = A_{335} \times 2.4$$

式中　A_{335}——试样在波长335nm下，用10mm石英比色皿测得的吸光度；

2.4——吸光度与双乙酰含量的换算系数。

八、真正发酵度

$$真正发酵度(RDF, \%) = \frac{2.0665A \times 100}{2.0665A + E}$$

式中　A——试样的酒精度，%（质量分数）；

　　　E——试样的真正浓度，°P 或%（质量分数）。

九、苦味质

同半成品中苦味质的测定。

十、溶解氧

1. 原理

从啤酒包装物（瓶或听）顶部穿孔，针头插入样液中，利用惰性的气体（如二氧化碳或氮气）将啤酒样液顶入装有氧传感器的流通池中，测量其样液中的溶解氧含量。

2. 仪器和试剂

① 溶解氧分析仪，德国 Digox 5 型，或等效分析效果的仪器。

② 气体（如二氧化碳或氮气）：纯度 99.99% 以上。

3. 测定步骤

按仪器使用说明书进行安装、调试。按仪器操作规程测量啤酒样品的溶解氧含量。

十一、铁

1. 原理

在 pH3～9 条件下，低价铁离子与邻菲咯啉生成稳定的橘红色络合物，其色度与 Fe^{2+} 的含量成正比，在 505nm 波长下，有最大吸收，比色法测定。

2. 仪器与试剂

① 可见光分光光度计。

② 邻菲咯啉溶液：称取 1.5g 邻菲咯啉溶于 500mL 热水中。

③ 铁标准溶液（1mg/mL）：准确称取 3.512g 硫酸亚铁铵六水合物，溶于水，加入 0.1mL 浓盐酸，用水定容至 500mL。

④ 抗坏血酸：不含铁，研成细粉。

3. 测定步骤

① 绘制标准曲线：吸取 10mL 铁标准溶液用水稀释定容至 100mL，每毫升含 0.1mg 铁，分别吸取 0mL、2.5mL、5.0mL、10.0mL、20.0mL、30.0mL 此溶液于 6 个 100mL 容量瓶中，用水定容至刻度，使其分别含 0mg、0.25mg、0.50mg、1.00mg、2.00mg、3.00mg 铁。从每份溶液中吸取 25mL 于 50mL 比色管中，加入 2mL 邻菲咯啉溶液、25mg 抗坏血酸，混匀，加热至 60℃，保温 15min，冷却至室温。在 505nm 波长下，以水取代铁试剂所制备的溶液为空白，分别测定吸光度。以铁浓度和相应的吸光度绘制标准曲线。

② 测定：分别吸取 25mL 除气啤酒于两支 50mL 比色管中，一支管中加入

2mL 邻菲咯啉溶液和 25mg 抗坏血酸，此为样品。另一支管中加入 2mL 水和 25mg 抗坏血酸，此为空白，两支比色管均于 60℃ 保温 15min，冷却至室温，在 505nm 波长下，测其吸光度。

4. 计算

$$铁含量(mg/L) = C \times \frac{1}{25} \times 1000$$

式中　C——样品吸光度与空白吸光度差，查标准曲线求得铁含量，mg；

　　　25——取样体积，mL。

十二、铅

1. 原理

酒样经湿法消化后，导入原子吸收分光光度计中，原子化后，吸收 283.3nm 共振线，其吸收值与铅含量成正比，可与标准系列比较定量。

2. 试剂与仪器

（1）混合酸　硝酸＋高氯酸（9＋1），取 9 份硝酸与 1 份高氯酸混合。

（2）其他试剂与仪器　同白酒中铅测定。

3. 测定步骤

（1）试样处理　吸取 10mL 酒样，置入 50mL 烧杯中，在电热板上加热蒸发至 1～2mL，加 10mL 混合酸，加盖浸泡过夜，继续加热至冒白烟（若中途变棕黑色，可再加混合酸），消化液呈无色透明或略带黄色，冷却，用水定容至 10mL。

另取 10mL 水，同上操作做空白试验。

（2）标准曲线的绘制和仪器测定条件与操作均同白酒中铅测定。

4. 计算

$$铅含量(mg/L) = (m - m_0) \times \frac{1}{V} \times \frac{1}{1000} \times 1000$$

式中　m——试样中铅含量，μg；

　　　m_0——空白试验中铅含量，μg；

　　　V——取酒样体积，mL。

十三、总二氧化硫

1. 原理

试样中的亚硫酸盐与汞稳定剂反应，生成稳定的络合物，再与甲醛和碱性品红作用生成紫红色络合物，与标准系列比较定量。

2. 仪器和试剂

① 可见光分光光度计。

② 显色剂：称取碱性品红 100mg，置于 250mL 烧杯中，加 200mL 水加热

溶解，加入（1+1）HCl 溶液 40mL，混合，用水稀释至刻度，装入棕色试剂瓶，贮存于冰箱中，使用前，静置 15min。

③ 甲醛溶液：吸取 38% 甲醛 5mL，用水稀释至 1L。装入棕色试剂瓶，贮存于冰箱中。

④ 汞稳定液：称取二氯化汞 27.2g 和氯化钠 11.7g，用水溶解，并稀释至 1L。

⑤ 10g/L 淀粉指示剂。

⑥ 正己醇（消泡剂）。

⑦ 0.1mol/L 碘 $\left(\frac{1}{2}I_2\right)$ 标准溶液：称取 13g 碘和 35g 碘化钾，于玻璃研钵中，加少量水研磨溶解，用水稀释至 1000mL，摇匀，贮存于棕色瓶中。

⑧ 0.1mol/L 硫代硫酸钠标准溶液：称取 25g 硫代硫酸钠，加 0.2g 无水碳酸钠，溶于 1000mL 水中，缓缓煮沸 10min，冷却，放置一周后过滤，用重铬酸钾标定。

3. 测定步骤

① 校准亚硫酸氢钠溶液：准确称取亚硫酸氢钠 0.2500g（准确至 0.2mg），置于盛有 0.1mol/L 碘 $\left(\frac{1}{2}I_2\right)$ 标准溶液 50mL 的碘量瓶中，盖上塞，在室温下放置 5min。加入浓盐酸 1mL、淀粉指示剂 1mL，用 0.1mol/L 硫代硫酸钠标准溶液滴定过量的碘，记录消耗硫代硫酸钠标准溶液的体积。每消耗 1mL 0.1mol/L 碘 $\left(\frac{1}{2}I_2\right)$ 标准溶液就相当于 3.403mg SO_2（或 5.203mg $NaHSO_3$）。

溶液 A：根据校准分析结果，制备亚硫酸氢钠溶液，使之含 10mg SO_2/mL（8.6~9.0g $NaHSO_3$/500mL）溶液。

溶液 B：将汞稳定液 100mL 移入 500mL 容量瓶中，加 1mL 溶液 A，用水定容，该溶液 SO_2 浓度为 20μg/mL。

② 标准曲线的绘制：用内含一滴正己醇的 10mL 量筒，分别取冷的、未除气的啤酒样品（最好选用低 SO_2 的样品）10mL 于 8 个 100mL 容量瓶中。再各加亚硫酸氢钠溶液 B 0mL、1.0mL、2.0mL、3.0mL、4.0mL、5.0mL、6.0mL 和 8.0mL，这些溶液分别相当于 0μg、20μg、40μg、60μg、80μg、100μg、120μg 和 160μg SO_2，用水定容至刻度。

分别吸取上述制备的溶液 25mL 于 8 个 50mL 容量瓶中，各加显色剂 5mL，混合后，再各加甲醛溶液 5mL，用水定容，混匀。再置于 25℃ 水浴中保持 30min，取出，在 550nm 波长下测定吸光度。

以测得的吸光度为纵坐标，以添加到啤酒中的 SO_2（μg）为横坐标绘制标准曲线，或建立回归方程。

③ 试样的制备与测定：吸取汞稳定液 2mL 和 0.1mol/L 硫酸溶液 5mL 于 100mL 容量瓶中。用内含一滴正己醇的量筒，取冷的、未除气的啤酒样品 10mL

倒入容量瓶中，轻轻摇动混匀，加入 0.1mol/L NaOH 溶液 15mL，摇匀，静置 15s。再加 0.1mol/L 硫酸溶液 10mL，用水定容至刻度，混匀。吸取该溶液 25mL 于 50mL 容量瓶中。加入显色剂 5mL，摇匀，加甲醛溶液 5mL，摇匀，用水定容至刻度。充分混匀，在 25℃ 水浴中保持 30min，取出，于 550nm 波长下，以试剂空白为参比测定吸光度。

空白试验：按上述方法取冷的、未除气的啤酒 10mL 于 100mL 容量瓶中，加入淀粉指示液 0.5mL，滴加 0.05mol/L 碘 $\left(\frac{1}{2}I_2\right)$ 液，直至溶液呈淡蓝色不变为止。然后再多加一滴使碘过量，用水定容。混匀。当蓝色退去时，吸取 25mL 该溶液，同上操作显色并测定空白的吸光度。

4. 计算

$$SO_2 \text{ 含量(mg/L)} = C \times \frac{1}{1000} \times \frac{1}{10} \times 1000$$

式中　C——根据试样吸光度与空白吸光度差，查标准曲线求得的试样中 SO_2 量，μg；

　　　1000——μg 换算成 mg；

　　　10——吸取样品的体积，mL。

5. 讨论

亚硫酸和啤酒中的醛（乙醛等）、酮（酮戊二酸、丙酮酸）及糖相结合，以结合型的亚硫酸存在于啤酒中，加碱是将糖中的二氧化硫释放出来，加硫酸是为了中和碱，这是因为显色反应是在微酸性条件下进行的。

十四、甲醛

1. 原理

甲醛在过量乙酸铵的存在下，与乙酰丙酮和铵离子生成黄色的 2,6-二甲基-3,5-二乙酰基-1,4-二氢吡啶化合物，在波长 415nm 处有最大吸收，在一定浓度范围，其吸光度值与甲醛含量成正比，与标准系列比较定量。

2. 试剂与仪器

（1）乙酰-丙酮溶液　称取新蒸馏乙酰丙酮 0.4g，乙酸铵 25g，冰乙酸 3mL，溶于水并定容至 200mL（用时配制）。

（2）0.1mol/L 碘溶液。

（3）0.1000mol/L 硫代硫酸钠标准溶液。

（4）1mol/L 硫酸溶液。

（5）1mol/L 氢氧化钠溶液。

（6）200g/L 磷酸溶液。

（7）分光光度计。

3. 测定步骤

（1）甲醛标准溶液的配制与标定　吸取 7.0mL 甲醛溶液（36%～38%），加

0.5moL 1mol/L 硫酸溶液，用水稀释至 250mL，此溶液为标准溶液。

吸取上述甲醛标准溶液 10mL，置入 100mL 容量瓶中，用水稀释定容至刻度。

吸取 10mL 上述稀释液，量入 250mL 碘量瓶中，加 90mL 水，准确加入 20mL 0.1mol/L 碘溶液，加 15mL 1mol/L 氢氧化钠溶液，摇匀，放置 15min。加 20mL 1mol/L 硫酸溶液酸化，用 0.1000mol/L 硫代硫酸钠标准溶液滴定至浅黄色，加约 1mL 5g/L 淀粉指示剂，继续滴定至蓝色消失。同时做试剂空白试验。

甲醛标准溶液浓度为：

$$X = (V_0 - V) \times C \times 15$$

式中　X——甲醛标准溶液浓度，mg/mL；

　　　V_0——空白试验消耗硫代硫酸钠标准溶液体积，mL；

　　　V——滴定甲醛溶液消耗硫代硫酸钠标准溶液体积，mL；

　　　C——硫代硫酸钠标准溶液浓度，mol/L；

　　　15——消耗 1mL 1.000mol/L 硫代硫酸钠标准溶液相当的甲醛的质量，mg。

将上述已标定的甲醛标准溶液，用水配制成含甲醛 1μg/mL 的甲醛标准溶液。

（2）标准系列的制备及标准曲线的绘制　　吸取甲醛标准溶液（1μg/mL）0mL，0.5mL，1.0mL，2.0mL，3.0mL，4.0mL，8.0mL，分别置入 25mL 比色管中，补水至 10mL，各加 2mL 乙酰-丙酮溶液，摇匀，于沸水浴中加热 10min，冷却，于波长 415nm，0mL 管为空白，测定吸光度，并绘制标准曲线。

（3）试样测定　　吸取 25mL 除气啤酒，置入 500mL 蒸馏瓶中，加 20mL 200g/L 磷酸溶液，用水蒸气蒸馏，收集馏出液于 100mL 容量瓶中，收集约 100mL，冷却，用水定容至 100mL。

吸取 10mL 馏出液，同标准系列制备操作，测定吸光度。并从标准曲线中求得甲醛含量。

4. 计算

$$X = \frac{m}{V} \times 1000 \times \frac{1}{1000}$$

式中　X——试样中甲醛含量，mg/L；

　　　m——试样从标准曲线中求得甲醛含量，μg；

　　　V——测定样液中相当的试样体积，mL。

第四节　成品酒香气成分分析、农药残留量分析

一、双乙酰

1. 原理

利用连二羰基捕获电子的特性，顶空样品进入毛细管气相色谱仪，通过

ECD 检测器测定双乙酰和 2,3-戊二酮的含量。样品通过曝气和加热，使前驱体转化成相应的连二酮，可测定前驱体的含量。

用连二酮标准物质定性，用 2,3-己二酮作内标，通过校正因子进行定量。

2. 仪器和试剂

① 美国 PE 公司 HS-40 自动顶空进样器，PE-Autosystem 气相色谱仪，带 ECD 检测器，PE-1022 数据处理机，色谱柱为毛细管柱 30m×0.32mm i.d，膜厚 0.5μm，固定相为 Carbowax 20M。

② 20mL 顶空进样瓶及密封垫、盖。

③ 双乙酰贮存液（5000mg/L）：称取 0.500g 双乙酰（FLUKA）于 100mL 容量瓶中，用无水乙醇定容至刻度，贮存于 0～2℃，此溶液可稳定 1 个月。

双乙酰工作液（50mg/L）：用水稀释 1mL 贮存液至 100mL，当天配制。

④ 2,3-戊二酮和 2,3-己二酮（Aldrich 公司）：贮存液和工作液的配制要求同双乙酰。

3. 测定步骤

① 样品处理：将发酵液急冷至 10℃以下，再离心，以除去多余酵母。

将室温啤酒倒入刻度试管，吸去泡沫及多余酒液至 10mL。将酒液慢慢倒入装有 4g 氯化钠的 20mL 顶空进样瓶中，加入 10μL 的 2,3-己二酮内标工作液，加密封垫、铝盖压紧，用手摇匀 50s。

如果要测总连二酮，将 100mL 啤酒倒入 400mL 烧杯中，轻轻旋动脱气，再在两杯之间沿杯壁以细流慢慢反复倾倒 5 次后，取 10mL 啤酒慢慢倒入装有 4g 氯化钠的 20mL 顶空进样瓶中，加入 10μL 的 2,3-己二酮内标工作液，加密封垫、铝盖压紧。用手摇匀 50s。放入 90℃水浴保温 30min。冷却至室温。轻轻拍下瓶盖残留的液滴（或更换一个新的铝压盖密封）。

将密封后的顶空进样瓶放在 HS-40 顶空自动进样器上进样测定。

② 测定条件

a. HS-40 自动进样器条件：样品温度为 35℃，加热 40min。

b. 气相色谱条件：柱温，55℃；进样器温度，150℃；检测器温度，200℃；载气，高纯氮气（纯度为 99.999%）。

③ 标准溶液的测定：吸取 10mL 水于装有 4g 氯化钠的 20mL 顶空进样瓶中，分别加入双乙酰、2,3-戊二酮和 2,3-己二酮工作液各 10μL，封盖后放入顶空自动进样器中，按上述测定条件进样测定。

④ 样品的测定：处理后的样品放入顶空进样器中，再按上述的测定条件进行测定。

4. 计算

计算标准溶液中各标准物对内标的相对峰高，求得相对校正因子，再由样品中连二酮对加入内标的相对峰高求得样品中连二酮的含量。

$$双乙酰含量(mg/L) = RPAd \times Fd \times c$$

$$2,3\text{-戊二酮含量}(mg/L)＝RPAp×Fp×c$$
$$\text{前驱体含量}(mg/L)＝\text{总连二酮}－\text{游离连二酮}$$

式中，RPAd 和 RPAp 分别为双乙酰和 2,3-戊二酮与内标的相对峰高；Fd 和 Fp 分别为双乙酰和 2,3-戊二酮的相对校正因子；c 为内标溶液浓度，mg/L。

二、低沸点挥发性物质

1. 原理

利用顶空进样，毛细管气相色谱法测定啤酒中的低沸点化合物。用标准样定性，用正丁醇作内标进行定量。

2. 仪器和试剂

① 美国 PE 公司 Autosystem 气相色谱仪，带 FID 检测器，HS-40 自动顶空进样器，1022 数据处理机。

② 色谱柱为 SGE 公司石英毛细管柱，固定液为 FFAP。

③ 1%（体积分数）标准溶液：分别吸取 1mL 乙醛、己酸乙酯、辛酸乙酯、正丙醇、异戊醇、正丁醇（内标）、乙酸乙酯、乙酸异戊酯、异丁醇，用 50%（体积分数）乙醇定容至 100mL。

3. 测定步骤

① 样品处理：啤酒在室温下用滤纸过滤后，移取 10mL 注入放有 4g 氯化钠的 20mL 顶空进样瓶中，加入 10μL 1% 内标的 50% 乙醇溶液，加密封垫、铝盖压紧。将密封后的顶空进样瓶放在顶空进样器上进样测定。标样定性，内标法定量。

② 测定

a. 顶空自动进样器条件：样品温度为 60℃，保持 35min。

b. 气相色谱条件：柱温 35℃保持 5min，以 10℃/min 升高至 190℃。

c. 进样器温度 150℃，检测器温度 200℃。

d. 载气为高纯氮气。

4. 计算

根据被测样品和内标的含量及在色谱图上相应的峰面积比，由校正因子按下式计算啤酒中低沸点风味物质的含量。

$$X_i＝C_s×f_{si}×\frac{A_i}{A_s}$$

式中　X_i——啤酒中风味物质的单一含量，mg/L；

　　　C_s——啤酒中加入内标物的浓度，mg/L；

　　　A_s——内标物的峰面积；

　　　A_i——风味物质的峰面积；

　　　f_{si}——相对校正因子，$f_{si}＝f_i/f_s$。

三、啤酒中六六六、滴滴涕残留量分析

1. 原理

样品中六六六、滴滴涕经提取、净化后用气相色谱法测定，与标准比较定量。电子捕获检测器对于电负性强的化合物具有较高的灵敏度，利用这一特点，可分别测出微量的六六六和滴滴涕。不同异构体和代谢物可同时分别测定。

出峰顺序：α-666、γ-666、β-666、δ-666、p,p'-DDE、o,p'-DDT、p,p'-DDD、p,p'-DDT。

2. 仪器和试剂

① 旋转浓缩蒸发器。

② 吹氮浓缩器。

③ 气相色谱仪，具有电子捕获检测器（ECD）。

④ 石油醚：沸程 30～60℃。

⑤ 20g/L 硫酸钠溶液。

⑥ 六六六、滴滴涕标准溶液：准确称取甲、乙、丙、丁六六六 4 种异构体和 p,p'-滴滴涕、p,p'-滴滴滴、p,p'-滴滴伊、o,p'-滴滴涕（α-666、β-666、γ-666、δ-666、p,p'-DDT、p,p'-DDD、p,p'-DDE、o,p'-DDT）各 10.0mg，溶于苯，分别移入 100mL 容量瓶中，加苯至刻度，混匀，每毫升含农药 100μg，作为贮备液存于冰箱中。

六六六、滴滴涕标准使用液：将上述标准贮备液以正己烷稀释至适宜浓度，一般为 0.01μg/mL。

3. 测定步骤

① 提取：称取混匀的啤酒样品 200g，置于分液漏斗 A 中，加 50mL 丙酮，振摇 1min，加 40mL 石油醚，振摇 1min。静置分层。将上层石油醚溶液移入另一分液漏斗 B 中，再加 30mL 石油醚于分液漏斗 A 中提取。合并两次提取液，加 20g/L 硫酸钠溶液 150mL，振摇 1min，静置分层，弃去水层。将上层石油醚溶液经无水硫酸钠柱滤入 50mL 分液漏斗中，再用少量石油醚洗涤原分液漏斗及无水硫酸钠柱，将洗液合并到提取液中。

② 净化：于提取液中加浓硫酸（提取液和浓硫酸的比例为 10:1），振摇数次后，打开塞子放气，静置至分层，弃去酸层。重复 1～2 次（净化至下层液也成无色或淡黄色），静置分层后弃去酸层。加 20g/L 硫酸钠溶液 100mL，振摇 1min，静置至分层，弃去水层。加 5～10g 无水硫酸钠于分液漏斗内，轻轻摇动几次，然后将石油醚层通过无水硫酸钠柱，收集石油醚于旋转蒸发器内，再用少量石油醚洗涤分液漏斗及无水硫酸钠柱，洗液合并至旋转蒸发器内，浓缩至 20mL。

③ 测定：气相色谱仪参考条件如下。

a. 色谱柱：内径 3～4mm，长 1.2～2m 的玻璃柱，内装涂以 OV-7（15%）

和 QF-1（20%）的混合固定液的 80～100 目硅藻土担体上。

b. Ni-电子捕获检测器：气化室温度，215℃；色谱柱温度，195℃；检测器温度，225℃；载气（氮气）流速，90mL/min；纸速，0.5cm/min。

4. 计算

电子捕获检测器的线性范围窄，为了便于定量，选择样品进样量使之适合各组分的线性范围。根据样品中六六六、滴滴涕存在形式，相应的制备各组分的标准曲线，从而计算出样品中的含量。

六六六、滴滴涕及异构体或代谢物含量按下式计算：

$$X_i = A_i \times \frac{1}{V_2} \times V_1 \times \frac{1}{m} \times \frac{1}{1000} \times 1000$$

式中　X_i——样品中六六六、滴滴涕及其异构体或代谢物的单一含量，mg/kg；

A_i——被测样液中六六六或滴滴涕及其异构体或代谢物的单一含量，μg；

V_1——样品净化液体积，mL；

V_2——样液进样体积，mL；

m——样品质量，g。

第三章　葡萄酒生产分析检验

第一节　原料分析

一、物理检验

1. 感官检查

（1）包装物　对装有原料的箱、筐等进行全面的检查，观察内中有无异味的干草和其他夹杂物，以及包装规格是否符合要求。

（2）外观　取若干数量具有代表性的葡萄用肉眼观察颗粒的大小、形态、色泽、清洁度，以及有无虫害及农药斑等其他污染物等。

（3）气味　取若干数量具有代表性的葡萄检查其气味是否纯正，以及有无其他异味。

2. 生青程度、腐烂程度与果梗比

（1）生青程度　取适量具有代表性试样，在粗天平上称其质量。摘下果粒，再次称量。从果粒中拣出生青粒，称量。

$$生青程度 = \frac{m_2}{m_1} \times 100\%$$

式中　m_1——果粒总质量，g；

　　　m_2——生青果粒质量，g。

（2）腐烂程度　从试样中拣出腐烂、干软果粒，称量。

$$腐烂程度 = \frac{m_2}{m_1} \times 100\%$$

式中　m_1——果粒总质量，g；

　　　m_2——腐烂果粒质量，g。

（3）果梗比

$$果梗比 = \frac{m - m_1}{m} \times 100\%$$

式中　m——试样质量，g；

　　　m_1——果粒总质量，g。

3. 百粒重

取具有代表性的葡萄试样 100 粒，称其质量（准确至 0.1g），报告结果。

4. 出汁率

将测定后的全部果粒（包括生青、腐烂粒）和果梗混在一起，放入小压榨机中压碎，然后自然滴出其中的葡萄汁，称重。再进行压榨至流不出葡萄汁为止，称重。

计算公式如下：

$$自流汁率 = \frac{m_1}{m} \times 100\%$$

$$总出汁率 = \frac{m_1 + m_2}{m} \times 100\%$$

式中　m_1——葡萄浆自流汁质量，g；

　　　m_2——经压榨后流出的果汁质量，g；

　　　m——试样质量，g。

说明：自流汁率和总出汁率，也可用 100g 原料产汁的毫升数，即%（体积/质量）表示。这时果汁不再称量，将其调至 20℃ 后用量筒测量体积。

二、化学分析

1. 可溶性固形物

测定葡萄汁中的可溶性固形物的含量主要目的有三个：一是衡量葡萄的成熟情况，以便确定采摘时间；二是在可溶性固形物中 90% 以上为可发酵性的糖，因此，它是估算生产酒精的依据；三是它可以作为酿制某种类型葡萄酒的依据，如根据葡萄酒的类型以可溶性固形物来确定是否需要葡萄过熟。

这里介绍便携式折光计测定葡萄汁中可溶性固形物的含量。

（1）原理　根据含糖溶液的折射率正比于浓度的原理，可以用来直接测定含糖溶液的浓度。

（2）测定步骤　掀开照明棱镜盖板，用柔软的绒布仔细地将折光棱镜拭净，注意不要划伤镜面。

取具有代表性试样制备的果汁数滴，置于折光棱镜的镜面上，合上盖板，使溶液遍于棱镜表面。

将仪器透光窗对向光源或明亮处，调节目镜视度圈，使视野内分划尺清晰可见。视场中分划尺的明暗分界线指示的刻度值读数，即为溶液的含糖量百分数。

当被测溶液的含糖量低于 50% 时，将旋钮转动，使得在目镜半圆视野中出现 0～50 分划尺。含糖浓度高于 50%，则应转动旋钮，使得在目镜半圆视场中出现 50～80 分划尺，测量方法与上述相同。

（3）温度修正　仪器系依据标准温度（20℃）设计而成，在非标准温度下，应在原有的读数上加入（或减去）温度修正值。当测量温度大于 20℃ 时，需加上修正值；测量温度小于 20℃ 时需减去修正值。见附表 3 -1。

2. 总酸（可滴定酸）

总酸是葡萄汁中所有的可滴定酸，为挥发酸和固定酸的总和。

（1）指示剂法

① 原理：利用酸碱中和反应，以酚酞为指示液，用碱标准溶液滴定，根据碱的用量计算以主体酸表示的总酸含量。

② 试剂

a. 0.05mol/L NaOH 标准溶液：称取 2g NaOH，用无二氧化碳水溶解并稀释至 1000mL。

标定：称取预先于 105～110℃烘至恒重的基准邻苯二甲酸氢钾 0.2g（准确至 0.0002g），加入 50mL 无二氧化碳水，加 2 滴（10g/L）酚酞指示剂，用配好的 NaOH 溶液滴定至呈粉红色，30s 不退色，同时做空白试验。

计算公式如下：

$$c_{NaOH}(mol/L) = \frac{m}{(V-V_0) \times 0.2042}$$

式中 m——邻苯二甲酸氢钾的质量，g；

V——消耗 NaOH 溶液的体积，mL；

V_0——空白试验消耗 NaOH 溶液的体积，mL；

0.2042——消耗 1mL 1mol/L NaOH 标准溶液相当于邻苯二甲酸氢钾的质量，g/mmol。

b. 10g/L 酚酞指示剂：称取 1.0g 酚酞，用 95%（体积分数）酒精溶解并稀释至 100mL。

③ 测定步骤：取前面测定出汁率的果汁 5mL，置于 250mL 三角瓶中，加水 50mL，加 2 滴酚酞指示剂，摇匀后立即用 NaOH 标准溶液滴定至微红色终点，保持 30s 不退色。

用水代替试样做空白试验。

④ 计算

$$总酸（以酒石酸计,g/L）=(V-V_0) \times c \times f \times \frac{1}{V_1} \times 1000$$

式中 c——NaOH 标准溶液的浓度，mol/L；

V_0——空白试验消耗 NaOH 标准溶液的体积，mL；

V——样品滴定消耗 NaOH 标准溶液的体积，mL；

V_1——吸取样品的体积，mL；

f——消耗 1mL1mol/L NaOH 标准溶液相当于酒石酸的克数（不同酸类的换算系数见附表 3-2）。

（2）电位滴定法

① 原理：试样用 NaOH 标准溶液滴定终点以酸度计显示 pH 9.0 为终点，根据 NaOH 的用量计算试样以主体酸表示的滴定酸。

② 试剂与仪器

a. 0.05mol/L NaOH 标准溶液。

b. 酸度计：精度 0.01pH。

c. 磁力搅拌器。

③ 测定步骤：按仪器使用说明书安装并校正仪器，使其斜率在 95%～105%之间方可进行样品测定。

取测定出汁率的果汁 5mL 于 100mL 烧杯中，加入 50mL 水，插入电极，放入一枚转子，置于磁力搅拌器上，用 NaOH 标准溶液边搅拌边滴定。开始时滴定速度可稍快，当溶液 pH 达到 8.0 后，放慢滴定速度，每次滴加半滴溶液直至 pH 9.0 为其终点。

④ 计算：同指示剂法。

⑤ 讨论

a. 滴定终点的 pH，不同方法有不同规定，国际法一般为 pH 7.0，本方法以 pH 9.0 为滴定终点，能较好地与酚酞指示剂的变色点相符合（在表示结果时，应注明终点的 pH）。

b. 红葡萄汁一般采用电位滴定法，而白葡萄汁则多采用指示剂法。

3. 还原糖

还原糖的测定将在第二节中详细介绍。

第二节 生产过程分析

一、相对密度

葡萄醪的相对密度系指 20℃时某一体积葡萄醪的质量与相同体积同温度水的质量之比。

1. 密度瓶法

(1) 原理 在 20℃±0.1℃的工作条件下，用密度瓶法测定样品的密度和水的密度，根据样品的密度与水的密度的比值，即得到样品的相对密度。

(2) 仪器

① 附温密度瓶。

② 高精度恒温水浴槽（精度为±0.1℃）。

(3) 测定步骤 将密度瓶先用水洗净，然后依次用乙醇、乙醚洗涤并吹干，准确称重（m_1）。

将煮沸 30min 后冷却至 15℃左右的水注满已恒重的密度瓶，装上附温度计塞（瓶中应无气泡），浸入 20℃±0.1℃恒温水浴中，待内容物温度达到 20℃，保持 10min 不变，取出，擦干并用滤纸吸去侧壁溢出的液体，使侧管的液体与侧管口齐平，立即盖好侧管小罩，称得密度瓶和水质量（m_3）。

再将密度瓶用被测样品代替水按上述步骤测得样品与瓶质量（m_2）。

附表 3-3 为葡萄醪的相对密度（×1000）、糖度和潜在酒度换算表。

（4）计算

$$相对密度 = \frac{m_2 - m_1}{m_3 - m_1}$$

式中 m_1——密度瓶的质量，g；

m_2——样品和密度瓶质量，g；

m_3——水和密度瓶质量，g。

（5）讨论

① 由于密度瓶装入样品后随环境温度变化而影响质量，所以建议实验室温度要接近 20℃，并且尽快称量读数。

② 每套密度瓶的三个组件（瓶身、温度计、小罩）必须一致。每套密度瓶的 m_1 和 m_3 数值经测得后分别记录下来，作为不变常数，实际使用时只需测得 m_2 即可。

2. 密度计法

葡萄醪的相对密度因含糖量的不同而不同，一般在 1.060～1.090 之间。根据葡萄汁的相对密度，可估计每升葡萄醪中含糖量及酿成酒后的酒精度。

注：对于加糖参考的原始相对密度，需要进行温度相对密度校正，即查温度、相对密度误差校正表（附表 3-4）。当温度大于 20℃ 时，需加上误差值；温度小于 20℃ 时需减去误差值。举例说明如下。

相对密度（×1000）为 1070，16℃ 时误差是 1.12，实际相对密度是 1070－1.12＝1068.88，再查相对密度糖度换算表中 1069 的糖度为 159；

相对密度（×1000）为 1070，24℃ 时误差是 1.25，实际相对密度是 1070＋1.25＝1071.25，再查相对密度糖度换算表中 1071 的糖度为 165。

随发酵时间的增加和酒精的生成，发酵醪相对密度在下降，发酵成熟的葡萄酒相对密度在 0.990～0.996 之间，相对密度大小取决于酒精度的高低，所以发酵期间使用大于 1 的密度计，发酵结束时使用小于 1 的密度计。在法国有专为葡萄酒生产使用的 0.990～1.100 并带有温度计的密度计。

二、酒精度

1. 气相色谱法

（1）原理 样品在气相色谱仪中通过色谱柱时，而使乙醇与其他组分分离，利用氢火焰离子化检测器进行鉴定，用内标法定量。

（2）试剂与仪器

① 正丙醇：密度为 803.9g/L，色谱纯，作内标用。

② 乙醇标准溶液（A）：用 5 个 100mL 容量瓶分别吸取 1mL、2mL、3mL、4mL、5mL 无水乙醇，再分别加水定容至 100mL。

乙醇标准溶液（B）：用 5 个 10mL 容量瓶分别吸取 10mL 不同浓度的乙醇标准溶液（A），再分别加入 0.5mL 正丙醇内标，混匀。该溶液用于标准曲线的绘制。

③ 气相色谱仪：配有氢火焰离子化检测器。

色谱柱（不锈钢或玻璃）：2m×2mm 或 3m×3mm。

固定相：Chromosorb 103，60～80 目，固定液为 15%PEG20M。

(3) 测定步骤

① 试样的制备：将样品准确稀释 4 倍（或根据酒度适当稀释），然后吸取 10mL 于 10mL 容量瓶中，准确加入 0.5mL 正丙醇内标，混匀。

② 色谱条件

a. 柱温：100℃；

b. 气化室和检测器温度：150℃；

c. 载气流量（氮气）：40mL/min；

d. 氢气流量：40mL/min；

e. 空气流量：500mL/min。

参考上述条件，根据不同仪器的情况，通过试验选择最佳操作条件，使乙醇和正丙醇完全分离，并使乙醇在 1min 左右出峰。

③ 标准曲线的绘制：分别吸取 0.3μL 乙醇标准溶液 B，注入色谱仪，记录图谱。以乙醇峰面积和内标峰面积比值对酒精浓度做标准曲线（或建立相应的回归方程）。

④ 试样的测定：吸取 0.3μL 的试样，按标准曲线的绘制操作测定乙醇及内标峰面积。

(4) 计算　用试样组分峰面积与内标峰面积的比值查标准曲线得出的值（或用回归方程计算出的值），乘以稀释倍数，即为酒样中的酒精含量。

2. 密度瓶法

(1) 原理　以蒸馏法除去样品的不挥发性物质，用密度瓶法测定馏出液的相对密度。查相对密度与酒精度的对照表（附表 3-5），求得 20℃时乙醇的体积分数。

(2) 测定步骤　用一干燥 100mL 容量瓶准确量取 100mL 样品（20℃）于 500mL 蒸馏瓶中，用 50mL 水分三次冲洗容量瓶，加几粒玻璃珠。用 100mL 容量瓶作接收器（外加冰水浴冷却），缓慢加热蒸馏，收集馏出液近 100mL，取下容量瓶，密塞。于 20℃保温 30min 后补水至刻度，混匀，用密度瓶法测定馏出液的密度。

(3) 计算　试样馏出液在 20℃时的密度按下式计算：

$$d = \frac{m_3 - m_1 + A}{m_2 - m_1 + A} \times d_0$$

$$A = \frac{(m_2 - m_1) \times d_1}{997.0}$$

式中　d——试样馏出液在 20℃时的密度，g/L；

m_1——密度瓶的质量，g；

m_2——20℃时密度瓶与水的总质量，g；

m_3——20℃时密度瓶与试样馏出液的总质量，g；

d_0——20℃水的密度，998.20g/L；

A——空气浮力校正值；

d_1——干燥空气在 20℃、1013.25kPa 时的密度值，约为 1.2g/L；

997.0——在 20℃时水与干燥空气密度值之差，g/L。

注：d_1 值随气压条件略有变化，但这种变化一般对密度测定没有影响。

将计算所得的 20℃时试液密度值查附表 3-5，求得试液中乙醇的体积分数。

3. 酒精计法

（1）原理　以蒸馏法除去样品中不挥发性物质，用酒精计测得酒精体积分数值，并进行温度校正，求得 20℃时乙醇的体积分数即为酒精度。

（2）测定步骤　以上述馏出液（酒精水溶液）倒入洁净干燥的量筒内静置数分钟。待样品静止后轻轻放入温度计及酒精计平衡 5min。水平观测读取与液面弯曲相切处的酒精计刻度示值，同时记录测量时温度，查附表3-6，求得试样中酒精体积百分数。

4. 沸点下降法

（1）原理　利用水-乙醇的沸点低于水的沸点，并随乙醇含量增高而下降的性质，测量酒样的酒精度。

（2）仪器　沸点酒精计：带计算器。

（3）测定步骤

① 仪器的校正：用水将沸点酒精计充分淋洗。排干后，从温度计插口加入25mL 水，重新插好温度计，并将橡皮塞塞紧，在冷凝器外套加满冷水。点燃酒精灯加热，并调节火焰使其顶部正好接触水平管。当沸水的温度达到恒定时，记录温度。旋转计算器可旋转的圆盘，使记录的温度值正好对准外圈的零点，拧紧螺丝固定计算器。

② 试样的测定：排干冷凝器和煮沸容器中的水，用试样充分淋洗容器。从温度计插口加入 45mL 试样，插好温度计，用冷水注满冷凝器外套。同仪器校正一样煮沸试样，当温度恒定时，记录温度。从计算器的内圈找到试样的沸点，读取与此沸点相对的酒精浓度值，即为试样以体积分数表示的酒精浓度。

注：含气试样应先排除二氧化碳气后再测定，测定时如发现冷却水变热，需立即停止加热，更换冷却水。

（4）讨论　本方法用于葡萄酒的酒精度测定已有悠久的历史，在美国已批准为正式方法，法国已通过。这种方法方便、快速、但酒样中含糖高对测定结果有影响，需校正，排除糖和其他成分对测定结果的干扰。

可用下列公式进行校正：

$$酒精度[\%(体积分数)]=\frac{100-S\times0.62}{100}\times E$$

式中　E——沸点酒精计测得的酒精浓度，%（体积分数）；

　　　　S——含糖量，%（质量浓度）。

三、还原糖和总糖

葡萄酒中的主要糖类是葡萄糖和果糖，成熟的葡萄果糖的含量较高，葡萄中只有极少的蔗糖。生产过程中添加的蔗糖在酸和酵母转化酶的作用下水解成葡萄糖和果糖后被酵母利用，称之为可发酵性糖，不能被酵母利用的称之为非发酵性糖或残糖。根据还原斐林试剂的能力，又可分为还原糖和非还原糖。在葡萄酒中残糖主要由戊糖（如阿拉伯糖、鼠李糖、木糖及少量的未发酵的葡萄糖和果糖，约 0.1～0.2g/L）组成。

1. 高效液相色谱法

（1）原理　利用氨柱，将样品中的果糖、葡萄糖、蔗糖与其他组分分离。示差折光检测器进行鉴定，外标法定量。

（2）试剂与仪器

① 超纯水：经纯水机制出的电阻率达到 18MΩ 或经 0.45μm 微滤膜过滤的新鲜的重蒸水。

② 乙腈-水 (75+25)：将乙腈和水按 75+25 的比例混合（或根据仪器情况调整该比例至分离效果最佳），用脱气装置充分脱气后，再用 0.45μm 的油系过滤膜过滤。该溶液用做流动相。

③ 糖标准溶液（含总糖 45.000g/L）：分别称取干燥的葡萄糖、果糖、蔗糖各 1.500g（准确至 0.001g），移入 100mL 容量瓶中，用超纯水定容至刻度。该溶液含葡萄糖、果糖、蔗糖分别为 15.000g/L。

④ 高效液相色谱仪，示差折光检测器：色谱柱为 150mm×5.0mm，Shim-pack CLC-NH$_2$ 柱。

⑤ 微过滤膜：0.45μm，油系。

⑥ 脱气装置（或超声波装置）。

（3）测定步骤

① 试样的制备：将样品用超纯水稀释至总糖量为 45g/L 左右，并用 0.45μm 油系微过滤膜过滤。

② 色谱条件如下。

柱温：室温；

流动相：乙腈＋水 (75＋25)；

流速：2mL/min；

进样量：20μL。

③ 测定：在同样的色谱条件下，将糖标准溶液和处理好的试样分别注入色

谱仪。测定各糖分峰面积，并计算其含量。

（4）计算

$$X_i = \frac{A_i}{A_{si}} \times C_{si} \times n$$

$$X_1 = G + P$$

$$X_2 = X_1 + 1.05Z$$

式中　X_1——样品中还原糖含量（以葡萄糖计），g/L；

　　　X_2——样品中总糖含量（以葡萄糖计），g/L；

　　　G——样品中的果糖含量，g/L；

　　　P——样品中的葡萄糖含量，g/L；

　　　Z——样品中的蔗糖的含量，g/L；

　1.05——由蔗糖换算为葡萄糖的系数；

　　　X_i——样品中 i 组分（i＝G、P、Z）的含量，g/L；

　　　A_i——样品谱图中 i 组分峰面积；

　　　A_{si}——糖标准溶液中 i 组分的峰面积；

　　　C_{si}——糖标准溶液中 i 组分的含量，g/L；

　　　n——样品的稀释倍数。

平行实验测定结果绝对值之差，干酒、半干酒不得超过 0.5g/L，甜酒、半甜酒不得超过 2g/L。

2. 直接滴定法

（1）原理　还原糖利用斐林法测定，总糖经酸水解后用斐林法测定。

（2）试剂

① 斐林试剂

a. 斐林 A 液：称取硫酸铜（$CuSO_4 \cdot 5H_2O$）69.27g，溶于水并稀释至 1000mL。

b. 斐林 B 液：称取酒石酸钾钠 346g，氢氧化钠 100g，溶于水并稀释至 1000mL。

c. 标定

ⓐ 预备试验：吸取斐林 A 液、B 液各 5mL 于 250mL 三角瓶中，加 50mL 水，摇匀，在电炉上加热至沸，在沸腾状态下用制备好的葡萄糖标准溶液滴定，当溶液的蓝色将消失呈红色时，加 2 滴亚甲基蓝指示剂，继续滴定至蓝色消失，记录消耗的葡萄糖标准溶液的体积。

ⓑ 正式试验：吸取斐林 A 液、B 液各 5mL 于 250mL 三角瓶中，加 50mL 水和比预备试验少 1mL 的葡萄糖标准溶液，加热至沸，并保持微沸 2min，加 2 滴亚甲基蓝指示剂，在沸腾状态下于 1min 内用葡萄糖标准溶液滴至蓝色消失，记录消耗的葡萄糖标准溶液的总体积。

d. 计算

$$F = \frac{m}{1000} \times V$$

式中　　F——斐林 A 液、B 液各 5mL 相当于葡萄糖的克数，g；

　　　　m——称取葡萄糖的质量，g；

　　　　V——消耗葡萄糖标准溶液的总体积，mL。

② （1+1）HCl 溶液。

③ 200g/L NaOH 溶液。

④ 2.5g/L 葡萄糖标准溶液：准确称取 2.5000g （准确至 0.0002g）在 105～110℃烘箱内烘干 3h 并在干燥器中冷却的无水葡萄糖，用水溶解定容至 1000mL。

⑤ 10g/L 亚甲基蓝指示剂：称取 1.0g 亚甲基蓝，溶解于水中，稀释至 100mL。

（3）测定步骤

① 试样的制备

a. 测总糖用试样：吸取一定量的样品 （V_1）于 100mL 容量瓶中 （使之所含总糖量为 0.2～0.4g），加 5mL （1+1） HCl 溶液，加水至 20mL，摇匀。于 68℃±1℃水浴上水解 15min，取出，冷却。用 200g/L NaOH 溶液中和至 pH 6～7，调温至 20℃，加水定容至刻度。

b. 测还原糖用试样：准确吸取一定量的样品 （V_1）于 100mL 容量瓶中 （使之所含还原糖量为 0.2～0.4g），加水定容至刻度。

② 总糖

以测还原糖试样与测总糖试样分别代替葡萄糖标准溶液，按标定斐林 A 液、B 液的方法同样操作，记录消耗试样的体积 （V_3）。

测定干型葡萄酒可直接以酒样代替葡萄糖，按标定斐林氏 A 液、B 液的方法同样操作，结果按下列公式计算。

（4）计算

$$X_1 = F \times \frac{1}{V_3} \times V_2 \times \frac{1}{V_1} \times 1000$$

式中　　X_1——总糖或还原糖的含量 （以葡萄糖计），g/L；

　　　　F——斐林 A 液、B 液各 5mL 相当于葡萄糖的克数；

　　　　V_1——吸取样品体积，mL；

　　　　V_2——样品稀释后或水解后定容的体积，mL；

　　　　V_3——消耗试样的体积，mL。

四、pH

葡萄酒中最适 pH 为 3.3～3.5，低 pH 有利于某些氨基酸的吸收，有助于二氧化硫的杀菌作用和抑菌作用。pH<3.0 时发酵受到抑制，低 pH 还会引起乙基

酯和乙酸酯的降解。pH 高时，有利于甘油和高级醇的生成。

1. 仪器

酸度计。

2. 测定步骤

酸度计先经标准缓冲液校正，校正时请选用合适缓冲液。如测酒样与葡萄汁时仪器的第一点校正应选为 4.01 的标准缓冲液。然后将电极浸入到被测试液中，直接读出溶液的 pH。

注：复合电极需将电极浸泡在饱和氯化钾溶液中，以保持电极球泡的湿润（长期不用可戴上装有饱和氯化钾的保护套）。

五、总酸（可滴定酸）

葡萄酒中的可滴定酸为挥发性酸和固定酸之和。葡萄中的酒石酸和苹果酸占固定酸的 90％以上。葡萄酒进行苹果酸-乳酸发酵后，苹果酸被口味柔和的乳酸代替，可降低总酸含量。发酵过程中还产生其他有机酸，如柠檬酸、异柠檬酸、延胡索酸、琥珀酸等，由于这些有机酸的存在，在酒中可形成稳定的芳香成分。

测定方法同第一节中总酸的测定。

六、游离二氧化硫

二氧化硫是有效的抗菌剂和抗氧化剂，具有脱色能力，可以防止酒氧化味的产生，葡萄酒中游离二氧化硫有抗菌效果。二氧化硫会同乙醛反应生成非挥发性磺酸，给酒带来新鲜的气味。

（一）氧化法

1. 原理

在低温条件下，样品中的游离二氧化硫与过量过氧化氢反应生成硫酸，再用碱标准溶液滴定生成的硫酸。由此可得到样品中游离二氧化硫的含量。

2. 试剂与仪器

① 0.3％过氧化氢溶液：吸取 1mL 30％过氧化氢（开启后存于冰箱），用水稀释至 100mL。每天新配。

② 25％磷酸溶液：量取 295mL 85％磷酸，用水稀释至 1000mL。

③ 0.01mol/L NaOH 标准溶液：准确吸取 50mL 0.1mol/L NaOH 标准溶液，用水定容至 500mL。每周重配。

④ 甲基红-亚甲基蓝混合指示剂：将亚甲基蓝乙醇溶液（1g/L）与甲基红乙醇溶液（1g/L）按 1：2 体积比混合。

⑤ 二氧化硫测定装置：如图 3-1 所示。

⑥ 真空泵或抽气管（玻璃射水泵）。

3. 测定步骤

① 按图 3-1 所示，将二氧化硫测定装置连接妥当，I 管与真空泵（或抽气

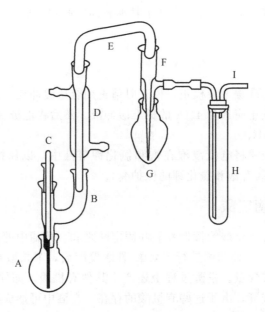

图 3-1　二氧化硫测定装置

A—短颈球瓶；B—三通连接管；C—通气管；D—直管冷凝器；
E—弯管；F—真空蒸馏接收管；G—梨形瓶；H—气体洗涤器；
I—直角弯管（接真空泵或抽气管）

管）相接，D 管通入冷却水。取下梨形瓶（G）和气体洗涤器（H），在 G 瓶中加入 20mL 0.3％过氧化氢溶液、H 管中加入 5mL 0.3％过氧化氢溶液，各加 3 滴混合指示剂后，溶液立即变为紫色，滴入 0.01mol/L NaOH 溶液，使其颜色恰好变为橄榄绿色，然后重新安装妥当，将 A 瓶浸入冰浴中。

② 吸取 20mL 20℃样品，从 C 管上口加入 A 瓶，随后吸取 10mL 磷酸溶液，亦从 C 管上口加入 A 瓶。

③ 开启真空泵（或抽气管），使抽入空气流量为 1000～1500mL/min，抽气 10min。取下 G 瓶，用 0.01mol/L NaOH 标准溶液滴定至重现橄榄绿色即为终点，记下消耗的氢氧化钠标准溶液的毫升数。

以水代替样品做空白试验，操作同上。

一般情况下，H 中溶液不应变色，如果溶液变为紫色，也需用氢氧化钠标准溶液滴定至橄榄绿色，并将所消耗的氢氧化钠标准溶液的体积相加。

4. 计算

$$游离二氧化硫含量(mg/L) = (V - V_0) \times c \times 32 \times \frac{1}{20} \times 1000$$

式中　c——NaOH 标准溶液的浓度，mol/L；

V——测定样品时消耗 NaOH 标准溶液的体积，mL；

V_0——空白试验消耗 NaOH 标准溶液的体积，mL；

32——消耗 1mL 1mol/L NaOH 标准溶液相当于二氧化硫的质量，mg/mmol；

20——取样体积，mL。

5. 讨论

氧化法测二氧化硫因排除了酒中可被氧化物质的干扰，避免了酒中色素对滴定终点的影响，所测结果准确，测定红葡萄酒的二氧化硫含量时，此法有明显的优点。

(二) 直接碘量法

1. 原理

利用碘可以与二氧化硫发生氧化还原反应的性质，用碘标准溶液滴定，淀粉作指示液，测定样品中二氧化硫的含量，反应式如下：

$$I_2 + SO_2 + 2H_2O \Longrightarrow 2I^- + SO_4^{2-} + 4H^+$$

2. 试剂

① (1+3) 硫酸溶液：取 1 体积浓硫酸缓慢注入 3 体积水中。

② 0.1mol/L 碘 $\left(\frac{1}{2}I_2\right)$ 标准溶液。

称取 13g 碘及 35g 碘化钾，于玻璃研钵中，加少量水研磨溶解，用水稀释至 1000mL，保存于具塞棕色瓶中。

标定：吸取 30～35mL 配制好的碘溶液，置于碘量瓶中，加 150mL 水，用 0.1mol/L 硫代硫酸钠标准溶液滴定，近终点时加入约 1mL 淀粉指示液 (5g/L)，继续滴定至蓝色消失。同时做空白试验。

计算公式如下：

$$碘浓度\left(\frac{1}{2}I_2, mol/L\right) = (V - V_0) \times c \times \frac{1}{V_1}$$

式中　V——硫代硫酸钠标准溶液的消耗体积，mL；

　　　V_0——空白试验硫代硫酸钠标准溶液的消耗体积，mL；

　　　c——硫代硫酸钠标准溶液的浓度，mol/L；

　　　V_1——碘溶液的体积，mL。

③ 5g/L 淀粉指示剂。

3. 测定步骤

吸取 50mL 20℃样品于 250mL 碘量瓶中，加入少量碎冰块，再加入 1mL 淀粉指示液、10mL 硫酸溶液，用碘标准溶液迅速滴定至淡蓝色，保持 30s 不变即为终点，记下消耗的碘标准溶液的体积 (V)。

以水代替样品，做空白试验，操作同上。

4. 计算

$$游离二氧化硫含量(mg/L) = (V - V_0) \times c \times 32 \times \frac{1}{50} \times 1000$$

式中　c——碘标准溶液的浓度，mol/L$\left(\dfrac{1}{2}I_2\right)$；

　　　V——试样消耗碘标准溶液的体积，mL；

　　　V_0——空白试验消耗的碘标准溶液的体积，mL；

　　　32——消耗 1mL 1mol/L 碘$\left(\dfrac{1}{2}I_2\right)$标准溶液相当于二氧化硫的质量，mg/mmol；

　　　50——取样体积，mL。

七、总二氧化硫

总二氧化硫即为游离二氧化硫和结合二氧化硫的总和。葡萄酒中添加二氧化硫后很快与酒结合，约有 60％～70％ 的亚硫酸为结合状态。酒中游离二氧化硫和结合二氧化硫可处于平衡状态，当平衡稍有破坏（如游离二氧化硫变为硫酸），结合二氧化硫的某些部分被分解，释放出新的二氧化硫。

（一）氧化法

1. 原理

将测定游离二氧化硫的残液，在加热条件下，样品中的结合二氧化硫被释放，并与过氧化氢发生氧化还原反应，用 NaOH 标准溶液滴定生成的硫酸，可得到样品中结合二氧化硫的含量，将该值与游离二氧化硫测定值相加，即得出样品中总二氧化硫的含量。

2. 试剂与仪器

同本节六、（一）。

3. 测定步骤

继本节六、（一）测定游离二氧化硫后，将滴定至橄榄绿色的 G 瓶重新与 F 管连接。拆除 A 瓶下的冰浴，用温火小心加热 A 瓶，使瓶内溶液保持微沸。开启真空泵，以后的操作同本节六、（一）。

4. 计算

同本节六、（一）计算出来的二氧化硫为结合二氧化硫。将游离二氧化硫与结合二氧化硫相加，即为总二氧化硫。

（二）直接碘量法

1. 原理

在碱性条件下，结合态二氧化硫被解离出来，然后再用碘标准溶液滴定，得到样品中结合二氧化硫的含量。

2. 试剂

100g/L NaOH 溶液；其他试剂与仪器同本节六、（二）。

3. 测定步骤

取 25mL NaOH 溶液于 250mL 碘量瓶中，再准确吸取 25mL 20℃样品，并以吸管尖插入 NaOH 溶液的方式，加入到碘量瓶中，摇匀，塞紧，静置 15min 后，再加入少量碎冰块、1mL 淀粉指示液、10mL 硫酸溶液，摇匀，用碘标准溶液迅速滴定至淡蓝色，30s 内不变色即为终点，记下消耗的碘标准溶液的体积（V）。

以水代替样品做空白试验，操作同上。

4. 计算

$$总二氧化硫含量(mg/L) = (V-V_0) \times c \times 32 \times \frac{1}{25} \times 1000$$

式中　c——碘标准溶液的浓度，mol/L $\left(\frac{1}{2}I_2\right)$；

　　　V——测定样品消耗的碘标准溶液的体积，mL；

　　　V_0——空白试验消耗的碘标准溶液的体积，mL；

　　　32——消耗 1mL 1mol/L 碘 $\left(\frac{1}{2}I_2\right)$ 标准溶液相当于二氧化硫的质量，mg/mmol；

　　　25——取样体积，mL。

八、红葡萄酒色度

1. 原理

溶液呈现不同颜色是由于溶液对光具有选择性吸收，可见光在 400～760nm，而红葡萄酒颜色在 420nm、520nm 和 620nm 有吸收。420nm、520nm、620nm 所发出的光分别为绿色、蓝色和橙色。我们看到的则是其发出光的互补色，即 420nm 为黄色，520nm 为红色，620nm 为蓝紫色。根据这一原理，红葡萄酒色度用测得酒样的吸光度之和表示。

2. 试剂与仪器

① pH 缓冲溶液

a. A 液：0.2mol/L 磷酸氢二钠——称取 3.56g 磷酸氢二钠溶于水并定容至 100mL。

b. B 液：0.1mol/L 柠檬酸——称取 2.1g 柠檬酸溶于水并定容至 100mL。

取 A 液、B 液按不同体积比混合即得不同 pH 值的缓冲溶液（表 3-1）。

表 3-1　不同 pH 下缓冲溶液的组成

pH	A 液/mL	B 液/mL	pH	A 液/mL	B 液/mL
2.6	2.18	17.28	5.2	10.72	9.28
2.8	3.17	16.83	5.4	11.15	8.85
3.0	4.10	15.89	5.6	11.60	8.40
3.2	4.94	15.06	5.8	12.09	7.91

② 可见光分光光度计。

③ 酸度计。

3. 测定步骤

先测定被测样品的 pH，然后准确吸取被测样品 2mL，于 25mL 比色管内，用相同 pH 的缓冲液稀释至刻度混匀，用 1cm 比色皿在 420nm、520nm、620nm 处分别测得其吸光值。将 3 波长下吸光度相加即为红葡萄酒的色度。

4. 讨论

① 被测样品应为澄清酒样，若不澄清，可经 0.45μm 微孔滤膜过滤。

② 一般红葡萄酒取样 2mL，染色品种红葡萄酒取样 1mL，桃红葡萄酒可直接比色。

九、酚类化合物

酚类化合物是一组具有大而复杂基团的化合物，对葡萄酒的特征和质量尤为重要。酚及相关化合物可以影响到葡萄酒的外观、滋味、口感、香气及微生物稳定性。葡萄酒中酚类物质主要来自果实、果梗、酵母代谢物及橡木桶。

（一）多酚指数

1. 原理

多酚指数是指红葡萄酒中优质单宁成分的数值，是反映色素与单宁结合的程度，它的存在有利于葡萄酒色素的稳定。其结果采用 280nm 处吸光度表示。

2. 试剂与仪器

① pH 缓冲液（见红葡萄酒色度测定）。

② 紫外分光光度计。

③ 酸度计。

④ 磁力搅拌器。

3. 测定步骤

吸取已知 pH 的酒样 2mL，用与酒样相同 pH 缓冲液定容至 100mL，于 280nm 测定其吸光度。

4. 计算

$$多酚指数 = nA$$

式中　A——280nm 测定的吸光度；

　　　n——稀释倍数。

5. 讨论

被测酒样应是以 0.45μm 微孔滤膜过滤，测得的结果表示为整数，一般在 30～60 之间，指数越高，酒体越显得协调细腻。

（二）色调和色价

1. 色调

葡萄酒的颜色包括色调和色价，常以色调的高低来判断其颜色的深浅。

葡萄酒的色调可以表现其成熟程度，新红葡萄酒源于果皮的花色苷的作用，带紫色或宝石红色调。在成熟过程中，由于游离花色素苷逐渐与其他物质结合而消失，使成年葡萄酒的色调在聚合单宁作用下逐渐变为瓦红色或砖红色，色调理论上表示为：$\dfrac{A_{420}}{A_{520}}$。

数值越低越红，越高越显橙色。

2. 色价

色价是用于表示天然色素商品纯度的数值，表示为：

$$E_{1cm}^{1\%} = \frac{A}{W}$$

式中　A——色素溶液在最大吸收波长处的吸光度；

　　　W——每 100mL 溶液中色素质量，g。

（三）单宁

红葡萄酒颜色的稳定很大程度上取决于单宁和花色素苷发生的缩合反应，由于这种物质的存在，葡萄酒成熟过程中的颜色趋于稳定。单宁也是呈味物质，它与多糖和肽缩合，使酒更为柔和。有氧时缩合为浅黄色，有收敛性；无氧时为棕红色，无收敛性。

1. 高锰酸钾氧化法

① 原理：利用酒中的单宁色素和其他非挥发性还原物质，在酸性条件下，能被高锰酸钾所氧化，而酒中的单宁色素又能被活性炭吸附除掉，据此测出酒中单宁色素的含量。

② 试剂

a. 0.1mol/L 高锰酸钾 $\left(\dfrac{1}{5}KMnO_4\right)$ 标准溶液：称取 3.3g 高锰酸钾，溶于 100mL 水中，缓缓煮沸 15min，冷却后用水稀释至 1000mL，置于暗处保存一周。以 4 号玻璃漏斗过滤于干燥的棕色瓶中。

标定：准确称取 0.2g（准确至 0.0002g）于 105～110℃烘至恒重的基准草酸钠置入 250mL 三角瓶中，加 100mL（8＋92）硫酸溶液溶解，加热至 60～70℃，趁热用高锰酸钾溶液滴定至溶液呈粉红色。同时做空白试验。

计算公式如下：

$$高锰酸钾浓度\left(\frac{1}{5}KMnO_4, mol/L\right) = \frac{m}{(V-V_0) \times 0.06700}$$

式中　m——草酸钠的质量，g；

　　　V——测定时消耗高锰酸钾溶液的体积，mL；

　　　V_0——空白试验消耗高锰酸钾溶液的体积，mL；

0.06700——消耗 1mL 1mol/L 高锰酸钾 $\left(\dfrac{1}{5}KMnO_4\right)$ 标准溶液相当于草酸钠的质量，g/mmol。

b. 0.05mol/L 高锰酸钾 $\left(\frac{1}{5}KMnO_4\right)$ 溶液：将 0.1mol/L 高锰酸钾 $\left(\frac{1}{5}KMnO_4\right)$ 标准溶液稀释至原浓度的 1/2。

c. 靛红指示剂（靛蓝二磺酸钠、靛胭脂）：称取靛红 1.5g，溶于 50mL 硫酸中，用水稀释至 1000mL。

d. 粉末活性炭。

③ 测定步骤：用容量瓶取酒样 100mL，倾入蒸发皿中，置于沸水浴中，除去挥发物（一般蒸发掉一半溶液即可），然后取下冷却至室温，返回原容量瓶中，洗涤蒸发皿 3~4 次，将洗涤液并入容量瓶中，定容摇匀，得处理液Ⅰ。

取上述处理后的酒样 50mL 于 100mL 烧杯中，加入 2g 左右粉末活性炭用玻璃棒搅匀，静置 5min，过滤。滤液收集于 50mL 容量瓶中，用水定容至刻度，得处理液Ⅱ。要求滤液无色透明。

吸取 10mL 处理液Ⅰ，置于 1000mL 三角瓶中，加入水 500mL 及 10mL 靛红指示剂，以 0.05mol/L $\left(\frac{1}{5}KMnO_4\right)$ 高锰酸钾标准溶液滴定至金黄色即为终点。记下消耗高锰酸钾标准溶液的毫升数 V_1。

同样取处理液Ⅱ 10mL，同上操作，记下消耗的高锰酸钾标准溶液毫升数 V_2。

④ 计算

$$单宁含量(以没食子单宁酸计, g/L) = (V_1 - V_2) \times c \times 0.04157 \times \frac{1}{V} \times 1000$$

式中　V_1——滴定处理液Ⅰ时高锰酸钾标准溶液的体积，mL；

V_2——滴定处理液Ⅱ时高锰酸钾标准溶液体积，mL；

c——高锰酸钾 $\left(\frac{1}{5}KMnO_4\right)$ 标准溶液的浓度，mol/L；

V——取样量，mL；

0.04157——消耗 1mL 1mol/L 高锰酸钾 $\left(\frac{1}{5}KMnO_4\right)$ 标准溶液相当于没食子单宁酸的质量，g/mmol。

⑤ 讨论

a. 本方法测定为单宁色素的含量，也可称"高锰酸钾氧化值"。

b. 活性炭用量随酒样颜色的深浅适量增减。

c. 滴定速度不要太快（每秒钟一滴），但要连续，间断滴定会影响反应终点。滴定过程中溶液颜色递变规律为深蓝色──→黄绿色──→金黄色（终点）。

d. 正在发酵的红葡萄酒需经过过滤后再测定，样品太混浊会影响终点的判定。

2. 福林-丹尼斯法

① 原理

单宁类化合物在碱性溶液中，将磷钼酸和磷钨酸盐还原成蓝色化合物，蓝色的深浅程度与单宁含酚基的数目成正比。如试样中含有其他酚类化合物或其他还原物质，也会被同时测定。因此，这一方法又称总多酚的测定。

② 试剂与仪器

a. 福林-丹尼斯（Folin-Denis）试剂：在 750mL 水中，加入 100g 钨酸钠（$Na_2WO_4 \cdot 2H_2O$）、20g 磷钼酸（$H_3PO_5MoO_4$）以及 50mL 磷酸，回流 2h，冷却，稀释至 1000mL。

b. 碳酸钠饱和溶液：每 100mL 水中加入 20g 无水碳酸钠，放置过夜。次日加入少许水合碳酸钠（$Na_2CO_3 \cdot 10H_2O$）作为晶种，使结晶析出，用玻璃棉过滤后备用。

c. 单宁酸标准溶液：称取 0.5000g 单宁酸，用水溶解，定容至 100mL（5mg/mL）。

d. 可见光分光光度计。

e. 恒温水浴槽。

③ 测定步骤

a. 单宁的提取：取葡萄果实 10.00～20.00g（视单宁含量而定）于 250mL 三角瓶中，加水 50mL，放入 60℃ 恒温箱中过夜。次日将清液过滤至 250mL 容量瓶中，残渣中加入 30mL 热水，在 80℃ 水浴中提取 20min。清液滤入容量瓶中，再加 30mL 热水，在 80℃ 水浴中提取 20min。如此重复 3～4 次，直至提取液与 10g/L 三氯化铁溶液不生成绿色或蓝色产物为止。将容量瓶中溶液稀释至刻度，静置过夜或取一部分离心待测。

b. 标准曲线的制备：吸取 0mL、0.5mL、1.0mL、1.5mL、2.5mL、5.0mL、7.5mL、10mL 单宁酸标准溶液用水分别定容至 50mL，分别取 1mL 放入盛有 70mL 水的 100mL 容量瓶中，加入福林-丹尼斯试剂 5mL 及饱和碳酸钠溶液 10mL，加水至刻度，充分混匀。30min 后以空白作参比，在波长 760nm（或 650nm）处测定吸光度，以吸光度为纵坐标，100mL 溶液中单宁酸的毫克数为横坐标绘制标准曲线。

c. 试样的测定：吸取 1～2mL（视单宁含量而定）试样提取液（或葡萄酒）的上清液，置于盛有 70mL 水的 100mL 容量瓶中，加入 5mL 福林-丹尼斯试剂及 10mL 饱和碳酸钠溶液，加水至 100mL，充分混匀。30min 后以水代替试样制成的空白作参比，在 760nm（或 650nm）波长处测定吸光度，由吸光度从标准曲线查出相应的单宁含量。

④ 计算

$$单宁含量(以单宁酸计, g/L) = c \times \frac{1}{V} \times 250 \times \frac{1}{1000} \times \frac{1}{m} \times 1000$$

式中　c——试样吸光度从标准曲线求得单宁含量，mg/100mL；

　　　V——取提取液（或酒样）体积，mL；

250——提取液总体积，mL，酒样不乘以 250；

1000——mg 换算成 g；

m——称取试样质量，g。

⑤ 讨论

a. 本法在室温显色 25min 后颜色达最大深度，且于 3h 内稳定。

b. 在波长 650nm 处比色与在 760nm 处比色，其结果基本相同。

(四) 总酚

1. 原理

葡萄酒中的酚类来自葡萄树和陈酿时木桶浸出的单宁型的复杂物质。酚类以其特殊的芳香或其他物质溶于葡萄酒中，总酚的含量一般红葡萄酒高于白葡萄酒。本方法采用福林-肖卡试剂（Folin-Ciocalteu），其原理同福林-丹尼斯法。

2. 试剂与仪器

① 福林-肖卡试剂（Folin-Ciocalteu）：称取 100g 钨酸钠（$Na_2WO_4 \cdot 2H_2O$）和 25g 钼酸钠（$Na_2MoO_4 \cdot 2H_2O$），将两者溶解于 700mL 水中，倒入 2L 的圆底烧瓶中，加入 50mL 85% 磷酸和 100mL 浓盐酸，放入几粒玻璃珠，给烧瓶上连接回流冷凝器，用文火回流 10h（可不连续）。回流后用 50mL 水冲洗冷凝管上的附着物，然后取下。加 150g 硫酸锂（$Li_2SO_4 \cdot 2H_2O$）和几滴溴水（边加边摇）至金黄色，加热沸腾 15min，去除残余溴，用水稀释至 1000mL，于棕色瓶中保存。

② 200g/L 碳酸钠溶液：称取 200g 无水碳酸钠溶于 1L 沸水中，冷却至室温后，加数块结晶碳酸钠晶种，24h 后过滤。

③ 5mg/mL 酚标准溶液：称取 0.500g 五倍子酸（没食子酸），用水溶解，定容至 100mL。

④ 可见分光光度计。

3. 测定步骤

① 标准曲线的绘制：吸取酚标准溶液 0mL、1.0mL、1.5mL、2.0mL、2.5mL、3.0mL、5.0mL 分别置入 100mL 容量瓶中，并用水定容。此溶液的酚浓度（以没食子酸计）分别是 0mg/L、50mg/L、75mg/L、100mg/L、125mg/L、150mg/L、250mg/L。从各溶液中分别吸取 1mL 放入另外的 100mL 容量瓶中，各加入 60mL 水，混合，并加入 5mL 福林-肖卡试剂，充分混合。在 30s 至 8min 内加 15mL 200mg/L 碳酸钠溶液，加水定容至刻度，混匀，在 20℃ 下放置 2h 后，在波长 765nm（或 650nm）1cm 比色皿，以 0 号瓶作为空白测其吸光度。以吸光度为纵坐标，酚浓度为横坐标，绘制标准曲线。

② 样品测定：测定白葡萄酒时，吸取 1mL 酒样稀释至 100mL，取 1mL 稀释液同上操作，测定吸光度。

测定红葡萄酒时，吸取 10mL 酒样稀释至 100mL，取 1mL 稀释液按上操作，测定吸光度。

4. 计算

样品测得吸光值，从标准曲线查得酚的浓度，即为酒样中总酚实际含量（红葡萄酒需除以10）。

第三节　成品分析

一、酒精度

同第二节、二。

二、总糖和还原糖

同第二节、三。

三、总酸

同第一节、二。

四、挥发酸（水蒸气蒸馏法）

1. 原理

葡萄酒的挥发酸90％以上为乙酸，乙酸的沸点为118℃，用直接蒸馏法很难把它蒸馏出来，利用水蒸气蒸馏可降低溶液的沸点，使原来高沸点的物质蒸馏出来，蒸馏出来的是各种酸及其衍生物的总和，但不包括亚硫酸和碳酸，然后用碱标准溶液滴定。经过计算修正得出样品中挥发酸的含量。

2. 试剂与仪器

① 0.05mol/L NaOH 标准溶液。

② 10g/L 酚酞指示剂。

③ 200g/L 酒石酸溶液。

④ 单沸式玻璃蒸馏装置（见图3-2）。

符合下述 3 条要求的任何蒸馏装置都可用于本试验：

a. 以 20mL 蒸馏水为样品进行蒸馏，蒸出的水应不含二氧化碳；

b. 以 20mL 0.1mol/L 乙酸为样品进行蒸馏，其回收率大于或等于99.5％；

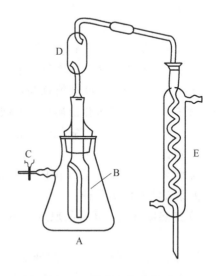

图3-2　单沸式蒸馏装置

A—蒸汽发生瓶；B—内芯；C—金属夹；

D—筒形氮球；E—冷凝器

c. 以 20mL 0.1mol/L 乳酸为样品进行蒸馏，其回收率应小于或等于 0.5％。

3. 测定步骤

按图 3-2 所示安装好水蒸气蒸馏器。在蒸汽发生瓶（A）内装入水，其液面应低于内芯（B）进气口 3cm，而高于 B 中样品液面。吸取 20℃样品 10mL 于预先加入 1mL 水的 B 中，再加入 10mL 20％酒石酸溶液，把 B 插入 A 内，安装上筒形氮球（D），连接冷凝器（E）。将 250mL 三角瓶（在 100mL 处标有标记）置于冷凝器（E）处接收馏出液。

待全部安妥后，先打开蒸汽发生瓶排气管（松开 C），把水加热至沸 1min 后夹紧 C，使蒸汽进入 B 中进行蒸馏。待馏出液达三角瓶 100mL 标记处，放松 C，停止蒸馏，取下三角瓶，用于样品的测定。

将蒸馏液加热至沸，加入 2 滴酚酞指示液，用 0.05mol/L NaOH 标准溶液滴至粉红色，30s 不退色即为终点，记下消耗 NaOH 标准溶液的体积（V_1）。

4. 计算

$$挥发酸含量(以乙酸计,g/L) = V_1 \times c \times 0.0600 \times \frac{1}{V}$$

式中　c——NaOH 标准溶液的浓度，mol/L；

　　　V_1——NaOH 标准溶液消耗体积，mL；

　0.0600——消耗 1mL 1mol/L NaOH 标准溶液相当于乙酸的质量，g/mmol；

　　　V——取样体积，mL。

若挥发酸含量接近或超过理化指标时，则需进行修正。

$$H = X - (U \times 1.875 + J \times 0.9375)$$

式中　H——样品中真实挥发酸（以乙酸计）含量，g/L；

　　　X——实测挥发酸含量，g/L；

　　　U——游离二氧化硫含量，g/L；

　　　J——结合二氧化硫含量，g/L；

　1.875——游离二氧化硫换算为乙酸的系数；

　0.9375——结合二氧化硫换算为乙酸的系数。

结合二氧化硫＝总二氧化硫－游离二氧化硫

5. 讨论

为减少测定误差，瓶 A 中的水和 B 中的样品应除去二氧化碳。

去除方法有以下几种。

①加热驱逐法：将样品放入内芯（B）后加热煮沸数分钟后再拧死关闭金属夹（C）。

②常温真空驱逐：将被测样品和水分别于抽滤瓶中用泵抽真空 2～3min，用此方法也可除去样品中的二氧化碳。

③为防止瓶内产生真空使样品倒吸入水中，馏出液至 100mL 时先松开 C 再折下 B。

④ 为保证馏出液不含二氧化碳，滴定之前先将馏出液加热至沸，然后再进行滴定。

五、游离二氧化硫

同第二节、六。

六、总二氧化硫

同第二节、七。

七、干浸出物

葡萄酒中的干浸出物是除糖以外其他不挥发性可溶性固形物的总量，包括各种不挥发酸（又称固定酸）、多糖、蛋白质、甘油、含氮物质、单宁色素、矿物质等。葡萄酒成熟度越高，干浸出物含量越高，发酵澄清后通常留在酒内。葡萄酒中的干浸出物含量一般在 14～60g/L。

1. 原理

试样蒸去酒精后测定相对密度，此时的相对密度仅与浸出物含量有关，通过相应换算表定量。

2. 仪器

① 附温密度瓶。

② 高精度恒温水浴槽。

3. 测定步骤

① 试液的制备：准确量取 20℃酒样 100mL 于蒸发皿中，置 80℃水浴或石棉网上小心蒸发至约原体积的 1/3，冷却，用水补足至原体积。

② 用密度法测得其样品的相对密度，按第二节酒精度测定方法二测定。根据测得样品的相对密度查附表 3-6 得出总浸出物。

4. 计算

$$干浸出物含量(g/L) = J_Z - T_Z$$

式中　J_Z——查表得到的样品中总浸出物的含量，g/L；

　　　T_Z——样品中总糖的含量，g/L。

5. 讨论

对葡萄酒掺水或通过人为的方式过量地提高葡萄酒的酒精度，会降低其干浸出物的浓度，因此可根据酒精度与测得的干浸出物含量之比值判断酒质真伪，也为评价酒质优劣提供重要的参考数据。

其计算方法如下：

$$干型葡萄酒：R = \frac{8T}{E}$$

$$其他类型葡萄酒：R = \frac{8(T+S-1)}{7(E-S)}$$

式中　R——酒精度与干浸出物含量之比；

　　　T——酒精含量（体积分数），％；

　　　S——还原糖含量，g/L；

　　　E——干浸出物含量，g/L。

　　一般情况下：红葡萄酒（酒精含量/干浸出物含量）≤4.5 倍，超出 4.5 倍说明酒已掺假；白葡萄酒（酒精含量/干浸出物含量）≤6.5 倍，超出 6.5 倍说明酒已掺假。

八、柠檬酸

1. 原理

　　一定量的葡萄酒样品经阴离子固相萃取柱分离与纯化，将酒样中的糖、醇和有机酸分离后，再采用液相色谱法，在 Polyspher@OA KC 色谱分离柱中，以稀硫酸溶液为流动相，经紫外检测器检测。可对柠檬酸定量。

2. 试剂与仪器

　　① 甲醇（色谱纯）。

　　② 柠檬酸贮备溶液：准确称取柠檬酸 0.05g，准确至 0.0002g，用重蒸水定容至 50mL，此溶液含柠檬酸 1g/L。

　　柠檬酸标准系列溶液：将柠檬酸贮备溶液用水稀释成浓度为 0.05g/L、0.10g/L、0.20g/L、0.40g/L、0.80g/L 的标准系列溶液。

　　③ 1％硫酸溶液：2mL 浓硫酸加 198mL 重蒸水。

　　④ 1％氨水溶液：2mL 氨水加 198mL 重蒸水。

　　⑤ 1.5mol/L 硫酸溶液：8.5mL 浓硫酸，用重蒸水稀释至 100mL。

　　⑥ 0.0075mol/L 硫酸溶液：吸取 1.5mol/L 硫酸溶液 5mL，用重蒸水定容至 1000mL。

　　⑦ 流动相真空抽滤脱气装置及 0.2μm 或 0.45μm 微孔膜。

　　⑧ 高效液相色谱仪：配有紫外检测器。

　　色谱柱：FetigsauleRT300-7，8Polyspher@OA KC MERCK，PN：1.5127 或其他分析效果类似的色谱柱。

　　⑨ 强碱性阴离子交换固相萃取柱：Supelclean TM LC-SAX SPE（3mL）PN：57017 或其他分析效果类似的固相萃取柱。

　　⑩ 固相萃取装置：ALLTECH PN：210351（0.5mm i.d.×50mm）或其他分析效果类似的装置。

3. 测定步骤

　　① 固相萃取柱的活化：将固相萃取柱插在固相萃取装置上，加入 2~3mL 甲醇，以慢速度下滴（约 4~6 滴/min）过柱，待即将滴完时，加 2~3mL 水，继续慢速度下滴过柱，等快滴完时再加 2~3mL 1％氨水，滴至液面高度为 1mm 左右关上控制阀，切勿滴干。

② 上样：吸取酒样 2mL 加入固相萃取柱中。以慢滴速度过柱，滴至液面高度为 1mm 左右时，继续用 4mL 水分两次以慢速度下滴过柱，将洗脱液全部弃去，用 4mL 1%硫酸溶液分两次继续以慢速度下滴洗脱，用 10mL 容量瓶接取，最后抽干柱中洗脱溶液，取下容量瓶，用 8g/L NaOH 调节 pH 至 6 左右，再用水定容至 10mL。此洗脱液即作柠檬酸测定样液。

③ 样品测定

a. 色谱条件

柱温：55℃；

流动相：0.0075mol/L 硫酸溶液；

流速：0.3mL/min；

检测波长：210nm；

进样量：20μL。

b. 测定：色谱柱先以 0.3mL/min 的流速通入流动相平衡，待系统稳定后进样分析。

将柠檬酸标准液系列溶液分别进样后，以标准液浓度对峰面积作标准曲线。线性相关系数应为 0.9990 以上。

将制备好的样品溶液进样（样品中柠檬酸的含量应控制在标准系列范围内）。根据保留时间定性，根据峰面积，查标准曲线定量。

4. 计算

$$柠檬酸含量(g/L) = nC$$

式中　C——从标准曲线求得样品溶液中柠檬酸的含量，g/L；

　　　n——样品的稀释倍数。

九、糖分和有机酸

1. 原理

一定量的葡萄酒样品经阴离子固相萃取柱分离与纯化，将酒样中的糖、醇和有机酸分离。分别在 Polyspher@OA KC 色谱分离柱中，以稀的硫酸溶液为流动相，再经紫外检测器检测，分别对蔗糖、葡萄糖、果糖、甘油等糖醇和柠檬酸、酒石酸、苹果酸、琥珀酸、乳酸、乙酸等有机酸定量。

2. 试剂与仪器

① 高效液相色谱仪：配有紫外检测器。

色谱分离柱：Fetigsaule RT 300-7，8Pilyspher@ OA KC MERCK，PN：1.5127 或其他分析效果类似的色谱柱。

② 糖、醇标准贮备溶液：分别称取蔗糖、葡萄糖、果糖标准品各 0.05g，准确至 0.0002g，用重蒸水定容至 50mL，该溶液分别含蔗糖、葡萄糖、果糖 1g/L。称取甘油标准品 0.20g，准确至 0.0002g，用重蒸水定容至 50mL。

糖、醇标准系列溶液：将各糖、醇标准贮备溶液用重蒸水稀释成含各种糖浓度为 0.05g/L、0.10g/L、0.20g/L、0.40g/L、0.80g/L 和含甘油浓度为 0.20g/L、0.40g/L、0.80g/L、1.60g/L、3.20g/L 的混合标准系列溶液。

③ 有机酸标准贮备溶液：分别称取柠檬酸、酒石酸、苹果酸、琥珀酸、乳酸、乙酸各 0.05g，准确至 0.0002g，用重蒸水定容至 50mL，该溶液分别含柠檬酸、酒石酸、苹果酸、琥珀酸、乳酸、乙酸各 1g/L。

有机酸标准系列溶液：将各有机酸标准贮备溶液用重蒸水稀释成含各种有机酸浓度为 0.05g/L、0.10g/L、0.20g/L、0.40g/L、0.80g/L 的混合标准系列溶液。

④ 1%硫酸溶液：2mL 浓硫酸加 198mL 重蒸水。

⑤ 1%氨水溶液：2mL 氨水加 198mL 重蒸水。

⑥ 1.5mol/L 硫酸溶液：8.5mL 浓硫酸，用重蒸水稀释至 100mL。

⑦ 0.0015mol/L 硫酸溶液：准确吸取 1mL 1.5mol/L 硫酸溶液，用重蒸水定容至 1000mL。

⑧ 0.0075mol/L 硫酸溶液：吸取 1.5mol/L 硫酸溶液 5mL，用重蒸水定容至 1000mL。

⑨ 80g/L NaOH 溶液：称取 4g NaOH 溶于 50mL 水中。

⑩ 强碱性阴离子交换固相萃取柱：Supeclean TM LC-SAX SPE（3mL）PN：57017 或其他分析效果类似的固相萃取柱。

3. 测定步骤

(1) 固相萃取柱的活化　同柠檬酸的测定。

(2) 分离与测定

① 第一步洗脱——糖醇洗脱：吸取酒样 2mL 加入固相萃取柱中。以慢速度过柱，滴至液面高度为 1mm 左右时，继续用 4mL 重蒸水分两次以慢速度下滴洗脱，将洗脱液全部收取在 10mL 容量瓶中，取出容量瓶，用 80g/L NaOH 溶液调节洗脱液 pH 至 6 左右，再用重蒸水定容至 10mL。洗脱液即为糖、醇分离样液。

② 第二步洗脱——有机酸的洗脱：将 10mL 容量瓶置于接取处，用 4mL 1%硫酸溶液分两次继续以慢速度下滴洗脱，最后抽干柱中洗脱溶液，用 8g/L NaOH 调节 pH 至 6 左右，再用重蒸水定容至 10mL。洗脱液即为有机酸分离样液。

③ 样品测定

a. 糖、醇的测定：色谱条件如下。

色谱柱：Fetigsaule RT 300-7,8 Pilyspher@OA KC MERCK,PN：1.5127 或其他分析效果类似的色谱柱。

柱温：30℃。

流动相：0.0015mol/L 硫酸溶液。

流速：0.3mL/min。

检测波长：210nm。

进样量：20μL。

柱温至30℃色谱柱，先以0.3mL/min的流速通入流动相平衡，待系统稳定后按上述色谱条件依次进样。

将糖、醇混合标准液系列溶液分别进样后，以标准液浓度对峰面积作标准曲线，线性相关系数应为0.9990以上。

将制备好的样品溶液进样（样品中糖、醇的含量应控制在标准系列范围内），根据保留时间定性，根据峰面积，查标准曲线定量。

b. 有机酸的测定：色谱条件如下。

色谱柱：Fetigsaule RT 300-7,8 Pilyspher@OA KC MERCK，PN：1.5127或其他分析效果类似的色谱柱。

柱温：55℃。

流动相：0.0075mol/L硫酸溶液。

流速：0.3mL/min。

检测波长：210nm。

进样量：20μL。

柱温至55℃色谱柱，先以0.3mL/min的流速通入流动相平衡，待系统稳定后按上述色谱条件依次进样。

将有机酸标准系列溶液分别进样后，以标准液浓度对峰面积作标准曲线，线性相关系数应为0.9990以上。

将制备的样品溶液进样（样品中有机酸的含量应控制在标准系列范围内），根据保留时间定性，根据峰面积，查标准曲线定量。

4. 计算

$$X_i = nC_i$$

式中　X_i——样品中各组分的含量，g/L；

C_i——从标准曲线求得样品溶液中各组分的含量，g/L；

n——样品的稀释倍数。

十、硫酸盐

在葡萄汁发酵过程中，硫酸盐可能与异味物质硫化氢的产生有关，因此在发酵过程中应沉淀除去，葡萄酒中硫酸盐的存在会给酒带来轻微的盐苦味。酵母可以利用硫酸盐作为硫源参与细胞的生物合成，但硫酸盐是作为硫源被酵母吸收还是硫酸根作为电子的最终受体被还原成硫化氢，这受甲硫氨酸水平的调节，若甲硫氨酸的生物合成受阻将会导致硫酸根被还原，若甲硫氨酸合成的途径畅通将会使硫酸盐被吸收。白葡萄酒中硫酸盐的含量一般在400～600mg/L之间，红葡萄酒的含量在650～950mg/L之间。

1. 原理

葡萄酒中 SO_4^{2-} 与钡盐中的 Ba^{2+} 形成硫酸钡沉淀，离心后干燥称重，计算出葡萄酒中硫酸盐的含量。

2. 试剂

① 2mol/L HCl 溶液。

② 200g/L 氯化钡溶液。

3. 测定步骤

(1) 一般情况　将 40mL 瓷蒸发皿于 105℃ 条件下干燥 30min 后放入干燥器内冷却至室温，称重（m_1）备用。

吸取 30mL 酒样品置入在 50mL 离心管内，加 2mL 2mol/L HCl 溶液和 2mL 200g/L 氯化钡溶液，用玻璃棒搅拌，用少量水洗涤玻璃棒，静放 5min。加入 10mL 2mol/L HCl 溶液，搅拌使沉淀物悬浮，6000r/min 离心 10min，小心倾弃上清液。用 30mL 水分两次洗涤离心管内的沉淀物，将洗涤后的液体转移到称量过的 40mL 瓷蒸发皿内，将蒸发皿放在沸水浴上，蒸发至干。再置入 105℃ 的干燥箱内干燥 1h，使水分完全蒸发，然后将蒸发皿放在干燥器内冷却，称重（m_2）。

(2) 特殊情况　亚硫酸化的葡萄酒和二氧化硫含量高的葡萄酒应事先去除二氧化硫。

在 500mL 锥形玻璃瓶内加入 25mL 水，1mL 浓盐酸，100mL 葡萄酒，瓶口上放一个带排放管的橡皮塞，加热使溶液蒸发，除去二氧化硫，并保持沸腾，直至锥形瓶内的液体体积缩减到约 75mL，冷却后，用水定容至 100mL。

(3) 样品空白的测定　吸取 30mL 除二氧化硫的样品放置在 50mL 离心管内，加入 10mL 2mol/L HCl 溶液和 2mL 200g/L 氯化钡溶液，搅拌使沉淀物悬浮，6000r/min 离心 10min。小心倒掉离心管内的上清液。用水重复两次洗涤离心管内的沉淀物，每次使用 15mL 水。将洗涤后的液体转移到称量过的 40mL 瓷蒸发皿内，把蒸发皿放在沸水浴上，蒸发至沉淀干燥。放入 100℃ 的干燥箱内 1h，使水分完全蒸发。然后将蒸发皿放在干燥器内冷却，称重（m_0）。

4. 计算

$$硫酸盐含量（以 K_2SO_4 计，mg/L）= [(m_2-m_1)-(m_0-m_1)] \times$$

$$\frac{174.26}{233.39} \times \frac{1}{V} \times 1000 \times 1000$$

式中　m_2——硫酸钡和蒸发皿的质量，g；

　　　m_1——蒸发皿的质量，g；

　　　m_0——空白的质量，g；

　　233.39——硫酸钡的摩尔质量，g/mol；

　　174.26——硫酸钾的摩尔质量，g/mol；

　　　V——吸取样品量，mL。

5. 讨论

混浊葡萄酒的空白值较澄清葡萄酒高一些，但去除空白后同一样品不论混浊时还是澄清时其硫酸盐的含量基本上一致。另外，由于正常葡萄酒中游离二氧化硫的含量在 50mg/L 以下，对葡萄酒硫酸盐的含量值影响不大，所以在检测时不必去除游离二氧化硫，而对于游离二氧化硫在 100mg/L 左右的较高的样品应去除游离二氧化硫后再检测其硫酸盐的含量。

十一、铁

铁属于葡萄酒中的微量成分，一般含量为 5mg/L 左右，由于葡萄品种、地域及生产设备的不同，含铁量也不同。一般葡萄酒中含铁量大于 10mg/L 为含铁量高，过量的铁可对葡萄酒产生不良影响，使葡萄酒的稳定性下降，出现混浊沉淀，称为破败病。铁与单宁生成单宁铁为蓝色破败病，与磷酸盐作用生成磷酸铁为白色破败病，另外铁还是一种催化剂，能加速葡萄酒的氧化和衰败，因此须严格控制酒中铁的含量。

（一）原子吸收分光光度法

1. 原理

利用原子吸收分光光度计，氢气-乙炔火焰，试样中的铁被原子化，在 248.3nm 波长下测其吸光度，求得铁含量。

2. 试剂与仪器

① 0.5％硝酸溶液。

② 0.1mg/mL 铁标准贮备液：准确称取 0.702g 硫酸亚铁铵 $[(NH_4)_2Fe(SO_4)_2 \cdot 6H_2O]$ 溶于含有 0.5mL 硫酸的水中，移入 1000mL 容量瓶中，稀释至刻度。

铁标准使用液（10μg/L）：吸取 10mL 铁标准贮备液于 100mL 容量瓶中，用 0.5％硝酸溶液稀释至刻度。

③ 原子吸收分光光度计，氢气-乙炔火焰。

3. 测定步骤

① 标准曲线的绘制：吸取铁标准使用液 0mL、1mL、2mL、4mL、5mL（含 0μg、10.0μg、20.0μg、40.0μg、50.0μg 铁）分别于 5 个 100mL 容量瓶中，用 0.5％硝酸溶液稀释至刻度，混匀。

置仪器于合适的工作状态，调波长至 248.3nm，导入标准系列溶液，以 0 号管调零，分别测定吸光度。以铁的含量对应吸光度绘制标准曲线（或者建立回归方程）。

② 试样的测定：用 0.5％硝酸溶液稀释样品 5～10 倍，将试样导入仪器，测定吸光度，根据吸光度在标准曲线上查得铁的含量（或由回归方程计算）。

4. 计算

$$铁含量（mg/L）＝nA$$

式中　　A——试液中铁的含量，mg/L；

　　　　n——样品稀释倍数。

5. 讨论

原子吸收分光光度法测铁比其他方法简单、快速、灵敏度高，当试样含糖量较高时，可将样品消化处理后测定或采取标准加入法定量，以消除试样本身的干扰。

（二）邻菲咯啉比色法

1. 原理

样品处理后，试样中的三价铁在酸性条件下被盐酸羟胺还原成二价铁，与邻菲咯啉作用生成红色络合物，其颜色的深度与铁的含量成正比，用分光光度法进行测定。

2. 试剂

① 100g/L 盐酸羟胺溶液：称取 100g 盐酸羟胺，用水溶解并稀释至 1000mL，于棕色瓶中低温贮存。

② (1+1) HCl 溶液。

③ 乙酸-乙酸钠溶液（pH 4.8）：称取 272g 乙酸钠（$CH_3COONa \cdot 3H_2O$），溶解于 500mL 水中，加 200mL 冰乙酸，加水稀释至 1000mL。

④ 2g/L 邻菲咯啉溶液（又称菲咯啉，邻二氮杂菲）：称取 0.2g 邻菲咯啉，用水溶解（必要时加热），稀释至 100mL。

⑤ 铁标准使用液（10μg/mL）。

⑥ 可见光分光光度计。

3. 测定步骤

① 试样的制备

a. 干法消化：吸取 25mL 样品于蒸发皿中，在沸水浴上蒸干，再置于电炉上炭化，然后移入 550℃±5℃ 高温炉中灼烧，灰化至残渣呈白色，取出，加入 10mL（1+1）HCl 溶液溶解，在沸水浴上蒸至约 2mL，再加入 5mL 水，加热煮沸后，移入 50mL 容量瓶中，用水洗涤蒸发皿，洗液并入容量瓶，加水稀释至刻度，摇匀。同时做空白试验。

b. 湿法消化：吸取 1mL 样品（视含铁量增减）于 10mL 凯氏烧瓶中，置电炉上缓缓蒸发至近干，取下稍冷后，加 1mL 浓硫酸（根据含糖量增减）、1mL 过氧化氢，于通风橱内加热消化。如果消化液颜色较深，冷却后继续滴加过氧化氢，直至消化液无色透明。稍冷，加 10mL 水微火煮沸 3～5min，取下冷却。同时做空白试验。

② 标准曲线的绘制：吸取铁标准使用液 0mL、0.2mL、0.4mL、0.8mL、1.0mL、1.4mL（含 0μg、2.0μg、4.0μg、8.0μg、10.0μg、14.0μg 铁）分别于 6 支 25mL 比色管中，补加水至 10mL，加 5mL 乙酸-乙酸钠溶液（调 pH 至 3～

5）、1mL 盐酸羟胺溶液，摇匀，放置 5min 后，再加入 1mL 邻菲咯啉溶液，然后补加水至刻度，摇匀，放置 30min。

在 510nm 波长下，测定标准系列的吸光度。根据吸光度及相对应的铁浓度绘制标准曲线（或建立回归方程）。

③ 试样的测定：吸取用干法消化的试样消化液 5～10mL 及试剂空白消化液分别于 25mL 比色管中，补加水至 10mL，然后按标准曲线的绘制同样操作，分别测其吸光度，从标准曲线上查出铁的含量（或用回归方程计算）。

或将湿法消化的试样及空白消化液洗入 25mL 比色管中，在每支管中加入一小片刚果红试纸，用氨水中和至试纸显蓝紫色，然后各加 5mL 乙酸-乙酸钠溶液（调 pH 至 3～5），以下操作同标准曲线的绘制。以测出的吸光度，从标准曲线上查出铁的含量（或用回归方程计算）。

4. 计算

① 干法

$$铁含量(mg/L) = (c - c_0) \times \frac{1}{V} \times V_1 \times \frac{1}{V_2} \times \frac{1}{1000} \times 1000$$

式中　c——试液中铁的含量，μg；

　　　c_0——试剂空白液中铁的含量，μg；

　　　V——取样体积，mL；

　　　V_1——样品消化液的总体积，mL；

　　　V_2——测定用试样的体积，mL。

② 湿法

$$铁含量(mg/L) = \frac{A - A_0}{V}$$

式中　A——试液中铁的含量，μg；

　　　A_0——试剂空白液中铁的含量，μg；

　　　V——取样体积，mL。

5. 讨论

① 样品消化时凯氏定氮瓶瓶壁对铁离子有吸附作用，消化时炉温越高，其吸附作用越大，所以消化完的样品加水煮 3～5min，可消除瓶壁对铁离子的吸附（或加水浸泡过夜）。

② 邻菲咯啉在 pH 3～9 范围都能与二价铁离子生成络合物，但实际上，pH 不同，其颜色强度也不同。在实验过程中，调 pH 至 4～5，可用一小片刚果红试纸调节显示，因刚果红试纸的变色过程在 pH 3.0～5.2 之间，颜色变化依次为蓝色→紫色→红色，当其颜色由蓝色变成紫色时，其 pH 为 4.0，指示十分灵敏。

（三）磺基水杨酸比色法

1. 原理

样液中三价铁离子在碱性氨溶液中（pH 8～10.5）与磺基水杨酸反应生成

黄色络合物，比色法测定。

2. 试剂

① 100g/L 磺基水杨酸溶液。

②（1+1.5）氨水。

③ 铁标准使用液（10μg/mL）。

3. 测定步骤

标准曲线的绘制：吸取铁标准使用液 0mL、0.5mL、1.0mL、1.5mL、2.0mL、2.5mL（含 0μg、5μg、10μg、15μg、20μg、25μg 铁）分别于 6 支 25mL 比色管中，分别加入 5mL 磺基水杨酸溶液，用氨水中和至溶液呈黄色时，再加 0.5mL 后，以水稀释至刻度，摇匀。于 480nm 波长下测定吸光度，绘制标准曲线。

吸取干法消化试样 5mL（可根据铁含量适当增减）和同量空白消化液分别于 25mL 比色管中，或者将湿法试样及空白消化液洗入 25mL 比色管中，同标准曲线绘制操作于 480nm 测其吸光度，从标准曲线上查出铁含量（或用回归方程计算）。

4. 计算

同邻菲咯啉法。

十二、铜

葡萄酒中铜含量过高（＞0.8mg/L）易产生混浊，出现铜破败病，另外铜还有催化作用，可诱发铁的沉淀。

（一）原子吸收分光光度法

1. 原理

采用原子吸收分光光度计，空气-乙炔火焰，在 324.7nm 波长下，测其吸光度，求得铜含量。

2. 试剂

① 0.5％硝酸溶液。

② 铜标准贮备液（0.1mg/mL）：称取 0.393g 硫酸铜（$CuSO_4 \cdot 5H_2O$）溶于水，移入 1000mL 容量瓶中，定容至刻度。

铜标准使用液（10μg/mL）：吸取 10mL 铜标准贮备液于 100mL 容量瓶中，用 0.5％硝酸定容至刻度。

③ 原子吸收分光光度计：空气-乙炔火焰。

3. 测定步骤

① 标准曲线的绘制：吸取铜标准使用液 0mL、0.5mL、1.0mL、2.0mL、4.0mL、6.0mL（含 0μg、5μg、10μg、20μg、40μg、60μg 铜）分别置于 6 个 50mL 容量瓶中，用 0.5％硝酸溶液稀释至刻度，摇匀。

置仪器于合适的工作状态下，调波长至324.7nm，导入标准系列溶液，以0号管调零，分别测其吸光度，以铜的含量对应吸光度绘制标准曲线（或建立回归方程）。

② 样品测定：用0.5%硝酸溶液稀释样品5～10倍，再将试样导入仪器，测其吸光度，然后根据吸光度在标准曲线上查得铜的含量（或用回归方程计算）。

4. 计算

$$铜含量(mg/L) = nA$$

式中　A——试液中铜的含量，mg/L；

　　　n——样品稀释倍数。

（二）二乙基二硫代氨基甲酸钠比色法

1. 原理

在碱性溶液中铜离子与二乙基二硫代氨基甲酸钠（DDTC）作用生成棕黄色络合物，用四氯化碳萃取后比色测定。

2. 试剂与仪器

① 四氯化碳。

② 2mol/L 硫酸$\left(\dfrac{1}{2}H_2SO_4\right)$溶液：量取浓硫酸56mL，缓缓注入500mL水中，冷却后用水稀释至1000mL。

③ 乙二胺四乙酸二钠（EDTA-Na$_2$)-柠檬酸铵溶液：称取5g乙二胺四乙酸二钠及20g柠檬酸铵，用水溶解并稀释至100mL。

④ （1+1）氨水。

⑤ 0.05mol/L NaOH 溶液。

⑥ 1g/L 二乙基二硫代氨基甲酸钠溶液：称取0.1g二乙基二硫代氨基甲酸钠（铜试剂），溶于水中，稀释至100mL，贮存于冰箱中，使用期为一个月。

⑦ 0.5%硝酸溶液。

⑧ 铜标准使用液（10μg/mL）。

⑨ 1g/L 麝香草酚蓝指示剂：称取0.1g麝香草酚蓝于4.3mL 0.1mol/L NaOH 溶液中，用水稀释至100mL。

⑩ 可见光分光光度计。

3. 测定步骤

① 标准曲线的绘制：吸取铜标准使用液0.0mL、0.5mL、1.0mL、1.5mL、2.0mL、2.5mL（含0μg、5μg、10μg、15μg、20μg、25μg铜）分别于6只125mL分液漏斗中，各补加2mol/L硫酸溶液至20mL。然后加入10mL乙二胺四乙酸二钠-柠檬酸铵溶液和3滴麝香草酚蓝指示剂，混匀，用氨水调pH（溶液的颜色由黄色至微蓝色），补加水至总体积约40mL，再各加2mL二乙基二硫代氨基甲酸钠溶液和10mL四氯化碳，剧烈振摇萃取2min，待静置分层后，将四氯化碳层经无水硫酸钠或脱脂棉滤入2cm比色皿中。波长440nm，分别测其吸

光度，根据吸光度及相对应的铜浓度绘制标准曲线（或建立回归方程）。

② 样品测定：吸取干法处理的试样 10mL 和同量空白消化液分别于 125mL 分液漏斗中，或者将湿法处理的全部试样及空白消化液，分别洗入 125mL 分液漏斗中。然后按制备铜标准曲线同样操作（湿法处理的试样进行制备铜标准系列步骤时，以水代替 2mol/L 硫酸溶液，补加体积至 20mL，以后步骤不变），分别测其吸光度，从标准曲线上查出铜的含量（或用回归方程计算）。

4. 计算

① 干法

$$铜含量(mg/L) = (c - c_0) \times \frac{1}{V_2} \times V_1 \times \frac{1}{V} \times \frac{1}{1000} \times 1000$$

式中　c——测定用试样消化液中铜的含量，μg；

c_0——试剂空白液中铜的含量，μg；

V——取样体积，mL；

V_1——试样消化液的总体积，mL；

V_2——测定用试样消化液的体积，mL。

② 湿法

$$铜含量(mg/L) = \frac{A - A_0}{V}$$

式中　A——测定用试液中铜的含量，μg；

A_0——空白试验中铜的含量，μg；

V——取样体积，mL。

5. 讨论

① 铜试剂为白色晶体，易溶于水，但遇紫外光高温时易分解，所以应在避光冷暗处保存，配制的溶液应于冰箱内贮存，一周内可用。铜试剂与铜形成络合物也不稳定，遇光分解，因此操作时应尽量避光迅速比色。

② 铜试剂不仅和 Cu^{2+} 有显色反应，其他金属离子亦可显色，特别是 Fe^{3+}、Fe^{2+}、Co^{2+}、Ni^{2+}，为此加入 EDTA-柠檬酸溶液进行掩蔽，可防止以上离子干扰。

③ pH 的选择在 7.5～8.5，其显色效果最好，过高或过低都会使灵敏度下降，因此分液漏斗中 pH 应保持在 7.5～8.5 之间，用麝香草酚蓝（pH 6.5～8.0，黄色→红色）指示剂进行控制。

十三、钾

葡萄酒中高钾含量会干扰酵母对氨基酸的吸收，影响酒石酸盐的稳定性，造成葡萄酒 pH 过高，而引起白葡萄酒褐变和红葡萄酒颜色不稳定。

1. 原理

试样中钾用火焰光度法测定。钾原子在火焰中受热激发，辐射出 768nm 的特征谱线，其强度与钾的浓度成正比。用标准曲线法求得含量。

2. 试剂与仪器

① 钾标准溶液：优级纯氯化钾在100℃干燥过夜，称取1.9068g，用水溶解并定容至1000mL。吸取此溶液10mL用水定容至100mL。再吸取此稀释液1mL、2mL、4mL、6mL、8mL、10mL，分别用水定容至100mL，制成1mg/L、2mg/L、4mg/L、6mg/L、8mg/L、10mg/L的标准溶液，贮存于清洁干燥的聚乙烯瓶中。

② 火焰分光光度计：氢气-氧气火焰。

3. 测定步骤

（1）试样的制备　根据试样的钾含量，将10mL试样用水稀释50～200倍，使其测得的百分辐射强度（T）在标准溶液测定的范围内。

（2）测定　调好仪器，将试样稀释液注入试样杯，喷入火焰，分别在740nm（T_b）、768nm（$T_{最大}$）和796nm（T_a）读取百分辐射强度3～5次（$T_{最大}$为最强辐射谱线强度；T_b为最强辐射谱线前强度；T_a为最强辐射谱线后强度）。

（3）标准曲线的制备　在测定试样后，立即在同样条件下测定1～10mg/L标准溶液的辐射强度。以辐射强度"增高单位"为纵坐标，钾的浓度为横坐标，绘制"半永久"标准曲线。"增高单位"的计算公式为：

$$标准：X"增高单位" = T_{最大} - \frac{T_a + T_b}{2}$$

$$试样：Y"增高单位" = T_{最大} - \frac{T_a + T_b}{2}$$

4. 计算

$$钾含量(mg/L) = nc$$

式中　c——由试样的"增高单位"Y从标准曲线查得的钾含量，mg/L；

n——试样稀释倍数。

5. 讨论

仪器的喷嘴易被一些细微物质所阻塞而影响测定。"半永久"标准曲线需经常用标准核对，计算百分偏差。若存在偏差，即应对试样测得的读数进行校正：

$$校正系数 = \frac{标准曲线查得的理论增高单位}{测得增高单位(X)}$$

$$试样校正后的增高单位 = 增高单位(Y) \times 校正系数$$

十四、钠

1. 原理

试样中钠用火焰光度法测定。钠原子在火焰中受热激发，辐射出589nm的特征谱线，其强度与钠的含量成正比。用标准曲线法求得含量。

2. 试剂与仪器

① 钠标准溶液：优级纯氯化钠在 100℃ 干燥过夜，称取 2.5421g，用水溶解并定容至 1000mL。吸取此溶液 10mL 用水定容至 100mL。再吸取此稀释液 1mL、2mL、4mL、6mL、8mL、10mL，分别用水定容至 100mL，制成 1mg/L、2mg/L、4mg/L、6mg/L、8mg/L、10mg/L 的标准溶液，贮存于清洁干燥的聚乙烯瓶中。

② 火焰分光光度计：空气-乙炔火焰。

3. 测定步骤

根据试样中钠含量，将试样用水稀释 50～100 倍，使其测得的百分辐射强度（T）在标准溶液测定的范围内。参照钾的测定步骤，测定钠的辐射强度，并制备"半永久"的标准曲线。钠的测定波长：$T_b = 570nm$，$T_{最大} = 589nm$，$T_a = 610nm$。

4. 计算

$$钠含量（mg/L）= nc$$

式中　c——由试样的"增高单位"Y 从标准曲线查得的钠含量，mg/L；

n——试样的稀释倍数。

十五、钙

钙能和酒石酸、草酸、有时还有半乳糖二酸形成沉淀，但沉淀形成很慢，通常要在葡萄酒装瓶以后才出现。钙在葡萄酒中的含量，一般为 0.0060～0.165g/L 的范围内。

经典的钙的测定方法有灰化后的各种滴定法，其中以草酸钙沉淀后用高锰酸钾滴定的氧化还原法和用 EDTA 作滴定剂的络合滴定法，尚有一定实用价值。目前比较广泛应用的是用邻甲酚酞络合剂显色的比色法，该法对葡萄酒可直接测定，操作比较省时。但较优越的测定方法是用原子吸收分光光度法和离子选择电极法。

（一）原子吸收分光光度法

1. 原理

试样稀释液中加入氯化镧抑制剂消除磷酸根的干扰，用空气-乙炔火焰原子化，在 422.7nm 测量吸光度，标准曲线法定量。钠、镁、硫酸根、甘油和乙醇不干扰测定。

2. 试剂与仪器

① 原子吸收分光光度计，空气-乙炔火焰。

② 100g/L 氯化镧溶液：26.738g 氯化镧（$LaCl_3 \cdot 7H_2O$）溶于水，稀释至 100mL。

③ 钙标准贮备溶液：2.500g 碳酸钙溶于少量盐酸中，用水稀释至 1000mL，

此溶液含钙 1mg/mL。

钙标准溶液：吸取 20mL 钙标准贮备溶液，用水定容至 1L。此溶液含钙 20μg/mL。

3. 测定步骤

吸取 1mL 酒样和 2mL 100g/L 氯化镧溶液于 20mL 容量瓶中，用水稀释至刻度。在原子吸收分光光度计上，按下述工作条件测量试液的吸光度，在标准曲线上查得钙的浓度，再乘以稀释倍数 20，即为试样中钙的实际含量（mg/L）。

仪器工作条件如下。

波长：422.7nm。

通带宽度：0.4nm。

灯电流：20mA。

空气压力：0.2MPa。

乙炔压力：0.03MPa。

标准曲线的制备：吸取 0mL、2mL、5mL、8mL、10mL 钙标准溶液，分别置于 20mL 容量瓶中，各加 2mL 100g/L 氯化镧溶液，用水稀释至刻度。用空白调节仪器零点，在上述工作条件下测量每一标准溶液的吸光度，以吸光度对标准溶液浓度作图，绘制标准曲线。

（二）邻甲酚酞比色法

1. 原理

钙离子与邻甲酚酞，在 pH 11 的碱性溶液中，生成黄绿色络合物。钙离子浓度在 0～3.0mg/L 范围内遵守比耳定律，可用于葡萄酒中钙离子含量的直接测定。镁在此 pH 与显色剂有类似反应，可加入 8-羟基喹啉消除；其他金属离子与显色剂的络合反应，可被缓冲液溶液掩蔽或防止。

2. 试剂与仪器

① pH 11 缓冲溶液：3.6g 硼酸溶于 900mL 水中，用乙醇胺稀释至 1000mL。用塑料瓶贮存于冰箱中。

② 邻甲酚酞显色剂：1.0g 8-羟基喹啉加 5mL 浓盐酸，再加 40mg 邻甲酚酞，用水稀释至 100nL，保存于塑料瓶中。

③ 钙标准贮备溶液：准确称取 2.5000g 碳酸钙溶于少量浓盐酸中，用水稀释定容至 1000mL。

钙标准溶液：吸取 5mL 钙标准贮备溶液于 1L 容量瓶中，用水定容至刻度。此溶液含钙 5μg/mL。

④ 50g/L EDTA 溶液。

⑤ 可见光分光光度计。

3. 测定步骤

① 标准曲线的制备：吸取 0mL、0.2mL、0.3mL、0.4mL、0.5mL、0.6mL

钙标准溶液，分别置于试管中，用水稀释至 1mL（相当于钙0.0mg/L、1.0mg/L、1.5mg/L、2.0mg/L、2.5mg/L、3.0mg/L）。然后分别加入 5mL pH 11 缓冲溶液和 0.5mL 显色剂，混匀。在 25℃水浴中放置 10min，在波长 575nm 测定吸光度，绘制吸光度对钙浓度的标准曲线。

② 白葡萄酒试样的测定：用水将试样准确稀释 20 倍，吸取 1mL 稀释试样，代替标准溶液同上述操作。同时用 1mL 水同样操作，制备空白。用测得的吸光度从标准曲线查得钙的浓度，再乘以稀释倍数，即为试样中以每升所含毫克数表示的钙含量。

③ 红葡萄酒试样的测定：按白葡萄酒将试样稀释后，吸取两份稀释后的试样各 1mL，分置于两个试管中。同时加 1mL 水到第三个试管中，作空白用。在一个加试样试管中加入 1 滴 EDTA 溶液，然后三个试管一起按标准曲线制备操作。从不加 EDTA 试样测得的吸光度减去加 EDTA 试样测得的吸光度，用此校正红葡萄酒色泽干扰后的吸光度从标准曲线查得钙的浓度，再乘以稀释倍数，即得钙在试样中的含量。

十六、二氧化碳

葡萄酒中的二氧化碳主要来源于酵母代谢，少量由乳酸菌产生，微量来自于陈酿期间氨基酸和酚的降解。

1. 仪器

起泡葡萄酒压力测定器。

2. 测定步骤

① 调温：将被测样品在 20℃水浴中保温 2h。

② 测量：按仪器使用说明书操作，记录压力。

十七、抗坏血酸（维生素 C）

抗坏血酸又称为维生素 C。由于具有还原性，在葡萄酒中起着抗氧化作用，同时在酶的作用下，可转化为脱氢抗坏血酸，在人体内具有降低胆固醇，减缓动脉硬化的作用。

1. 原理

还原型抗坏血酸能还原 2,6-二氯靛酚染料。该染料在酸性溶液中呈红色，被还原后红色消失。还原型抗坏血酸还原染料后，本身被氧化为脱氢抗坏血酸。在没有杂质干扰时，一定量的样品提取液还原标准染料的量与样品中所含抗坏血酸的量成正比。

2. 试剂

① 10g/L 草酸溶液：溶解 10g 结晶草酸并稀释至 1000mL。

② 0.1mol/L 碘酸钾$\left(\frac{1}{6}KIO_3\right)$溶液：称取碘酸钾 3.6g 溶于 1000mL 水中。

标定：吸取 25mL 碘酸钾溶液，置于碘量瓶中，加 2g 碘化钾，加 5mL 20%（体积分数）HCl 溶液，摇匀，于暗处放置 5min，加水 150mL，用 0.1mol/L 硫代硫酸钠标准溶液滴定，近终点时加 1mL 淀粉指示剂，继续滴定至蓝色消失。同时做空白试验。碘酸钾溶液摩尔浓度为硫代硫酸钠标准溶液浓度与消耗体积乘积除以 25。

③ 0.001mol/L 碘酸钾 $\left(\frac{1}{6}KIO_3\right)$ 标准溶液：吸取 1mL 碘酸钾溶液，用水稀释并定容至 100mL。此溶液 1mL 相当于 0.88mg 抗坏血酸。

④ 60g/L 碘化钾溶液。

⑤ 抗坏血酸标准贮备液（0.2g/L）：准确称取 0.02g（准确至 0.0002g）预先在五氧化二磷干燥器中干燥 5h 的抗坏血酸，溶于 10g/L 草酸溶液中，定容至 100mL（置冰箱中保存）。

抗坏血酸标准使用液（0.020g/L）：吸取 10mL 抗坏血酸标准贮备液，用 10g/L 草酸溶液定容至 100mL。

标定：吸取抗坏血酸标准使用液 5mL 于 100mL 三角烧瓶中，加入 0.5mL 碘化钾溶液、3 滴 10g/L 淀粉指示液，用碘酸钾标准溶液滴定至淡蓝色，30s 内不变色为其终点。

计算公式如下。

$$抗坏血酸含量(g/L) = \frac{c}{0.01} \times V_1 \times 0.88 \times \frac{1}{V_2}$$

式中　c——滴定时消耗的碘酸钾 $\left(\frac{1}{6}KIO_3\right)$ 标准溶液的浓度，mol/L；

　　　V_1——滴定时消耗的碘酸钾标准溶液的体积，mL；

　　　V_2——抗坏血酸标准使用液的体积，mL；

　0.88——1mL 1mol/L 碘酸钾 $\left(\frac{1}{6}KIO_3\right)$ 标准溶液相当于抗坏血酸的质量，mg/mmol。

⑥ 2,6-二氯靛酚标准溶液：称取 52mg 碳酸氢钠，0.05g 2,6-二氯靛酚，置于约 80℃ 250mL 水中，温热溶解，冷却，置于冰箱中放置 24h。然后过滤置于 250mL 容量瓶中，用水稀释至刻度，摇匀。此溶液应贮于棕色瓶中并冷藏。每星期至少标定一次。

标定：吸取 5mL 抗坏血酸标准使用液，置入 100mL 三角瓶中，加入 15mL 10g/L 草酸溶液，摇匀，用 2,6-二氯靛酚标准溶液滴定至溶液呈粉红色，30s 不退色为其终点。

计算公式如下：

$$c = \frac{c_1 V_1}{V_2}$$

式中　c——每毫升 2,6-二氯靛酚标准溶液相当于抗坏血酸的质量（滴定度），mg；

c_1——抗坏血酸标准使用液的浓度，g/L；

V_1——滴定用抗坏血酸标准使用液的体积，mL；

V_2——标定时消耗的2,6-二氯靛酚标准溶液体积，mL。

⑦ 10g/L淀粉指示剂：称取1g可溶性淀粉，用少量水调成糊状，然后注入100mL沸水中，至完全透明，冷却备用。

3. 测定步骤

吸取5mL样品于100mL三角瓶中，加入15mL 10g/L草酸溶液，摇匀，立即用2,6-二氯靛酚标准溶液滴定，至溶液恰成粉红色，30s不退色即为终点。

注：样品颜色过深影响终点观察时，可用白陶土脱色后再进行测定。

4. 计算

$$抗坏血酸含量(g/L) = c \times V \times \frac{1}{V_1} \times 1000 \times \frac{1}{1000}$$

式中　c——每毫升2,6-二氯靛酚标准溶液相当于抗坏血酸的质量（滴定度），mg/mL；

　　　V——滴定时消耗的2,6-二氯靛酚标准溶液的体积，mL；

　　　V_1——取样体积，mL。

5. 讨论

① 由于2,6-二氯靛酚滴定的是还原型的抗坏血酸，所以整个操作过程要迅速，防止还原型抗坏血酸被氧化。

② 样品脱色应选择脱色力较强，但对抗坏血酸无损失的白陶土，脱色后的样品要迅速滴定。

③ 滴定开始时，染料溶液要迅速加入，直至红色不立即消失，后尽可能一滴一滴地加入，并不断摇动三角瓶直至粉红色，15s内不消失。测定时必须做空白对照，并从样品中扣除空白消耗的毫升数。

十八、蛋白质

1. 原理

考马斯亮蓝G-250在游离状态下呈红色，与蛋白质结合后变为青色，前者最大光吸收在465nm，后者在595nm。在一定蛋白质浓度范围内（0～1000μg/mL），蛋白质-色素结合物在595nm波长下的光吸收与蛋白质含量成正比，故可用于蛋白质的定量分析。蛋白质与考马斯亮蓝G-250结合在2min左右达到平衡，完成反应十分迅速，其结合物在室温下1h内保持稳定，该反应灵敏，可测微克级蛋白质含量。

2. 试剂与仪器

① 1000μg/mL牛血清白蛋白原液：取100mg牛血清白蛋白，溶于100mL水中，即为1000μg/mL的原液。

② 考马斯亮蓝 G-250 溶液：称取 100mg 考马斯亮蓝 G-250，溶于 50mL 90％乙醇中，加入 100mL 85％（质量浓度）的磷酸，最后用水定容到 1000mL。过滤后使用。此溶液在常温下可放置一个月。

③ 可见光分光光度计。

3. 测定步骤

（1）标准曲线的绘制　吸取 1000μg/mL 牛血清白蛋白原液 0mL、0.02mL、0.04mL、0.06mL、0.08mL、0.10mL 及 0mL、0.2mL、0.4mL、0.6mL、0.8mL、1.0mL，分别补水至 1mL，分别吸取 0.1mL，加入 5mL 考马斯亮蓝 G-250 试剂。混合，放置 2min。波长 595nm，1cm 比色皿测定吸光度，以吸光度为纵坐标，蛋白质含量为横坐标，绘制 0～100μg/mL 与 0～1000μg/mL 标准曲线。

（2）酒样中蛋白质浓度的测定　取待测试样液 0.1mL，同上操作，测定吸光度，从标准曲线查得所测量试样中蛋白质含量（μg/mL）。

（3）葡萄果实或茎叶提取液中蛋白质浓度的测定　称取新鲜葡萄样品 2g 放入研钵中，加入 2mL 水研成匀浆，转移到离心管中，再用 6mL 水分次洗涤研钵，洗涤液收集于同一离心管，放置 0.5h 或 1h 以充分提取，4000r/min 离心 20min，弃去沉淀，上清液转入容量瓶，以水定容至 10mL。吸取 0.1mL，同上操作，测定吸光度，从标准曲线查得所测溶液中蛋白质含量（μg/mL）。计算鲜果中蛋白质的含量。

$$蛋白质含量（\mu g/g）= A \times \frac{1}{V_2} \times V_1 \times \frac{1}{m}$$

$$蛋白质含量（\mu g/mL）= A \times \frac{1}{V}$$

式中　A——标准曲线上查得的蛋白质含量，μg；

　　　V_1——提取液总体积，mL；

　　　V_2——测定取用体积，mL；

　　　V——试样体积，mL；

　　　m——样品质量，g。

十九、多糖

葡萄酒中的多糖来源于果胶，在酸性环境中，随着发酵乙醇的生成会被沉淀下来。但是有些葡萄感染了灰葡萄孢霉（*Botrytis*），由此分泌的 β-葡聚糖会引起澄清过滤的困难。这些物质阻碍其他胶体物质如单宁、蛋白质的沉淀，使葡萄酒无法澄清。另外，β-葡聚糖在过滤介质表面形成一层纤维状的网垫，阻塞滤孔。因此在采摘和压榨时应多加留意，以最大限度地减少其在葡萄浆汁中的溶解。

1. 原理

酒样用 80％乙醇提取出单糖、低聚糖、苷类等干扰性成分。然后用水提取其中所含的多糖类成分。多糖类成分在硫酸的作用下水解成单糖，并迅速脱水生成糖醛衍生物，然后和苯酚形成有色化合物，用分光光度法于485nm测定其多糖的含量。

2. 试剂与仪器

① 80％乙醇溶液：80mL 乙醇加水 20mL。

② 20g/L 苯酚溶液：称取 2.0g 苯酚，加水溶解并稀释至 100mL。

③ 1g/L 葡萄糖标准溶液：准确称取无水葡萄糖（105℃干燥 4h 至恒重）0.1000g，加水溶解并定容至 100mL。

④ 可见光分光光度计。

3. 测定步骤

（1）标准曲线的制备　吸取葡萄糖标准溶液 0mL、0.2mL、0.4mL、0.6mL、0.8mL、1.0mL（分别相当于葡萄糖 0mg、0.2mg、0.4mg、0.6mg、0.8mg、1.0mg）分别补水至 2mL，加 1mL 20g/L 苯酚溶液，混匀后小心加入浓硫酸 10mL，混匀后置沸水浴加热 2min，冷却后在 485nm 处以试剂空白溶液为参比，测定吸光度，并以葡萄糖浓度为横坐标，吸光度为纵坐标绘制标准曲线。

（2）样品处理　吸取酒样 10mL 于 50mL 离心管中，加入 27mL 无水乙醇混匀后，以 4000r/min 离心 10min，弃去上清液。残渣用 80％乙醇溶液 20mL 洗涤，离心后弃去上清液，沉淀用水溶解并定容至 100mL。

（3）样品测定　吸取处理后样品 2mL，加入 20g/L 苯酚溶液 1mL，混匀后小心加入浓硫酸 10mL，混匀后置沸水浴中加热 2min，冷却后在 485nm 处以试剂空白溶液为参比，测定吸光度。然后从标准曲线上查得测定管中多糖的含量。

（4）计算

$$多糖含量(mg/L) = c \times \frac{1}{V_3} \times V_2 \times \frac{1}{V_1} \times 1000$$

式中　c——试样吸光度从标准曲线上查得的多糖含量，mg；

V_1——试样量，mL；

V_2——样品沉淀后定容体积，mL；

V_3——比色时取样量，mL。

二十、白藜芦醇

（一）高效液相色谱法

1. 原理

葡萄酒中白藜芦醇经过乙酸乙酯提取，Cle-4 型柱净化，然后用 HPLC 法测定。

2. 试剂与仪器

① 反式白藜芦醇（*trans*-resveratrol）：Sigma 公司。

反式白藜芦醇标准贮备溶液（1mg/mL）：称取 10.0mg 反式白藜芦醇于 10mL 棕色容量瓶中，用甲醇溶解并定容至刻度，存放在冰箱中备用。

反式白藜芦醇标准系列溶液：将反式白藜芦醇标准贮备溶液用甲醇稀释成 1.0μg/mL、2.0μg/mL、5.0μg/mL、10.0μg/mL 标准系列溶液。

② 顺式白藜芦醇：将反式白藜芦醇标准贮备液在 254nm 波长下照射 30min，然后按本方法测定反式白藜芦醇含量，同时计算转化率，得顺式白藜芦醇含量，按反式白藜芦醇配制方法配制顺式白藜芦醇标准系列溶液。

③ 高效液相色谱仪，配有紫外检测器。

④ 旋转蒸发仪。

⑤ Cle-4 型净化柱（1g/5mL），或等效净化柱。

3. 测定步骤

① 试样的处理

a. 葡萄酒中白藜芦醇的提取：吸取 20mL 葡萄酒，加 2g 氯化钠溶解后，再加 20mL 乙酸乙酯振荡萃取，分出有机相，过无水硫酸钠柱，重复一次，在 50℃水浴中真空蒸发，氮气吹干。加 2mL 乙醇溶解剩余物，移到试管中。

b. 净化：先用 5mL 乙酸乙酯淋洗 Cle-4 型净化柱，然后加入以上从葡萄酒提取的白藜芦醇样品 2mL，接着用 5mL 乙酸乙酯淋洗除杂，然后用 10mL 95% 乙醇洗脱收集，氮气吹干，加 5mL 流动相溶解。

② HPLC 法：色谱条件如下。

色谱柱：ODS-C_{18}柱，4.6mm×250mm，5μm。

柱温：室温。

流动相：乙腈∶重蒸水＝30∶70。

流速：1.0mL/min。

检测波长：306nm。

进样量：20μL。

色谱柱，先以 1.0mL/min 的流速通入流动相平衡。待系统稳定后按上述色谱条件依次进样。

用顺式、反式白藜芦醇标准系列溶液分别进样后，以标准样浓度对峰面积作标准曲线。线性相关系数应为 0.9990 以上。

将经处理制备好的样品进样（样品中的白藜芦醇含量应在标准系列范围内）。根据标准品的保留时间定性，以外标法计算白藜芦醇的含量。

4. 计算

$$白藜芦醇含量(g/L)＝nc$$

式中　c——从标准曲线求得样品溶液中白藜芦醇的含量，g/L；

　　　n——样品的稀释倍数。

注：总的白藜芦醇含量为顺式、反式白藜芦醇含量之和。

(二) 气相色谱-质谱联用法

1. 原理

葡萄酒中白藜芦醇经过乙酸乙酯提取，Cle-4 型柱净化，然后用BSTFA＋1％ TMCS 衍生后，采用 GC-MS 进行定性、定量分析，定量离子为 444。

2. 试剂与仪器

① BSTFA（双三甲基硅基三氯乙酰胺）＋1％ TMCS（三甲基氯硅烷）。

② 色质联用仪。

色谱柱：HP-5MS5％苯基甲基聚硅氧烷弹性石英毛细管柱（30m ×0.25mm，0.25μm）；

其他试剂与仪器同 HPLC 法。

3. 测定步骤

① 试样的处理

a. 葡萄酒中白藜芦醇的提取：吸取 20mL 葡萄酒，加 2g 氯化钠溶解后，再加 20mL 乙酸乙酯振荡萃取，分出有机相，过无水硫酸钠柱，重复一次，在 50℃水浴中真空蒸发，氮气吹干。

b. 衍生化：将上述处理的样品加 0.1mL BSTFA＋1％ TMCS，加盖，于旋涡混合器上振荡，在 80℃下加热 0.5h。氮气吹干，加 1mL 甲苯溶解。

② 取适量的白藜芦醇标准溶液，氮气吹干，按上述方法衍生化。

③ GC-MS 法测定条件如下。

柱温程序：初温 150℃，保持 3min，然后以 10℃/min 升至 280℃，保持 10min；

进样口温度：300℃；

载气为高纯氮气（99.999％），流速 0.9mL/min；

分流比：20∶1；

EI 源源温：230℃；

电子能量：70eV；

接口温度：280℃；

电子倍增器电压：1765V；

质量扫描范围（Scan mode m/z）：35～450amu；

定量离子：444；

溶剂延迟：5min；

进样量：1μL。

4. 计算

同 HPLC 法。

二十一、灰分

灰分是无机物，是酒样蒸发、灼烧后的残留物，灰分的测定可检出酒中是否加过水、糖、强化剂（如酒精）和用不成熟的葡萄加过糖与水的果汁。

1. 原理

试样经蒸干后于高温下（约550℃）灼烧，使有机物质中的碳、氢和氧以二氧化碳和水蒸气形式逸去，生成的二氧化碳的一部分与试样中一些阳离子（主要为钾、钠、钙、镁等离子）作用，生成相应的碳酸盐。磷和硫则在灼烧过程中变为磷酸盐和硫酸盐。灰分的主要成分为碳酸盐，故用此方法测得的灰分又称为碳酸灰。

2. 仪器

① 马福炉。

② 60mL铂坩埚或大底坩埚。

3. 测定步骤

将60mL铂坩埚在600℃下加热1h，在干燥器里冷却，称重，准确至0.0002g，吸取25mL酒样放入铂坩埚中。首先于沸水浴上蒸干，然后放在100℃烘箱中烘干。之后移入马福炉内在525℃±25℃保持45min。冷却至200℃时取出，冷却，一滴一滴地加入5mL水，放在干燥箱中烘干，注意避免溅出，再次放入马福炉内加热45min。如果残留物还是黑色的，冷却，再加入5mL水，重新烘干灰化。

果汁和甜葡萄酒难于灰化，烤干后加1滴橄榄油，可有助于防止残留物在马福炉内散发异味。

灰分变灰或变白后，放入干燥器内冷却，迅速称重，再次于525℃灰化15min，于干燥器中冷却后称重，两次质量差在0.3mg以下，计算出每升酒中灰分的克数。

4. 计算

$$灰分含量(g/L)=\frac{m_1-m_2}{V}\times1000$$

式中　m_1——坩埚及灰分总质量，g；

　　　m_2——坩埚质量，g；

　　　V——试样体积，mL；

　1000——换算成每升样品中灰分含量。

5. 讨论

① 灰化温度不宜过高，超过550℃会有一小部分颗粒被逸出的气体带走，并能使未燃烧的碳粒把磷还原成为游离磷，同时钾盐、钠盐和氯化物则会因挥发而损失。

② 灼烧用的铂坩埚或瓷坩埚，使用前应经常用细砂纸将其磨光，使其内部保持光滑，以减轻碱金属对坩埚的腐蚀。

③ 若第一次灼烧后，发现因试样熔融而将未灰化的碳粒包住时，可加少许水使已灰化的物质溶解，这时未灰化物质即露出表面，蒸干后再灼烧即可完全

灰化。

二十二、甲醇

葡萄酒中的甲醇主要来自于果胶质降解。甲醇对人体危害很大，在葡萄酒中甲醇含量很少，对葡萄酒风味无促进作用。

（一）气相色谱法

1. 原理

甲醇采用气相色谱分析，氢火焰离子化检测器，根据峰的保留值进行定性，利用峰面积（或峰高），以内标法定量。

2. 试剂与仪器

① 10%（体积分数）乙醇（色谱纯）。

② 甲醇（色谱纯）：作标样用，2%（体积分数）的10%乙醇溶液。

③ 4-甲基-2-戊醇（色谱纯）：作内标用，2%（体积分数）的10%乙醇溶液。

④ 气相色谱仪：氢火焰离子化检测器（FID）。

毛细管柱：PEG 20M 毛细管色谱柱（柱长 35～50m，内径 0.25mm，涂层 0.2μm），或其他具有同等分析效果的色谱柱。

3. 测定步骤

① 气相色谱条件如下。

载气（高纯氮）：流速为 0.5～1.0mL/min，分流比约 50：1，尾吹约 20～30mL/min。

氢气：流速为 40mL/min。

空气：流速为 400mL/min。

检测器温度：220℃。

注样器温度：220℃。

柱温：起始温度40℃，恒温 4min，以 3.5℃/min 程序升温至 200℃，继续恒温 10min。

载气、氢气、空气的流速等色谱条件随仪器而异，应通过试验选择最佳操作条件，以内标峰与酒样中其他组分峰获得完全分离为准。

② 校正因子（f 值）的测定：吸取 2%甲醇标准溶液 1mL，移入 100mL 容量瓶中，加入 2%内标液 1mL，用 10%乙醇溶液稀释至刻度。上述溶液中甲醇和内标液的浓度均为 0.02%（体积分数）。待色谱仪基线稳定后，进样分析。记录甲醇和内标峰的保留时间及峰面积（或峰高），用其比值计算出甲醇的相对校正因子。

③ 试样的测定：吸取蒸馏后的酒样 10mL 于 10mL 容量瓶中，加入 2%内标液 0.1mL，混匀后，与 f 值测定相同的条件下进样，根据保留时间定性，内标法定量。

4. 计算

$$f = \frac{A_1}{A_2} \times \frac{d_2}{d_1}$$

$$X_1 = f \times \frac{A_3}{A_4} \times m$$

式中　X_1——试样中甲醇的含量，mg/L；

　　f——甲醇的相对校正因子；

　　A_1——标样 f 值测定时内标的峰面积（或峰高）；

　　A_2——标样 f 值测定时甲醇的峰面积（或峰高）；

　　A_3——试样中甲醇的峰面积（或峰高）；

　　A_4——添加于酒样中内标的峰面积（或峰高）；

　　d_2——甲醇的相对密度；

　　d_1——内标物的相对密度；

　　m——添加在酒样中内标物含量，mg/L。

（二）亚硫酸品红比色法

1. 原理

甲醇在磷酸溶液中被氧化成甲醛，用亚硫酸品红显色以比色法测定。先用高锰酸钾氧化甲醇为甲醛。过量的高锰酸钾用草酸除去。甲醛用亚硫酸品红显色，以标准曲线法定量。

试剂碱性品红是盐酸蔷薇苯胺和副盐酸蔷薇苯胺的混合物，它与亚硫酸加成反应后生成非醌型的无色化合物。无色的亚硫酸品红与甲醛作用，先生成无色的中间产物。此中间产物接着失去与碳结合的磺酸基，并发生分子重排而成醌型结构的蓝紫色化合物。

2. 试剂与仪器

① 高锰酸钾-磷酸溶液：3.0g 高锰酸钾、15.0mL 磷酸溶于 100mL 水中，1 个月内有效。

② 草酸溶液：5g 草酸（$H_2C_2O_4$）或 7g 二水合草酸（$H_2C_2O_4 \cdot 2H_2O$）溶于 100mL（1+1）硫酸中。

③ 亚硫酸品红溶液：称取碱性品红 0.100g，于 60mL 80℃ 的水中，边加边研磨，使其溶解后滤于 100mL 容量瓶中。冷却后加 10mL 100g/L 亚硫酸钠溶液和 1mL 盐酸，再加水至刻度，摇匀，放置过夜。如溶液有色，可加入少量活性炭，搅拌后过滤，贮于棕色瓶中，置暗处保存，溶液呈红色时弃去重配。

④ 甲醇标准溶液：吸取 10mL 甲醇标准贮备溶液（吸取 1.27mL 重蒸甲醇，置于 100mL 容量瓶中，用水稀释至刻度）于 100mL 容量瓶中，用水稀释至刻度。此溶液含甲醇 1mg/mL。

⑤ 无甲醇乙醇：取无水乙醇 300mL，加少许高锰酸钾，于沸水浴中蒸馏。在所得蒸馏液中加少量硝酸银溶液（1g 硝酸银溶于少量水中）和 NaOH 溶液

（1.5g NaOH 溶于少量温热乙醇中），摇匀，放置过夜。取上清液蒸馏，收集中间馏出液约 200mL。

⑥ 100g/L 亚硫酸钠溶液。

⑦ 可见光分光光度计。

3. 测定步骤

吸取酒样 V（mL）（$V=5\times6/$试样酒度）于带塞比色管中。另取 6 支比色管，分别吸取 0mL、0.2mL、0.4mL、0.6mL、0.8mL、1.0mL 甲醇标准溶液（相当于甲醇 0mg、0.2mg、0.4mg、0.6mg、0.8mg、1.0mg），各管补水至 5mL，各加 0.3mL 无甲醇乙醇（试样管不加）。在试样及各标准中，各加 2mL 高锰酸钾-磷酸溶液，摇匀，放置 10min。各加 2mL 草酸溶液，摇匀。退色后，再各加 5mL 亚硫酸品红溶液，摇匀。于 20℃以上（＜40℃）静置 30min。以试剂空白作参比，在波长 580nm 测定试样和各标准管的吸光度。用标准溶液的吸光度对标准溶液甲醇浓度作图，绘制标准曲线。由试样的吸光度从标准曲线查得甲醇含量。

4. 计算

$$甲醇含量（g/100mL）=A\times\frac{1}{V}\times\frac{1}{1000}\times100$$

式中　A——从标准曲线查得的甲醇含量，mg；

　　　V——吸取试样体积，mL。

5. 讨论

① 亚硫酸品红法测定甲醇，在一定的酸度下，甲醇所形成的蓝紫色不退色，其他醛类色泽则很容易消失。

② 低浓度甲醇的标准曲线不呈直线，不符合比耳定律。

③ 亚硫酸品红法测定甲醇含量影响因素甚多，主要是温度和酒精浓度。

a. 温度的影响：当加入草酸硫酸溶液后会产生热量，使温度升高，此时需适当冷却后才能加入亚硫酸品红溶液。显色温度最好在 20℃以上室温下进行。温度越低，显色时间越长。温度高显色时间短，但稳定性差。

b. 酒精浓度的影响：显色灵敏度与乙醇浓度有关，乙醇浓度越高，甲醇显色灵敏度越低。以 5%～6% 乙醇浓度时甲醇显色较灵敏。故在操作中，试样与标准管中酒精浓度应一致。对有色酒样取 100mL 酒样，蒸馏出 100mL 后取样测定。

二十三、杂醇油（高级醇）

杂醇油是指 2 个碳以上的醇类。葡萄酒中的高级醇大多是酵母发酵的正常副产物。除乙醇之外，高级醇约占葡萄酒香气成分的 50%，但大多数直链高级醇有辛辣刺鼻的气味。高温发酵、带皮发酵、加糖发酵、加压发酵、搅拌等均有助于高级醇的形成。另外发酵过程中野生酵母和细菌污染也可以产生一些高级醇。

（一）气相色谱法

1. 原理

酒样中杂醇油用气相色谱分离，氢火焰离子化检测器检测，根据保留值进行定性，以内标法定量。

2. 试剂与仪器

① 标准杂醇油与内标溶液 [2% （体积分数）]：吸取乙醇、正丙醇（内标）、仲丁醇（2-丁醇）、异丁醇、正丁醇、异戊醇、活性戊醇（2-甲基丁醇）、异戊醇（3-甲基丁醇）、4-甲基-2-戊醇及丙烯醇各 2mL，分别用 40% 乙醇稀释定容至 100mL。

② 气相色谱仪：配有氢火焰离子化检测器（FID）。

色谱条件如下。

色谱柱：CP WAX 57 CB 毛细管色谱柱，柱长 50m，内径 0.25mm，涂层 0.2μm。

载气（高纯氮）：流速为 0.5～1.0mL/min，分流比约 50：1，尾吹约 30～40mL/min。

氢气：流速为 30mL/min。

空气：流速为 300mL/min。

检测器温度：220℃。

进样口温度：220℃。

柱温：起始温度 40℃，恒温 4min，以 4℃/min 程序升温至 200℃，继续恒温 10min。载气、氢气、空气的流速等色谱条件随仪器而异，应通过试验选择最佳操作条件，以内标峰与酒样中其他组分峰获得完全分离为准。

3. 测定步骤

① 校正因子（f 值）的测定：分别吸取 2% 各组分（高级醇）标准溶液 1mL，移入 100mL 容量瓶中，然后加入 2% 内标液 1mL，用 40% 乙醇溶液稀释至刻度。上述溶液中各组分和内标的浓度均为 0.02%（体积分数）。待色谱仪基线稳定后，进样分析，记录酒中各组分和内标峰的保留时间及其峰面积（或峰高），用某一组分的峰面积（或峰高）和内标峰面积（或峰高）之比值，计算出各组分的相对校正因子（f 值）。

② 样品的测定：取 10mL 蒸馏后酒样于 10mL 容量瓶中，加 2% 内标液 0.1mL，混匀后，与 f 值测定相同的条件下进样，根据保留时间定性，各种组分与内标峰面积（或峰高）之比值，计算出酒样中各组分的含量。

4. 计算

$$f = \frac{A_1}{A_2} \times \frac{d_2}{d_1}$$

$$X_1 = f \times \frac{A_3}{A_4} \times m \times \frac{1}{1000}$$

$$X_2 = \frac{X_1 \times 100}{E}$$

式中　X_1——酒样中某一组分的含量，g/L；

　　　X_2——酒样中某一组分（以每升 100％乙醇中含某种组分的克数表示）
　　　　　　的含量，g/L；

　　　f——某一组分的相对校正因子；

　　　A_1——f 值测定时内标的峰面积（或峰高）；

　　　A_2——f 值测定时某一组分的峰面积（或峰高）；

　　　A_3——酒样中某一组分的峰面积（或峰高）；

　　　A_4——添加于酒样中内标的峰面积（或峰高）；

　　　d_2——某一组分的相对密度；

　　　d_1——内标物的相对密度；

　　　m——添加在酒样中内标的含量，mg/L；

　　　E——酒样的实测酒精度。

高级醇的计算：高级醇以每升 100％乙醇中含有高级醇的总和表示。

(二) 对二甲氨基苯甲醛比色法

1. 原理

杂醇油经硫酸脱水后，转变为不饱和烃。不饱和烃与对二甲氨基苯甲醛发生缩合反应，生成紫红色化合物，该化合物在波长 520～543nm 处有吸收峰，用比色法测定。葡萄酒用此方法时需增加回流操作以消除醛的干扰。

2. 试剂与仪器

① 杂醇油标准溶液：将异丁醇和异戊醇用重蒸馏法纯化，分别在107.5～108℃和131～132℃收集馏液。取 1.04mL 异戊醇与 0.26mL 异丁醇混合于容量瓶中，加 10mL 无杂醇油乙醇，再用水稀释至 1000mL。此为贮备液。吸取 0mL、5mL、10mL、15mL、20mL、25mL、35mL 贮备溶液，分别置于 100mL 容量瓶中，加入 7mL 无杂醇油乙醇，用水稀释至刻度。此为使用溶液，分别含有杂醇油 0mg/mL、5mg/mL、10mg/mL、15mg/mL、20mg/mL、25mg/mL、35mg/100mL。

② 无杂醇油乙醇：取 800mL 醛含量低的乙醇于回流器中，加盐酸间苯二胺 8g，沸水浴回流 2h，移入蒸馏器中，于 85～90℃水浴蒸馏，弃去始、终馏液各约 80mL，收集中馏液。

也可以用以下方法提纯：200mL 50％乙醇加 0.25g 硫酸银及0.5mL（1+1）硫酸。再加几块沸石，于沸水浴中回流 1h。然后蒸馏，收集中间10％～75％部分馏液。

③ 对二甲氨基苯甲醛（DMAB）溶液：0.5g 试剂溶于 1L 硫酸中，当天配制。

④ 可见光分光光度计。

3. 测定步骤

① 试样处理：用蒸馏酒精的方法将试样蒸馏，收集与原试样相同体积的蒸馏液。吸取 25mL 蒸馏液于 250mL 圆底烧瓶中，加 0.25g 硫酸银、0.5mL（1＋1）硫酸及几块沸石，加热回流 15min。趁热通过冷凝器加入 5mL 6mol/L NaOH 溶液和一小撮锌粒，继续回流 30min 以上。冷却，取下回流冷凝器，改用蒸馏装置，用 50mL 容量瓶作接收瓶，进行蒸馏至约 48mL 馏出液时停止蒸馏。在 20℃用水将接收瓶内溶液稀释至刻度，以上操作目的是消除醛类的干扰，当试样中醛的含量很低时，此步骤可以省略。

② 测定：吸取 1mL 除醛后的蒸馏液于 25mL 试管中。置试管于冰浴中，加入 20mL DMAB 溶液，摇匀，以防止局部过热。用同样方式在一系列标准溶液试管中加 DMAB 溶液，将全部试管移入沸水浴中。准确加热 20min，置冰冷水浴中冷却至室温。以空白作参比，在波长 525nm 测定试样及各标准溶液的吸光度，用吸光度对标准溶液浓度作图，绘制标准曲线。用试样的吸光度从标准曲线查得相应的杂醇油含量。

4. 计算

$$杂醇油含量(g/100mL) = c \times 50 \times \frac{1}{25} \times 100 \times \frac{1}{1000}$$

式中　c——从标准曲线查得的杂醇油含量，mg；

　　　25——吸取试样蒸馏液体积，mL；

　　　50——除醛类后蒸馏液总体积，mL。

二十四、合成着色剂（合成色素）

（一）高效液相色谱法

1. 原理

食品中人工合成着色剂用聚酰胺吸附法或液-液分配法提取，制成水溶液，注入高效液相色谱仪，经反相色谱分离，根据保留时间定性与峰面积比较进行定量。最小检出量：新红 5ng，柠檬黄 4ng，苋菜红 6ng，胭脂红 8ng，日落黄 7ng，赤藓红 18ng，亮蓝 26ng。

2. 试剂与仪器

① 高效液相色谱仪，带紫外检测器，波长 254nm。

② 聚酰胺粉（尼龙 6）：80～100 目。

③ 0.02mol/L 乙酸铵溶液：称取 1.54g 乙酸铵，加水至 1000mL，溶解，经滤膜（0.45μm）过滤。

④ pH 6 的水：水加柠檬酸溶液（200g/L）调节 pH 至 6。

⑤ 0.02mol/L 氨水-乙酸铵溶液：取氨水 0.5mL，加 0.02mol/L 乙酸铵溶液至 1000mL，混匀。

⑥ 甲醇-甲酸（6＋4）溶液：取甲醇（经 0.45μm 滤膜过滤）60mL，甲酸

40mL，混匀。

⑦ 200g/L 柠檬酸溶液：称取 20g 柠檬酸（$C_6H_8O_7 \cdot H_2O$），加水至100mL 溶解。

⑧ 无水乙醇-氨水-水（7＋2＋1）溶液：取无水乙醇 70mL，氨水 20mL，水10mL，混匀。

⑨ 三正辛胺正丁醇溶液：取三正辛胺 5mL，加正丁醇至 100mL，混匀。

⑩ 合成着色剂标准溶液：准确称取按其纯度折算为 100％质量的柠檬黄、日落黄、苋菜红、胭脂红、新红、赤藓红、亮蓝、靛蓝各 0.100g，置 100mL 容量瓶中，加 pH 6 水至刻度（1mg/mL）。

合成着色剂标准使用液：取 5mL 上述溶液用水稀释定容至 100mL（50μg/mL），经滤膜（0.45μm）过滤。

3. 测定步骤

① 样品处理

a. 含气葡萄酒类：吸取 25～50mL，放入 100mL 烧杯中，将样品加热去除二氧化碳和乙醇。

b. 平静葡萄酒类：吸取 25～50g，放入 100mL 烧杯中，加小碎瓷片数片，于沸水浴上加热去除乙醇。

② 着色剂提取

a. 聚酰胺吸附法：样品溶液用柠檬酸溶液调节 pH 至 6，加热至 60℃，将1g 聚酰胺粉加少许水调成粥状，倒入样品溶液中，搅拌片刻，以 G3 耐酸漏斗抽滤，用 60℃pH 6 的水洗涤 3～5 次，然后用甲醇-甲酸混合液洗涤 3～5 次，再用水洗至中性，用乙醇-氨水-水混合溶液解吸 3～5 次，每次 5mL，收集解吸液，加乙酸中和，蒸发至近干，加水溶解，定容至 5mL。经滤膜（0.45μm）过滤，取 10μL 进高效液相色谱仪。

b. 液-液分配法（用于含赤藓红的样品）：将制备好的样品溶液放入分液漏斗中，加盐酸 2mL、三正辛胺正丁醇溶液 10～20mL，振摇提取，分取有机相，重复提取，至有机层无色。合并有机相，用饱和硫酸钠溶液洗 2 次，每次10mL，分取有机相，放蒸发皿中，沸水浴加热浓缩至 10mL，转移至分液漏斗中，加 60mL 正己烷，混匀，加 2％氨水提取 2～3 次，每次 5mL。合并氨水溶液层（含水溶性酸性着色剂），用正己烷洗 2 次，氨水层用乙酸调成中性，沸水浴加热蒸发至近干，加水定容至 5mL。经滤膜（0.45μm）过滤，取 10μL，进高效液相色谱仪。

c. 高效液相色谱参考条件

柱：YWG-C_{18} 10μm 不锈钢柱 4.6mm×250mm。

流动相：甲醇-0.02mol/L 乙酸铵溶液（pH 4）。

梯度洗脱：甲醇，20％～35％，递增 3％/min；35％～98％，递增 9％/min；98％继续 6min。

流速：1mL/min。

紫外检测器：波长 254nm。

d. 测定：取相同体积样液和合成着色剂标准使用液分别注入高效液相色谱仪，根据保留时间定性，外标峰面积法定量。

4. 计算

$$X = A_i \times \frac{1}{V_2} \times V_1 \times \frac{1}{1000} \times \frac{1}{m} \times 1000$$

式中　X——样品中着色剂的含量，g/L；

　　　V_2——进样体积，mL；

　　　V_1——样品稀释总体积，mL；

　　　m——样品质量，g；

　　　A_i——进液体积中着色剂质量，mg。

(二) 薄层色谱法

1. 原理

水溶性酸性合成着色剂在酸性条件下被聚酰胺吸附，而在碱性条件下解吸附，再用纸色谱或薄层色谱法进行分离后，与标准比较定性、定量。最低检出量为 $50\mu g$。

2. 试剂与仪器

① 聚酰胺粉（尼龙 6）：60～80 目吸附着色剂用；100～140 目薄层分析用。

② 硅胶 G。

③ 甲醇-甲酸溶液（6＋4）。

④ 乙醇-氨溶液：取 1mL 氨水，加 70%（体积分数）乙醇至 100mL。

⑤ pH 6 的水：将水用柠檬酸溶液（200g/L）调节至 pH 6。

⑥ 柠檬酸溶液（200g/L）。

⑦ 展开剂组成如下。

正丁醇-无水乙醇-1%氨水（6＋2＋3）：供纸色谱用。

正丁醇-吡啶-1%氨水（6＋3＋4）：供纸色谱用。

甲乙酮-丙酮-水（7＋3＋3）：供纸色谱用。

甲醇-乙二胺-氨水（10＋3＋2）：供薄层色谱用。

甲醇-氨水-无水乙醇（5＋1＋10）：供薄层色谱用。

25g/L 柠檬酸钠溶液-氨水-乙醇（8＋1＋2）：供薄层色谱用。

⑧ 合成着色剂标准溶液：同 HPLC 法。

着色剂标准使用液：临用时吸取着色剂标准溶液各 5mL，分别置于 50mL 容量瓶中，加 pH 6 的水稀释至刻度。此溶液每毫升相当于 0.1mg 着色剂。

⑨ 可见光分光光度计。

3. 测定步骤

① 样品处理

a. 含气葡萄酒：称取 50.0g 样品于 100mL 烧杯中，加热去除二氧化碳和乙醇。

b. 平静葡萄酒：称取 100.0g 样品于 100mL 烧杯中，加碎瓷片数块，加热去除乙醇。

② 吸附分离：将处理后所得的溶液加热至 70℃，加入 0.5～1.0g 聚酰胺粉充分搅拌，用 200g/L 柠檬酸溶液调节至 pH 6，使着色剂完全被吸附，如溶液还有颜色，可以再加一些聚酰胺粉。将吸附着色剂的聚酰胺全部转入 G3 耐酸漏斗中抽滤，用 pH 6 的 70℃水反复洗涤，每次 20mL，边洗边搅拌。若含有天然着色剂，再用甲醇-甲酸溶液洗涤 1～3 次，每次 20mL，至洗液无色为止。再用 70℃水多次洗涤至流出的溶液为中性。洗涤过程中必须充分搅拌。然后用乙醇-氨溶液分次解吸全部着色剂，收集全部解吸液。于沸水浴上除氨。如果为单色，则用水准确稀释至 50mL，用分光光度法进行测定。如果为多种着色剂混合液，则进行纸色谱或薄层色谱法分离后测定，即将上述溶液置沸水浴上浓缩至 2mL，后移入 5mL 容量瓶中，用 50％（体积分数）乙醇洗涤容器，洗液并入容量瓶中并稀释至刻度。

③ 定性

a. 纸色谱：取色谱用纸，在距底边 2cm 的起始线上分别点 3～10μL 样品溶液、1～2μL 着色剂标准溶液，置入分别盛有正丁醇-无水乙醇-1％氨水（6＋2＋3）和正丁醇-吡啶-1％氨水（6＋3＋4）的展开剂的层析缸中，用上行法展开，待溶液前沿展至 15cm 处，将滤纸取出于空气中晾干，与标准斑比较定性。靛蓝在碱性条件下易退色，可用甲乙酮-丙酮-水（7＋3＋3）展开剂。

也可取 0.5mL 样液，在起始线上从左到右点成条状，纸的左边点着着色剂标准溶液，依法展开，晾干后定性后再供定量用。

b. 薄层色谱

ⓐ 薄层板的制备：称取 1.6g 聚酰胺粉、0.4g 可溶性淀粉及 2g 硅胶 G，于研钵中，加约 15mL 水研匀后，立即置涂布器中铺成厚度为 0.3mm 的板。在室温晾干后，于 80℃干燥 1h，置干燥器中备用。

ⓑ 点样：离板底边 2cm 处将 0.5mL 样液从左到右点成与底边平行的条状，板的左边点 2μL 着色剂标准溶液。

ⓒ 展开：苋菜红与胭脂红用甲醇-乙二胺-氨水（10＋3＋2）展开剂，靛蓝与亮蓝用甲醇-氨水-乙醇（5＋1＋10）展开剂，柠檬黄与其他着色剂用柠檬酸钠溶液（25g/L）-氨水-乙醇（8＋1＋2）展开剂。取适量展开剂倒入展开槽中，将薄层板放入展开，待着色剂明显分开后取出，晾干，与标准斑比较，如 R_f 相同，即为同一着色剂。

④ 定量

a. 样品测定：将纸色谱的条状色斑剪下，用少量热水洗涤数次，洗液移入 10mL 比色管中，并加水稀释至刻度，作比色测定用。

将薄层色谱的条状色斑包括有扩散的部分，分别用刮刀刮下，移入漏斗中，用乙醇-氨溶液解吸着色剂，少量反复多次至解吸液于蒸发皿中，于水浴上挥发氨，移入 10mL 比色管中，加水至刻度，比色测定吸光度，并从标准曲线中求得含量。

b. 标准曲线的制备：分别吸取 0mL、0.5mL、1.0mL、2.0mL、3.0mL、4.0mL 胭脂红、苋菜红、柠檬黄、日落黄标准使用溶液，0mL、0.2mL、0.4mL、0.6mL、0.8mL、1.0mL 亮蓝、靛蓝色素标准使用溶液，分别置于 10mL 比色管中，各加水稀释至刻度。

上述样品与标准管分别用 1cm 比色杯，以零管调节零点于一定波长下（胭脂红 510nm，苋菜红 520nm，柠檬黄 430nm，日落黄 482nm，亮蓝 627nm，靛蓝 620nm），测定吸光度，分别绘制标准曲线比较或标准色列目测比较。

⑤ 计算

$$X = m_1 \times \frac{1}{V_2} \times V_1 \times \frac{1}{1000} \times \frac{1}{V} \times 1000$$

式中　X——样品中着色剂的含量，g/kg；

m_1——测定用液中着色剂的质量，mg；

V_1——样品中解吸后总体积，mL；

V_2——样液点板（纸）体积，mL；

V——样品体积，mL。

二十五、苯甲酸钠

(一) 气相色谱法

苯甲酸钠（$C_7H_5O_2Na$）又称安息香酸钠，常用作食品的防腐剂。

1. 原理

样品酸化后，用乙酸提取苯甲酸，用带氢火焰离子化检测器的气相色谱仪进行分离测定，与标准系列比较定量。

2. 试剂与仪器

① (1+1) HCl 溶液。

② 40g/L 氯化钠酸性溶液：于氯化钠溶液（40g/L）中，加几滴（1+1）HCl 溶液酸化。

③ 苯甲酸标准溶液：准确称取 50mg 苯甲酸，加入丙酮溶解，定容至 100mL，作为标准溶液（500μg/mL）。

苯甲酸标准使用液：吸取适量的苯甲酸标准溶液，以丙酮稀释至相当于 50μg/mL、100μg/mL、150μg/mL、200μg/mL、250μg/mL 苯甲酸。

④ 气相色谱仪：具有氢火焰离子化检测器。

3. 测定步骤

① 样品提取：吸取 2.5mL 样品，置于 25mL 带塞试管中，加0.5mL（1+1）

HCl 溶液酸化，用 15mL、10mL 乙醚提取 2 次，每次振摇 1min，将上层乙醚提取液吸入另一个 25mL 带塞试管中。合并乙醚提取液。用 3mL 40g/L 氯化钠酸性溶液洗涤 2 次，静置 15min，用滴管将乙醚层通过无水硫酸钠滤入 25mL 容量瓶中。加乙醚至刻度，混匀。吸取 5mL 乙醚提取液于 10mL 带塞刻度试管中，置 40℃水浴上挥干，加入 2mL 丙酮溶解残渣，备用。

② 色谱参考条件

a. 色谱柱：玻璃柱，内径 3mm，长 2m，内装涂以 5％（质量分数）DEGS+1％（质量分数）H_3PO_4 固定液的 60～80 目 Chromosorb W AW。

b. 气流速度：载气为氮气，50mL/min（氮气、空气和氢气之比按各仪器型号不同选择各自的最佳比例条件）。

c. 温度：进样口 230℃，检测器 230℃，柱温 170℃。

③ 测定：进样 $2\mu L$ 标准系列中各浓度标准使用液于气相色谱仪中，可测得不同浓度苯甲酸的峰高，以浓度为横坐标，相应的峰高值为纵坐标，绘制标准曲线。

同时进样 $2\mu L$ 样品溶液。测得峰高与标准曲线比较定量。

4. 计算

$$苯甲酸含量(mg/L) = m_1 \times \frac{1}{V_2} \times V_1 \times \frac{1}{5} \times 25 \times \frac{1}{1000} \times \frac{1}{V} \times 1000$$

式中　m_1——测定用样品液中苯甲酸的质量，μg；

　　　V_1——加入丙酮的体积，mL；

　　　V_2——测定时进样的体积，mL；

　　　V——样品体积，mL；

　　　5——吸取乙醚提取液体积，mL；

　　　25——乙醚提取液总体积，mL。

由测得苯甲酸的量乘以 1.18，即为样品中苯甲酸钠的含量。本法可同时测定苯甲酸、山梨酸。

（二）高效液相色谱法

1. 原理

样品加温除去二氧化碳和乙醇，调节 pH 至近中性，过滤后进高效液相色谱仪，经反相色谱分离后，根据保留时间和峰面积进行定性及定量。

2. 试剂与仪器

① 甲醇：优级纯，如果是分析纯，需重蒸。

② 稀氨水（1+1）：氨水加水等体积混合。

③ 0.02mol/L 乙酸铵溶液：称取 1.54g 乙酸铵，加水至 1000mL，溶解，经滤膜（$0.45\mu m$）过滤。

④ 20g/L 碳酸氢钠溶液：准确称取 2g 碳酸氢钠（优级纯）溶于 100mL 水中。

⑤ 苯甲酸标准贮备液：准确称取 0.1000g 苯甲酸，加 20g/L 碳酸氢钠溶液

5mL，加热溶解，移入 100mL 容量瓶中，加水定容至 100mL，苯甲酸含量为 1mg/mL，作为贮备液。

苯甲酸标准使用液：吸取苯甲酸标准贮备液 10mL，放入 100mL 容量瓶中，加水至刻度。此溶液含苯甲酸 0.1mg/mL。经滤膜（0.45μm）过滤。

⑥ 高效液相色谱仪（带紫外检测器）。

3. 测定步骤

① 样品处理

a. 含气葡萄酒：需微温搅拌除去二氧化碳和乙醇，然后吸取 2mL 样品，加入已装有中性氧化铝（3cm×1.5cm）的小柱中，过滤，弃去初滤液，然后用流动相洗脱苯甲酸，接收于 25mL 比色管中，洗脱至刻度。摇匀，此液通过 0.45μm 微孔滤膜后进样。

b. 平静葡萄酒：吸取 10mL 样品，放入小烧杯中，沸水浴中加热除去乙醇，用（1+1）氨水调节 pH 约 7，加水定容至适当体积，经滤膜（0.45μm）过滤。

② 高效液相色谱参考条件如下。

色谱柱：YWG-C18 4.6mm×150mm，5μm。

流动相：甲醇＋0.02mol/L 乙酸铵溶液（5＋95）。

流速：1.0mL/min。

进样量：10μL。

检测器：紫外检测器，波长 230nm。

根据保留时间定性，外标峰面积法定量。

4. 计算

$$苯甲酸含量(mg/L) = m_1 \times \frac{1}{V_2} \times V_1 \times \frac{1}{V} \times 1000$$

式中　m_1——进样体积中苯甲酸的质量，mg；

　　　V_2——进样体积，mL；

　　　V_1——样品稀释总体积，mL；

　　　V——样品体积，mL。

由测得苯甲酸的量乘以 1.18，即为样品中苯甲酸钠的含量。

5. 讨论

本方法可同时测定山梨酸、苯甲酸、糖精钠。

二十六、山梨酸钾

山梨酸钾易溶于水和乙醇，对霉菌、酵母菌和好气性菌均有抑制作用，在葡萄酒中应用较为广泛。

（一）气相色谱法

1. 原理

同苯甲酸钠测定。

2. 试剂与仪器

山梨酸标准溶液：准确称取 500mg 山梨酸，加入丙酮溶解，定容至 100mL，作为标准溶液 (500μg/mL)。

山梨酸标准使用液：吸取适量的山梨酸标准溶液，以丙酮稀释至相当于 50μg/mL、100μg/mL、150μg/mL、200μg/mL、250μg/mL 山梨酸。

其他试剂与仪器同苯甲酸钠测定。

3. 测定步骤

同苯甲酸钠测定。

4. 计算

同苯甲酸钠测定。

（二）高效液相色谱法

1. 原理

同苯甲酸钠测定。

2. 试剂与仪器

山梨酸标准贮备液：准确称取 0.1000g 山梨酸，加 20g/L 碳酸氢钠溶液 5mL，加热溶解，移入 100mL 容量瓶中，加水定容至 100mL (1mg/mL)。

山梨酸标准使用液：吸取山梨酸标准贮备液 10mL，放入 100mL 容量瓶中，加水至刻度 (0.1mg/mL)。经滤膜 (0.45μm) 过滤。

其他试剂与仪器同苯甲酸钠测定。

3. 测定步骤

同苯甲酸钠测定。

4. 计算

同苯甲酸测定。

由测得山梨酸的量乘以 1.34，即为样品中山梨酸钾的含量。

二十七、有机氯农药残留量

见第二章"啤酒生产分析检验"。

二十八、有机磷农药残留量（气相色谱法）

1. 原理

含有机磷的样品在富氢焰上燃烧，发射出波长 526nm 的特征光，这种特征光通过滤光片选择后，由光电倍增管接收，转换成电信号，经微电流放大器放大后，被记录下来。样品的峰高与标准品的峰高相比，计算出样品中的含量。

2. 试剂及仪器

① 气相色谱仪，火焰光度检测器。

② 中性氧化铝：层析用，经 300℃ 活化 4h 后备用。

③ 活性炭：称取 20g 活性炭用 3mol/L HCl 溶液浸泡过夜，抽滤后，用水洗至无氯离子，120℃烘干备用。

④ 农药标准溶液：准确称取适量有机磷农药标准品，用苯（或二氯甲烷）先配制成贮备液，放在冰箱中保存。

⑤ 农药标准使用液：临用时用二氯甲烷稀释，使其浓度为敌敌畏、乐果、马拉硫磷、对硫磷和甲拌磷每毫升各 1μg。稻瘟净、倍硫磷、杀螟硫磷和虫螨磷每毫升各 2μg。

3. 测定步骤

① 提取与净化：吸取 20mL 试样，加 30mL 二氯甲烷，50g/L 硫酸钠溶液 100mL，振摇 1min。静置分层后，将二氯甲烷提取液移至蒸发皿中。再用 10mL 二氯甲烷提取一次，分层后，合并至蒸发皿中。自然挥发干后，用二氯甲烷少量多次研洗蒸发皿中残液入具塞试管中，并定容至 5mL，加 2g 无水硫酸钠振摇脱水，再加 1g 中性氧化铝、0.2g 活性炭振摇脱色，过滤，滤液直接进样。（二氯甲烷提取液自然挥发后如有少量水，可用 5mL 二氯甲烷分次将挥发后的残液洗入小分液漏斗内，提取 1min，静置分层后将二氯甲烷层置入具塞试管内，再用 5mL 二氯甲烷提取一次，合并入具塞试管内，定容至 10mL，加 5g 无水硫酸钠、振摇脱水，再加 1g 中性氧化铝、0.2g 活性炭，振摇脱色，过滤，滤液直接进样。或将二氯甲烷和水一起倒入具塞试管中，用二氯甲烷少量多次研洗蒸发皿，洗液并入具塞试管中，用二氯甲烷定容至 5mL，加 3g 无水硫酸钠，然后如上加中性氧化铝和活性炭依法操作）。

色谱条件如下。

色谱柱：玻璃柱，3mm i.d.×(1.5～2.0) m。

分离测定敌敌畏、乐果、马拉硫磷和对硫磷的色谱柱：内装涂以 2.5% SE-30 和 3% QF-1 混合固定液的 60～80 目 Chromosorb W AW DMCS，也可采用 1.5% OV-17 和 2% QF-1 混合固定液和 2% OV-101 和 2% QF-1 混合固定液。

分离测定甲拌磷、虫螨磷、稻瘟净、倍硫磷和杀螟硫磷的色谱柱：内装涂以 3% PEGA 和 5% QF-1 混合固定液的 60～80 目 Chromosorb W AW DMCS，也可采用 2% NPGA 和 3% QF-1 混合固定液。

气流速度：载气为氮气 80mL/min；氢气 50mL/min；空气 180mL/min（氮气、空气和氢气之比按各仪器型号不同选择各自的最佳比例条件）。

温度：进样口 220℃；检测器 240℃；柱温 180℃，测定敌敌畏柱温为 130℃。

② 测定：根据仪器灵敏度配制一系列不同浓度的标准溶液，将各浓度的标准液 2～5μL 分别注入气相色谱仪中，可测得不同浓度有机磷标准溶液的峰高，绘制有机磷标准曲线。同时取样品溶液 2～5μL 注入气相色谱仪中，测得的峰高从标准曲线中查出相应的含量。

4. 计算

$$X = \frac{A \times 1000}{m \times 1000 \times 1000}$$

式中　X——样品中有机磷农药含量，mg/kg；

　　　A——进样体积中有机磷农药的含量，ng；

　　　m——进样体积（μL）相当于样品的质量，g。

5. 讨论

① 本法利用火焰光度检测器对含磷化合物具有高选择性和高灵敏度。最小检测量可达 10^{-11} g。有机磷检测限比碳氢化合物高 1000 倍，因此排除了大量溶剂和其他碳氢化合物的干扰，有利于痕量磷化物的分析。

② 提取净化，国际上惯用乙腈作为提取溶剂，毒性大、价格昂贵，因此改用二氯甲烷提取，并在提取时加适量的中性氧化铝和活性炭，基本上一次完成提取净化的目的。

二十九、苯并芘（荧光分光光度法）

1. 原理

样品的石油醚提取液，经甲酸、甲醇、水洗去杂质，用咖啡因的甲酸溶液萃取，苯并芘以水溶性的咖啡碱复合物分离出来，再用石油醚反萃取。苯并芘在经过微柱管硅镁层时被吸附，在紫外光下呈蓝紫色荧光，荧光强度在一定范围内与苯并芘含量成正比。本法最低检出量为 0.002μg。

2. 仪器及试剂

① 荧光分光光度计。

② 微柱管：5mm i.d. ×20cm 玻璃管，依次装入脱脂棉 5mm，60～80 目无水硫酸钠 2cm，硅镁吸附剂 1cm，80～100 目无水硫酸钠 2cm，脱脂棉 5mm，下端空间 4cm，上端空间 8cm 左右。

③ 石油醚（30～60℃）。

④ 150g/L 咖啡因甲酸溶液。

⑤ 苯并芘标准品。

⑥ 硅镁吸附剂。

3. 测定步骤

① 样品提取：吸取 20mL 试样置入有 20mL 石油醚的分液漏斗中混匀，用 99％甲酸洗两次，每次 2mL，振荡 2min，静置分层，弃去甲酸。石油醚层再加 2mL 甲醇-水（55＋45）洗一次，振荡 2min，静置分层，弃去甲醇-水。石油醚层以 150g/L 咖啡因甲酸溶液萃取两次，第 1 次 2mL，振荡 2min，静置分层后，将咖啡因甲酸层转入 50mL 烧杯中；第 2 次 1mL，振荡 2min，静置分层后合并咖啡因甲酸液，加入 20g/L 硫酸钠溶液 6mL，用石油醚反萃取两次，每次 2mL，合并石油醚，使其经过约含 2g 无水硫酸钠柱状漏斗，待液面低于硫酸钠时，加

1mL 石油醚于柱状漏斗中。合并石油醚于 10mL 刻度试管中，在 70℃ 水浴上挥去石油醚至近干，然后用石油醚定容。

② 测定：将定容后的样品液，取 0.4mL 移入微柱管中，待液面低于柱上部棉花层时，加 0.2mL 石油醚，待液体全部进入柱层后，将微柱管置于 360nm 紫外检测器中观察硅镁层荧光强度。同样取苯并芘标准液作对照处理观察荧光柱的长度（cm）及强度，当苯并芘＜0.001μg 时，未见蓝紫色荧光；0.002μg，约 0.1cm 蓝紫色荧光，较淡；0.005μg，约 0.5cm 蓝紫色荧光，较淡；0.010μg，约 1cm 蓝紫色荧光，色较淡；0.020μg，约 1cm 蓝紫色荧光，色深。

4. 计算

$$苯并芘含量(\mu g/L) = F \times \frac{1}{V_2} \times V_1 \times \frac{1}{V} \times 1000$$

式中　F——荧光强度表示的苯并芘量，μg；

　　　V_1——样品液定容体积，mL；

　　　V_2——上柱样品液体积，mL；

　　　V——试样体积，mL。

第四节　白兰地分析

一、酒精度

1. 密度瓶法
同第二节、二。

2. 酒精计法
同第二节、二。

二、总酸

1. 电位滴定法

（1）原理　同第一节、二。

（2）试剂与仪器　同第一节、二。

（3）测定步骤　吸取 25mL 试样（若用复合电极可酌情增加取样量）于 50mL 烧杯中，插入电极并放入一枚转子，置于磁力搅拌器上，用 0.05mol/L NaOH 标准溶液边搅拌边滴定。开始时速度可稍快，当试样 pH 7 时可放慢滴定速度，每次滴加半滴溶液，直至 pH 8.20 时为其终点。记录消耗 NaOH 标准溶液的体积。

（4）计算

① 以原酒样表示：

$$X_1 = V_1 \times c \times 0.0601 \times \frac{1}{V} \times 1000$$

② 以每升 100％ 乙醇中含总酸的克数表示：

$$X_2 = \frac{X_1}{E} \times 100$$

式中 X_1——试样中总酸的含量（以乙酸计），g/L；

X_2——试样中总酸的含量（以乙酸计），g/L（100%乙醇）；

V_1——试样消耗 NaOH 标准溶液的体积，mL；

c——NaOH 标准溶液的浓度，mol/L；

0.0601——消耗 1mL 1mol/L NaOH 标准溶液相当于乙酸的质量，g/mmol；

V——取样体积，mL；

E——试样的实测酒精度。

2. 指示剂法

（1）原理　同第一节、二。

（2）试剂

① 指示剂 A：称取靛蓝二磺酸钠 0.1g，用 20mL 水溶解，加无水乙醇定容至 50mL。

② 指示剂 B：称取苯酚红 0.1g，加 3mL 0.1mol/L NaOH 溶液，加水定容至 50mL。

其他试剂同第一节、二。

（3）测定步骤　吸取 25mL 酒样于 150mL 锥形瓶中，加指示液 A、B 各 5mL，用 0.05mol/L NaOH 标准溶液滴定至棕红色为终点。

（4）计算　同电位滴定法。

三、固定酸

1. 电位滴定法

（1）原理　同第四节、二。

（2）试剂与仪器　同第四节、二。

（3）测定步骤　吸取 25mL（若用复合电极可酌情增加取样量）酒样于 100mL 蒸发皿中。在沸水浴上蒸发至干。用 5mL 水溶解，再用 20mL 水分数次洗入 50mL 烧杯中，以下操作同第四节、二。

（4）计算　同第四节、二。

2. 指示液法

同第四节、二。

四、挥发酸

挥发酸＝总酸－固定酸

五、酯

1. 原理

以蒸馏法去除酒样中的不挥发物，先用碱中和试样中的游离酸，再准确加入一定量的碱，加热沸腾回流使酯皂化，用标准酸滴定剩余的碱，通过消耗碱的量计算出酯类的含量。

2. 试剂

① 0.1mol/L 与 0.05mol/L NaOH 标准溶液。

② 0.1mol/L 硫酸 $\left(\frac{1}{2}H_2SO_4\right)$ 标准溶液：量取 3mL 浓硫酸，缓缓注入 1000mL 水中，冷却，摇匀。

标定：准确称取 0.2g 基准无水碳酸钠（预先于 270～300℃灼烧至恒重），准确至 0.0002g。溶于 50mL 水中，加 10 滴溴甲酚绿-甲基红混合指示剂，用硫酸溶液滴定至溶液颜色由绿色变为暗红色，煮沸 2min，冷却后继续滴定至溶液再呈暗红色。同时做空白试验。

计算公式如下：

$$X = \frac{m}{(V-V_0)\times 0.05299}$$

式中　　X——硫酸 $\left(\frac{1}{2}H_2SO_4\right)$ 标准溶液的浓度，mol/L；

　　　　m——无水碳酸钠的质量，g；

　　　　V——测定时消耗硫酸溶液的体积，mL；

　　　　V_0——空白试验消耗硫酸溶液的体积，mL；

　0.05299——消耗 1mL 1mol/L 硫酸 $\left(\frac{1}{2}H_2SO_4\right)$ 标准溶液相当于无水碳酸钠的

　　　　　　质量，g/mmol。

③ 40％乙醇（无酯）溶液：取 600mL 95％乙醇于 1000mL 回流瓶中，加 3.5mol/L NaOH 溶液 5mL，加热回流皂化 1h。然后移入蒸馏器中重蒸，再配成 40％乙醇水溶液。

④ 10g/L 酚酞指示剂。

3. 测定步骤

吸取 50mL 试样于回流装置的锥形瓶中，加 0.5mL 酚酞指示液，以 0.1mol/L NaOH 标准溶液滴定至粉红色（切勿过量），不记录碱液体积。再准确用滴定管加入 0.1mol/L NaOH 标准溶液 20mL，摇匀，加热回流 30min，取下，冷却。用滴定管准确加入 20mL 0.1mol/L 硫酸 $\left(\frac{1}{2}H_2SO_4\right)$ 标准溶液后，再用 0.05mol/L NaOH 标准滴定溶液滴定至原来的粉红色为其终点，记录消耗碱液的体积（V_1）。

4. 计算

按原酒样表示：

$$X_1 = (V_1-V_0)\times c \times 0.0881 \times \frac{1}{V} \times 1000$$

以每升 100％乙醇中含酯克数表示：

$$X_2 = \frac{X_1}{E} \times 100$$

式中　X_1——试样中酯类的含量（以乙酸乙酯计），g/L；

$\quad\quad X_2$——试样中酯类的含量（以乙酸乙酯计），g/L（100％乙醇）；

$\quad\quad V_1$——皂化后样品消耗 NaOH 标准溶液的体积，mL；

$\quad\quad V_0$——空白试验皂化后消耗 NaOH 标准溶液的体积，mL；

$\quad\quad c$——NaOH 标准溶液的浓度，mol/L；

0.0881——消耗 1mL 1mol/L NaOH 标准溶液相当于乙酸乙酯的质量，g/mmol；

$\quad\quad V$——取样体积，mL；

$\quad\quad E$——试样的实测酒精度。

六、醛

（一）气相色谱法（直接进样法）

1. 原理

用气相色谱法分离醛类，氢火焰离子化检测器检测，保留时间定性，内标法定量。

2. 试剂与仪器

① 乙醇：色谱纯，配成 40％乙醇水溶液。

② 乙醛：色谱纯，作标样用，2％（体积分数）溶液（用 40％乙醇水溶液配制）。

③ 乙缩醛：色谱纯，作标样用，2％（体积分数）溶液（用 40％乙醇水溶液配制）。

④ 4-甲基-2-戊醇：色谱纯，作内标用，2％（体积分数）溶液（用 40％乙醇水溶液配制）。

⑤ 气相色谱仪：氢火焰离子化检测器（FID）。

⑥ 色谱柱：CP WAX 57 CB 毛细管色谱柱，柱长 50m，内径 0.25mm，涂层 0.2μm。

3. 测定步骤

① 色谱条件如下。

载气（高纯氮）：流速为 0.5～1.0mL/min，分流比约 50∶1，尾吹约 30～40mL/min。

氢气：流速为 30mL/min。

空气：流速为 300mL/min。

检测器温度（T_D）：220℃。

进样口温度（T_J）：220℃。

柱温（T_C）：起始温度 40℃，恒温 4min，以 4℃/min 程序升温至 200℃，

继续恒温 10min，载气、氢气、空气的流速等色谱条件随仪器而异，应通过试验选择最佳操作条件，以内标峰与酒样中其他组分峰获得完全分离为准。

② 校正因子（f 值）的测定：吸取 2%乙醛和乙缩醛标准溶液 1mL，移入100mL 容量瓶中，加入 2%内标液 1mL，用 40%乙醇溶液稀释至刻度。上述溶液中乙醛、乙缩醛和内标的浓度均为 0.02%（体积分数）。待色谱仪基线稳定后，进样。记录乙醛、乙缩醛和内标峰的保留时间及其峰面积（或峰高），用其比值计算出乙醛（或乙缩醛）的相对校正因子（f 值）。

③ 试样的测定：吸取酒样 10mL，加入 2%内标液 0.1mL，混匀后，与 f 值测定相同的条件下进样，根据保留时间确定乙醛、乙缩醛峰的位置，并测定乙醛（或乙缩醛）与内标峰面积（或峰高），求出峰面积（或峰高之比），分别计算出酒样中乙醛和乙缩醛的含量。以乙醛计，相加，换算成醛类含量。

4. 计算

$$f = \frac{A_1}{A_2} \times \frac{d_2}{d_1}$$

$$X = f \times \frac{A_3}{A_4} \times m$$

式中　X——试样中乙醛（或乙缩醛）的含量，g/L；

　　　f——乙醛（或乙缩醛）的相对校正因子；

　　　A_1——标样 f 值测定时内标的峰面积（或峰高）；

　　　A_2——标样 f 值测定时乙醛（或乙缩醛）的峰面积（或峰高）；

　　　A_3——试样中乙醛（或乙缩醛）的峰面积（或峰高）；

　　　A_4——添加于酒样中内标的峰面积（或峰高）；

　　　d_2——乙醛（或乙缩醛）的相对密度；

　　　d_1——内标物的相对密度；

　　　m——添加在酒样中内标的含量，mg/L。

醛类含量［以乙醛计，g/L（100%乙醇）］＝乙醛含量＋乙缩醛含量（以乙醛计）

（二）亚硫酸品红比色法

1. 原理

游离醛在酸性介质中，与亚硫酸品红溶液显色，在相同条件下与乙缩醛标准系列比较定量。适用于醛类含量低于 2g/L（100%乙醇）的测定。

2. 试剂

① 40%乙醇（无醛）溶液：将 500mL 95%乙醇和 10g 间苯二胺或 5mL 磷酸和 5mL 新蒸馏的苯胺加热回流 1h，再蒸馏，配成 40%乙醇水溶液。

② 乙缩醛标准溶液：称取乙缩醛（沸点 103.8℃±0.2℃）268.6mg，用40%乙醇（无醛）准确稀释定容至 100mL，该溶液换算成乙醛含量为 1mg/mL。

③ 3mol/L 硫酸 $\left(\frac{1}{2}H_2SO_4\right)$ 溶液：取 90mL 硫酸缓缓注于 1000mL 水中。

④ 亚硫酸品红溶液：称取 300mg 结晶品红于研钵中研细，加入 100mL 95％乙醇，快速溶解直至全溶。于 1 个 250mL 容量瓶中加 9g 偏重亚硫酸钾和 100mL 水使之溶解，再加入制备好的 30mL 品红乙醇溶液和 3mol/L 硫酸 $\Big(\frac{1}{2}$ $H_2SO_4\Big)$ 溶液 55mL 混合，冷却至室温，补充水至刻度，摇匀，该溶液放置过夜至完全退色，并有强烈的二氧化硫气味。贮于棕色瓶中，置于暗处保存。

3. 测定步骤

绘制标准曲线：吸取 0mL、0.5mL、1.0mL、1.5mL、2.0mL 乙缩醛标准溶液（相当于 0mg、0.5mg、1.0mg、1.5mg、2.0mg 乙醛）分别于 25mL 具塞比色管中，用 40％乙醇（无醛）溶液补充至 10mL。分别加入 2.5mL 亚硫酸品红溶液。于室温下放置 20min 后，560nm 波长下，以不含乙缩醛的对照管为空白测定吸光度，制成标准曲线。注意每天都要作标准曲线。

与绘制标准曲线的同时，另于 3 支 25mL 具塞比色管分别加入 2mL、5mL、10mL 试样（用"第二节、二"中的试样制备的方法），用 40％乙醇（无醛）溶液补充至 10mL。分别加入 2.5mL 亚硫酸品红溶液，于室温下放置 20min 后，在 560nm 波长下，同时测定其吸光度，查标准曲线。或使用回归线性方程计算其含量。

4. 结果表示（以乙醛计）

用每升 100％乙醇中含醛克数表示。

七、糠醛

1. 气相色谱法

除试剂增加糠醛（色谱纯）作标样用，用 40％乙醇溶液配制成 2％标准溶液外，其他操作同醛测定。

2. 苯胺比色法

(1) 原理　在酸性溶液中，糠醛与苯胺反应，生成玫瑰红色化合物，此化合物在 520nm 波长下有最大吸收，其吸光度与糠醛含量有正相关性，故可测定糠醛。

(2) 试剂与仪器

① 苯胺：要求用全套玻璃装置重新蒸馏，收集 183～185℃无色馏出液，贮于棕色瓶中置于冰箱中保存。

② 乙醇（色谱纯）：配成 40％水溶液。

③ 糠醛标准溶液：用全套玻璃装置重蒸，收集 159～162℃无色馏出液，贮于棕色瓶中，置于冰箱中保存。

糠醛贮备液：准确称取 100mg 重蒸糠醛于 50mL 容量瓶中，用 40％乙醇溶液稀释至刻度。

糠醛使用液：准确吸取糠醛贮备液 1mL 于 100mL 容量瓶中，用 40％乙醇溶液稀释至刻度（20μg/mL）。

④ 可见光分光光度计。

（3）测定步骤

① 绘制标准曲线：吸取糠醛使用液 0mL、1mL、2mL、3mL、4mL 分别于 25mL 比色管中，用 40％乙醇（无糠醛）溶液定容至 10mL 刻度，摇匀，各加入 0.5mL 苯胺、2mL 乙酸，摇匀，置于 20℃恒温水浴中，于暗处反应 5～10min 显色（玫瑰红），立即用 10mm 比色皿，在 520nm 波长下测定吸光度，用糠醛含量与对应的吸光度绘出标准曲线。或使用线性回归方程，求出相关系数。

② 测定：吸取试样 1mL（用"第二节、二"中的试样制备的方法）于 25mL 比色管中，用 40％乙醇溶液定容至 10mL，以下按绘制标准曲线时同样操作，测其吸光度，在标准曲线上查出糠醛含量，或使用线性回归方程计算其含量。

（4）计算　用酒精度除以实测糠醛含量，以每升 100％乙醇中含糠醛的克数表示。

八、甲醇

按第三节、二十二的方法测定。

九、高级醇

按第三节、二十三的方法测定。

十、浸出物

1. 原理

以蒸馏法除去试样中的酒精，向蒸发后的残液加水，恢复原体积，然后用密度瓶测其相对密度，根据相对密度查附表 3-6（相对密度与浸出物含量对照表）求得浸出物的含量。

2. 仪器和设备

① 瓷蒸发皿。

② 高精度恒温水浴槽：20.0℃±0.1℃。

③ 附温密度瓶。

3. 测定步骤

吸取 50mL 20℃酒样于瓷蒸发皿中蒸发至原体积的 1/3 时，取下冷却，补加水于 20℃恢复原体积混匀。测定相对密度，查附表 3-6（相对密度与浸出物含量对照表）求得浸出物的含量（g/L）。

十一、铁

按第三节、十一的方法测定。

十二、铜

按第三节、十二的方法测定。

十三、铅

同啤酒中铅的测定。

第四章　黄酒生产分析检验

第一节　原料——米的分析

黄酒的色、香、味及各种成分的组成，来自米、曲和水等，米质的优劣对酒的质量和产量影响极大。在浙江绍兴酒酿造中，形象地把米比喻为"酒之肉"，可见米对酿造黄酒的重要性。对黄酒酿造用米，除从物理性质评价其质量，重要的是从米的成分含量评价米质。

一、水分

酿造黄酒用米的水分应在14％以下。若水分太高，则贮藏效果差，浸米时吸水率低，饭粒的溶解性也差；但若米粒过度干燥，则易龟裂并不利于酿造。

1. 常压干燥法

（1）原理　物料中水分含量指在100℃左右直接干燥的情况下所失去物质的质量。

（2）测定步骤　准确称取粉碎样品2～10g（视样品性质和水分含量而定），置于已干燥、冷却和称重的有盖称量瓶中，移入100～105℃烘箱内，开盖干燥2～3h后取出，加盖，置干燥器中冷却0.5h，称重，再烘1h，冷却、称重，重复此操作直至恒重，即前后两次质量差不超过2mg。

（3）计算

$$水分含量 = \frac{m_2 - m_1}{m} \times 100\%$$

式中　m_1——干燥后称量瓶和样品质量，g；

m_2——干燥前称量瓶和样品质量，g；

m——样品质量，g。

（4）讨论

① 由于常压干燥法不能完全排出物料中的结合水，所以常压干燥法不可能测出食品中真正的水分。

② 常压干燥法所用设备和操作简单，但时间较长，不适用于胶体、高脂肪、高糖物料以及含有较多在高温中易氧化和易挥发物质的物料。

2. 红外干燥法

① 从水分快速测定仪的码盘中取下10g砝码，在试料盘中加样品，样品量

一般控制在 10g 以内。若样品不到 10g，可将砝码加在码盘上凑足 10g 定量。

② 调节好所需要的电压幅度。开启红外线灯，旋动开关旋钮。由于水分迅速蒸发，样品质量减轻，天平失去平衡，横梁指针上端的微分表牌随之倾斜。微分表牌刻度通过光学系统映示在投影屏上上升，直至刻度在投影屏上静止，表示样品内已无水分。此时可在投影屏刻度左边读出样品水分含量。

③ 微分表牌有两种表示方法，左边刻度表示 10g、5g 样品之水分百分数；右边刻度表示水分质量。微分表牌刻度分为 200 格，每格代表 5mg，共合 1g。所以，测定 10g 样品，其水分在 10% 以内，或者 5g 样品，其水分在 20% 以内的，可中途不加砝码一次读出。若超出这个范围（微分表牌刻度超过投影屏上黑线），须将开关旋钮关闭，取 1g 砝码放在码盘中，再开动开关旋钮，以此类推，直到静止，此时投影屏微分表牌刻度右边上所映示数值加上追加在码盘上的砝码数值，即是样品的水分质量。

④ 计算

$$水分含量 = \frac{a+b}{m} \times 100\%$$

式中　a——微分表牌右边刻度读数，mg；

　　　b——追加在码盘上的砝码，mg；

　　　m——样品质量，mg。

二、蛋白质

米中各类蛋白质由蛋白酶分解成肽及不同的氨基酸，是酵母的营养成分及黄酒的呈味成分；氨基酸在酵母作用下转变为高级醇，一部分进一步转变为相应的酯，这些都是呈香成分。但若米粒的蛋白质含量较高，则饭粒的消化性较差；细菌在发酵醪中的产酸量增多，也是黄酒混浊的根源之一，并使黄酒色度和杂味加重。通常，粳糙米的蛋白质含量为 7%～8%，精米率为 70% 的白米，其蛋白质含量为 4%～6%。

蛋白质测定常采用凯氏定氮法。凯氏定氮法是测定总有机氮量较为准确、操作较为简单的方法之一，可用于所有动、植物物料的分析及各种加工品的分析，应用较为普遍，是经典分析方法，至今仍被作为标准检验方法。

（一）常量凯氏定氮法

1. 原理

常量凯氏定氮法是利用硫酸及催化剂与试样一同加热消化，使蛋白质分解，其中 C、H 形成 CO_2 及 H_2O 逸去，而氮以氨的形式与硫酸作用，形成硫酸铵留在酸液中。将消化液碱化，蒸馏，使氨游离，随水蒸气蒸出，被硼酸吸收。用盐酸标准液滴定所生成的四硼酸铵，从消耗盐酸标准液的量计算出总氮量。

2. 仪器与试剂

① 定氮蒸馏装置。

② 硫酸铜。

③ 硫酸钾。

④ 硫酸。

⑤ 40g/L 硼酸溶液。

⑥ 混合指示剂：1g/L 甲基红乙醇溶液与 1g/L 亚甲基蓝乙醇溶液，临用时按 2∶1 的比例混合。或 1g/L 甲基红乙醇溶液与 1g/L 溴甲酚绿乙醇溶液，临用时按 1∶5 的比例混合。

⑦ 400g/L NaOH 溶液。

⑧ 0.1mol/L HCl 标准溶液：量取浓盐酸 9mL，加水稀释至 1000mL。

标定：准确称取于 270～300℃灼烧至恒重的基准无水碳酸钠 0.17g（准确至 0.0002g）。溶于 50mL 水中，加 5 滴溴甲酚绿-甲基红混合指示液，用配制好的盐酸溶液滴定至溶液由绿变为暗红色，煮沸 2min，冷却后继续滴定至溶液再呈暗红色。同时做空白试验。

计算公式如下：

$$c_{HCl}(\text{mol/L}) = \frac{m}{(V_1 - V_2) \times 0.05299}$$

式中　m——无水碳酸钠的质量，g；

　　　V_1——消耗 HCl 溶液的体积，mL；

　　　V_2——空白试验消耗 HCl 溶液的体积，mL；

　0.05299——消耗 1mL 1mol/L HCl 标准溶液相当于无水碳酸钠的质量，g/mmol。

3. 测定步骤

① 样品消化：准确称取粉碎样品 1～2g，移入干燥的 250mL 凯氏烧瓶中。加入 1g 硫酸铜、10g 硫酸钾及 25mL 浓硫酸，小心摇匀后，于瓶口置一小漏斗，瓶颈 45°角倾斜置电炉上，在通风橱内加热消化（若无通风橱可于瓶口倒插入一口径适宜的干燥管，用胶管与水力真空管相连接，利用水力抽除消化过程所产生的烟气）。先以小火缓慢加热，待内容物完全炭化、泡沫消失后，加大火力，消化至溶液透明呈蓝绿色。取下漏斗，继续加热 0.5h，冷却至室温。

② 蒸馏、吸收：安装好蒸馏装置，冷凝管下端浸入接收瓶液面之下（瓶内预先装有 50mL 40g/L 硼酸溶液及混合指示剂 5～6 滴）。在凯氏烧瓶内加入 100mL 水、玻璃珠数粒，从安全漏斗中慢慢加入 70mL 400g/L NaOH 溶液，溶液应呈蓝褐色。将定氮球连接好，用直火加热蒸馏 30min，然后将蒸馏装置出口离开液面继续蒸馏 1min，用水淋洗尖端后停止蒸馏。

③ 滴定：将接收瓶内的硼酸液用 0.1mol/L HCl 标准溶液滴定至终点。同时做一试剂空白（除不加样品外，从消化开始操作完全相同）。

4. 计算

$$蛋白质含量 = (V - V_0) \times c \times 0.014 \times \frac{1}{m} \times F \times 100\%$$

式中　c——HCl 标准溶液的浓度，mol/L；

　　V_0——空白滴定消耗 HCl 标准溶液的体积，mL；

　　V——试样滴定消耗 HCl 标准溶液的体积，mL；

　　m——样品质量，g；

　0.014——消耗 1mL 1mol/L HCl 标准溶液相当于氮的质量，g/mmol；

　　F——蛋白质系数（6.25）。

5. 讨论

① 所用试剂应用无氨水配制。

② 消化过程应注意转动凯氏烧瓶，利用冷凝酸液将附在瓶上的炭粒冲下，以促进消化完全。

③ 若样品消化液不易澄清透明，可将凯氏烧瓶冷却，加入 2~3mL 30% 过氧化氢后再加热。

④ 消化时硫酸与硫酸钾作用生成硫酸氢钾，可提高沸点达 400℃，从而加快消化速度。

⑤ 硫酸铜起到催化作用，加速氧化分解。硫酸铜也是蒸馏时样品液碱化的指示剂，若所加碱量不足，分解液呈蓝色不生成氢氧化铜沉淀，需再增加 NaOH 用量。

⑥ 一般消化至呈透明后，继续消化 30min，使杂环氨基酸上的氮分解释放。

⑦ 蒸馏过程应注意接头处无松漏现象，蒸馏完毕，先将蒸馏出口离开液面，继续蒸馏 1min，将附着在尖端的吸收液完全洗入吸收瓶内，再将吸收瓶移开，最后关闭电源，绝不能先关闭电源，否则吸收液将发生倒吸。

（二）微量凯氏定氮法

1. 原理

微量凯氏定氮法的原理与操作方法，与常量法基本相同，所不同的是样品质量及试剂用量较少，且具有一套适于微量测定的定型仪器——微量凯氏定氮器。

2. 仪器与试剂

① 微量凯氏定氮器。

② 试剂：同常量凯氏定氮法。

3. 测定步骤

① 样品消化：准确称取均匀固体样品 0.2~0.5g，或半固体样品 2~5g，置入 100mL 干燥的凯氏烧瓶中。向瓶内加入 0.2g 硫酸铜、3g 硫酸钾及 10mL 浓硫酸，瓶口置一小漏斗，45°倾斜置于电炉上。同常量法消化至透明呈蓝绿色，继续加热 0.5h，冷却至室温。

取 20mL 水，徐徐加入烧瓶中，待样品冷至室温，移入 100mL 容量瓶中，用水冲洗烧瓶数次，洗液并入容量瓶，放冷，用水定容至刻度。

② 蒸馏：安装好定氮蒸馏装置。于水蒸气发生瓶内装水至 2/3 容积处，加

甲基橙指示剂数滴及硫酸数毫升，以保持水呈酸性，加入数粒玻璃珠，加热煮沸水蒸气发生瓶内的水。

在接收瓶内加入 25mL 20g/L 硼酸溶液及 2 滴混合指示剂，将冷凝管下端插入液面以下。

吸取 10mL 样品消化稀释液，由进样漏斗进入反应室，以少量水冲洗进样漏斗，并流入反应室。再从进样口加入 10mL 的 400g/L NaOH 溶液使其缓缓进入反应室，立即将进样口堵塞严密，并加少量水于进样漏斗密封，以防漏气。夹紧废液排出口的螺旋夹，开始蒸馏。

从第 1 滴馏液滴下开始计时，蒸馏 5min。移动接收瓶，使冷凝管下端离开液面，再蒸馏 1min，用少量水冲洗冷凝管下端外部。

③ 滴定：取下接收瓶，以 0.01mol/L HCl 标准溶液滴定至微红色为终点。同时做空白试验。

4. 计算

$$蛋白质含量 = (V - V_0) \times c \times 0.014 \times \frac{1}{V_1} \times 100 \times \frac{1}{m} \times 100\% \times F$$

式中　V_0——空白蒸馏液消耗 HCl 标准液体积，mL；

　　　V——样品蒸馏液消耗 HCl 标准液体积，mL；

　　　V_1——蒸馏时吸取样品稀释液体积，mL；

　　　c——HCL 标准液的浓度，mol/L；

　0.014——消耗 1mL 1mol/L HCl 标准溶液相当于氮的质量，g/mmol；

　　　100——样品稀释液总体积，mL；

　　　F——蛋白质系数（6.25）；

　　　m——样品质量，g。

三、淀粉

酿造用米中淀粉含量为 70%～75%，经曲糖化后产生糖分，被酵母菌利用从而产生酒精。

淀粉经酸水解生成葡萄糖，用斐林氏法直接测定。由于酸水解时将试样中的半纤维素、多缩戊糖也被水解为还原性物质而被测定，故结果称为粗淀粉。

1. 原理

直接滴定法的原理是在碱性加热条件下，用葡萄糖溶液直接滴定碱性酒石酸铜溶液，还原糖将二价铜还原为氧化亚铜。以亚甲基蓝为指示剂，在终点稍过量的还原糖将蓝色的氧化型亚甲基蓝还原为无色的还原型亚甲基蓝。最后根据试样所消耗的体积计算还原糖量。

2. 试剂

① 斐林甲液：称取 69.3g 硫酸铜（$CuSO_4 \cdot 5H_2O$），溶于水中并稀释至 1000mL。

② 斐林乙液：称取 346g 酒石酸钾钠及 100g NaOH，溶于水中并稀释至 1000mL，贮存于橡胶塞玻璃瓶内。

③ 2%（质量分数）HCl 溶液：取 4.5mL 浓盐酸，用水稀释至 100mL。

④ 200g/L NaOH 溶液。

⑤ 2.5g/L 葡萄糖标准溶液：准确称取 2.5g 无水葡萄糖（预先于 105℃烘 2h），溶于水，加 5mL 浓盐酸，用水定容至 1000mL。

⑥ 10g/L 亚甲基蓝指示剂。

3. 测定步骤

① 样品处理：准确称取 1～1.5g 粉碎试样，置入 250mL 三角瓶中，加 100mL 2%（质量分数）HCl 溶液，于沸水浴中回流加热 3h，冷却，用 200g/L NaOH 溶液中和至 pH 6～7，用水稀释定容至 500mL，脱脂棉过滤，滤液为供试糖液。

② 斐林试剂标定：吸取斐林甲液、乙液各 5mL 置入 250mL 锥形瓶中。加 30mL 水，从滴定管加约 19mL 葡萄糖标准溶液，加热至沸，微沸 2min，加 2 滴 10g/L 亚甲基蓝指示剂，趁沸以每 2 秒 1 滴的速度继续用葡萄糖标准溶液滴定，直至溶液蓝色刚好退去为终点。记录消耗葡萄糖标准溶液的体积（V），后滴定操作需在 1min 内完成，消耗葡萄糖标准溶液在 1mL 以内。

校正系数计算公式如下：

$$f = \frac{F}{F_0} = c \times \frac{V}{F_0}$$

式中　F——10mL 斐林试剂相当的葡萄糖质量，g；

F_0——从附表 1-1 廉-爱农糖量表中查得 VmL 糖液中相当的葡萄糖质量，g；

c——葡萄糖标准溶液的浓度，g/mL。

③ 样品预测：吸取斐林甲液、乙液各 5mL，置入 250mL 锥形瓶中，加 30mL 水，加热至沸，加 2 滴 10g/L 亚甲基蓝指示剂，趁沸以先快后慢的速度从滴定管中滴加水解糖液，须始终保持溶液的沸腾状态，待溶液蓝色变浅时，以每 2 秒 1 滴的速度滴定，直至溶液蓝色刚好退去为终点。记录样品溶液消耗的体积。

④ 样品测定：吸取斐林甲液、乙液各 5mL，置入 250mL 锥形瓶中，加 30mL 水，从滴定管中加入比预测少 1mL 的水解糖液，加热至沸，微沸 2min，加 2 滴 10g/L 亚甲基蓝指示剂。趁沸继续用水解糖液滴定，直至蓝色刚好退去为终点。记录消耗水解糖液的总体积。

4. 计算

$$淀粉含量 = G \times f \times \frac{500}{100} \times \frac{1}{m} \times 100\% \times 0.9$$

式中　f——斐林试剂校正系数；

G——滴定时消耗水解糖液的体积，查附表 1-1 廉-爱农糖量表中求得 100mL 糖液中含葡萄糖量，g；

500/100——换算成 500mL 水解糖液的倍数；

m——试样质量，g；

0.9——葡萄糖与淀粉的换算系数。

5. 讨论

① 斐林试剂甲液、乙液应分别配制分别存放，不能事先混合贮存。

② 测定中滴定速度、加热时间及热源稳定程度、锥形瓶壁厚度对测定精密度影响很大，故在预测及正式测定过程中实验条件应力求一致。平行测定的样品溶液消耗毫升数相差应不超过 0.1mL。

③ 整个滴定过程应保持在微沸状态下进行，且后滴定至终点的时间不能超过 1min，消耗糖液体积不能超过 1mL，否则应重做。

④ 滴定至终点指示剂被还原糖所还原，蓝色消失，稍放置接触空气中氧指示剂被氧化，又重新变成蓝色，此时不应再滴定。

四、脂肪

脂肪（油脂）是油料作物和粮食原料的主要成分之一，一般粳米、糙米中，脂肪含量为 2%，精米率 70% 的白米，脂肪含量在 0.1% 以下。大米脂肪中所含的脂肪酸大多为不饱和脂肪酸，易于氧化变质而使醪酸败，并对各种酯的生成有阻碍作用。

测定方法主要有索氏抽提法。

1. 原理

将试样置于索氏脂肪抽提器中与乙醚接触，抽提一定时间后，再驱除乙醚，然后将剩下之物烘干、称重即得。由于乙醚不但抽出脂肪，而且同时将原料中的色素、磷脂、蜡、固醇和有机酸等也少量地被浸出，因此把用乙醚抽出的脂肪称为粗脂肪。

2. 试剂与仪器

① 无水乙醚或石油醚。

② 索氏提取器。

3. 操作方法

滤纸筒的制备与取样：滤纸筒的制法有多种，最简易的制法是扇形滤纸筒。取直径 15cm 滤纸一张，用直径 2cm 左右的圆木棒（或玻璃试管）垂直放在滤纸中心，沿着棒壁（或玻璃管壁）朝同一方向打皱褶，折叠成周围如扇形的圆筒，底部放入少许脱脂棉，用圆棒压紧。准确称取 2～5g 试样（可取测定水分后的样品），全部移入滤纸筒内。

抽提：预先将抽提器的抽提瓶洗净，放入 105℃ 的烘箱中烘 1h，取出放于干燥器内冷却，复烘至恒重。

将装有试样的滤纸筒放入带有虹吸管的抽提管中，倒入乙醚，满至使虹吸管发生虹吸作用，乙醚全部流入抽提烧瓶，再倒入乙醚，同样再虹吸一次。此时，抽提烧瓶中乙醚量约为烧瓶体积 2/3。接上回流冷凝器，在恒温水浴中抽提，控制每分钟滴下乙醚 80 滴左右（夏天约控制 65℃，冬天约控制 80℃），抽提 3～4h 至抽提完全（视含油量高低，或 8～12h，甚至 24h）。

称量：取下抽提烧瓶，回收乙醚，待接受瓶内乙醚剩 1～2mL 时，在水浴上蒸干，再于 95～105℃干燥 1h，放干燥器内冷却 0.5h 后称量。

4. 计算

$$脂肪含量 = \frac{m_1 - m_0}{m_2} \times 100\%$$

式中　m_1——抽提烧瓶和脂肪的质量，g；

　　　m_0——抽提烧瓶的质量，g；

　　　m_2——样品的质量（如是测定水分后的样品，则按测定水分前的质量计），g。

5. 讨论

①乙醚沸点低，极易挥发及燃烧，在整个操作过程中严禁接近明火。

②滤纸筒高度不应超过回流弯管，否则溶剂不易穿透，以至于脂肪不能提尽。

③样品及乙醚抽提物在烘箱中干燥时，时间不宜过长，以免不饱和脂肪酸受热氧化而增加质量，一般于 100～105℃下烘 1～1.5h。有条件的可真空干燥。

④回收的乙醚，需经下述乙醚水分去除的方法处理后方可使用。

乙醚水分的去除方法：将乙醚倾入瓶中，加入 1/5 用量的无水氯化钙，放置 1～2 天，放置期间摇荡数次，让它充分吸收乙醚中的水分。然后把上层清液移入蒸馏瓶内，在 50～60℃水浴中蒸馏，收集 35℃的蒸馏液，即为无水乙醚。回收的乙醚与此同法处理。

五、纤维素

纤维素是组成植物细胞壁的基本物质，种子的表皮和果皮大部分是由纤维素构成的，它是自然界中分布的最广的一种多糖。本方法适用于植物类样品中粗纤维含量的测定。

1. 原理

纤维素对酸、碱及有机溶剂的处理都较稳定，且不易被破坏。测定粗纤维素时，用 1.25% 硫酸在加热的条件下能水解碳水化合物，如淀粉和部分半纤维素即转化成单糖，并能溶解植物碱和矿物质等，使其从溶液中与纤维素分离开来。用 1.25% 的碱液能使蛋白质溶解，并除去脂肪，此外还能溶解为酸不溶部分的半纤维素及木质素。最后用酒精和乙醚处理，目的是抽出树脂、单宁、色素、剩余的脂肪、蜡、蛋白质和戊糖等。虽经如此多种处理，然而得到的沉淀物中，仍留有少量的其他物质，还不是纯粹的纤维素，因此称为粗纤维素。

2. 试剂

① 1.25％硫酸溶液：量取约 7.3mL 浓硫酸，缓缓倒入已盛有一定数量水的烧杯中，用水稀释至 1000mL。

② 1.25％ NaOH 溶液：称取 NaOH 12.5g，加水溶解并稀释至 1000mL。

③ 酒精。

④ 乙醚。

⑤ 酸洗石棉。

3. 测定步骤

① 准备工作

a. 抽滤管的制备：取氯化钙干燥管，将尼龙或锦纶的筛网布剪成圆形，包扎在抽气管的下端，筛网粗的包两层，细的包一层，作为抽滤管。或者用上端小、下端粗、中下部细的玻璃管，把玻璃棉塞入下端口部，制成玻璃棉过滤器。

b. 石棉古氏坩埚的制备：把适量酸洗石棉，置于烧杯中，加水搅拌后，倾入预先放在抽滤装置上的古氏坩埚内，进行抽滤，使其形成一层均匀的过滤薄层，再压上有小孔的小瓷板，一面抽气，一面用水洗涤后，烘干，于 500～550℃灼烧至恒重。

② 酸液处理：准确称取 2～5g 磨碎的试样（视纤维素的高低而确定），置于 500mL 烧杯内。加入 200mL 预先煮沸的 1.25％硫酸溶液于试样的烧杯中，盖上表面皿，在烧杯外壁液面高度处用玻璃铅笔作一记号，继续加热煮沸。在加热过程中应不断补充由于煮沸而减少的水，维持液面高度，并经常用玻璃棒搅拌。在加热时，要防止泡沫上升，待煮沸至 30min，立即取下，趁热用抽滤管吸去上层清液，至吸尽后，以沸水洗涤沉淀，仍以抽滤管吸去洗液，洗至洗液不呈酸性反应为止（以石蕊试纸试验），最后将抽滤管上附着的少量沉淀物，用洗瓶洗入烧杯中。

③ 碱液处理：在经酸液处理过的沉淀物中加入 200mL 煮沸的 1.25％ NaOH 溶液，按照上述酸液处理的方法进行操作。加热煮沸 30min 后，即趁热先将上层清液倾入已铺好石棉的古氏坩埚内，进行抽滤，再把烧杯中的沉淀物用热水全部洗入坩埚中，然后将坩埚中的沉淀物洗至中性并抽干。

④ 酒精及乙醚处理：用 20mL 50℃左右的热酒精，分几次洗涤沉淀物，最后用 20mL 乙醚分几次洗涤，并将沉淀物抽干。

⑤ 烘干与灼烧：将抽干的古氏坩埚及沉淀物置于 105℃烘箱中烘 3～4h，烘至恒重，再将坩埚移至 500～550℃高温电炉中灼烧 2～3h（或在 700℃高温电炉中灼烧 30min），冷却后再灼烧，直至恒重为止。

4. 计算

$$粗纤维素含量 = \frac{m_1 - m_2}{m} \times 100\%$$

式中　m_1——坩埚和沉淀物烘干后的总质量，g；

m_2——坩埚灼烧后的质量，g；

m——试样质量，g。

5. 讨论

① 酸、碱溶液的浓度、添加数量以及处理时间都要严格按照规定配制和处理，否则均会造成误差，影响准确性。

② 制备好的石棉坩埚，可连续使用，不必另行处理。

③ 试样必须磨细，一般要求通过 40 目筛孔。如果测定的样品脂肪含量较高时，还需要先用乙醚将脂肪去掉，或采用测定脂肪后的残渣。

六、灰分

试样中有机物经完全燃烧后所留存的残渣称为灰分。灰分是无机矿物质，主要含有钾、钠、钙、镁、铁、硅、硫、磷等元素的氧化物，数量虽不多，但却是发酵生产中所培养的微生物生长发育必需的营养物质。粮食原料的灰分，一般皮层较多，胚乳内较少。

糙米中无机成分约占 1%，主要为钾、磷及镁，占总量的 93%～94%。这些成分，尤其是钾含量高的大米，制曲时曲霉菌繁殖良好，醪发酵旺盛。米中的无机成分有游离型和结合型（如有机磷）之分，后者在微生物的作用下，可变为无机离子被微生物利用。

1. 原理

试样经灼烧后所残留的无机物质称为灰分。

2. 测定步骤

① 取大小适宜的瓷坩埚置高温炉中，在 600℃下灼烧 0.5h，冷至 200℃以下，取出，放入干燥器中冷至室温，准确称量，并重复灼烧至恒重。

② 加入 2～3g 固体样品或 5～10g 液体样品后，准确称量。

③ 液体样品须先在沸水浴上蒸干。固体或蒸干后的样品，先以小火加热或在电炉上烧，使样品充分炭化至无烟，然后置高温炉中，在 550～600℃灼烧至无炭粒，即灰化完全。冷至 200℃以下取出，放入干燥器中冷却至室温，称量。重复灼烧至前后两次称量相差不超过 0.5mg 为恒重。

3. 计算

$$灰分含量 = \frac{m_1 - m_2}{m_3 - m_2} \times 100\%$$

式中　m_1——坩埚和灰分的质量，g；

m_2——坩埚的质量，g；

m_3——坩埚和样品的质量，g。

第二节　米浆水分析

在我国南方采用传统工艺生产黄酒时，浸米后米浆水的总酸可升至 0.8%左右，氨基酸含量由 0.4％升至 5％左右。米浆中的乳酸及氨基酸等有效成分，对黄酒酵母的繁殖是有利的，因此米浆水作为部分投料用水。米浆水的酸度以不超过 0.5％为宜。

一、总酸

1. 原理

总酸的测定原理是利用有机酸被标准碱液滴定时，可被中和成盐类。以酚酞为指示剂，滴定至溶液呈现淡红色半分钟不退为终点。根据所耗标准碱液的浓度和体积，即可计算样品中酸的含量。

2. 试剂

① 5g/L 酚酞指示剂：称取 0.5g 酚酞溶解于 100mL 95％酒精中。

② 0.1mol/L NaOH 标准溶液：称取 4～4.1g NaOH，用无二氧化碳的水溶解并稀释至 1000mL。

标定：准确称取 0.4～0.5g 于 105～110℃烘至恒重的基准邻苯二甲酸氢钾（准确至 0.0002g），溶于 50mL 的无二氧化碳的水中，加 2 滴酚酞指示液（5g/L），用配制好的 NaOH 溶液滴定至溶液呈粉红色，同时做空白试验。

计算公式如下：

$$c_{NaOH}(mol/L) = \frac{m}{(V_1 - V_2) \times 0.2042}$$

式中　m——称取邻苯二甲酸氢钾的质量，g；

　　　V_1——标定时消耗 NaOH 标准溶液的体积，mL；

　　　V_2——空白试验消耗 NaOH 标准溶液的体积，mL；

　0.2042——消耗 1mL 1mol/L NaOH 标准溶液相当于邻苯二甲酸氢钾的质量，g/mmol。

3. 测定步骤

① 酸度计法

a. 仪器的标定：按照仪器说明对酸度计进行标定。

b. 样品测定：吸取 10mL 样品 10％稀释液，放入 200mL 烧杯中，加 60mL 水，开动磁力搅拌器，用 0.1mol/L NaOH 标准溶液滴定至 pH 9.2。记下耗用毫升数。同时做试剂空白试验。

② 目测法：吸取 10mL 样品 10％稀释液，放入 250mL 锥形瓶中，加入 60mL 水及 2 滴酚酞指示液，用 0.1mol/L NaOH 标准溶液滴定至刚显微红色，在 30s 内不退色为终点。

同时做试剂空白试验。

4. 计算

$$总酸含量(以乳酸计,g/100mL) = (V - V_0) \times c \times K \times \frac{1}{V_1} \times 100 \times \frac{1}{10} \times 100$$

式中　V——样品消耗 NaOH 标准溶液的体积，mL；

　　　V_0——试剂空白消耗 NaOH 标准溶液的体积，mL；

　　　V_1——吸取稀释液的量，mL；

　　　c——NaOH 标准溶液的浓度，mol/L；

　　　10——试样体积，mL；

　　　K——换算为适当酸的系数。其中苹果酸 0.067、乙酸 0.06、酒石酸 0.075、乳酸 0.090、柠檬酸 0.064。

二、氨基氮

(一) 甲醛法

1. 双指示剂滴定法

(1) 原理　氨基酸含有酸性的—COOH 基，也含有碱性的—NH_2 基，它们相互作用使氨基酸成为中性的内盐，不能直接用碱液滴定它的羧基。当加入甲醛时，—NH_2 基与甲醛结合，其碱性消失，使—COOH 基显示出酸性，可用 NaOH 标准溶液滴定—NH_3^+ 基上的 H^+。

$$
\begin{array}{c}
\text{R—CH—COO}^- \rightleftharpoons \text{R—CH—COO}^- + \text{H}^+ \xrightarrow{\text{OH}^-} \text{中和} \\
\underset{\text{N}^+\text{H}_3}{} \qquad\qquad \underset{\text{NH}_2}{} \\
\Big\downarrow \text{HCHO} \\
\text{R—CH—COO}^- \\
\underset{\text{N(CH}_2\text{OH)}_2}{}
\end{array}
$$

用此法滴定的结果表示 α-氨基酸态氮的含量，其精确度仅达氨基酸理论含量的 90%。

如果样品中只含有某一种已知的氨基酸，从甲醛滴定的结果可算出该氨基酸的含量。如果样品是多种氨基酸的混合物（如蛋白水解液），则滴定结果不能作为氨基酸的定量依据。但一般常用此法测定蛋白质水解程度，当水解完成后，滴定值不再增加。但应注意，脯氨酸与甲醛作用产生不稳定的化合物，使结果偏低；酪氨酸含有酚羟基，滴定时要消耗一些碱，使结果偏高；溶液中若有铵存在也可与甲醛反应，使结果偏高。

此法对浅色至无色的检测液较为适宜。

(2) 试剂

① 1g/L 中性红乙醇溶液。

② 1g/L 百里酚酞乙醇溶液。

③ 0.05mol/L NaOH 标准溶液。

④ 20% 中性甲醛溶液。

(3) 测定步骤　吸取含氨基酸约 20mg 的样品 2 份 (1～2mL)，分别置于 250mL 三角锥瓶中，加水 50mL。其中一份加 3 滴 1g/L 中性红乙醇溶液，用

0.05mol/L NaOH 标准液滴定至琥珀色为终点；另一份加入 3 滴 0.1％百里酚酞及 20mL 20％中性甲醛溶液（用 1g/L 百里酚酞作指示剂，用 0.1mol/L NaOH 溶液将甲醛溶液中和至淡蓝色），摇匀，静置 1min，用 0.05mol/L NaOH 标准液滴定至淡蓝色为终点。记录两次滴定所消耗的碱液毫升数。

（4）计算

$$氨基氮含量(g/100mL)=(V_2-V_1)\times c\times 14\times \frac{1}{V}\times \frac{1}{1000}\times 100$$

式中　V_2——百里酚酞作指示剂时消耗 NaOH 标准溶液的体积，mL；

　　　V_1——中性红作指示剂时消耗 NaOH 标准溶液的体积，mL；

　　　c——NaOH 标准溶液的浓度，mol/L；

　　　V——吸取样品液的体积，mL；

　　　14——消耗 1mL 1mol/L NaOH 标准溶液相当于氮的质量，mg/mmol。

2. 电位滴定法

根据酸度计指示 pH 控制滴定终点，适合有色样液的检测。

（1）测定　吸取 5mL 样品，用水定容至 100mL，吸取 20mL 稀释液置于烧杯中，加水 60mL，开动磁力搅拌器，用 0.05mol/L NaOH 标准液滴定至 pH 为 8.2。

加入 10mL 甲醛溶液，混匀，再用 0.05mol/L NaOH 溶液继续滴定至 pH 为 9.2，记下消耗 NaOH 标准溶液的毫升数。

同时取水 80mL，做试剂空白试验。

（2）计算

$$氨基氮含量(g/100mL)=(V_1-V_2)\times c\times 14\times \frac{1}{V_3}\times 100\times \frac{1}{5}\times \frac{1}{1000}\times 100$$

式中　c——NaOH 标准液的浓度，mol/L；

　　　V_1——测定样品时加入甲醛后消耗 NaOH 标准溶液的体积，mL；

　　　V_2——试剂空白试验加入甲醛后消耗 NaOH 标准溶液的体积，mL；

　　　V_3——吸取样品稀释液的体积，mL；

　　　100——样品稀释液的总体积，mL；

　　　5——吸取样品体积，mL。

（二）茚三酮比色法

1. 原理

除脯氨酸、羟脯氨酸与茚三酮反应产生黄色物质外，所有 α-氨基酸和蛋白质的末端氨基酸在碱性条件下与茚三酮起反应，生成蓝紫色化合物，产生的颜色深浅与氨基酸含量成正比，可用分光光度法测定，其最大吸收波长为 570nm。本法可适用于氨基酸含量的微量检测。

反应机理如下：

(1) 茚三酮 → 水合茚三酮 + $H_2N-\overset{H}{\underset{R}{C}}-COOH$

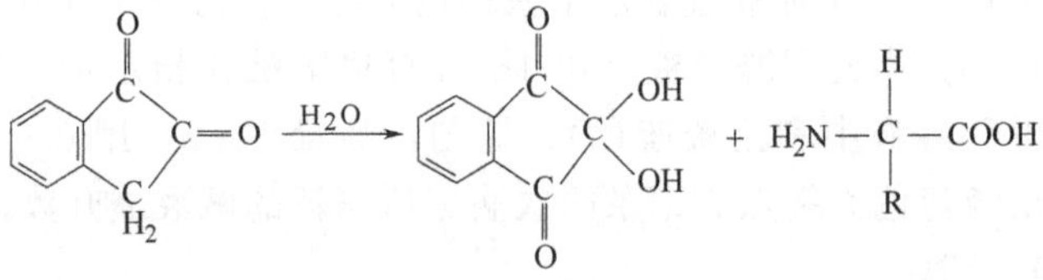

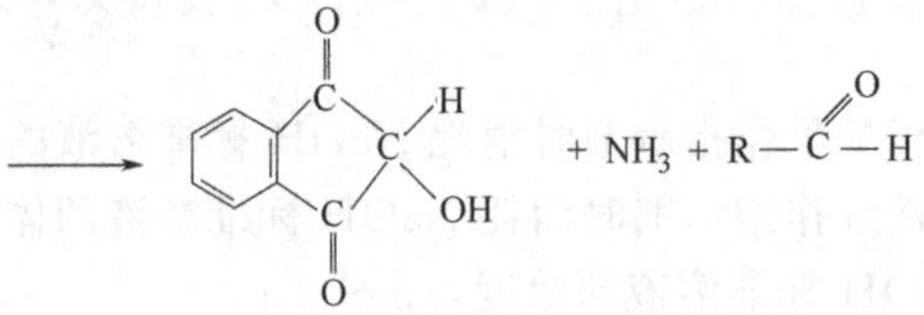

还原型茚三酮

(2) + $+NH_3$ → 蓝紫色化合物

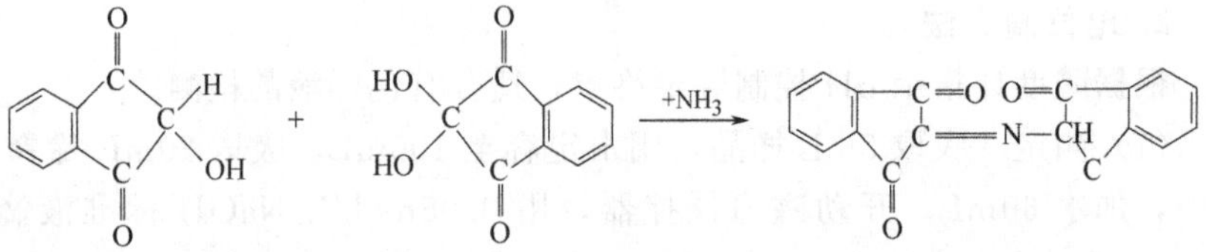

2. 试剂

① 茚三酮：分析纯。如贮存不良使试剂变红色时，应按下法处理：将茚三酮 5g 溶于 20mL 热水中，加入 0.5g 活性炭，轻轻搅动，30min 后过滤，滤液置冰箱过夜，出现蓝色结晶，过滤，用 1mL 冷水洗涤结晶，置干燥器中干燥，装瓶保存。

2g/L 茚三酮：称取 0.1g 茚三酮，溶于 25mL 热水，加入 40mg 氯化亚锡（作防腐剂），过滤，用水定容至 50mL。

② 磷酸盐缓冲液（pH 8.04）：取 5mL 1/15mol/L 磷酸二氢钾与 95mL 1/15mol/L 磷酸氢二钠混匀。

③ 氨基酸标准液：称取 0.2000g 标准氨基酸（如亮氨酸），以水溶解并定容至 100mL，摇匀。吸取此液 10mL 于 100mL 容量瓶中，以水定容，配制成 200mg/L 的氨基酸标准液。

3. 测定步骤

① 标准曲线绘制：吸取氨基酸标准液 0mL、0.5mL、1.0mL、1.5mL、2.0mL、2.5mL（相当于 0μg、100μg、200μg、300μg、400μg、500μg 氨基酸）分别置于 25mL 容量瓶中，加水补足至 4mL，然后加入 1mL 2g/L 茚三酮和 1mL 缓冲液，摇匀，置水浴中加热 15min，迅速冷却，定容。静置 15min，以试剂空白作参比，在 570nm 波长下测光吸度并绘制标准曲线。

② 样品测定：吸取样品 5～10mL，稀释至一定体积，过滤。若色泽较深，则向样品加活性炭 5g 及加水 5mL，搅拌均匀后立即过滤，洗涤，收集滤液后

定容。

吸取 1～4mL 样品稀释液，置于 25mL 容量瓶中，以下按标准曲线的操作测定吸光度，从标准曲线上查得样品的氨基酸微克数。

4. 计算

$$氨基酸含量(mg/L) = \frac{C}{1000} \times \frac{1}{V_1} \times V_2 \times \frac{1}{V_3} \times 1000$$

式中　C——从标准曲线上查得的氨基酸量，μg；

V_1——吸取样品稀释液体积，mL；

V_2——样品稀释液总体积，mL；

V_3——吸取样品体积，mL。

本法在 0～500mg/L 氨基酸溶液范围内呈良好的线性关系。

5. 讨论

本法需在一定 pH 条件下进行，酸度过大时不显色。反应的适宜 pH 为 5～7 左右。

第三节　酒药（曲）分析

在浙江绍兴酒酿制中，把曲比喻为"酒之骨"。它的主要功能不仅是液化和糖化，而且是形成黄酒独特香味和风格的主体之一。黄酒曲，随各地的习惯和酿制方法不同，种类繁多。按原料分有酶曲、米曲和小曲（酒药）。在我国南方，使用酒药较为普遍，不论是传统黄酒生产或小曲白酒生产都要用酒药。现代黄酒生产常采用纯种培养法生产酒曲，主要有根霉曲等。酒药（小曲）中含有根霉、毛霉、酵母、细菌等糖化菌和发酵菌。酒药中的主要糖化菌是根霉。在糖化阶段，主要是根霉、毛霉生长，分泌出淀粉酶及蛋白酶等多种酶类，将淀粉及蛋白质等分解为糖类及氨基酸等成分，将糖化液加水稀释后，酵母菌才大量繁殖，醪的酒精含量逐渐上升，其他菌类就陆续被淘汰。

一、α-淀粉酶活力

α-淀粉酶（α-1,4-葡聚糖-4-葡聚糖水解酶，EC3.2.1.1）广泛存在于植物、哺乳类动物和微生物中。α-淀粉酶以随机的方式作用于淀粉而产生还原糖，但它的作用模式、性质和降解产物因酶的来源不同而稍有差异。

（一）3,5-二硝基水杨酸比色法

1. 原理

在 pH 6.9，温度为 25℃ 时，α-淀粉酶将可溶性淀粉水解产生还原糖，能将 3,5-二硝基水杨酸中的硝基还原为氨基，在碱性溶液中呈色，在 540nm 波长的吸光度与还原糖的含量成线性关系。通过测定还原糖的含量可测定酶活力。

2. 试剂

① pH 6.9 磷酸缓冲液：0.01mol/L Na₂HPO₄·12H₂O 溶液中含 0.06 mol/L NaCl 溶液，用磷酸调 pH 至 6.9。

② 2mol/L NaOH 溶液。

③ 显色剂溶液：加少许水于 1.0g 3,5-二硝基水杨酸中，搅拌，再加 20mL 2mol/L NaOH 溶液使其溶解。然后加入 30g 四水酒石酸钾钠，待其溶解后用水稀释至 100mL。

④ 10g/L 可溶性淀粉（底物）：1.0g 可溶性淀粉加热溶于磷酸缓冲液中，然后用磷酸缓冲液定容至 100mL。

⑤ 标准麦芽糖溶液（1mg/mL）。

3. 测定步骤

① 标准曲线的绘制：吸取 0mL、0.2mL、0.4mL、0.6mL、0.8mL、1.0mL 标准麦芽糖溶液，分别置入 25mL 比色管中，补水至 1mL，加 1mL 显色剂，于沸水浴中加热 5min，冷却，用水定容至 10mL，波长 540nm，1cm 比色皿测定吸光度，绘制标准曲线。

② 待测酶液的制备：称取酒药 1~2g，准确至 0.002g，先用少量的磷酸缓冲液溶解，并用玻璃棒捣研，将上清液小心倾入容量瓶中，沉渣部分再加少量缓冲液，如此捣研 3~4 次，最后全部移入容量瓶中，用缓冲液定容至刻度（将估计酶活力除以 4，即酶活力应在 3.7~5.6U/mL 范围内），摇匀。通过 4 层纱布过滤，滤液供测定用。

③ 测定：分别将 0.5mL 酶液和 0.5mL 底物溶液在 25℃的水浴中调温，待温度平衡后混匀，准确反应 3min，立即加入 1mL 显色剂终止反应。再置沸水浴中加热 5min，冷却后用水定容至 10mL，在波长 540nm 处比色测定。以水或溶解酶的缓冲液代替酶液作空白对照。

4. 计算

一个酶活单位定义为在上述规定条件下，1g 酒药，1min 从可溶性淀粉中释放出 1μmol 还原糖所需的酶量。

$$\alpha\text{-淀粉酶活力}(U/g) = \frac{C}{342} \times 1000 \times \frac{1}{3} \times n \times m$$

式中　C——酶液吸光度从标准曲线上查得的麦芽糖质量，mg；

　　　342——麦芽糖的毫摩尔质量，mg/mmol；

　　　1000——换算成微摩尔的系数；

　　　3——反应时间，min；

　　　n——稀释倍数；

　　　m——试样称取质量，g。

（二）目视法

1. 原理

α-淀粉酶水解淀粉为分子量不一的糊精，使淀粉与碘呈蓝紫色反应逐渐消失，颜色的消失速度可以衡量酶活力的高低。

2. 试剂

① 原碘液：称取 11g 碘、22g 碘化钾，加水研磨溶解并定容至 500mL。

② 标准稀碘液：取 15mL 原碘液，加 8g 碘化钾，加水溶解并定容至 500mL。

③ 比色稀碘液：取 2mL 原碘液，加 20g 碘化钾加水溶解并定容至 500mL。

④ 20g/L 可溶性淀粉液：称取 2g 绝干可溶性淀粉，先以少许水混合，再徐徐倾入煮沸水中，继续煮沸 2min，冷却，加水定容至 100mL，使用时配制。

⑤ pH 6.0 磷酸缓冲液：称取 45.23g $Na_2HPO_4 \cdot 12H_2O$，8.07g 柠檬酸（$C_6H_8O_7 \cdot H_2O$），溶于水并稀释至 1000mL。

⑥ 标准糊精溶液：称取 0.3g 分析纯的糊精，悬浮于少量水中，再倾入 900mL 沸水中，冷却后加水定容至 1000mL。此液加甲苯数毫升，在冰箱中可保存数周。

3. 测定

① 待测酶液的制备：同方法一。

② 吸取 1mL 标准糊精溶液，置于盛有 3mL 标准稀碘液的试管中，作为比较颜色的标准管。

③ 在 25mm×200mm 试管中，加入 20mL 20g/L 可溶性淀粉，加 5mL 缓冲液，在 60℃ 水浴中平衡温度 4~5min，加入 0.5mL 稀释酶液，立即记时，充分混匀，定时取出 1mL 反应液于预先盛有 3mL 比色稀碘液的试管内，当颜色反应由紫色逐渐变成棕橙色，与标准比色管颜色相同时，即达到反应终点。记录时间为液化时间。

4. 计算

一个酶活力单位可定义为在上述条件下每小时催化 1mL 20g/L 可溶性淀粉所需的酶量。

$$\alpha\text{-淀粉酶活力}(U/g) = \frac{60}{t} \times 20 \times \frac{1}{0.5} \times n \times \frac{1}{m}$$

式中　t——反应时间，min；

　　　n——酶液稀释倍数；

　　0.5——使用的酶液量，mL；

　　　m——酒药取样量，g。

5. 讨论

① 酒药稀释倍数一般以酶活力在 10~20U/g 为宜。

② 可溶性淀粉的质量对酶活力有一定的影响，建议采用浙江菱湖食品化工

联合公司生产的酶制剂专用淀粉配制。

二、糖化酶活力

1. 原理

糖化酶有催化淀粉水解的作用，能从淀粉分子非还原性末端开始，分解 α-1,4 葡萄糖苷键，生成葡萄糖。葡萄糖分子中含有醛基，能被次碘酸钠氧化，过量的次碘酸钠酸化后析出碘，再用硫代硫酸钠标准溶液滴定，计算出酶活力。

2. 试剂

① pH 4.6 乙酸-乙酸钠缓冲溶液：称取 6.7g 乙酸钠溶于水中，加 2.6mL 冰乙酸，用水稀释至 1000mL，配好后用 pH 计校正。

② 0.05mol/L 硫代硫酸钠标准溶液：称取 12.4g 硫代硫酸钠（$Na_2S_2O_3 \cdot 5H_2O$）和 0.1g 碳酸钠溶于煮沸后冷却的水中，稀释至 1000mL，贮于棕色瓶中密闭保存，配制后放置一星期后标定使用。

标定：碘酸钾法。

称取 3.567g 预先在 100～105℃烘过 2h 的碘酸钾，溶于水并定容至 1000mL 水中，即成 0.1mol/L 碘酸钾 $\left(\dfrac{1}{6}KIO_3\right)$ 溶液。然后吸取 10mL 于 150mL 三角瓶中，加 0.5g 碘化钾，溶解后加 2mL 1mol/L H_2SO_4，用待标定的 0.05mol/L $Na_2S_2O_3$ 溶液滴定，滴至淡黄色时，加 2～3 滴 10g/L 淀粉指示剂，继续滴定至无色为终点。

$$Na_2S_2O_3 \text{ 溶液的浓度（mol/L）} = \frac{cV}{V_1}$$

式中　c，V——碘酸钾 $\left(\dfrac{1}{6}KIO_3\right)$ 标准溶液的浓度，mol/L 和吸取体积，

mL；

V_1——消耗硫代硫酸钠溶液的体积，mL。

③ 0.1mol/L 碘 $\left(\dfrac{1}{2}I_2\right)$ 溶液：称取 36g 碘化钾、12.7g 碘，于研钵中加少量水研磨溶解并稀释至 1000mL，贮于棕色瓶。

④ 0.1mol/L NaOH 溶液。

⑤ 200g/L NaOH 溶液。

⑥ 1mol/L 硫酸溶液：量取 5.6mL 浓硫酸，缓缓注入 80mL 水中，冷却后用水稀释至 100mL。

⑦ 10g/L 淀粉指示剂：称取可溶性淀粉 1g，以少许水调匀，倾入 80mL 左右沸水中，继续煮沸至透明状，冷却后，加水稀释至 100mL。此液需当天配制。

⑧ 20g/L 可溶性淀粉溶液：称取可溶性淀粉 2g，用少量水调匀，徐徐倾入沸腾的水中，加热煮沸至透明，冷却后用水稀释至 100mL，此溶液需当天配制。

3. 测定步骤

① 待测酶液的制备

a. 固体酶：准确称取 1～2g 酶粉（准确至 0.0002g），先用少量的缓冲液溶解，用玻璃棒捣研，将上清液小心倾入容量瓶中，沉渣部分再加少量缓冲液，如此捣研 3～4 次，最后全部移入容量瓶中，用缓冲液定容至刻度，摇匀，通过 4 层纱布过滤，滤液供测定用。

b. 液体酶：吸取 1mL 液体酶样于已放置缓冲液的容量瓶中，定容待测。稀释后酶活力应在 150～300U/mL 范围内。

② 测定

a. 于两支 50mL 具塞比色管中，分别加入 25mL 可溶性淀粉溶液及 5mL 缓冲液，摇匀后于 40℃ 恒温水浴中预热 5min。在样品管中加入 2mL 酶样，立即摇匀，在此温度下准确反应 30min，立即各加 0.2mL 200g/L NaOH 溶液摇匀，将两管取出迅速冷却，并于空白管中补加 2mL 待测酶样。

b. 吸取 5mL 上述反应液与空白液，分别置于碘量瓶中，准确加入 10mL 碘溶液，再加 15mL 0.1mol/L NaOH 溶液，摇匀，密塞，于暗处反应 15min，取出，加 2mL 1mol/L H_2SO_4，立即用 $Na_2S_2O_3$ 标准溶液滴定，直至蓝色刚好消失为其终点。

4. 计算

定义：1g 固体酶粉（或 1mL 液体酶）于 40℃，pH 4.6 的条件下，1h 分解可溶性淀粉，产生 1mg 葡萄糖所需酶量称为 1 个酶活力单位。

$$X = (V_0 - V) \times c \times 90.05 \times \frac{32.2}{5} \times \frac{1}{2} \times n \times 2$$

式中　X——样品的酶活力，U/g(mL)；

　　V_0——空白消耗 $Na_2S_2O_3$ 标准溶液的体积，mL；

　　V——样品消耗 $Na_2S_2O_3$ 标准溶液的体积，mL；

　　c——$Na_2S_2O_3$ 标准溶液的浓度，mol/L；

　90.05——消耗 1mL 1mol/L $Na_2S_2O_3$ 标准溶液相当于葡萄糖的质量，mg；

　32.2——反应液的总体积，mL；

　　5——吸取反应液的体积，mL；

　1/2——吸取酶液 2mL，以 1mL 计；

　　n——样品稀释倍数；

　　2——反应 30min，换算成 1h 的酶活力系数。

三、蛋白酶活力

（一）福林-酚法

1. 原理

蛋白酶在一定的温度与 pH 条件下，水解酪蛋白，其产物酪氨酸在碱性条件下，将福林试剂（Folin）还原，生成钼蓝与钨蓝，用分光光度法测定，计算其酶活力。

2. 试剂

① 福林-酚试剂：于 2000mL 磨口回流装置中加入 100g 钨酸钠（$Na_2WO_4 \cdot 2H_2O$）、25g 钼酸钠（$Na_2MoO_4 \cdot 2H_2O$）、700mL 水、50mL 85% 磷酸、100mL 浓盐酸，小火沸腾回流 10h，取下回流冷却器，在通风橱中加入 50g 硫酸锂（Li_2SO_4）、50mL 水和数滴浓溴水（99%）至金黄色，再微沸 15min，以除去多余的溴（冷后仍有绿色需再加溴水，再煮沸除去过量的溴），冷却，加水稀释至 1000mL。混匀，过滤。制得的试剂应呈金黄色，贮存于棕色瓶内。

使用溶液：1 份福林-酚试剂与 2 份水混合，摇匀。

② 0.4mol/L 碳酸钠溶液：称取 42.4g 无水碳酸钠（Na_2CO_3），用水溶解并稀释至 1000mL。

③ 0.4mol/L 三氯乙酸：称取 65.4g 三氯乙酸，用水溶解并稀释至 1000mL。

④ pH 7.5 磷酸缓冲液：称取 6.02g 磷酸氢二钠（$Na_2HPO_4 \cdot 12H_2O$）和 0.5g 磷酸二氢钠（$NaH_2PO_4 \cdot 2H_2O$），用水溶解并稀释至 1000mL。

⑤ 标准酪氨酸溶液：准确称取 0.1000g 酪氨酸，加少量 0.2mol/L HCl 溶液（取 1.7mL 浓盐酸，用水稀释至 100mL），加热溶解，用水定容至 1000mL，1mL 含酪氨酸 100μg。

⑥ 20g/L 酪蛋白溶液：称取 2.00g 酪蛋白，加约 40mL 水和 2～3 滴浓氨水（酸性蛋白酶用浓乳酸 2～3 滴），于沸水浴中加热溶解，冷却后，用 pH 7.5 磷酸缓冲液稀释定容至 100mL，贮存于冰箱中。

3. 测定步骤

① 标准曲线的绘制：吸取 0mL、1mL、2mL、3mL、4mL、5mL、6mL、7mL、8mL 标准酪氨酸溶液（100μg/mL），分别置入试管中，补水至 10mL，稀释后酪氨酸溶液浓度为 0μg/mL、10μg/mL、20μg/mL、30μg/mL、40μg/mL、50μg/mL、60μg/mL、70μg/mL、80μg/mL。在上述各管中吸取 1mL，分别加入 5mL 0.4mol/L 碳酸钠溶液、1mL 福林-酚试剂，于 40℃ 水浴显色 20min，取出，在 680nm 波长下测吸光度，绘制标准曲线，求得吸光度为 1 时的酪氨酸微克数（K）。

② 酶液的制备：准确称取曲或酒药粉 1～2g（准确至 0.0002g），用少量缓冲液溶解，并用玻璃棒捣研，然后将上清液小心倾入容量瓶中，沉渣再用缓冲液如此溶解、捣研 3～4 次，最后全部移入容量瓶中，用缓冲液定容至刻度，摇匀。用 4 层纱布过滤，滤液根据酶活力再一次用缓冲液稀释至适当浓度，供测试用（稀释至被测试液吸光度在 0.25～0.40 范围内）。

③ 测定：取 4 支 10mL 离心管，分别加入 1mL 稀释酶液，其中 1 支为空白管，3 支为平行试验管。先与酪蛋白溶液一起放入 40℃ 恒温水浴中，预热 5min。在试验管中分别加入 1mL 20g/L 酪蛋白溶液，准确计时保温 10min。立即加入 2mL 0.4mol/L 三氯乙酸，15min 后离心分离或用滤纸过滤。分别吸取 1mL 清液，加 5mL 0.4mol/L 碳酸钠溶液，最后加入 1mL 福林-酚试剂，摇匀，于 40℃

水浴中显色 20min。

空白管中先加入 2mL 0.4mol/L 三氯乙酸，再加 1mL 20g/L 酪蛋白溶液，15min 后离心分离或用滤纸过滤。以下操作与试样管相同。

以空白管为对照，在 680nm 波长下测吸光度，取其平均值。

4. 计算

蛋白酶活力单位定义：1g 酶粉，在上述温度和 pH 条件下，1min 水解酪蛋白产生 1μg 酪氨酸所需的酶量为一个酶活力单位。

$$样品的酶活力(U/g) = A \times K \times \frac{4}{10} \times n \times \frac{1}{m}$$

式中　A——样品平行试验的平均吸光度；

　　　K——吸光常数；

　　　4——反应液的总体积，mL；

　　　10——反应时间 10min，以 1min 计；

　　　n——稀释倍数；

　　　m——试样称取量，g。

5. 讨论

① 对于同一台分光光度计与同一批福林-酚试剂，其工作曲线 K 值可以沿用，当另配福林-酚试剂时，工作曲线应重做。

② 当用不同产品的酪蛋白测定时，其结果会有差异，故蛋白酶活力表示时应注明所用酪蛋白的生产厂。

③ 本方法为中性蛋白酶活力测定方法，酸性蛋白酶活力测定可将缓冲溶液改为乳酸-乳酸钠缓冲溶液，碱性蛋白酶活力测定则改为硼酸-NaOH 缓冲溶液。

(二) 紫外分光光度法

1. 原理

蛋白酶在一定的温度与 pH 条件下，水解酪蛋白底物，然后加入三氯乙酸终止酶反应，并使未水解的酪蛋白沉淀除去，滤液对紫外光有吸收，可用紫外分光光度法测定。根据吸光度计算其酶活力。

2. 试剂

同方法（一）。

3. 测定步骤

① 标准曲线的绘制：按方法（一）配制不同浓度的酪氨酸标准溶液，然后，直接用紫外分光光度计测定其吸光度，并计算 K 值。

② 酶液的制备：同方法（一）。

③ 测定：除酶液吸取 2mL、酪蛋白吸取 2mL、三氯乙酸吸取 4mL 外，其他操作条件同福林-酚法测定中的反应，静置沉淀，直至过滤。滤液用紫外分光光度计，在 275nm 波长下，用 10mm 比色皿，测定吸光度（A）。

4. 计算

$$样品的酶活力(U/g) = A \times K \times \frac{8}{2} \times \frac{1}{10} \times n \times E \times \frac{1}{m}$$

式中　A——试样溶液的平均吸光度；

K——吸光常数；

8——反应试剂的总体积，mL；

2——吸取酶液 2mL，以 1mL 计；

1/10——反应时间 10min，以 1min 计；

n——稀释倍数；

E——紫外法与福林法的换算系数（中性、碱性蛋白酶系数为 0.50；酸性蛋白酶系数为 0.77）；

m——试样称取量，g。

四、水分

同米中水分测定。

五、试饭糖分

1. 原理

将大米蒸熟后，接种待测样曲，发酵后用斐林法测定糖分含量。

2. 试剂

同第一节、三。

3. 测定步骤

① 试饭：将 1000g 大米洗净后，装入饭盒中，加水并使其吸水后的质量为 2200g。再置于甑内，用蒸汽蒸 40min，要求饭粒熟而不烂。然后将饭粒打散，装入直径为 10cm 灭过菌的培养皿中，待凉至 35℃ 时，接入 0.3% 的待试样曲，于 28～30℃ 恒温箱中培养 40h。

② 取样：取经试饭的 10g 饭样于容量为 300mL 的烧瓶中，用药匙研烂后，加入 200mL 水浸泡 0.5h，在浸泡至 15min 时搅拌一次。用纱布或脱脂棉将试液过滤于 500mL 容量瓶中，用水多次冲洗残渣并过滤、定容至 500mL 后备用。

③ 定糖：取 5mL 斐林甲液、5mL 乙液于 250mL 三角瓶中，加水 20mL，置于电炉上加热，待沸腾后，用滴定管逐滴滴入上述试样浸出液，滴定时应保持沸腾。滴至颜色即将消失时，加 2 滴 5g/L 的亚甲基蓝指示剂，继续滴定至蓝色消失而呈现鲜红色时，即为终点，记下滴定中所消耗的毫升数。

另取 5mL 斐林甲液、5mL 乙液于 250mL 三角瓶中，加水 20mL，预先加入比预备试验少 1mL 的试样浸出液，同上操作，记录消耗试样浸出液的总体积，并从斐林试剂糖量（附表 1-1）查得 100mL 试样浸出液中葡萄糖的质量 G(mg)。

4. 计算

$$试饭糖分(g/100g)=G\times f\times\frac{500}{100}\times\frac{1}{1000}\times\frac{1}{m}\times100$$

式中　f——斐林试剂校正系数；

m——试样质量，g；

500——试样稀释体积，mL。

5. 讨论

大米品种和米饭含水量，对曲的试饭糖分值有较大的影响：若大米支链淀粉含量高，则试饭糖分值较低，故表示曲活力时，应注明大米的品种和产地。米饭的含水量以 60% 左右为宜，过高或过低，均会影响试饭的糖分值，故应在蒸饭前测定大米的含水量，以确定其合适的加水比。

六、试饭糖化力

1. 原理

单位时间、单位质量的根霉曲发酵米饭产生糖分的能力即为根霉曲的试饭糖化力。

2. 试剂

同试饭糖分测定。

3. 测定步骤

按试饭糖分测定的方法蒸熟大米，在米饭中接入 0.136% 左右的根霉曲，于 30℃下培养 24h 后，开始取样检测试饭糖分，以后每隔 4h 检测一次，直至米饭中约 2/3 的淀粉已分解为葡萄糖为止，即试饭糖分值达22%～25%为止。

4. 计算

$$试饭糖化力[mg 葡萄糖/(g 曲\cdot h)]=\frac{G}{Wt}\times1000$$

式中　G——试饭糖分，g/100g；

W——曲的加量，g/100g 饭；

t——试饭时间，h。

七、试饭酸度

1. 原理

试饭中的总酸度用酸碱滴定法测量。以中和 1g 糖化饭所消耗的 0.1mol/L NaOH 的毫升数表示。

2. 试剂

① 5g/L 酚酞指示剂：称取 1g 酚酞，溶于 100mL 酒精。

② 0.1mol/L NaOH：称取 4g NaOH，用水溶解并稀释至 1000mL。

标定：准确称取 0.4～0.5g 邻苯二甲酸氢钾，溶于 25mL 水中，加入2～3

滴 5g/L 酚酞指示剂，用 NaOH 溶液滴定至粉红色。

$$c_{NaOH}(mol/L) = \frac{m}{204.2V} \times 1000$$

式中　m——邻苯二甲酸氢钾的质量，g；

$\quad\quad V$——滴定时消耗 NaOH 溶液的体积，mL；

$\quad$ 1000——由 mL 换算成 L 的倍数；

$\quad$ 204.2——邻苯二甲酸氢钾的摩尔质量，g/mol。

3. 测定步骤

用移液管吸取上述测试饭糖分的试液 50mL（相当于 1g 糖化饭），注入盛有 10mL 水的三角瓶中，滴入 2 滴酚酞指示剂，用 0.1mol/L NaOH 标准溶液滴至微红色。

4. 计算

$$酸度 = \frac{c}{0.1} \times V \times \frac{1}{50} \times 500 \times \frac{1}{10}$$

式中　c——NaOH 标准溶液的浓度，mol/L；

$\quad\quad V$——消耗 NaOH 标准溶液的体积，mL；

$\quad$ 500——试样溶液的体积，mL；

$\quad$ 50——吸取样液的体积，mL；

$\quad$ 10——试样质量，g；

$\quad$ 0.1——标准 0.1mol/L NaOH 的摩尔数。

八、糖化发酵力

1. 原理

酒药或曲的糖化发酵力以产酒精量为指标进行测定。

2. 试剂

同酸水解法测大米淀粉含量。

3. 测定步骤

① 发酵：称取一定量大米，按前述的试饭方法蒸熟后，用容量为 300mL 的三角瓶，每瓶装饭 66g，相当于原料大米 30g。塞上棉塞，用牛皮纸包扎瓶口。再用常压蒸汽灭菌 1h 后，趁热将饭粒摇散，并冷却至 35℃时，加入 0.3% 的待试根霉曲，置于恒温箱中培养 24h。然后加入 100mL 无菌水，瓶口改包塑料薄膜，并留小孔，每天称重 1 次，至发酵基本结束为止，为期 7～9 天。总检查减重应高于 10g。

② 蒸馏：将上述发酵醪倒入 500mL 圆底形蒸馏瓶中，并用 100mL 水洗净三角瓶，洗液并入发酵醪中一起蒸馏。接取 100mL 馏出液，量温度及酒精体积分数，查附表 1-3 求得 20℃的酒精体积分数（不低于 11%）。

③ 用酸水解法测知大米的淀粉含量。

4. 计算

$$糖化发酵力(\%)=\frac{\varphi/100\times100\times0.79}{30\times A/100\times0.568}=\frac{\varphi}{A}\times4.636$$

式中　φ——酒精体积分数，%；

　0.79——酒精的近似密度；

　30——大米质量，g；

　0.568——理论上淀粉产酒精的换算数（以质量分数表示），%；

　A——大米的淀粉含量，g。

九、酵母细胞数

1. 原理

取一定量的曲或干酵母，作适当溶解稀释后，用显微镜、血球计数板所测得的酵母总数，即为样品的酵母细胞数。

2. 仪器

① 显微镜。

② 血球计数板。

③ 血球计数板专用盖玻片。

3. 测定步骤

① 显微镜的血球计数板：血球计数板是一块比普通载玻片厚的特制玻片制成。玻片中内有几条凹下的槽，在中间两端有两个突起部分，在这上面有 9 个大方格，而只有其中间的一个大方格为计算室供计算用。这一大格的长和宽各为1mm，深度为 0.1mm，故其体积为 0.1mm^3。

计数板通常有两种格式，一种为汤麦式血球计数板（25×16），一个大格分为 25 个中格，每个中格分为 16 个小格；另一种为希利格式血球计数板（16×25），一个大格分为 16 个中格，每个中格分为 25 个小格。在一个大格中，两种格式的小格数均为 400 个。1 个小方格每边长 0.05mm，加盖玻片后，小方格的高度为 0.1mm，故 1 个小方格的容积为 0.05mm × 0.05mm × 0.1mm ＝0.00025mm^3＝2.5×10^{-7}mL。400 个小方格的容积为 0.1mm^3。

② 测定步骤：称取酵母或根霉曲 10g，加水至 100mL 浸泡 30min。其间经常搅拌。经过滤后备用。取 1mL 上述溶液，加入用浓硫酸 1 份、水 10 份配成的稀硫酸 9mL，充分搅匀后备用。

准备好血球计数板及盖玻片。用玻璃棒蘸取上述溶液 1 滴，滴于盖玻片一侧，利用毛细管作用使其自行流入盖玻片与血球计数板之间，以免产生气泡。

静置 1～2min 后，镜检大小方格中的酵母数。计数时，如用 16×25 规格的计数板，则可取左上、右上、左下、右下 4 个中格（即 100 个小格）计算酵母细胞数；如用 25×16 规格的计数板，则除了取左上、右上、左下、右下 4 个中格外，还需加数中央的 1 个中格内的细胞数，这样所计的小格数共为 80 个。需按

"数上不数下、数左不数右"的酵母数为原则，求得每个小格的酵母平均数。

4. 计算

$$总酵母细胞数（个/g）= \frac{A}{2.5 \times 10^{-7}} \times \frac{n}{m} = \frac{An}{m} \times 4 \times 10^6$$

式中　A——每小格酵母的平均数，个；

　　　n——试样的稀释倍数；

　　　m——称取试样的质量，g。

十、活性干酵母活细胞率

目前有些生产厂采用活性干酵母作发酵剂。外购的活性干酵母应测定水分、活细胞率、发酵力等指标。

活细胞率与活细胞数是酿酒活性干酵母最主要的质量指标。掌握正确的测定方法，才能确定每批活性干酵母的质量和在酿酒生产中合理的使用量。

活细胞率的测定一般用美蓝（即亚甲基蓝）染色的方法来测定。美蓝是一种弱的氧化剂，还原后蓝色消失变为无色。对于活的酵母细胞，由于新陈代谢的不断进行，能将美蓝还原，在显微镜下检查时是无色透明的；对于死的酵母细胞，不能将美蓝还原，在显微镜下观察时被染为蓝色。

活性干酵母的生理活性处于休眠状态，其干细胞的多孔结构易被染色。由于休眠状态的细胞不具有正常的新陈代谢和还原美蓝的性能，因此必须经复水活化后才能测定其活细胞率。而且，如果复水后，没有一定时间的活化使休眠状态的细胞完全恢复成具有正常生理活性的细胞，则在染色测定时容易有部分细胞处于半染色状态，分不清是死的还是活的。复水活化所需的时间长短因酵母产品的生产方法和生产工艺不同而有所不同。更与复水活化的条件有关。一般讲，当活化的样品其细胞开始出芽时（出芽10％左右），就可以认为细胞恢复成了正常的细胞，此时取样检测活细胞率较为准确。

活细胞数的测定方法有两种。一种是将样品活化后，稀释，倒平板，培养，根据平板上长成的菌落数计算其活细胞数。此法反映真实，但操作复杂，费时较长。另一种是样品活化后，取样直接用血球计数板在显微镜下计数，得总细胞数，同时取样用美蓝染色法测定活细胞数，计算得活细胞率。此法能立即得到数值，但测定活细胞率时须严格控制染色时间，否则会使误差增大。

1. 原理

取一定量的干酵母，用无菌生理盐水活化。然后作适当稀释，用显微镜、血球计数板所测得的酵母活细胞数和总酵母细胞数之比的百分数，即为该样品的酵母活细胞率。

2. 仪器与试剂

① 血球计数板：25×16。

② 血球计数板专用盖玻片：20mm×20mm。

③ 无菌生理盐水：称取氯化钠 0.85g，加水溶解，并稀释至 100mL，在 0.1MPa 下灭菌 20min。

④ 亚甲基蓝染色液：称取亚甲基蓝 0.025g、氯化钠 0.9g、氯化钾 0.042g、六水氯化钙 0.048g、碳酸氢钠 0.02g 和葡萄糖 1g，加水溶解，并稀释至 100mL。密封，室温保存。

3. 测定步骤

① 称取活性干酵母 0.1g（准确至 0.0002g），加入无菌生理盐水（38～40℃）20mL，在 32℃恒温箱中活化 1h。

② 吸取酵母活化液 0.1mL，加入染色液 0.9mL，摇匀，室温，染色 10min 后，立刻在显微镜下用血球计数板计数。

③ 计数方法：计数时，可数对角线方位上的大方格或左上、右上、左下、右下和中心的大方格内的无色及蓝色酵母细胞数。取平均值为结果，进行计算。无色透明者为酵母活细胞，被染上蓝色者为死亡的酵母细胞。

4. 计算

$$X = \frac{A_1}{A_1 + B_1} \times 100\%$$

式中　X——样品的酵母活细胞率，%；

A_1——酵母活细胞总数，个；

B_1——酵母死细胞总数，个。

十一、淀粉出酒率

1. 原理

经活化后的酵母发酵淀粉原料，通过测定酒精产量，确定出酒率。

2. 试剂

① 黄玉米或白玉米。

② 20g/L 蔗糖溶液。

③ α-淀粉酶。

④ 糖化酶。

⑤ 消泡剂：食用油。

⑥ 10%（体积分数）硫酸溶液。

⑦ 4mol/L NaOH 溶液。

3. 测定步骤

① 原料制备：称取玉米 500g，用粉碎机进行粉碎，然后全部通过 SSW0.40/0.250mm 的标准筛（相当于 39 目），将筛粉装入广口瓶内，备用。

② 酵母活化：称取干酵母 1.0g，加入 16mL 20g/L 蔗糖溶液（38～40℃），摇匀，置于 32℃恒温箱内活化 1h，备用。

③ 测定

a. 液化：称取玉米粉 200g 于 2000mL 三角瓶内，加入 100mL 水，搅成糊状，再加 600mL 热水，搅匀。调 pH 6～6.5，在电炉上边加热边搅拌。按每克玉米粉加入 80～100U α-淀粉酶，搅匀，放入 70～85℃恒温箱内液化 30min。用水冲洗三角瓶壁上的玉米糊，使内容物总质量为 1000g。

b. 蒸煮：把装有已液化好的玉米糊的三角瓶用棉塞和防水纸封口后，放入高压蒸汽灭菌釜，待压力升至 0.1MPa 后，保压 1h。取出，冷却至 60℃。

c. 糖化：用硫酸溶液调整蒸煮液 pH 约 4.5。按每克玉米粉加入 150～200U 糖化酶，摇匀。然后放入 60℃恒温箱内，糖化 60min。取出，摇匀后，分别称取玉米粉糖化液 250g 装入三个 500mL 三角瓶内，并冷却至 32℃。

d. 发酵：于每个三角瓶中加入 2.0mL 酵母活化液，摇匀，盖塞。将三角瓶放入 32℃恒温箱内，发酵 65h。

e. 蒸馏：用 NaOH 溶液中和发酵醪至 pH 6～7，然后将发酵醪液全部倒入 1000mL 蒸馏烧瓶中。用 100mL 水分几次冲洗三角瓶，并将洗液倒入蒸馏烧瓶中，加入 1～2 滴消泡剂，进行蒸馏。用 100mL 容量瓶（外加冰水浴）接收馏出液。当馏出液至约 95mL 时，停止蒸馏，取下。待温度平衡至室温后，定容至 100mL。

f. 测量酒精度：将定容后的馏出液全部倒入一洁净、干燥的 100mL 量筒中，静置数分钟，待酒中气泡消失后，放入擦干的精密酒精计，再轻轻按一下。静置后，水平观测与弯月面相切处的刻度示值，同时插入温度计记录温度。根据测得的温度和酒精计示值，按附表 1-3，换算成 20℃时的酒精度。

4. 计算

$$X = \frac{D \times 0.8411 \times 100}{50S(1-w)} \times 100\%$$

式中　X——100g 样品的淀粉出酒率（以 96%乙醇计），%；

　　　D——试样在 20℃时的酒精度（体积分数），%；

　0.8411——将 100%乙醇换算成 96%乙醇的系数；

　　　50——玉米粉的质量，g；

　　　S——玉米粉中的淀粉含量，%；

　　　w——玉米粉的水分，%。

第四节　酿造用水分析

在黄酒生产中，人们形象地将水喻为"酒之血"。黄酒酿造用水的水质要求高于日常的饮用水，对水的感官指标、硬度、pH、无机盐、有机物含量等项目有较高的要求，还要求无病原体、细菌总数及大肠杆菌以不检出为好。

一、色度

纯洁的水是无色透明的。但一般的天然水中存在有各种溶解物质或不溶于水的黏土类细小悬浮物，使水呈现各种颜色。如含腐殖质或高铁较多的水，常呈黄色，含低铁化合物较高的水呈淡绿蓝色，硫化氢被氧化所析出的硫，能使水呈浅蓝色。这就表明，水的颜色深浅，是水质好坏的反映。测定水的颜色可作为判断酿造用水的参考依据——有色的水，往往是受污染的水。测定结果是以色度来表示的。色度，就是被测水样与特别制备的一组有色的标准溶液进行的颜色比较值。一般洁净的天然水，其色度在 15°～25°之间，自来水的色度多在 5°～10°之间。水质标准中规定，色度不得超过 15°（水的真色）。

水分析测定的色度，应该是用澄清或离心等法除去悬浮物后的"真色"。但有些水样不易用离心法分离所含有颗粒很细的有机性物质或无机性物质，只能测定其"表色"。这里的表色，是溶于水样中物质颜色和悬浮物颜色的总称。是测定水样的真色还是表色，必须在报告结果时予以注明。

测定水的色度有铂钴比色法和铬钴比色法。两种方法的精密度和准确度相同。前者为测定水色度的标准方法，此法操作简便，色度稳定，标准比色系列保存适宜，可长时间使用。但其中所用的氯铂酸钾太贵，大量使用时不经济。后者是以重铬酸钾代替氯铂酸钾，便宜而且易保存，只是标准比色系列保存时间较短。

（一）铂钴比色法

1. 原理

将水样与用氯铂酸钾和氯化钴试剂配制成已知浓度的标准比色系列进行目视比色测定，以氯铂酸盐离子形式 1mg/L Pt 产生的颜色规定为 1 个色度单位。

2. 试剂

① 标准贮备液：准确称取 1.2456g K_2PtCl_6（氯铂酸钾，相当于 500mg Pt）和 1.0000g $CoCl_2 \cdot 6H_2O$（氯化亚钴，内含 0.248g Co）溶于每升含 100mL 盐酸的水中，然后无损地移入 1000mL 的容量瓶中，用水定容至刻度，摇匀。此溶液为 500 单位色度。

如果买不到有效的氯铂酸钾，可用金属铂来制备氯铂酸（氯铂酸极易吸水，可使铂含量变化）。准确称取 0.500g Pt，溶解于适量的王水（1 份浓硝酸与 3 份浓盐酸混合）中，在石棉网上加热助溶，反复地加入数份新的浓盐酸，蒸发去除 HNO_3。按①的步骤将产物与 1.0000g $CoCl_2 \cdot 6H_2O$ 结晶一起溶解。

② 标准颜色系列液：吸取 0mL、0.5mL、1.0mL、1.5mL、2.0mL、2.5mL、3.0mL、3.5mL、4.0mL 和 5.0mL 标准贮备液，分别于已编有号码的比色管中，用水稀释定容至 50mL，加塞摇匀各管。则各管色度依次为 0°、5°、10°、15°、20°、25°、30°、35°、40°、45°和 50°。此系列液在防止蒸发和污染的情况下，可供长期使用。

3. 测定步骤

将水样置于与标准比色系列管规格一致的 50mL 比色管刻度处，在白瓷板或白纸上同标准系列进行比较。

在观测时，要调整比色管的角度，使光线向上反射时通过液柱，同时，眼睛自管口向下垂直观察。水样管的颜色与标准系列管中的某一个颜色相同，这个标准管的颜色则为水样的颜色。如果水样管的颜色在两个标准管颜色之间，可取其中间值，水样管颜色超过最后一个标准管的颜色时，可将水样加以稀释。

4. 计算

$$水样色度＝标准管色度的度数×水样稀释倍数$$

（二）铬钴比色法

1. 原理

重铬酸钾和硫酸钴配制成与天然水黄色色调相同的标准比色系列，用目视比色法测定，单位与铂钴比色法相同。

2. 试剂

① 铬钴标准液：称取 0.0437g $K_2Cr_2O_7$ 及 1.0000g $CoSO_4 \cdot 7H_2O$ 溶于少量水中，加入 0.5mL H_2SO_4，稀释至 500mL，摇匀。此溶液色度为 500°。

② 稀盐酸溶液：吸取 1mL 浓盐酸，用水稀释至 1000mL。

③ 铬钴标准比色系列液：吸取 0mL、0.5mL、1.0mL、1.5mL、2.0mL、2.5mL、3.0mL、3.5mL、4.0mL、4.5mL 和 5.0mL 铬钴标准液分别注入 11 支 50mL 比色管内，用稀 HCl 溶液稀释至刻度。则各管色度依次为 0°、5°、10°、15°、20°、25°、30°、35°、40°、45°和 50°。

3. 测定步骤

同（一）法。

4. 计算

同（一）法。

二、浊度

水的浊度是可溶或不溶的有机物和无机物以及其他微生物等悬浮物质所造成的。浊度将直接影响水的感官质量和卫生质量。水质标准中规定，浊度不得超过 5°。

浊度是水样光学性质的一种表达语，表示水中悬浮物质对光线透过时所产生的阻碍程度。测定水的浊度方法有目视法和分光光度法。

1. 原理

水中的悬浮物质，使光的散射和吸收产生影响，这种影响的大小，不仅与该物质含量多少有关，而且和这些物质颗粒的大小、形态以及表面折射指数有关。因此，各种物质的不同形态的存在，使浊度产生较大差别。为统一标准，规定 1L 水中含 1mg 一粒度的白陶土产生的浊度为 1°浊度单位。

2. 仪器与试剂

① 可见光分光光度计。

② 标准筛（200～300 目）。

③ 50g/L $HgCl_2$ 溶液。

④ 浊度悬浮贮备液：准确称取 1.0000g 经 105℃ 烘 3h 干燥冷却后并通过 200～300 目标准筛的白陶土于 1L 容量瓶中，加 0.5mL 50g/L $HgCl_2$ 溶液，用水定容至刻度，摇匀。此液的浊度为 1000°。

⑤ 标准浊度悬浮使用液：将浊度悬浮贮备液充分振摇后用大肚移液管吸取 100mL 放入 1000mL 容量瓶中，加水至刻度，加塞充分摇匀。此液的浊度为 100°。

3. 测定步骤

① 目视法（浊度标准系列——通用法）：准确量取水样 100mL 于比色管中（如水样的浊度＞10° 时，应取适量水样再用水稀释至 100mL，计算时乘上稀释倍数）。

分别吸取振摇均匀的浊度悬浮使用液 0.2mL、0.4mL、0.6mL、0.8mL、1.0mL 于比色管中，加水至 100mL。其浊度依次为 2°、4°、6°、8°、10°。

把各比色管并列在黑纸上，从上方垂直观察，将水样和标准溶液相比较。求出其浊度。

② 分光光度法：将目视比浊制成的标准浊度系列液，以水作对照，于 660nm 波长处测定吸光度，绘制标准曲线。

用同样的方法，测定水样的吸光度，从标准曲线上求其浊度。

4. 讨论

① 水样最好在新鲜时测定浊度，在不得不保存时，需加入几滴 50g/L $HgCl_2$ 溶液以防水样腐败。

② 在测定时，操作要迅速准确，以避免白陶土沉降，造成测定误差。

三、pH

pH 测定是水化学中最重要，最经常用的化验项目之一。水的 pH 与抑制有害细菌的繁殖、促进酵母的生长、糖化发酵的正常进行，以及保证优良的酒质，均密切相关。黄酒酿造用水的 pH 以 6.8～7.0 为宜，即以微酸性为好。

水的 pH 范围如下。

中性水：6.5～7.5	弱碱性水：7.5～8.5
弱酸性水：6.5～5.5	碱性水：8.5～9.5
酸性水：5.5～4.5	强碱性水：＞9.5
强酸性水：＜4.5	

多数天然水的 pH 均在 4.5～8.5 之间。矿化度很高的地面水和地下水，因含碳酸盐或重碳酸盐，所以都具有碱性反应。其 pH 可高达 9～10，可使用磷酸或乳酸等调整其 pH，并预先进行软化处理。

测定 pH 的方法，应用最广泛的是 pH 试纸法、标准管比色法和 pH 计测定法。前两者为化学分析法，简便而经济，但受颜色，浊度、胶体物、各种氧化剂和还原剂等的干扰。后者为电化学通用法，准确度较高，操作也方便。

1. 试纸法

撕下一小片 pH 广泛试纸或精密试纸用干净的玻璃棒沾上少量水样,滴在试纸的一端,使其呈色,在 2~3s 内与标准色阶表比较。

2. pH 计法

(1) 原理　用 pH 计(电位)测定法测定水的 pH 时,常用的指示电极为 pH 玻璃电极,参比电极有甘汞电极,也可采用复合电极。

当以 pH 玻璃电极为指示电极,甘汞电极为参比电极,插入水样时,便构成一电池反应,两者之间产生一个电位差。由于参比电极的电位是固定的,因而该电位差的大小取决于水样中氢离子活度(氢离子活度的负对数即为 pH)。因此,可用电位滴定仪测定其电动势,再换算成 pH,一般可直接用 pH 计读得 pH。

(2) 仪器与试剂

① 酸度计:精度 0.02pH。

② 指示电极——玻璃电极:用前应在水中浸泡 24h 以上。使用后应立即清洗干净,长期浸入水中。

③ 参比电极——饱和甘汞电极:使用时,电极上端小孔的橡皮塞应拔出。电极内氯化钾溶液应保持有少量结晶,溶液中不得有气泡。使用后用水洗净,插上胶帽放置。

④ pH 4.01 标准缓冲溶液:准确称取 10.21g 在 105℃烘箱内干燥过的邻苯二甲酸氢钾,用无二氧化碳的水溶解,并定容至 1000mL,即为 pH 4.01、浓度为 0.05mol/L 邻苯二甲酸氢钾标准缓冲溶液。

⑤ pH 9.18 标准缓冲溶液:准确称取 3.81g 四硼酸钠($Na_2B_4O_7 \cdot 10H_2O$),用无二氧化碳的水溶解,并定容至 1000mL。

⑥ pH 6.87 标准缓冲溶液:准确称取 3.39g 在 45℃烘过的 KH_2PO_4 和 3.53g 无水 Na_2HPO_4,用无二氧化碳的水溶解,并定容至 1000mL。

(3) 测定步骤　按酸度计的使用说明书安装。用上述 3 种标准缓冲溶液校正酸度计(酸性样液用 pH 4.01 调,中性用 pH 6.87 调,碱性用 pH 9.18 调)。

用水冲洗电极,再用试液洗涤电极两次,用滤纸吸干电极外面附着的液珠,调整试液温度至 25℃±1℃,直接测定,直至 pH 读数稳定 1min 为止,记录。同一试样两次测定结果之差,pH 不得超过 0.05。

四、总硬度

水中钙、镁离子浓度的总和称为总硬度。适量的钙离子,有助于提高 α-淀粉酶的耐热性。黄酒酿造用水的硬度为 36~107。若水的硬度较高或较低,则不利于有益微生物的生长,并影响糖化发酵及酒质,即使黄酒醪发酵旺盛,成品酒口味也会粗糙。

总硬度的测定方法中常采用 EDTA 滴定法。

1. 原理

将水样的 pH 调到 10 后，以铬黑 T 为指示剂，用 EDTA 滴定，当滴定达到终点时，溶液中的 Ca^{2+}、Mg^{2+} 与 EDTA 生成无色络合物，并将红色的钙、镁铬黑 T 络合物中 Ca^{2+}、Mg^{2+} 络合，使指示剂游离，溶液就从酒红色变为蓝色。由消耗 EDTA 溶液的体积，便可计算水样 Ca^{2+}、Mg^{2+} 的总量。

2. 试剂

① EDTA-Na_2 标准溶液：称取 3.72g 乙二胺四乙酸二钠（$Na_2H_2C_{10}H_{12}O_8N_2 \cdot 2H_2O$）溶于水中，稀释至 1L，贮存于硬质玻璃瓶或塑料瓶内。此液浓度约为 0.01mol/L。

标定：称取 0.8137g 锌粒，溶于 20mL（1+1）HCl 溶液中，用水稀释至 1L，摇匀，即为 0.01mol/L Zn 标准溶液。吸取此液 25mL 于 250mL 锥形瓶内，加 25mL 水，用氨水调至 pH 8，加 5mL 缓冲溶液、5 滴铬黑 T 指示剂，用 EDTA-Na_2 溶液滴定至由酒红色转变为蓝色止，记录消耗 EDTA-Na_2 溶液的体积（V）。

计算公式如下：

$$\text{EDTA-}Na_2 \text{ 标准溶液的浓度(mol/L)} = \frac{0.01 \times 25}{V}$$

② 缓冲溶液：称取 20g 氯化铵，溶于 500mL 水中，加 100mL 氨水，用水稀释至 1L。

③ 铬黑 T 溶液：称取 0.5g 铬黑 T，溶于 10mL 缓冲溶液中，并用无水乙醇稀释至 100mL，此溶液保存的有效期约 1 个月。也用下法配制长期保存指示剂：称取 0.5g 铬黑 T，加 100g 固体氯化钠于乳钵中研磨均匀，装于棕色瓶中。

④ 抑制剂：称取 5.0g $Na_2S \cdot 9H_2O$ 或 3.7g $Na_2S \cdot 5H_2O$，溶于 100mL 水中，用胶塞密塞。用后此液要立即密塞，使之尽量与空气隔绝，因空气的氧化作用会使该抑制剂变质。

⑤ 盐酸羟胺溶液：称取 1.0g $NH_2OH \cdot HCl$，溶于 100mL 水中，摇匀。此溶液容易分解，需少量配制新鲜使用。

⑥ 氨水。

3. 操作

吸取水样 50mL 于 250mL 三角瓶内，如水样硬度＞20°d（德国度）时，可取 20～25mL 水样，用蒸馏水补充至 50mL。用（1+1）HCl 酸化到使刚果红试纸变蓝。煮沸数分钟以除去二氧化碳，冷却至室温。

用氨水调至水样为微碱性（pH 8，微具氨臭），加抑制剂 1mL，加缓冲溶液 5mL（此时水样 pH 应为 10），再加 5 滴指示剂或约 50mg 固体指示剂，立即用 EDTA-Na_2 标准溶液滴定至由酒红色转变为蓝色。记录消耗 EDTA-Na_2 溶液的体积。

4. 计算

定义：每升水中含 1mg 碳酸钙称 1 度。

$$\text{总硬度} = c \times V \times 100 \times \frac{1}{V_1} \times 1000$$

式中　V——滴定消耗 EDTA-Na$_2$ 标准溶液的体积，mL；

　V_1——取样体积，mL；

　c——EDTA-Na$_2$ 标准溶液的浓度，mol/L；

　100——消耗 1mL 1mol/L EDTA-Na$_2$ 标准溶液相当于碳酸钙的毫克数。

5. 讨论

① 水样温度最好在正常的室温条件下进行滴定。当水样温度接近冰点时，颜色的变化太慢而无法进行滴定，而在热水中滴定，则存在指示剂分解的问题。

② 在滴定快至终点时，因反应慢，需要慢滴定快振荡，使之终点明显。

③ 若水样中含有较多的高价锰离子时，滴定终点模糊，需加少量（5 滴）10g/L 的盐酸羟胺，使之还原为 Mn^{2+} 溶于溶液中。

④ 提高 pH 可使终点更明显。但不能无限度地提高 pH，因会沉淀出碳酸钙或氧化镁，同时，在高 pH 条件下，指示剂亦会改变颜色。为了充分兼顾两种因素的结果，所以本方法规定 pH 为 10 左右。

五、余氯

黄酒酿造用水游离余氯量应在 0.1mg/L 以下。当水中残留的氯在 0.1mg/L（结合氯为 0.4mg/L）以上时，即有氯臭感，但在用作黄酒发酵醪的投料水时，余氯在发酵过程中自行逸散而消失；若用作成品酒的调配水，则应在使用前一天用活性炭吸附、过滤除去余氯。

测定余氯有碘量法、邻联甲苯胺砷酸盐比色法、电位滴定法和无色结晶紫法等。碘量法适合于测定总余氯量大于 1mg/L 的水样，邻联甲苯胺砷酸盐比色法可同时测定水样的总余氯、游离态和化合态余氯。

1. 原理

在水样中加入邻联甲苯胺-亚砷酸钠溶液使之氧化-还原后，余氯量的多寡可呈现深浅黄颜色。与预先制备好的余氯代用标准溶液的颜色相比较，就可分别求出游离态、化合态及总余氯浓度。亚砷酸盐首先与余氯作用还原为氯化物，不再与前试剂作用而产生颜色。

$$Cl_2 + NaAsO_2 + H_2O \longrightarrow NaAsO_3 + 2HCl$$

2. 试剂

① 邻联甲苯胺溶液：称取 1g 邻联甲苯胺，溶于 5mL 20%（体积分数）HCl 溶液中，将其调成糊状，加 100～200mL 水溶解，补加水至 505mL，最后加入 495mL 20% HCl（体积分数）溶液，混匀，贮于棕色瓶中。

② 亚砷酸钠溶液：称取 5g 亚砷酸钠（NaAsO$_2$），溶于水中并稀释至 1000mL。

③ 磷酸盐缓冲贮备溶液：称取 22.86g 在 105～110℃ 烘箱内干燥 2h，并于干燥器内冷却的 Na$_2$HPO$_4$ 和 46.14g 同样处理的 KH$_2$PO$_4$，溶于水中并稀释至 1L。静置 4 天后，使其中胶状杂质凝聚并完全沉淀，过滤待用。

④ 磷酸盐缓冲使用液：量取磷酸盐贮备液 200mL，加水稀释至 1L（此溶液的 pH 为 6.45）。

⑤ 重铬酸钾溶液：称取 1.5500g 干燥的 $K_2Cr_2O_7$ 和 4.6500g 干燥的 K_2CrO_4，溶于磷酸盐缓冲使用液中，再用此液稀释至 1L。本溶液所产生的颜色相当于 10mg/L 余氯与邻联甲苯胺所产生的颜色。

⑥ 余氯标准比色溶液：按照表 4-1 所示的比例将铬酸钾-重铬酸钾与磷酸盐缓冲使用液相混合，分别于比色管中，如有混浊现象应重新配制。

表 4-1　余氯标准比色溶液的配制

余氯/(mg/L)	铬酸钾-重铬酸钾溶液/mL	缓冲液/mL	余氯/(mg/L)	铬酸钾-重铬酸钾溶液/mL	缓冲液/mL
0.01	0.1	99.9	0.70	7.0	93.0
0.02	0.2	99.8	0.80	8.0	92.0
0.05	0.5	99.5	0.90	9.0	91.0
0.07	0.70	99.3	1.00	10.0	90.0
0.10	1.0	99.0	1.50	15.0	85.0
0.15	1.5	98.5	2.00	19.7	80.3
0.20	2.0	98.0	3.00	29.0	71.0
0.25	2.5	97.5	4.00	39.0	61.0
0.30	3.0	97.0	5.00	48.0	52.0
0.35	3.5	96.5	6.00	58.0	42.0
0.40	4.0	96.0	7.00	68.0	32.0
0.45	4.5	95.5	8.00	77.5	22.5
0.50	5.0	95.0	9.00	87.0	13.0
0.60	6.0	95.0	10.00	97.0	3.0

⑦ 如受试剂限制，也可采用下述方法来配制余氯标准比色溶液，但配制的颜色不及上法精确。

配制方法：按表 4-2 所示的比例用水稀释至 100mL。紧塞，避曝晒保存。有效使用期约 6 个月。

表 4-2　余氯标准比色溶液

余氯(Cl₂)/(mg/L)	硫酸铜溶液[①]/mL	重铬酸钾溶液[②]/mL	余氯(Cl₂)/(mg/L)	硫酸铜溶液[①]/mL	重铬酸钾溶液[②]/mL
0.01	0.0	0.8	0.25	1.9	25.0
0.02	0.0	2.1	0.30	1.9	30.0
0.03	0.0	3.2	0.35	1.9	34.0
0.04	0.0	4.3	0.40	2.0	38.0
0.05	0.4	5.5	0.50	2.0	45.0
0.06	0.8	6.6	0.60	2.0	51.0
0.07	1.2	7.5	0.70	2.0	58.0
0.08	1.5	8.2	0.80	2.0	63.0
0.09	1.7	9.0	0.90	2.0	67.0
0.10	1.8	10.0	1.00	2.0	72.0
0.20	1.9	20.0			

① 硫酸铜溶液：称取 15g 重结晶的 $CuSO_4 \cdot 5H_2O$ 和吸取 10mL H_2SO_4 溶于水中，定容至 1L。
② 重铬酸钾溶液：称取 0.25g $K_2Cr_2O_7$ 和吸取 1mL H_2SO_4 溶于水中，定容至 1L。

3. 操作

① 吸取 100mL 水样于甲管中，加入 1mL 邻联甲苯胺溶液，立即混合均匀，迅速加入 2mL NaAsO₂ 溶液，混合均匀（从邻联甲苯胺溶液混合均匀后计），2min 后，立刻与余氯标准比色溶液比色，记录结果为 A。

② 吸取 100mL 水样于乙管中，加入 2mL NaAsO₂ 溶液，立即混合均匀，迅速加入 1mL 邻联甲苯胺溶液，混合均匀，2min 后立刻与余氯标准比色溶液比色，记录结果为 B_1。

待相隔 15min（从加入邻联甲苯胺溶液混合均匀后计），再取水样与余氯标准比色溶液比较，记录结果为 B_2。

③ 吸取水样 100mL 于丙管中，立即加入 1mL 邻联甲苯胺溶液，立刻混合均匀，静置 15min 后，与余氯标准比色溶液比色，记录结果为 C。

4. 计算

总余氯（Cl_2，mg/L） $D = C - B_2$

游离态余氯（Cl_2，mg/L） $E = A - B_1$

化合态余氯（Cl_2，mg/L） $F = D - E$

式中　A——游离态余氯与干扰性物质迅速混合后所产生的颜色；

　　　B_1——干扰物质迅速混合均匀后所产生的颜色；

　　　B_2——干扰物质混合 15min 后所产生的颜色；

　　　C——总余氯与干扰物质混合 15min 后所产生的颜色。

5. 讨论

① 本方法只适用于含余氯 10mg/L 以下的水样测定，余氯超过 10mg/L 的水样采用碘量法为好。

② 余氯标准比色溶液可装在硬质中性玻璃安瓿瓶内，严密封口，不要受阳光直接照射（以免退色），置于室温下，可长期保存使用。配制的余氯标准比色溶液不可用橡胶塞。

③ 在测定余氯时，达到最高显色的时间与温度有关，0℃时 6min，20℃时 3min，25℃时 2.5min。达到最高显色后开始慢慢退色。游离态氯是在瞬间进行的，所以比色要迅速。

④ 当水样有色或混浊时。不可用此法比色。此种情况电流滴定法能得到较好的结果。

六、硝酸盐氮

水中代表有机物无机化作用最终阶段的分解产物的硝酸盐氮，60%～80%是从动物性污染物分解而来。一般地面水中往往含有百分之几至十分之几毫克/升的硝酸盐氮，常是冬季高于夏季，地下浅层水有时由于土壤中氮素化合物及已被氧化的污染物的侵入，可能含有＞1mg/L 的硝酸盐氮，地下深层水亦可能因地下矿物质的溶解而含硝酸盐氮。

黄酒酿造用水中氨、硝酸根、亚硝酸盐氮以 N 计，硝酸盐氮要求在 0.2mg/L 以下；氨及亚硝酸盐氮不得检出。

测定硝酸盐氮最常用的方法是对氨基苯磺酸比色法和二磺酸酚比色法。前者的优点是实验操作条件不严，且很简便，还原率高，重现性好，后者操作严密，结果较准确。

1. 原理

在含有氯化铵的酸性溶液中，加入锌粉，使硝酸根离子还原为亚硝酸根离子。亚硝酸离子与对氨基苯磺酸发生重氮化反应，再与 α-萘胺发生偶联反应，生成红色的偶氮色素比色法测定。

2. 试剂

① 锌粉：通过 400 目筛的锌粉用 0.01mol/L HCl 和水洗净、干燥。

② 显色剂：称取 1.0g 对氨基苯磺酸、0.1g α-萘胺、8.9g 酒石酸，于研钵中研磨混匀，盛于棕色瓶保存。

③ 300g/L 氯化铵溶液。

④ 氯化钾-盐酸缓冲溶液（pH 1.8）：在 50mL 0.2mol/L KCl 溶液中，加入 16.6mL 0.2mol/L HCl 溶液，加水稀释至 200mL，混匀。

⑤ 硝酸钾标准溶液：准确称取 3.6090g 经 105～110℃烘 4h 的 KNO_3 溶于水，转入 500mL 容量瓶中，加水稀释至刻度，充分摇匀。吸取此溶液 10mL，置入 1000mL 容量瓶中，加水稀释至刻度，摇匀。1mL 该溶液中含有 0.0100mg 硝酸盐氮，含 0.0443mg NO_3^-。

3. 操作

① 标准曲线的绘制：吸取 0mL、0.2mL、0.4mL、0.6mL、0.8mL、1.0mL 0.0100mg/mL 硝酸盐氮标准溶液，分别移入 100mL 三角瓶中，各加水至总体积 25mL。加 1mL 300g/L NH_4Cl 溶液和 1mL 氯化钾-盐酸缓冲溶液，摇匀，加约 0.2g 锌粉，摇动 4～5 次，放置 10min。用干滤纸将溶液全部过滤。向滤液中加入约 60mg 显色剂使其溶解混匀，放置 30min。用 1cm 比色皿于波长 520nm 处测定吸光度，并绘制标准曲线。

② 水样的测定：吸取水样 25mL 于 100mL 具塞的三角瓶中，以下从"加入 1mL 300g/L NH_4Cl 溶液……"起，按标准曲线的绘制操作，并从标准曲线上查得与吸光度相应的含量。

以 25mL 水代替试样作试剂空白。

4. 计算

$$硝酸盐氮含量(mg/L) = \frac{C}{V} \times 1000 - 亚硝酸盐氮含量（mg/L）$$

式中　C——从标准曲线上查得水样含硝酸盐氮的量，mg；

　　　V——吸取水样体积，mL。

5. 讨论

① 滤液中如混入锌粉则影响亚硝酸与显色剂的显色。因此，要用紧密滤纸

过滤，以使锌粉全部分离出去。

② 溶液的显色温度在 15～30℃，最好控制在 20℃ 左右，则显色反应较好，且在 20～80min 内颜色稳定。

③ NH₄Cl 的投入量为 0.2g 以上。还原的适宜 pH，以 pH 3.0～3.5 为好。在此 pH 范围内，其还原率约为 80%。

④ 水样所测得的吸光度，是水样原有的亚硝酸氮与硝酸盐氮还原而生成的亚硝酸盐氮的总和。要求得水样中硝酸盐氮的浓度，须减去亚硝酸氮的含量，即测定中不加锌粉测得的为亚硝酸氮。

七、氯化物

氯化物（呈离子状态）是饮用水中一种主要无机阴离子，一般含量在3～120g/L，对人体健康无影响。但当水中含氯化钠高达 2500～5000mg/L 时，常饮用对人的味感产生迟钝和引起高血压等病。

适量的氯化钠可使黄酒口味醇和而鲜美，但若含量较多则酒质粗糙，其含量应控制在 20～60mg/L 的范围内。

测定氯化物的方法常用莫尔法。

1. 原理

水样中 Cl⁻ 与 AgNO₃ 反应生成白色氯化银沉淀，过量的 AgNO₃ 与 K₂CrO₄ 反应，形成砖红色铬酸银沉淀，以 AgNO₃ 消耗体积求得 Cl⁻ 的含量。

2. 试剂

① 50g/L 铬酸钾指示液：称取 5.0g K₂CrO₄ 溶于水并稀释至 100mL。

② 硝酸银标准溶液：称取 17g 硝酸银，溶于 1000mL 水中，贮存于棕色瓶中。

标定：准确称取 0.15g 氯化钠（预先于 500～600℃ 灼烧），置入 250mL 三角瓶中，加 100mL 水溶解，加 1mL 50g/L 铬酸钾指示剂，在强烈摇动下，用 0.1mol/L 硝酸银标准溶液滴定至砖红色。

计算公式如下：

$$AgNO_3 \text{ 浓度(mol/L)} = \frac{m}{58.45V} \times 1000$$

式中　m——氯化钠称取量，g；

　　　V——消耗硝酸银标准溶液体积，mL；

　58.45——氯化钠的摩尔质量，g/mol。

3. 测定步骤

吸取水样 25～50mL，置入 250mL 三角瓶中，加约 1mL 50g/L 铬酸钾指示剂，在强烈摇动下，用 0.1mol/L 硝酸银标准溶液滴定至砖红色。

4. 计算

$$Cl^- \text{ 浓度(mmol/L)} = \frac{cV_1}{V} \times 1000$$

$$Cl^- 浓度(g/L) = Cl^- (mmol/L) \times 0.0355$$

式中　c——$AgNO_3$ 溶液的浓度，mol/L；

　　V_1——滴定水样时消耗 $AgNO_3$ 标准溶液的体积，mL；

　　V——所取水样的体积，mL；

　0.0355——消耗 1mL 1mol/L $AgNO_3$ 标准溶液相当于氯离子的质量，g/mmol。

八、铁

天然水中的高铁常以不溶性氧化物的水化物存在；地下水往往含有低价铁的化合物，这些化合物如暴露在空气中易于氧化而成三价态、并可能水解成不溶性的水合物高铁氧化物。

$$4Fe(HCO_3)_2 + 2H_2O + O_2 \longrightarrow 4Fe(OH)_3 + 8CO_2$$
$$2Fe(OH)_3 \longrightarrow Fe_2O_3 \cdot 3H_2O(黄棕色沉淀)$$

所以含铁量超过 1mg/L 的水不宜作饮用水。

自然水中铁的浓度一般在 0.2～0.5mg/L，很少超过 1mg/L。但某些地下水和酸性地表排出的水含铁量相当高。一般水中的铁对人体健康无影响。但在黄酒酿造用水中，若含铁量过高，会影响黄酒的色泽和香味，如含铁量在 0.3mg/L 以上时呈涩味。并使成品酒呈铁腥味和粗糙的口味，但铁也是有益微生物的养料之一，若其含量在 0.02mg/L 以下，则有益无害。

铁的测定方法有原子吸收分光光度法、邻菲咯啉比色法、二氮杂菲比色法、硫氰酸钾比色法，联吡啶比色法等。

邻菲咯啉比色法简单可靠，因而得到了普遍的采用，它既可测亚铁，也可测总铁。

1. 原理

以盐酸羟胺为还原剂，将三价铁还原为二价铁。在微酸性条件下二价铁与邻菲咯啉反应生成橘红色的络合物，比色法测定。

2. 试剂

① 邻菲咯啉溶液：称取 0.12g 邻菲咯啉溶于 100mL 水中，若不溶可稍加热。

② (1+9) HCl 溶液。

③ 100g/L 盐酸羟胺溶液：称取 10g 盐酸羟胺溶于水中并稀释至 100mL。此液只能稳定数日。

④ 硫酸亚铁铵标准溶液：准确称取 0.7020g 硫酸亚铁铵 $[FeSO_4 \cdot (NH_4)_2SO_4 \cdot 6H_2O]$ 溶于 50mL 水中，加 20mL H_2SO_4 助溶，用水定容至 1000mL。此液 1mL 含 0.100mg 亚铁。吸取此液 10mL，用水定容至 100mL。该溶液 1mL 含 0.010mg Fe^{2+}。

3. 测定步骤

① 总铁的测定：分别吸取硫酸亚铁铵标准溶液 (0.010mg/L) 0mL、0.25mL、0.50mL、0.75mL、1.00mL、1.25mL、1.50mL 于 50mL 比色管中，

并加水稀释至 50mL。另取水样 50mL 于 50mL 比色管中。各管加入 1mL（1＋9）HCl 溶液、1mL 100g/L 盐酸羟胺溶液及 1mL 邻菲咯啉溶液，摇匀。在波长 510nm 处测定吸光度，绘出标准曲线，并求得试样中铁含量（mg）。

② 亚铁的测定：方法同总铁，但不加入盐酸羟胺溶液。

4. 计算

$$总铁（或亚铁）含量（mg/L）＝C×\frac{1}{50}×1000$$

式中　C——50mL 水样中铁的含量，mg；

　　　50——吸取水样体积，mL。

九、有机物

有机物是水源被污染的主要指标之一。其含量以高锰酸钾滴定的耗用量表示，要求在 5mg/L 以下。

1. 原理

样品中的还原物质在酸性条件下，被过量的高锰酸钾氧化，然后用草酸来分解剩余的高锰酸钾。

2. 试剂

① （1＋3）硫酸溶液：向 3 份（容积）水中缓缓加入浓硫酸 1 份，摇匀即成。

② 0.1mol/L 草酸 $\left(\frac{1}{2}H_2C_2O_4\right)$ 标准溶液：准确称取 6.3032g 草酸（$H_2C_2O_4 \cdot 2H_2O$），溶于少量水中，转入 1000mL 容量瓶中，加水至刻度。

③ 0.01mol/L 草酸 $\left(\frac{1}{2}H_2C_2O_4\right)$ 标准溶液：将 0.1mol/L 草酸 $\left(\frac{1}{2}H_2C_2O_4\right)$ 标准溶液准确稀释 10 倍。

④ 0.1mol/L 高锰酸钾 $\left(\frac{1}{5}KMnO_4\right)$ 标准溶液：称取 3.16g KMnO₄，溶于 1L 水中，立即煮沸 10～15min，加塞静置 7～10 天。然后小心用虹吸法将上部澄清液移入棕色瓶中保存。

⑤ 0.01mol/L 高锰酸钾 $\left(\frac{1}{5}KMnO_4\right)$ 标准溶液：将 0.1mol/L 高锰酸钾 $\left(\frac{1}{5}KMnO_4\right)$ 溶液稀释 10 倍。

标定：于 250mL 三角瓶中注 100mL 水，加 5mL（1＋3）H_2SO_4 溶液，然后用吸液管加入 10mL 0.01mol/L 草酸 $\left(\frac{1}{2}H_2C_2O_4\right)$ 标准溶液，在石棉网上加热煮沸 5min，以 0.01mol/L 高锰酸钾 $\left(\frac{1}{5}KMnO_4\right)$ 标准溶液滴定至浅红色为终点。记录消耗高锰酸钾标准液的体积（V）。

计算公式如下：

$$c\left(\frac{1}{5}KMnO_4, mol/L\right) = 10 \times 0.01 \times \frac{1}{V}$$

3. 测定步骤

吸取适量（25～50mL 或 50～100mL）水样于 250mL 三角瓶中，加水至 100mL，加 5mL（1+3）H_2SO_4 溶液，摇匀后用滴定管加入 10mL 0.01mol/L 高锰酸钾$\left(\frac{1}{5}KMnO_4\right)$标准溶液，在石棉网上大火加热迅速至沸并准确地保持 5min（此后煮沸的水样必须仍为红色，倘若溶液颜色消失，即表明有机物含量过多，遇此情形需将水样稀释后再做）。

取下三角瓶，立即加入 10mL 0.01mol/L 草酸$\left(\frac{1}{2}H_2C_2O_4\right)$标准溶液，摇匀。此后溶液应为无色。准确用 0.01mol/L 高锰酸钾$\left(\frac{1}{5}KMnO_4\right)$标准溶液滴完至浅红色为止，记录高锰酸钾溶液用量。同时做空白试验。

4. 计算

$$耗氧量(以 O_2 计, mg/L) = (V_1 - V_2) \times c \times 5 \times 8 \times \frac{1}{V} \times 1000$$

或

$$耗氧量(以 KMnO_4 计, mg/L) = (V_1 - V_2) \times c \times 31.6 \times \frac{1}{V} \times 1000$$

式中 V——水样用量，mL；

     V_1——水样滴定时消耗高锰酸钾标准溶液的总体积，mL；

     V_2——空白滴定时消耗高锰酸钾标准溶液的总体积，mL；

     c——高锰酸钾标准溶液的浓度，mol/L；

     8——消耗 1mL 1mol/L 高锰酸钾$\left(\frac{1}{5}KMnO_4\right)$标准溶液相当于氧的质量，

        mg/mmol；

     31.6——消耗 1mL 1mol/L 高锰酸钾$\left(\frac{1}{5}KMnO_4\right)$标准溶液相当于高锰酸钾

        的质量，mg/mmol。

5. 讨论

① 采用本法测定水样中的耗氧量，随氧化条件而变化。必须要严格按照规定条件进行操作，才能得出较为准确的相对值。

② 上述方法，当水样中氯化物含量过多（300mg/L 以上）时，对反应有严重的干扰。因氯化物能与硫酸起作用生成盐酸，再被高锰酸钾所氧化，这样就过多地消耗了高锰酸钾，而使还原物氧化不完全：

$$2NaCl + H_2SO_4 \longrightarrow Na_2SO_4 + 2HCl$$
$$2KMnO_4 + 16HCl \longrightarrow 2KCl + 2MnCl_2 + 8H_2O + 5Cl_2 \uparrow$$

若为此种情况，水样应先加水稀释，使氯化物浓度降低，或用 0.5mL 500g/

L NaOH 溶液将水样调至碱性后进行测定。

③ 采集的水样要立即进行测定。在不得已的情况下，可加入数滴硫酸铜，以抑制微生物对有机物的分解。由于水样中所含还原性物质的种类不同，当水样在室温下放置 7 天时，可使耗氧量降低 10％～20％。

第五节　半成品分析

传统工艺以感官检查和品尝为依据来决定开耙时间、调整保温或降温措施、确定发酵周期，其内容为：观察发酵醪的翻腾、起泡状况、升温速度及品尝醪的香味。新工艺则除注意上述项目外，还测定醪的品温，并进行各项主要成分的分析，以便于及时判断和控制发酵进程。通常，需每天取样测定发酵醪的酒精体积分数和酸度，以判断发酵是否正常；必要时，还检查发酵醪的糖度，以判断发酵异常的原因。例如，前发酵期正常醪的酒精体积分数及总酸含量变化情况，如表 4-3 所示。

表 4-3　前发酵期正常醪的酒精体积分数及总酸含量的变化

发酵时间/h	24	48	72	96
酒精体积分数/％	＞7.5	＞9.5	＞12	＞14.5
总酸含量/(g/100mL)	＜0.25	＜0.25	＜0.28	＜0.35

后发酵期发酵速度缓慢，糟粕逐渐下沉，液面呈静止的暗褐色状，取上清酒液观察时，其澄清度逐次提高，色泽黄亮，酒味逐渐增浓，但口感清爽，无异杂气味。通常，每 5 天左右进行一次感官检查，并分析糖、酒精、酸含量。在榨酒前，也检查一次。

一、总糖

同成品中总糖的测定（二）。

二、酒精度

同成品中酒精度的测定。

三、总酸

同第二节米浆水中总酸测定。

第六节　成品分析

一、总糖

（一）廉-爱农法

适用于甜酒和半甜酒。

1. 原理

斐林溶液与还原糖共沸，生成氧化亚铜沉淀。以亚甲基蓝为指示剂，用试样水解液滴定沸腾状态的斐林溶液。达到终点时，稍微过量的还原糖将亚甲基蓝还原成无色为终点，依据试样水解液的消耗体积，计算总糖含量。

2. 试剂

① 斐林甲液：称取 69.28g 硫酸铜（$CuSO_4 \cdot 5H_2O$），加水溶解并稀释至 1000mL。

② 斐林乙液：称取 346g 酒石酸钾钠及 100g NaOH，加水溶解并稀释至 1000mL。

③ 2.5g/L 葡萄糖标准溶液：称取 2.5000g 经 103～105℃烘干至恒重的无水葡萄糖（准确至 0.0002g），加水溶解，并加 5mL 浓盐酸，再用水定容至 1000mL。

④ 10g/L 亚甲基蓝指示剂：称取 1.0g 亚甲基蓝，加水溶解并稀释至 100mL。

⑤ （1+1）HCl 溶液：量取 50mL 浓盐酸，加水稀释至 100mL。

⑥ 1g/L 甲基红指示剂：称取 0.10g 甲基红，溶于乙醇并稀释至 100mL。

⑦ 200g/L NaOH 溶液：称取 20g NaOH，溶于水并稀释至 100mL。

3. 测定步骤

① 标定斐林溶液的预滴定：吸取 5mL 斐林甲液、5mL 乙液于 250mL 三角瓶中，加 30mL 水，混合后置于电炉上加热至沸腾。滴入葡萄糖标准溶液，保持沸腾，待试液蓝色即将消失时，加入 2 滴亚甲基蓝指示剂，继续用葡萄糖标准溶液滴定至蓝色消失为终点。记录消耗葡萄糖标准溶液的体积。

② 斐林溶液的标定：吸取 5mL 斐林甲液、5mL 乙液于 250mL 锥形瓶中，加 30mL 水。混匀后，加入比预滴定体积少 1mL 的葡萄糖标准溶液，置于电炉上加热至沸，保持沸腾 2min，加入 2 滴亚甲基蓝指示剂，继续用葡萄糖标准溶液滴定至蓝色刚好消失为终点，并记录消耗葡萄糖标准溶液的总体积。全部滴定操作需在 3min 内完成。

斐林溶液的浓度计算：

$$F = \frac{m}{1000} \times V_1$$

式中　F——斐林甲液、乙液各 5mL 相当于葡萄糖的质量，g；

　　　m——称取葡萄糖的质量，g；

　　　V_1——正式标定时，消耗葡萄糖标准溶液的总体积，mL。

③ 试样的测定：吸取 2～10mL 试样（控制水解液总糖量为 1～2g/L）于 500mL 容量瓶中，加 50mL 水和 5mL（1+1）HCl 溶液，在 68～70℃水浴中加热 15min。冷却后，加入 2 滴甲基红指示剂，用 200g/L NaOH 溶液中和至红色消失（近似于中性）。加水定容至刻度，摇匀，用滤纸过滤后备用。

测定时，以试样水解液代替葡萄糖标准溶液，同上操作。同一试样的两次滴定结果之差，不得超过 0.1mL。

4. 计算

$$总糖含量(g/L) = 500F \times \frac{1}{V_2} \times \frac{1}{V_3} \times 1000$$

式中　F——斐林甲液、乙液各 5mL 相当于葡萄糖的质量，g；

V_2——滴定时消耗试样稀释液的体积，mL；

V_3——吸取试样的体积，mL。

（二）亚铁氰化钾滴定法

适用于干黄酒和半干黄酒。

1. 原理

斐林溶液与还原糖共沸，在碱性溶液中将铜离子还原成亚铜离子，并与溶液中的亚铁氰化钾络合而呈黄色。以亚甲基蓝为指示剂，达到终点时，稍微过量的还原糖将亚甲基蓝还原成无色为终点。依据试样水解液的消耗体积，计算总糖含量。

2. 试剂

① 斐林甲液：称取 15.0g 硫酸铜（$CuSO_4 \cdot 5H_2O$）及 0.05g 亚甲基蓝，加水溶解并稀释至 1000mL。

② 斐林乙液：称取 50g 酒石酸钾钠、54g 氢氧化钠、4g 亚铁氰化钾。加水溶解并稀释至 1000mL。

③ 1g/L 葡萄糖标准溶液：称取 1.0000g 经 103～105℃ 烘干至恒重的无水葡萄糖加水溶解，并加 5mL 浓盐酸，用水定容至 1000mL。

3. 测定步骤

① 空白试验：吸取 5mL 斐林甲液、5mL 斐林乙液溶液于 100mL 三角瓶中，加入 9mL 葡萄糖标准溶液，混匀后置于电炉上加热，在 2min 内沸腾，然后以 4～5s 1 滴的速度继续滴入葡萄糖标准溶液，直至蓝色消失立即呈现黄色为终点，记录消耗葡萄糖标准溶液的总量。

② 试样的测定

a. 试样水解：吸取 2～10mL 试样（控制水解液含糖量在 1～2g/L）于 100mL 容量瓶中，加 30mL 水和 5mL（1+1）HCl 溶液，在 68～70℃ 水浴中加热水解 15min。冷却后，加入 2 滴 1g/L 甲基红酒精液，用 200g/L NaOH 溶液中和至红色消失（近似于中性），加水定容至 100mL，摇匀，用滤纸过滤后，作为试样水解液备用。

b. 预滴定：吸取 5mL 斐林甲液、5mL 斐林乙液及 5mL 试样水解液于 100mL 三角瓶中，摇匀后置于电炉上加热至沸腾，用葡萄糖标准溶液滴定至终点，记录消耗葡萄糖标准溶液的体积。

c. 滴定：准确吸取 5mL 斐林甲液、5mL 斐林乙液及 5mL 试样水解液于

100mL 三角瓶中，加入比预滴定少 1mL 的葡萄糖标准溶液，摇匀后置于电炉上加热至沸腾，继续用葡萄糖标准溶液滴定至终点。记录消耗葡萄糖标准溶液的体积。同一试样的两次滴定结果之差，不得超过 0.1mL。

4. 计算

$$总糖含量(g/L) = (V_0 - V) \times c \times n \times \frac{1}{5} \times 1000$$

式中 V_0——空白试验时，消耗葡萄糖标准溶液的体积，mL；

V——试样测定时，消耗葡萄糖标准溶液的体积，mL；

c——葡萄糖标准溶液的浓度，g/mL；

5——吸取试样水解液的体积，mL；

n——试样的稀释倍数。

二、非糖固形物

1. 原理

试样经 100~105℃加热，其中的水分、乙醇等可挥发性物质被蒸发，剩余的残留物即为总固形物。总固形物减去总糖即为非糖固形物。

2. 测定步骤

吸取试样 5mL（干、半干黄酒直接取样，半甜黄酒稀释 1~2 倍后取样，甜黄酒稀释 2~6 倍后取样）于已知干燥至恒重（内放小玻棒）的蒸发皿（或直径为 50mm、高 30mm 称量瓶）中，置于沸水浴上加热蒸发，不断用小玻棒搅拌。蒸干后，连同小玻棒放入 100~105℃电热干燥箱中烘干，称量，直至恒重（两次称量之差不超过 0.001g）。同一试样的两次测定结果之差，不得超过 0.5g/L。

3. 计算

① 总固形物含量

$$总固形物含量(g/L) = (m_1 - m_2) \times n \times \frac{1}{V} \times 1000$$

式中 m_1——蒸发皿（或称量瓶）、小玻棒和试样烘干至恒重的质量，g；

m_2——蒸发皿（或称量瓶）、小玻棒烘干至恒重的质量，g；

n——试样稀释倍数；

V——吸取试样的体积，mL。

② 非糖固形物含量

$$非糖固形物含量(g/L) = X_1 - X_2$$

式中 X_1——试样中总固形物的含量，g/L；

X_2——试样中总糖含量，g/L。

三、酒精度

1. 原理

试样经过蒸馏，用酒精计测定馏出液中酒精的含量。

2. 仪器

酒精计：标准温度 20℃，分度值为 0.2。

3. 测定步骤

用容量瓶量取 20℃时试样 100mL，全部移入 500mL 蒸馏瓶中。用 100mL 水分次洗涤容量瓶，洗液并入蒸馏瓶中，加数粒玻璃珠，装上冷凝管，用 100mL 容量瓶接收馏出液（外加冰浴）。加热蒸馏，直至收集馏出液体积约 95mL 时，停止蒸馏。于水浴中冷却至约 20℃，用水定容。摇匀。倒入 100mL 量筒中，测量馏出液的温度与酒精度。按测得的实际温度和酒精度标示值查附表 1-3，换算成 20℃时的酒精度。同一试样的两次测定结果之差，不得超过 0.2% （体积分数）。

四、 pH

同酿造用水 pH 的测定。

五、总酸及氨基酸态氮

1. 原理

试样中总酸用中和法测定，氨基酸态氮用甲醛法测定。试样用标准 NaOH 溶液滴定至 pH 8.20，计算总酸，加甲醛后滴定至 pH 9.20，计算氨基酸态氮。

2. 试剂与仪器

① 甲醛溶液：36%～38%。

② 0.1mol/L NaOH 标准溶液：同原料总酸测定。

③ 酸度计或自动电位滴定仪：精度 0.02pH。

④ 磁力搅拌器。

3. 测定步骤

按使用说明校正酸度计。

吸取试样 10mL 于 150mL 烧杯中，加入 50mL 无二氧化碳的水。烧杯中放入磁力搅拌棒，置于电磁搅拌器上，开启搅拌，用 NaOH 标准溶液滴定，开始时可快速滴加 NaOH 标准溶液，当滴定至 pH 等于 7.0 时，放慢滴定速度，每次加半滴 NaOH 标准溶液，直至 pH 等于 8.20 为终点。记录消耗 0.1mol/L NaOH 标准溶液的体积 (V_1)。加入甲醛溶液 10mL，继续用 NaOH 标准溶液滴定至 pH 等于 9.20，记录加甲醛后消耗 NaOH 标准溶液的体积 (V_2)。

同时做空白试验，分别记录不加甲醛溶液及加入甲醛溶液时，空白试验消耗 NaOH 标准溶液的体积。

4. 计算

$$总酸含量(以乳酸计,g/L) = (V-V_0) \times c \times 0.090 \times \frac{1}{V_1} \times 1000$$

式中　V——测定试样时，消耗 NaOH 标准溶液的体积，mL；

V_0——空白试验时，消耗 NaOH 标准溶液的体积，mL；

c——NaOH 标准溶液的浓度，mol/L；

0.090——消耗 1mL 1mol/L NaOH 标准溶液相当于乳酸的克数，g/mmol；

V_1——吸取试样的体积，mL。

试样中氨基酸态氮含量计算公式如下：

$$试样中氨基酸态氮含量(g/L)=(V_2-V_3)\times c\times 0.014\times \frac{1}{V_1}\times 1000$$

式中　V_2——加甲醛后，测定试样时消耗 NaOH 标准溶液的体积，mL；

V_3——加甲醛后，空白试验时消耗 NaOH 标准溶液的体积，mL；

c——NaOH 标准溶液的浓度，mol/L；

0.014——消耗 1mL 1mol/L NaOH 标准溶液相当于氮的质量，g/mmol；

V_1——吸取试样的体积，mL。

六、氧化钙

(一) 原子吸收分光光度法

1. 原理

试样经火焰燃烧产生原子蒸气，通过从光源辐射出待测元素具有特征波长的光，被蒸气中待测元素的基态原子吸收，吸收程度与火焰中元素浓度的关系符合比耳定律。

2. 试剂与仪器

① 浓硝酸：优级纯（GR）。

② 浓盐酸：优级纯（GR）。

③ 50g/L 氯化镧溶液：称取 5.0g 氯化镧，加去离子水溶解，并稀释至 100mL。

④ 钙标准贮备液（100μg/mL）：准确称取 0.250g 于 105～110℃干燥至恒重的碳酸钙，用 10mL 浓盐酸溶解后，移入 1000mL 容量瓶中，用去离子水定容。

⑤ 钙标准使用液：分别吸取 0mL、1mL、2mL、4mL、8mL 钙标准贮备液于 5 个 100mL 容量瓶中，各加 10mL 氯化镧溶液和 1mL 浓硝酸，用去离子水定容，此溶液每毫升分别相当于 0μg、1μg、2μg、4μg、8μg 钙。

⑥ 原子吸收分光光度计：测定波长为 422.7nm，狭缝宽度为 0.7nm，空气-乙炔火焰，灯电流为 10mA。

⑦ 高压釜：50mL，带聚四氟乙烯内套。

3. 测定步骤

① 试样的处理：准确吸取 2～5mL 试样于 50mL 聚四氟乙烯内套的高压釜中，加入 4mL 浓硝酸，置于 120℃电热干燥箱内，加热消解 4～6h。冷却后转移至 500mL 容量瓶中，加 5mL 氯化镧溶液，用去离子水定容，摇匀。同时做空白试验。

② 测定：将钙标准使用液、试剂空白溶液和处理后的试样液依次导入火焰中进行测定，记录其吸光度。以标准溶液的钙含量与对应的吸光度绘制标准曲线（或用回归方程计算）。

分别以试剂空白和试样液的吸光度，从标准工作曲线中查出钙含量（或用回归方程计算）。

4. 计算

$$氧化钙含量(g/L) = (A - A_0) \times V_2 \times \frac{1}{V_1} \times 1.4 \times \frac{1}{1000} \times \frac{1}{1000} \times 1000$$

式中　A——从标准工作曲线中查出（或用回归方程计算）试样液中钙的含量，μg；

　　　A_0——从标准工作曲线中查出（或用回归方程计算）试剂空白中钙的含量，μg；

　　　V_2——试样稀释后的总体积，mL；

　　　1.4——钙与氧化钙的换算系数；

　　　V_1——吸取试样的体积，mL。

（二）高锰酸钾滴定法

1. 原理

试样中的钙离子与草酸铵反应生成草酸钙沉淀。将沉淀过滤，洗涤后，用硫酸溶解，再用高锰酸钾标准溶液滴定草酸根，根据高锰酸钾溶液的消耗量计算试样中氧化钙的含量。

2. 试剂

① 1g/L 甲基橙指示剂：称取 0.10g 甲基橙，用水溶解并稀释至 100mL。

② 饱和草酸铵溶液。

③ （1+10）氢氧化铵溶液。

④ （1+3）硫酸溶液。

⑤ 0.1mol/L 高锰酸钾$\left(\frac{1}{5}KMnO_4\right)$标准溶液：称取 3.3g 高锰酸钾，溶于 1050mL 水中，缓缓煮沸 15min，冷却后于 4 号玻璃漏斗过滤于干燥的棕色瓶中。

标定：准确称取 0.2g 于 105～110℃烘至恒重的基准草酸钠（准确至0.0002g）。溶于 100mL 硫酸溶液（8+92）中，加热至 70～80℃，趁热用高锰酸钾溶液滴定至溶液呈粉红色并保持 30s。同时做空白试验。

计算公式如下：

$$c = \frac{m}{(V_1 - V_2) \times 0.06700}$$

式中　c——高锰酸钾标准溶液的浓度，mol/L$\left(\frac{1}{5}KMnO_4\right)$；

　　　m——称取草酸钠的质量，g；

V_1——标定时消耗高锰酸钾溶液的体积，mL；

V_2——空白试验消耗高锰酸钾溶液的体积，mL；

0.06700——1mL 1mol/L 高锰酸钾$\left(\frac{1}{5}KMnO_4\right)$标准溶液相当于草酸钠的质量，g/mmol。

临用前，将标定过的 0.1mol/L 高锰酸钾标准溶液准确稀释 10 倍。

3. 测定步骤

吸取 25mL 试样于 400mL 烧杯中，加 50mL 水，再依次加入 3 滴甲基橙指示剂，加 2mL 浓硫酸，30mL 饱和草酸铵溶液，加热煮沸，搅拌，逐滴加入氢氧化铵溶液直至试液变为黄色。

将上述烧杯置于约 40℃ 温热处保温 2～3h，用玻璃漏斗和滤纸过滤，用500mL（1+10）氢氧化铵溶液分数次洗涤沉淀，直至无氯离子（经硝酸酸化，用硝酸银检验）。将沉淀及滤纸小心从玻璃漏斗中取出，放入烧杯中，加 100mL沸水和 25mL（1+3）硫酸溶液，加热，保持 60～80℃ 使沉淀完全溶解。用高锰酸钾标准溶液滴定至微红色并保持 30s 为终点。记录消耗的高锰酸钾标准溶液的体积。同时用 25mL 水代替试样做空白试验，记录消耗高锰酸钾标准溶液的体积。

4. 计算

$$氧化钙含量(g/L) = (V_1 - V_0) \times c \times 0.0280 \times \frac{1}{V_2} \times 1000$$

式中　V_1——测定试样时，消耗 0.01mol/L 高锰酸钾$\left(\frac{1}{5}KMnO_4\right)$标准溶液的体积，mL；

V_0——空白试验时，消耗 0.01mol/L 高锰酸钾$\left(\frac{1}{5}KMnO_4\right)$标准溶液的体积，mL；

c——高锰酸钾$\left(\frac{1}{5}KMnO_4\right)$标准溶液的浓度，mol/L；

0.0280——1mL 1mol/L 高锰酸钾$\left(\frac{1}{5}KMnO_4\right)$标准溶液相当于氧化钙的质量，g/mmol；

V_2——吸取试样的体积，mL。

（三）EDTA 滴定法

1. 原理

用氢氧化钾溶液调整试样的 pH 至 12 以上。以盐酸羟胺、三乙醇胺和硫化钠作掩蔽剂，排除锰、铁、铜等离子的干扰。在过量 EDTA 存在下，用钙标准溶液进行反滴定。

2. 试剂

① 钙指示剂：称取 1.00g 钙羧酸[2-羟基-1-(2-羟基-4-磺基-1-萘偶氮)-3-萘

甲酸〕指示剂和干燥研细的 100g 氯化钠于研钵中，充分研磨呈紫红色的均匀粉末，置于棕色瓶中保存。

② 100g/L 氯化镁溶液：称取氯化镁 100g，溶解于 1000mL 水中。

③ 10g/L 盐酸羟胺溶液：称取盐酸羟胺 10g，溶解于 1000mL 水中。

④ 500g/L 三乙醇胺溶液：称取三乙醇胺 500g，溶解于 1000mL 水中。

⑤ 50g/L 硫化钠溶液：称取硫化钠 50g，溶解于 1000mL 水中。

⑥ 5mol/L 氢氧化钾：称取氢氧化钾 280g，溶解于 1000mL 水中。

⑦ 1mol/L 氢氧化钾：吸取 20mL 5mol/L 氢氧化钾溶液，用水稀释至 100mL。

⑧ (1+4) HCl 溶液：1 体积浓盐酸加 4 体积水。

⑨ 0.01mol/L 钙标准溶液：准确称取 1.0000g 于 105℃烘干至恒重的基准级碳酸钙于小烧杯中，加 50mL 水，用 (1+4) HCl 溶液使之溶解，煮沸，冷却至室温。用 1mol/L 氢氧化钾溶液中和至 pH 6～8，用水定容至 1000mL。

⑩ 0.02mol/L EDTA 溶液：称取 7.44g EDTA-Na$_2$（乙二胺四乙酸二钠）溶于 1000mL 水中。

3. 测定步骤

准确吸取 2～5mL 试样（视试样中钙含量的高低而定）于 250mL 锥形瓶中，加水 50mL，依次加入 1mL 100g/L 氯化镁溶液、1mL 10g/L 盐酸羟胺溶液、0.5mL 500g/L 三乙醇胺溶液、0.5mL 50g/L 硫化钠溶液，摇匀，加 5mL 5mol/L 氢氧化钾溶液，再准确加入 5mL 0.02mol/L EDTA 溶液、一小勺钙指示剂（约 0.1g），摇匀，用 0.01mol/L 钙标准溶液滴定至蓝色消失并出现酒红色为终点。记录消耗钙标准溶液的体积。

同时以水代替试样做空白试验，记录消耗钙标准溶液的体积。

4. 计算

$$氧化钙含量(g/L) = (V_0 - V_1) \times c \times 0.0561 \times \frac{1}{V} \times 1000$$

式中　c——钙标准溶液的浓度，mol/L；

　　　V_0——空白试验时，消耗钙标准溶液的体积，mL；

　　　V_1——测定试样时，消耗钙标准溶液的体积，mL；

　0.0561——毫摩尔氧化钙的质量，g/mmol；

　　　V——吸取试样的体积，mL。

七、β-苯乙醇

1. 原理

试样被气化后，随同载气进入色谱柱。利用被测各组分在气、液两相中具有不同的分配系数，在柱内形成迁移速度的差异而得到分离。分离后的组分先后流出色谱柱，进入氢火焰离子化检测器中被检测，依据色谱图各组分的保留值与标样作对照定性，利用峰面积，按内标法定量。

2. 试剂与仪器

① 15％（体积分数）乙醇溶液：吸取 15mL 乙醇（色谱纯），加水稀释至 100mL。

② 2％（体积分数）β-苯乙醇标准溶液：吸取 2mL β-苯乙醇（色谱纯），用 15％（体积分数）乙醇溶液定容至 100mL。

③ 2％（体积分数）2-乙基正丁酸内标溶液：吸取 2mL 2-乙基正丁酸（色谱纯），用 15％（体积分数）乙醇溶液定容至 100mL。

④ 气相色谱仪：配有氢火焰离子化检测器（FID）。

毛细管色谱柱：PEG 20M，柱长 25～30m，内径 0.32mm。或同等分析效果的其他色谱柱。

色谱条件如下。

载气：高纯氮。

气化室温度：230℃。

检测器温度：250℃。

柱温（PEG20M 毛细管色谱柱）：在 50℃恒温 2min 后，以 5℃/min 的速度升温至 200℃，继续恒温 10min。

载气、氢气、空气的流速：随仪器而异，应通过试验选择最佳操作流速，使 β-苯乙醇、内标峰与酒样中其他组分峰获得完全分离。

3. 测定步骤

① 标样 f 值的测定：吸取 1mL 2％（体积分数）的 β-苯乙醇标准溶液，移入 100mL 容量瓶中，加入 1mL 2％（体积分数）的内标溶液，用 15％（体积分数）乙醇溶液定容。此溶液中 β-苯乙醇和内标的浓度均为 0.02％（体积分数）。进样分析，记录 β-苯乙醇峰和内标峰的保留时间及其峰面积。

β-苯乙醇的相对校正因子 f 值计算：

$$f = \frac{A_1}{A_2} \times \frac{d_2}{d_1}$$

式中　f——β-苯乙醇的相对校正因子；

　　　A_1——测定标样 f 值时内标的峰面积；

　　　A_2——测定标样 f 值时 β-苯乙醇的峰面积；

　　　d_2——β-苯乙醇的相对密度；

　　　d_1——内标物的相对密度。

② 试样的测定：吸取试样 10mL 于 10mL 容量瓶中，加入 0.1mL 2％（体积分数）的内标溶液，用试样定容。混匀后，与测定 f 值相同的条件下进样。依据保留时间确定 β-苯乙醇和内标色谱峰的位置，并测峰面积，计算出试样中 β-苯乙醇的含量。

4. 计算

$$\beta\text{-苯乙醇含量}(\mathrm{mg/L}) = \frac{A_3}{A_4} \times f \times m \times \frac{1}{10} \times 1000$$

式中　f——β-苯乙醇相对校正因子；

　　　A_3——试样中 β-乙醇的峰面积；

　　　A_4——添加于试样中内标的峰面积；

　　　m——试样中添加内标的量，mg。

八、挥发酯

1. 原理

黄酒通过蒸馏，酒中的挥发酯收集在馏出液中。先用碱中和馏出液中的挥发酸，再加入一定的碱使酯皂化，过量的碱再用酸反滴定。

2. 试剂

① 10g/L 酚酞指示剂：称取 1.0g 酚酞，溶于 100mL 乙醇中。

② 0.1mol/L HCl 标准溶液

a. 配制：量取 8.5mL 浓盐酸，缓缓注入 1000mL 水中，摇匀。

b. 标定：准确称取 0.2g 于 270～300℃灼烧至恒重的基准无水碳酸钠，置入 250mL 三角瓶中，加 50mL 水溶解，加指示剂 2 滴（1g/L 甲基橙溶液），用配制好的 HCl 溶液滴定至溶液为橙色。

计算公式如下：

$$c = \frac{m}{(V_1 - V_2) \times 0.05299}$$

式中　c——HCl 标准溶液的浓度，mol/L；

　　　m——无水碳酸钠的质量，g；

　　　V_1——标定时消耗 HCl 溶液的体积，mL；

　　　V_2——空白试验消耗 HCl 溶液的体积，mL；

　0.05299——消耗 1mL 1mol/L HCl 标准溶液相当于无水碳酸钠的质量，g/mmol。

③ 0.1mol/L NaOH 标准溶液：同总酸测定。

3. 测定步骤

吸取测定酒精度的馏出液 50mL 于 250mL 锥形瓶中，加入 2 滴酚酞指示剂，以 0.1mol/L NaOH 标准溶液滴至微红色，再准确加入 25mL 0.1mol/L NaOH 标准溶液，摇匀，装上冷凝管，于沸水中回流 30min，取下，冷却至室温。然后再准确加入 25mL 0.1mol/L HCl 标准溶液，摇匀，用 0.1mol/L NaOH 标准溶液滴定至微红色，30s 内不消失为止，记录消耗 NaOH 标准溶液的体积。

4. 计算

$$\text{挥发酯含量}(\mathrm{g/L}) = [(25+V) \times c_1 - 25 \times c_2] \times 0.088 \times \frac{1}{50} \times 1000$$

式中 c_1——NaOH 标准溶液浓度，mol/L；

c_2——HCl 标准溶液浓度，mol/L；

V——滴定剩余 HCl 所耗用的 NaOH 标准溶液的体积，mL；

0.088——消耗 1mL 1mol/L NaOH 标准溶液相当于乙酸乙酯的质量，g/mmol。

九、六六六、滴滴涕残留量

同啤酒中六六六、滴滴涕残留量测定。

十、铅

冈啤酒中铅的测定。

十一、甜味剂（乙酰磺胺酸钾与糖精钠）

1. 原理

采用高效液相反相 C_{18} 柱分离后，以保留时间定性，峰高或峰面积定量。

2. 试剂与仪器

（1）0.02mol/L 硫酸铵溶液　称取 2.642g 硫酸铵，溶于水并稀释至 1000mL。

（2）乙酰磺胺酸钾、糖精钠标准溶液　准确称取 0.1000g 乙酰磺胺酸钾（安赛密）、0.1000g 糖精钠，用流动相溶解后，定容至 100mL。取 2mL 标准溶液，用流动相稀释定容至 50mL。然后分别吸取 1mL、2mL、3mL、4mL、5mL，再用流动相稀释定容至 10mL，即得乙酰磺胺酸钾、糖精钠混合液浓度分别为 $4\mu g/mL$、$8\mu g/mL$、$12\mu g/mL$、$16\mu g/mL$、$20\mu g/mL$。

（3）流动相　0.02mol/L 硫酸铵溶液（740～800）＋甲醇（170～150）＋乙腈（90～50）＋10%硫酸溶液 1mL。

（4）中性氧化铅柱　层析用，100～200 目。可用 10mL 注射器筒代替，内装 3cm 高的中性氧化铝。

（5）高效液相色谱仪　分析柱：Spherisorb C_{18} 柱，4.6mm×150mm，粒度 $5\mu m$。波长 214nm 紫外检测器。流动相流速 0.7mL/min。

3. 测定步骤

（1）试样处理　吸取 2.5mL 试样，加水约 20mL，混匀后离心 15min（4000r/min），将上清液全部注入氧化铝层析柱，待水溶液流至柱表面时，用流动相洗脱，收集洗脱液 25mL，混匀后，超声脱气，为分析用试液。

（2）标准曲线的绘制　分别进样 10μL 标准系列溶液，以峰面积为纵坐标，以乙酰磺胺酸钾、糖精钠含量为横坐标绘制标准曲线。

（3）计算　取 10μL 处理后试样溶液进样分析，求得峰面积，并从标准曲线中求得乙酰磺胺酸钾、糖精钠的含量。

4. 计算

$$x = \frac{cxV}{m} \times \frac{1000}{1000}$$

式中　x——试样中乙酰磺胺酸钾、糖精钠的含量，mg/L；

　　　c——由标准曲线上查得进样液中乙酰磺胺酸钾，糖精钠的量，$\mu g/mL$；

　　　V——试样稀释总体积，mL；

　　　m——试样取样量，mL。

本试验可同时测定咖啡因和天冬酰苯丙氨酸甲酯。

第五章　酒精生产分析检验

第一节　淀粉原料分析

一、水分

水分测定是淀粉质原料分析中最基本的检测项目之一，水分含量是衡量原料质量和利用价值的重要指标。原料中水分含量的高低，对于它们的品质和保存，进行成本核算，提高企业的经济效益等均有重要意义。

测定水分的方法通常有：干燥法、水分快速测定仪法。其中干燥法又分为常压烘箱干燥法和红外线干燥法。

（一）常压烘箱干燥法

1. 原理

试样经磨碎、混匀后，在常压 103℃±2℃ 的恒温干燥箱内加热至恒重。根据加热前后的质量差计算水分的含量。

2. 仪器

鼓风电热干燥箱。

3. 测定步骤

准确称取 2~5g 粉碎并通过 40 目筛后的均匀样品，置于已干燥、冷却并恒重的称量瓶中，移入 103℃±2℃ 的鼓风电热干燥箱内，开盖干燥 2~3h 后，加盖取出。在干燥器内冷却 30min，称量。再置于 103℃±2℃ 的鼓风电热干燥箱内，加热 1h，加盖取出，在干燥器内冷却，称量。重复此操作，直至连续两次称量之差不超过 0.002g，即为恒重，以最小称量值为准。

4. 计算

$$水分含量 = \frac{m_1 - m_2}{m} \times 100\%$$

式中　m_1——试样和称量瓶烘烤前的质量，g；

$\quad\quad m_2$——试样和称量瓶烘烤后恒重时的质量，g；

$\quad\quad m$——试样的质量，g。

5. 讨论

干燥器内一般用变色硅胶作干燥剂，当硅胶蓝色减退或变成红色时，应用烘箱烘至蓝色后再使用。

（二）红外线干燥法

1. 原理

以红外线灯泡作为加热源，使水分蒸发，根据干燥前后的质量差计算水分的含量。

2. 仪器

红外线干燥箱或自制的红外线加热装置。

3. 操作步骤

取一定量的样品放在培养皿（或表面皿）上摊平，或依据所用仪器使用说明书进行测定。

若为一般的红外线干燥箱，准确取样 5g 左右放在已恒重的培养皿（连同玻璃棒）上，摊平，再放入红外线干燥装置中干燥 15min（干燥过程中用玻璃棒翻动试样 2 次）。取出，置于干燥器中冷却 30min，连同玻璃棒一起称量。

4. 计算

同常压烘箱干燥法。

5. 讨论

调节灯泡高度时，开始要低，中途再升高，这样可防止试样分解。

（三）水分快速测定仪法

1. 原理

利用红外线作为加热源来加热样品，使样品中的水分快速蒸发，直接读取样品中水分的含量。

2. 仪器

MA45 水分快速测定仪。

3. 测定步骤

按电源开关键开机，选择加热程序，并用确认键确认，按清除键退出程序选择菜单，翻开上盖，放好样品盘，选择除皮功能并按确认键除皮，加入待测过 40 目筛的样品 5～15g，盖上上盖，测量将自动开始进行加热，并随时显示样品中水分的测量结果，直至结束。

4. 计算

从仪器上直接读取样品中的水分含量。

5. 讨论

① 干燥温度设置在 80～100℃之间。

② 往样品盘上铺上薄且平的样品，高度 2～5mm，否则，样品没有铺平会导致散热不均匀，干燥不充分或测量时间延长。

③ 仪器操作简单且测定时间短，仅需 10min 左右，因此常用这种测定方法取代其他方法。在这种情况下，应调整设置以得到与所取代的标准方法相一致的

结果。

④ 水分测定仪有多种型号，操作时请参照对应的使用说明书。

二、淀粉

淀粉是利用淀粉质原料生产酒精的物质基础，它经过微生物（或酶）的作用产生可发酵性糖，与其自身含有的还原糖一起经过酵母发酵产生酒精，因此，原料中淀粉含量的多少，是酒精原料的主要的质量指标，通过淀粉含量的分析，可以计算淀粉出酒率和淀粉利用率，从而指导生产。

淀粉测定的方法很多，主要有酸水解法、酶水解法、旋光法和酶-比色法，其中前两种方法是将淀粉水解为单糖后，利用单糖的还原性进行测定。

（一）酸水解法

1. 原理

淀粉经盐酸溶液在加热的条件下，水解为葡萄糖。将一定量的斐林试剂甲液、乙液等体积混合，硫酸铜与 NaOH 作用，生成天蓝色的氢氧化铜沉淀，立即与酒石酸钾钠起反应，生成可溶性酒石酸钾钠铜络合物。在加热沸腾的条件下，以亚甲基蓝作为指示剂，样液中的还原糖与酒石酸钾钠铜反应，生成红色的氧化亚铜沉淀，达到终点时稍过量的还原糖把亚甲基蓝还原，溶液由蓝色变为无色，即为滴定终点。根据样液消耗量可计算出还原糖含量，然后折算成淀粉的含量。

2. 试剂

① 2%（质量分数）HCl 溶液：吸取 4.5mL 浓盐酸（相对密度为 1.19），缓慢倒入适量水中，并用水稀释至 100mL。

② 200g/L NaOH 溶液。

③ 10g/L 亚甲基蓝指示剂。

④ 2.5g/L 葡萄糖标准溶液：准确称取 2.5000g 已在 105～110℃烘箱内烘干 3h、并在干燥器中冷却的无水葡萄糖，用水溶解，加约 5mL 浓盐酸（防腐），并用水定容至 1000mL。

⑤ 斐林试剂

a. 甲液：称取 34.639g 硫酸铜（$CuSO_4 \cdot 5H_2O$），用适量水溶解，并用水稀释至 500mL。

b. 乙液：称取 173g 酒石酸钾钠，50g NaOH，加适量水溶解，并稀释至 500mL，贮存于橡皮塞玻璃瓶中。

c. 标定

ⓐ 预备试验：吸取斐林甲液、乙液各 5mL 于 250mL 三角瓶中，加 20mL 水，摇匀，在电炉上加热沸腾，加 2 滴亚甲基蓝指示剂，在沸腾状态下用制备好的葡萄糖标准溶液滴定至溶液蓝色消失，记录消耗的葡萄糖标准溶液的体积。

ⓑ 正式试验：吸取斐林甲液、乙液各 5mL 于 250mL 三角瓶中，加 20mL 水和比预备试验少 1mL 的葡萄糖标准溶液，加热至沸，并保持微沸 2min，加 2 滴亚甲基蓝指示剂，在沸腾状态下于 1min 内用葡萄糖标准溶液滴定至溶液蓝色刚好消失，即为终点。记录消耗的葡萄糖标准溶液的总体积。并做平行试验。两次滴定结果之差在 0.1mL 以内。

计算公式如下：

$$F = \frac{m}{1000} \times V_0$$

式中 F——斐林甲液、乙液各 5mL 相当于葡萄糖的克数，g；

m——称取葡萄糖的质量，g；

V_0——正式试验时消耗葡萄糖标准溶液的总体积，mL。

3. 测定步骤

① 试样水解：准确称取过 40 目筛的试样 1.5～2.0g，置于 250mL 三角瓶中，加入 100mL 2%（质量分数）HCl 溶液，轻轻摇动三角瓶，将试样充分湿润。瓶口按上长约 1m 的长玻璃管，于沸水浴中回流水解 3h。取出，迅速冷却，用 200g/L NaOH 溶液中和至 pH 约为 7（用 pH 试纸检验）。然后用脱脂棉过滤，滤液用 500mL 容量瓶接收，用水充分洗涤三角瓶和残渣，洗液全部滤入容量瓶中，最后用水稀释至刻度，摇匀，备用。

② 水解糖液测定

a. 预备试验：准确吸取斐林甲液、乙液各 5mL 于 250mL 三角瓶中，加 20mL 水，摇匀，在电炉上加热至沸，加 2 滴亚甲基蓝指示剂，在沸腾状态下用制备的水解糖液滴定至溶液蓝色刚好消失，记录消耗水解糖液的体积。

b. 正式试验：吸取斐林甲液、乙液各 5mL 于 250mL 三角瓶中，加 20mL 水和比预备试验少 1mL 的水解糖液，加热至沸，并保持微沸 2min，加 2 滴亚甲基蓝指示剂，在沸腾状态下于 1min 内用水解糖液滴定至溶液蓝色刚好消失，即为终点。记录消耗水解糖液的总体积，并做平行试验。两次滴定结果之差应在 0.1mL 以内。

4. 计算

$$淀粉含量 = F \times \frac{1}{V} \times 500 \times \frac{1}{m} \times 100\% \times 0.9$$

式中 m——样品质量，g；

F——斐林甲液、乙液各 5mL 相当于葡萄糖的克数，g；

V——正式试验时，消耗水解糖液的总体积，mL；

500——样品水解糖液的总体积，mL；

0.9——葡萄糖与淀粉的换算系数。

5. 讨论

① 盐酸水解法适用于谷物、薯类原料。对含单宁较高的野生植物如橡子等

类原料,应先用醋酸铅除去单宁。因为单宁能还原斐林溶液,使测定结果偏高。

② 葡萄糖与斐林试剂的反应特别复杂,且随反应条件而变化,因此,不能根据化学反应方程式直接计算,而是用已知浓度的葡萄糖标准溶液标定的方法计算,或按编制的还原糖检索表来计算。在测定过程中要严格按照所规定的操作条件,如三角瓶规格、加热时间、滴定速度等。

③ 斐林试剂甲液、乙液应分别贮存,用时才混合,否则酒石酸钾钠铜络合物长期在碱性条件下,会缓慢分解。

④ 滴定时不能随意摇动三角瓶,更不能把三角瓶从热源上取下来滴定,以防止空气进入反应液中。

⑤ 葡萄糖与淀粉换算系数来源如下:

$$(C_6H_{10}O_5)_n + nH_2O \longrightarrow nC_6H_{12}O_6$$

淀粉相对分子质量为 $162n$,葡萄糖相对分子质量为 180,故换算系数为 $162n/180n = 0.9$,即 0.9g 淀粉水解后生成 1g 葡萄糖。

⑥ 酸水解法不仅使淀粉水解,而且也能分解半纤维素。因此,如用本法测定半纤维素含量较高的麸皮、稻壳等壳皮辅料,会产生具有还原性的木糖、阿拉伯糖,致使测得淀粉含量比实际含量偏高,故测得为粗淀粉含量。

(二) 酶水解法 (酶-酸水解法)

1. 原理

样品在糖化酶的作用下变成低分子糊精、麦芽糖等小分子物质,然后在酸性条件下水解为具有还原性的葡萄糖,最后用酸水解法中定糖的方法进行测定,计算出样品中还原糖的含量,再折算成淀粉含量。

2. 试剂

① 酶液:称取 25g 干麦芽粉,加 270mL 水和 30mL pH4.6 乙酸-乙酸钠缓冲溶液,充分搅拌,30℃下浸泡 1h,过滤,取滤液备用(应新鲜配制)。

② pH4.6 缓冲溶液:将 2mol/L 乙酸溶液(量取 59mL 冰乙酸,加水稀释至 500mL)和 2mol/L 乙酸钠溶液 [称取 136g 乙酸钠($CH_3COONa \cdot 3H_2O$),用水溶解并稀释至 500mL] 等体积混合。

③ 20%(质量分数)HCl 溶液:量取 45mL 浓盐酸,缓慢倒入适量水中,并稀释至 100mL。

④ 碘液指示剂:称取 1.3g 碘、4g 碘化钾,置于研钵中,加少量水研磨至完全溶解,用水稀释至 100mL,贮存于棕色瓶中。

吸取 10mL 碘液,加 4g 碘化钾,用水稀释至 100mL,即为碘液指示剂。

3. 测定步骤

① 试样水解:准确称取试样 3~5g,置入 250mL 三角瓶中,加 100mL 水,于沸水浴中糊化 1h。冷却至 65℃,加 20mL 酶液,于 55~60℃保温糖化 2h。取出,加热煮沸 30min,冷却至 65℃,再加 20mL 酶液,于 55~60℃保温糖化至碘液指示剂不显蓝色为止。趁热用滤纸过滤,滤液用 250mL 容量瓶接收,用水

充分洗涤残渣，冷却后用水定容至刻度。

吸取100mL滤液，置于250mL三角瓶中，加11mL 20%（质量分数）HCl溶液，于沸水浴中回流水解1h。取出，立即冷却，用200g/L NaOH溶液中和至pH大约为7，转入250mL容量瓶中，用水定容至刻度，摇匀。

② 空白试验：另取100mL酶液，置于250mL三角瓶中，加11mL 20%（质量分数）HCl溶液，于沸水浴中回流水解1h。取出，立即冷却，用200g/L NaOH溶液中和至pH大约为7，转入250mL容量瓶中，用水定容至刻度，摇匀。

③ 糖分测定：参照本节酸水解法中斐林试剂的校正和样品中的糖分测定。

4. 计算

$$淀粉含量（\%）=\left[\frac{F}{V_样}\times250\times\frac{250}{100}-\frac{F}{V_空}\times250\times\frac{40}{100}\right]\times\frac{1}{m}\times0.9$$

式中　　F——斐林甲液、乙液各5mL相当于葡萄糖的克数，g；

$V_样$，$V_空$——正式滴定时，分别消耗试样和空白水解液的体积，mL；

$250\times\dfrac{250}{100}$——试样稀释倍数；

$250\times\dfrac{40}{100}$——100mL酶液经水解后换算成试样中40mL酶液的倍数；

m——称取样品的质量，g。

5. 讨论

① 用该法测定的结果为纯淀粉含量。

② 样品水解完，用碱中和时，可加2滴甲基红指示剂，中和至红色刚好消失。

（三）旋光法

1. 原理

淀粉具有旋光性，在一定条件下旋光度的大小与淀粉的浓度成正比。用氯化钙溶液提取淀粉，使之与其他成分分离，用氯化锡沉淀提取液中的蛋白质后，测定旋光度，即可计算出淀粉含量。

2. 试剂与仪器

① 氯化钙溶液：溶解546g $CaCl_2\cdot2H_2O$ 于水中并稀释至1000mL。调整相对密度为1.30（20℃），再用16g/L醋酸调整pH为2.3～2.5，过滤后备用。

② 氯化锡溶液：溶解2.5g $SnCl_4\cdot5H_2O$ 于75mL上述氯化钙溶液中。

③ 自动旋光指示仪。

3. 测定步骤

称取2g过40目筛的样品，置于250mL烧杯中，加水10mL，搅拌使样品湿润，加入70mL氯化钙溶液，盖上表面皿，在5min内加热至沸并继续加热15min。加热时随时搅拌以防样品附在烧杯壁上。如泡沫过多可加1～2滴辛醇消泡。迅速冷却后,移入100mL容量瓶中,用氯化钙溶液洗涤烧杯上附着的样品,洗液并入容量瓶中。加5mL氯化锡溶液,用氯化锡溶液定容至刻度,混匀,过滤,弃去初滤液,收集滤液装入旋光管中,测定旋光度α。

4. 计算

$$淀粉含量 = \frac{\alpha \times 100}{L \times 203 \times m} \times 100\%$$

式中　α——旋光度读数,(°);

　　　L——旋光管长度,dm;

　　　m——样品质量,g;

　　　203——淀粉的比旋光度,(°)。

5. 讨论

① 淀粉溶液加热后,必须迅速冷却,以防止淀粉老化,形成高度晶化的不溶性淀粉分子微束。

② 淀粉的比旋光度一般按203计,但不同来源的淀粉也略有不同,如玉米、小麦淀粉为203,豆类淀粉为200。

③ 由于可溶性糖类的比旋光度(蔗糖+66.5°,葡萄糖+52.5°、果糖-92.5°)比淀粉的比旋光度低得多,其影响可忽略不计。

(四) 酶-比色法

1. 原理

淀粉在淀粉葡萄糖苷酶(AGS)催化下,最终水解为葡萄糖。葡萄糖氧化酶(GOD)在有氧条件下,催化β-D-葡萄糖(葡萄糖水溶液)氧化,生成D-葡萄糖酸-δ-内酯和过氧化氢。受过氧化酶(POD)催化,过氧化氢与4-氨基安替比林和苯酚生成红色醌亚胺。在505nm波长处,测醌亚胺的吸光度,计算样品中淀粉的含量。

$$(C_6H_{10}O_5)_n + nH_2O \xrightarrow{AGS} nC_6H_{12}O_6$$

$$C_6H_{12}O_6 + O_2 \xrightarrow{GOD} C_6H_{10}O_6 + H_2O_2$$

$$H_2O_2 + C_6H_5OH + C_{11}H_{13}N_3O \xrightarrow{POD} C_6H_5NO + H_2O$$

2. 试剂与仪器

① 组合试剂盒

1号瓶:内含淀粉葡萄糖苷酶(amyloglucosidase)200U(活力单位)、柠檬酸、柠檬酸三钠;

2号瓶:内含0.2mol/L磷酸盐缓冲液(pH 7.0)200mL,其中含4-氨基安替比林为0.00154mol/L;

3号瓶:内含0.022mol/L苯酚溶液200mL;

4号瓶:内含葡萄糖氧化酶(glucose oxidase)800U(活力单位)、过氧化氢酶(辣根、peroxidase)2000U(活力单位)。

1、2、3、4 号瓶需在 4℃左右保存。

② 酶试剂溶液

a. 将 1 号瓶中的物质用水溶解，使其体积为 66mL。轻轻摇动（勿剧烈摇动），使酶完全溶解。此溶液即为淀粉葡萄糖苷酶试剂溶液，其中柠檬酸（缓冲溶液）浓度为 0.1mol/L，pH 4.6。在 4℃左右保存，有效期 1 个月。

b. 将 2 号瓶与 3 号瓶中的溶液充分混合。

c. 将 4 号瓶中的酶溶解在 b 混合液中，轻轻摇动（勿剧烈摇动），使酶完全溶解。即为葡萄糖氧化酶-过氧化氢酶试剂溶液。在 4℃左右保存，有效期 1 个月。

③ 二甲基亚砜（AR）。

④ 6mol/L HCl 溶液：将 12mol/L HCl（AR）与等体积水混合，摇匀。

⑤ 6mol/L NaOH 溶液：称取 24g NaOH，溶于 100mL 水中，摇匀。

⑥ 淀粉标准溶液：准确称取经 100℃±2℃ 干燥 2h 的可溶性淀粉（AR）0.2000g 溶于少量 60℃水中，冷却后定容至 100mL，摇匀。吸取此溶液 10mL 用水定容至 100mL，即 200μg/mL 淀粉标准溶液。

⑦ 可见光分光光度计。

⑧ 酸度计。

3. 测定步骤

① 试样的制备：用 100mL 三角瓶称取试样（过 100 目筛）0.2～2g（准确至 0.0002g），加入 20mL 二甲亚砜和 6mol/L HCl 溶液 5mL，于60℃±1℃水浴中加热 30min（每隔 5min 摇动 1 次）。冷却至室温后，用 6mol/L NaOH 溶液和酸度计调整 pH 至 4.6 左右。将溶液转移到 250mL 容量瓶中，用水定容至刻度，摇匀后用快速滤纸过滤。弃去最初滤液 30mL，即为试液。试液中淀粉含量高于 1000μg/mL 时，可以适当增加定容体积。

② 标准曲线的绘制：吸取 0mL、0.2mL、0.4mL、0.6mL、0.8mL、1.0mL 淀粉标准溶液，分别置于 10mL 比色管中，各加入 1mL 淀粉葡萄糖苷酶试剂溶液，摇匀，于 58℃±2℃水浴中恒温 20min，冷却至室温，各加入 3mL 葡萄糖氧化酶-过氧化物酶试剂溶液，摇匀，在 36℃±1℃水浴中恒温 40min。冷却至室温，用水定容至 10mL，摇匀。在波长 505nm 下，用 1cm 比色皿测定吸光度。以淀粉含量为横坐标，吸光度为纵坐标，绘制标准曲线。

③ 试样吸光度的测定：吸取 0.2～2.0mL（依试液中淀粉的含量而定）试样制备液，置于 10mL 比色管中，以下按标准曲线的绘制步骤操作，测定吸光度，在标准曲线上查出对应的淀粉含量。

4. 计算

$$淀粉含量 = c \times \frac{1}{V_2} \times V_1 \times \frac{1}{m} \times \frac{1}{1000} \times \frac{1}{1000} \times 100\%$$

式中　c——标准曲线上查出的试液中淀粉含量，μg；

m——试样的质量，g；

V_1——试液的定容体积，mL；

V_2——测定时吸取试液的体积，mL。

5. 讨论

① 由于酸水解淀粉时，样品中的其他糖类被分解为还原糖（单糖），造成淀粉的测定结果偏高。而本方法只测出样品中的淀粉含量，故测定结果准确。

② 为了使淀粉完全溶解，采用了有效的溶解方法——二甲亚砜法。

三、蛋白质

蛋白质为微生物生长与发酵所必需的氮源，检验原料中蛋白质含量时，往往只限于检验总氮量，然后乘以蛋白质换算系数，得到蛋白质含量。由于它包括了核酸、生物碱、含氮类脂、卟啉和含氮色素等非蛋白质氮的量，故测定结果为粗蛋白含量。

凯氏定氮法是最通用的蛋白质检验法。除了凯氏法外，电位滴定法和蛋白质测定仪法也是蛋白质测定的常用方法。而电位滴定法不需要蒸馏和吸收两个过程，可以节约时间；蛋白质测定仪法则提高了蒸馏速率，缩短了操作时间。本部分内容仅对凯氏定氮法和蛋白质测定仪法予以介绍。

（一）凯氏定氮法

1. 原理

以硫酸铜为催化剂，用浓硫酸消化试样，使有机氮分解为氨，与硫酸生成硫酸铵。然后加碱蒸馏使氨逸出，用硼酸溶液吸收，再用盐酸标准溶液滴定。根据盐酸标准溶液的消耗量计算蛋白质含量。

2. 试剂

① 硫酸铜。

② 硫酸钾。

③ 浓硫酸。

④ 400g/L NaOH 溶液。

⑤ 40g/L 硼酸溶液：称取 20g 硼酸溶解于 500mL 热水中，摇匀备用。

⑥ 0.1mol/L HCl 标准溶液：量取 9mL 浓盐酸，用水稀释至 1000mL，摇匀。

标定：准确称取 0.2g 于 270～300℃灼烧至恒重的基准无水碳酸钠（准确至 0.0002g）。溶于 50mL 水中，加 10 滴溴甲酚绿-甲基红混合指示液，用配制好的盐酸溶液滴定至溶液由绿色变为暗红色，煮沸 2min，冷却后继续滴定至溶液再呈暗红色。同时做空白试验。

计算公式如下：

$$\text{HCl 浓度(mol/L)} = \frac{m}{(V_1 - V_2) \times 0.05299}$$

式中　m——无水碳酸钠质量，g；

V_1——消耗盐酸的体积，mL；

V_2——空白试验消耗盐酸溶液的体积，mL；

0.05299——消耗 1mL 1mol/L HCl 标准溶液相当于无水碳酸钠的质量，g/mmol。

⑦ 甲基红-溴甲酚绿混合指示剂：将甲基红乙醇溶液（1g/L）与溴甲酚绿乙醇溶液（1g/L）按 1：5 体积比混合。

3. 测定步骤

① 样品消化：准确称取 0.2～2g 试样（使试样中含氮 30～40mg），准确至 0.0002g，放入干燥的 100mL 或 250mL 凯氏烧瓶中（避免黏附在瓶壁上）。向凯氏烧瓶中依次加入 0.4g 硫酸铜、10g 硫酸钾、20mL 硫酸。将凯氏烧瓶斜放（45°）在电炉上，缓慢加热。待起泡停止，内容物均匀后，升高温度，保持液面微沸。当溶液呈蓝绿色透明时，继续加热 0.5h。

② 碱化蒸馏

a. 常量蒸馏：向接收瓶内加入 50mL 40g/L 硼酸溶液及 4 滴甲基红-溴甲酚绿混合指示剂。将接收瓶置于蒸馏装置的冷凝管下口，使冷凝管下口浸入硼酸溶液中。将盛有消化液的凯氏烧瓶连接在定氮球下，沿漏斗向凯氏烧瓶中缓慢加入约 100mL 水及 70mL 400g/L NaOH 溶液（使漏斗底部始终留有少量碱液，封口）。加碱后烧瓶内的液体应为碱性（黑褐色）。加热，蒸馏 30min（始终保持液面沸腾）。至少收集 80mL 蒸馏液。降低接收瓶的位置，使冷凝管口离开液面，继续蒸馏 3min。用少量水冲洗冷凝管管口，洗液并入接收瓶内，取下接收瓶。

b. 微量蒸馏：装好定氮装置，于水蒸气发生瓶内装水至约 2/3 处，加数毫升浓硫酸，以保持水呈酸性，并加入数粒沸石以防爆沸。向接收瓶内加入 10mL 40g/L 硼酸溶液和 1 滴混合指示剂。将接收瓶于蒸馏装置的冷凝管下口，使下口进入硼酸溶液中。将消化液用水稀释定容至 100mL，取 10mL 稀释的试液，经漏斗移入反应室，并用少量水冲洗小漏斗，一并移入反应室。经漏斗再加入约 10mL 400g/L NaOH 溶液使呈强碱性，并用少量水冲洗小漏斗，夹好漏斗夹，并在小漏斗中加水，使之密封。通入蒸汽，蒸馏 5min。降低接收瓶的位置，使冷凝管管口离开液面，继续蒸馏 1min。用少量水冲洗冷凝管管口，洗液并入接收瓶内。取下接收瓶。

③ 滴定：用 0.1mol/L HCl 标准溶液滴定至灰色为终点。同时吸取 10mL 试剂空白消化液按以上方法做空白试验。

4. 计算

$$蛋白质含量(\%) = (V - V_0) \times c \times 0.014 \times \frac{100}{10} \times \frac{1}{m} \times 100 \times F$$

式中　V——滴定试样时消耗 HCl 标准溶液的体积，mL；

V_0——空白试验时消耗 HCl 标准溶液的体积，mL；

c——HCl 标准溶液的浓度，mol/L；

0.014——消耗 1mL 1mol/L HCl 标准溶液相当于氮的质量，g/mmol；

m——试样的质量，g；

F——氮换算为蛋白质的系数，一般为 6.25。

注：微量蒸馏法计算时还需乘以 100/10。

5. 讨论

① 硫酸钾：加入硫酸钾可以提高溶液的沸点而加快有机物分解，它与硫酸作用生成硫酸氢钾可提高反应温度，一般纯硫酸的沸点在 340℃左右，而添加硫酸钾后，可使温度提高至 400℃以上。

② 硫酸铜：硫酸铜起催化作用。凯氏定氮法中可用的催化剂种类很多，除硫酸铜外，还有氧化汞、汞、硒粉、二氧化钛等，但考虑到效果、价格及环境污染等多种因素，应用最广泛的是硫酸铜，使用时常加入少量过氧化氢、次氯酸钾等作为氧化剂以加速有机物氧化。

③ 加碱要足量，操作要迅速，小漏斗应采用水封措施，以免氨由此逸出造成损失。

④ 在蒸馏时，蒸汽要均匀充足，蒸馏过程中不得停火断汽，否则将发生倒吸。

（二）氮-蛋白质测定仪法

1. 原理

同凯氏定氮法。

2. 试剂与仪器

① 试剂：同凯氏定氮法。

② 仪器：通常由下列部分组成。

a. 红外加热消化装置：用于样品的消化，装置附有酸雾排气管，可排出消化产生的酸雾，使消化不必在通风柜中进行。

b. 自动水蒸气蒸馏装置：消化瓶同时用作蒸馏瓶，因此只需从消化器取下装到蒸馏装置上。然后仪器自动地注入一定量的碱液，蒸馏自动进行，蒸馏结束时，蒸馏残留液自动排出。

c. 自动滴定装置：按时间程序指令，自动的向滴定池内供给一定量的氨吸收液，通常使用硼酸液，用于吸收蒸馏装置馏出的氨气。和蒸馏操作连动，用标准酸进行自动滴定（pH 电位滴定），到达终点，滴定自动停止，滴定废液自动排出。

d. 显示与打印装置：样品的质量输入后，可以显示与打印滴定量、氮量（％）、蛋白质含量（％）及实验参数。

3. 测定步骤

具体操作步骤参考仪器的使用说明书。

四、脂肪

脂肪可作为微生物发酵的碳源，淀粉质原料中都含有脂肪，含脂肪较高的原料，在酒精发酵过程中，在微生物的作用下，脂肪分解为甘油和脂肪酸。升酸幅度大，可能导致淀粉酶钝化及酵母死亡，抑制正常的发酵进行。因此有必要对原料的脂肪含量进行测定。

原料中脂肪的检验方法，采用经典的索氏提取法。

1. 原理

试样经干燥后用无水乙醚提取，除去乙醚，所得残留物的百分数即为脂肪的含量。该方法所测的主要是游离脂肪，此外，还含有磷脂、色素、树脂、蜡状物等脂溶性成分，故所测得的脂肪含量称为粗脂肪。

2. 试剂

无水乙醚或石油醚（沸程 30～60℃）。

3. 测定方法

① 滤纸筒的制备：将滤纸裁成 8cm×15cm 大小，以直径约 2cm 的试管为模型，将滤纸以试管壁为基础折叠成底端封口的滤纸筒，筒内底部放一小片脱脂棉。

② 索氏提取器的清洗：将索氏提取器各部位充分洗涤并用水清洗后烘干。底瓶在 103℃±2℃ 的电热鼓风干燥箱内干燥至恒重（前后两次称量差不超过 0.002g）。

③ 称样、干燥：准确称取过 40 目筛的样品 2～3g 全部移入滤纸筒内，滤纸筒上方用少量脱脂棉塞住。将盛有试样的滤纸筒移入 103℃±2℃ 干燥箱内，干燥 2h。

④ 提取：将干燥后盛有试样的滤纸筒放入索氏提取筒内，连接已干燥至恒重的底瓶，注入提取液至虹吸管高度以上。待提取液流净后，再加提取液至虹吸管高度的 1/3 处，连接回流冷却管。将底瓶浸没在水浴中加热。水浴温度应控制在使提取液每 6～8min 回流 1 次。提取时间视试样中粗脂肪含量而定，一般样品提取 6～12h。

⑤ 烘干、称量：提取完毕后，取下底瓶，回收提取液。在水浴上蒸干并排尽残余的提取液。用滤纸擦净底瓶外部，在 103℃±2℃ 的干燥箱内干燥 1h 取出，置于干燥器内冷却至室温，称量。重复干燥 0.5h，冷却，称量，直至前后两次称量之差不超过 0.002g 即为恒重。以最小称量为准。

4. 计算

$$脂肪含量 = \frac{m_2 - m_1}{m} \times 100\%$$

式中　　m——试样的质量，g；

　　　　m_1——底瓶的质量，g；

m_2——底瓶与粗脂肪的质量，g。

5. 讨论

① 滤纸筒高度不应超过回流弯管，否则超过弯管的样品中的脂肪不能提尽，造成误差。

② 在挥发乙醚或石油醚时，切忌用电炉等明火直接加热，应该用电热套、水浴锅等，烘前应驱除残余的乙醚，否则会有发生爆炸的可能。

③ 由于脂肪易于氧化，故在粗脂肪烘干时，若粗脂肪质量增加，则以增重前的质量作为恒重。

五、灰分

1. 原理

灰分是指试样经高温灼烧后残留下来的无机物，主要是氧化物或无机盐类。在酒精发酵中，酵母菌需要无机盐类作为营养物质，而这些无机盐主要来自原料，原料的灰分有一定范围，如玉米的灰分约为 1.4％，若灰分过大，说明原料中有泥砂等杂质，故测定原料中的灰分还可以鉴别原料的优劣。

测定原料的灰分常采用灰化法。

2. 仪器

高温电炉：温控 550℃±25℃。

3. 测定步骤

① 坩埚的灼烧：将坩埚浸没于 (1＋5) HCl 溶液中，视坩埚的洁污程度加热煮沸 10～60min，洗净，烘干，在 550℃±25℃高温电炉中灼烧 4h。待炉温降至 200℃时取出坩埚，移入干燥箱中冷却至室温，称量（准确至 0.001g）。再次灼烧、冷却、称重，直至恒重。

② 称样：灰分大于 10％的固体粉碎试样，称取 2g，灰分小于 10％的固体粉碎试样，称取 3～10g。

③ 测定：将盛有试样的坩埚放在电热板上缓慢加热，待水分蒸干后置于电炉上炭化至无烟。移入高温电炉中，升温至 550℃±25℃，灼烧 4h。待炉温降至 200℃时取出坩埚。置于干燥器中冷却至室温，迅速称量。再将坩埚移入高温电炉中，按上述温度灼烧 1h，冷却，称量。重复灼烧 1h 的操作，直至恒重。若残渣中有明显炭粒时，向坩埚内滴入少许水润湿残渣，使结块松散，蒸干水分后再进行灰化，直至灰分中无炭粒。

4. 计算

$$灰分含量 = \frac{m_2 - m_1}{m} \times 100\%$$

式中　m——试样的质量，g；

　　　m_1——坩埚的质量，g；

　　　m_2——坩埚与灼烧后灰分的质量，g。

5. 讨论

① 糖类以及含淀粉高的样品，在加热过程中容易向外溢出，因此先要用小火加热，待到开始炭化时，再增高温度，使充分炭化。

② 为加快灰化过程，缩短灰化周期，可加入如乙酸铵等物质于灰化的样品中。

③ 用过的坩埚经洗刷后，可用盐酸或废盐酸浸泡 10～20min，再用水洗净。

六、砂石率

在投料前，取投料量的 0.5％～1％试样，称量。以孔径 2mm 筛子过筛，选出大块砂、石等夹杂物，称量。将筛下的含砂细粉称量，并测定其淀粉含量。

$$砂石率 = \frac{a+b-c}{m} \times 100\%$$

式中　a——大块砂、石等砂石的质量，g；

　　　b——筛下的含砂细粉的质量，g；

　　　c——含砂细粉中淀粉总量折算成原料的质量，g；

　　　m——试样质量，g。

例如：取试样 50kg，经测得淀粉含量为 64％，筛选后大块砂、石等夹杂物的质量为 25g（a），筛下含砂细粉的质量为 30g（b），测定含砂细粉中淀粉含量为 28％，则：

$$c = 30 \times \frac{28\%}{64\%} = 13（g）$$

$$砂石率 = \frac{25+30-13}{50 \times 1000} \times 100\% = 0.084\%$$

第二节　废糖蜜原料分析

废糖蜜是制糖厂的副产物，人们通常把它叫做废糖蜜。但由于它含有大量的蔗糖和还原糖，故在酒精生产上可用它作为原料。

一、糖锤度

1. 原理

利用糖液的密度随糖液的浓度增大而上升的性质，用密度计测量糖液的相对密度，并将密度计的刻度直接标为相应的糖度，以 20℃时 100g 糖溶液中含有 1g 蔗糖为 1 度（1°Bx）来测定试样的固形物含量。测定糖锤度采用二倍稀释法。

2. 仪器

糖度计。

3. 测定步骤

将试样混匀后，称取 200.0g 试样，置于 500mL 烧杯中，加水 200.0g，使总质量为 400g，搅拌均匀后，即为二倍稀释的试样。

用少量稀释试样冲洗 250mL 量筒内壁，弃去，再缓缓注满稀释试样，静置片刻，直至试样中气泡全部逸出后。慢慢地把糖度计和温度计（都应擦干）插入量筒，稳定后，读取糖度和温度。

4. 计算

$$A = c \pm f$$

式中　A——二倍稀释试样测的糖锤度，°Bx；

　　　c——测定的糖度计读数，°Bx；

　　　f——查附表 5-2 的校正值。

所得 A 值再查附表 5-1 得出原试样的糖锤度。

二、酸度

废糖蜜在运输和贮存过程中，由于多种原因可能受到感染，使废糖蜜的酸度显著升高，所以，测定其酸度，是衡量废糖蜜感染程度的一项主要指标。测定酸度的方法通常有两种：中和滴定法、电位滴定法。

（一）中和滴定法（指示剂法）

1. 原理

废糖蜜中的酸多为有机弱酸，根据酸碱中和原理，可以用 NaOH 标准溶液直接滴定样品中的弱酸，用百里酚蓝指示终点，根据消耗 NaOH 标准溶液的体积计算样品中的总酸，结果以 100g 试样所耗用 1.0000mol/L NaOH 溶液的毫升数表示。

2. 试剂

① 0.1mol/L NaOH 标准溶液：称取 100g NaOH，溶于 100mL 水中，摇匀，注入聚乙烯容器中，密闭放置至溶液清亮。吸取 5mL 上层清液，注入 1000mL 无二氧化碳的水中，摇匀。

标定：称取 0.6g 于 105～110℃ 烘至恒重的基准邻苯二甲酸氢钾，准确至 0.0002g，溶于 50mL 无二氧化碳的水中，加 2 滴百里酚蓝指示剂，用配制好的 NaOH 溶液滴定至溶液呈微红色。同时做空白试验。

计算公式如下：

$$\text{NaOH 浓度}(\text{mol/L}) = \frac{m}{(V_1 - V_2) \times 0.2042}$$

式中　m——邻苯二甲酸氢钾质量，g；

　　　V_1——消耗 NaOH 标准溶液的体积，mL；

　　　V_2——空白试验消耗 NaOH 标准溶液的体积，mL；

　0.2042——消耗 1mL 1mol/L NaOH 标准溶液相当于邻苯二甲酸氢钾的质量，g/mmol。

② 5g/L 百里酚蓝指示剂：称取 0.5g 百里酚蓝，溶于 20mL 乙醇，再加水

至 100mL。

3. 测定步骤

准确称取试样 10.00g，用水稀释定容至 100mL，摇匀。吸取稀释液试样 5mL，置于 250mL 三角瓶中，加水 150mL，混匀后，加 2 滴 5g/L 百里酚蓝指示剂，用 0.1mol/L NaOH 标准溶液滴定至黄绿色为终点。

4. 计算

$$酸度(mL/100g) = \frac{c}{1.0000} \times V \times \frac{1}{5} \times 100 \times \frac{1}{m} \times 100$$

式中　c——NaOH 标准溶液的浓度，mol/L；

　1.0000——酸度定义中 NaOH 标准溶液的浓度，mol/L；

　　V——消耗 NaOH 标准溶液的体积，mL；

　　5——吸取稀释液体积，mL；

　100——稀释液总体积，mL；

　　m——称取试样的质量，g。

（二）电位滴定法

1. 原理

同中和滴定法，只是用电位的变化来确定反应终点，终点 pH 为 8.2。

2. 仪器

pH 计、磁力搅拌器。

3. 测定步骤

称取试样 10.00g 于 100mL 洁净的烧杯中，加 50mL 纯水并放一转子，置烧杯于磁力搅拌器上，插入电极至适当高度，开动磁力搅拌器，用 0.1mol/L NaOH 标准溶液滴定至 pH 8.2，同时做空白试验。

4. 计算

$$酸度(mL/100g) = \frac{c}{1.0000} \times (V - V_0) \times \frac{1}{m} \times 100$$

式中　V_0——空白试验消耗 NaOH 标准溶液的体积，mL；

　其余同中和滴定法。

5. 讨论

① 新的玻璃电极或很久未用的干燥电极，必须预先浸在水中 24h 以上，其目的是使玻璃电极球膜表面形成有良好离子交换能力的水化层。

② 在使用甘汞电极时，要把电极上部的小橡皮塞拔出，并使甘汞电极内饱和氯化钾溶液的液面高于被测样液的液面，以使陶瓷砂芯处保持足够的液位压差，从而有少量的氯化钾溶液从砂芯中流出，否则，待测样液会回流扩散到甘汞电极中，将使测定结果不准确。

三、总糖

废糖蜜中含有很多杂质，用直接滴定法测定时，将影响终点观察，所以测定前必须对试样进行澄清处理。常用中性醋酸铅作为澄清剂，它能除去蛋白质、单宁、有机酸、果胶，还能凝聚其他胶体，且不会沉淀还原糖。过量的铅盐对测定结果也有影响，故应加入除铅剂（磷酸氢二钠、草酸钾等）把过量的铅除去。

所谓总糖通常是指具有还原性的糖和在测定条件下能水解为还原性单糖的蔗糖的总量。

1. 原理

样品经处理，除去蛋白质等杂质后，加入盐酸溶液，在加热条件下使蔗糖水解为还原性单糖，以直接滴定法测定水解后样品中的还原糖总量。

2. 试剂

① 中性醋酸铅溶液：称取 250.0g 醋酸铅 $[Pb(CH_3COO)_2 \cdot 3H_2O]$，加 500mL 水充分溶解，静置，倾上层清液过滤，于滤液中逐滴加入醋酸，使澄清剂呈中性或微酸性。

② 除铅剂：称取 20.0g 磷酸氢二钠 $[Na_2HPO_4 \cdot 12H_2O]$、30.0g 草酸钾 $[K_2C_2O_4 \cdot H_2O]$，分别溶于适量水中，混合，用水稀释至 1000mL。

③ 斐林试剂：同淀粉原料的测定。

④ 5g/L 亚甲基蓝指示剂。

⑤ 6mol/L HCl 溶液（1+1）。

⑥ 200g/L NaOH 溶液。

⑦ 1g/L 甲基红乙醇溶液：称取 0.1g 甲基红，用 60％乙醇溶解并稀释至 100mL。

⑧ 2g/L 转化糖标准溶液：称取 105℃烘干至恒重的蔗糖 3.8000g，用水溶解并移入 1000mL 容量瓶中，定容，混匀。取 50mL 于 100mL 容量瓶中，加 6mol/L 盐酸溶液 5mL，在 68～70℃水浴中加热 15min，取出于流动水下迅速冷却，加 1g/L 甲基红乙醇溶液 2 滴，用 200g/L NaOH 溶液中和至中性，加水至刻度，混匀。此溶液每毫升含转化糖 2mg。

3. 测定步骤

① 试样的处理：准确称取废糖蜜试样 2.00g，用水溶解后定量移入 100mL 容量瓶中，加中性醋酸铅溶液至不再出现沉淀为止（需 2～3mL），然后加水至刻度，摇匀后过滤，弃去数毫升初滤液，吸取中间滤液 50mL，置于 100mL 容量瓶中，滴加除铅剂至不产生沉淀为止（8～10mL），加水至刻度，摇匀后用干滤纸过滤，弃去数毫升初滤液后收集滤液。

② 转化：吸取 50mL 处理后的滤液，置于 100mL 容量瓶中，加 6mol/L 盐酸溶液 5mL，置 68～70℃水浴中加热 15min，取出迅速冷却至室温，加 2 滴甲基红指示剂，用 200g/L NaOH 溶液中和至中性，加水至刻度，混匀。

③ 滴定：用 2g/L 转化糖标准溶液标定斐林试剂，用样品转化液滴定同样的斐林试剂，参阅淀粉测定中的酸水解法进行。

4. 计算

$$总糖含量(转化糖计,\%)=F\times\frac{100}{50}\times\frac{100}{50}\times\frac{100}{V}\times\frac{1}{m}\times100$$

式中　F——10mL 斐林试剂相当于转化糖的质量，g；

　　　V——滴定时消耗样品水解液的总体积，mL；

　　　m——样品质量，g。

5. 讨论

① 取样量和稀释倍数，应将转化后的糖浓度控制在 100mL 试液中含有 200mg 左右的转化糖为合适。

② 总糖测定结果一般以转化糖计，但也可以以葡萄糖计，假如用转化糖表示，应该用标准转化糖溶液标定斐林试剂；如用葡萄糖表示，则应该用标准葡萄糖溶液标定斐林试剂。

四、总氮

氮是构成酵母细胞蛋白质和核酸的主要元素，是酵母生长繁殖必不可少的营养物质，含量低时，应根据总氮的测定结果，添加适当氮源，所以测定总氮含量，在生产中具有一定的指导意义。

1. 原理

同淀粉质原料中蛋白质的测定。

2. 试剂

同淀粉质原料中蛋白质的测定。

3. 测定步骤

同淀粉质原料中蛋白质的测定。

4. 计算

$$总氮含量=(V-V_0)\times c\times0.014\times\frac{100}{10}\times\frac{1}{m}\times100\%$$

式中各符号的意义同淀粉质原料中蛋白质的测定。

五、胶体

废糖蜜中约含有 5%～12% 的胶体物质，主要是由纤维素、半纤维素、果胶质、蛋白质、焦糖和黑色素等组成。由于胶体物质的存在，发酵时会产生大量的泡沫，影响了发酵设备的利用率；同时还吸附在酵母的表面，对酵母的酒精发酵有抑制作用，从而影响了出酒率，因此测定废糖蜜的胶体含量，是评价废糖蜜质量以及在酒精生产工艺上采取相应措施的依据。

糖蜜原料中胶体物质含量的测定主要有酒精凝聚法和电泳法。本测定只介绍酒精凝聚法。

1. 原理

利用胶体在等电点附近容易沉淀的性质，用盐酸调节试样的 pH 至糖蜜胶体的等电点（pH 4～4.5），然后用酒精破坏胶体微粒的水化层，使胶体凝聚。同时回流加热加速凝聚，并使沉淀完全。根据洗净干燥后的沉淀质量，计算试样中总胶体的含量。

2. 试剂

① 0.1mol/L HCl 溶液。

② 90%（体积分数）乙醇。

③ 95%（体积分数）乙醇。

3. 测定步骤

称取 5～10g 试样（准确至 0.001g），用水定量移入 100mL 容量瓶中，加水至刻度，摇匀后过滤。吸取滤液 5mL，用 0.1mol/L HCl 溶液调节 pH 为 4～4.5，加入 45mL 95%（体积分数）酒精溶液，装上回流冷凝管，在沸水浴上加热回流 15min，然后用干燥至恒重的滤纸过滤沉淀出来的胶体，再用 90%（体积分数）酒精充分洗涤至洗液不显糖反应为止。洗净的胶体连同滤纸移入表面皿上，于 103℃±2℃烘箱内干燥 2h，置干燥器中冷却至室温，称量，再在 103℃±2℃烘箱内干燥 30min，置干燥器中冷却，称量，直至恒重。

4. 计算

$$胶体含量 = (m_1 - m_0) \times \frac{100}{5} \times \frac{1}{m} \times 100\%$$

式中　m_0——干滤纸的质量，g；

　　　m_1——沉淀与干滤纸的质量，g；

　　　5——吸取滤液体积，mL；

　　100——滤液总体积，mL；

　　　m——试样质量，g。

5. 讨论

① 试样稀释后过滤的目的是为了除去试样中的不溶性悬浮物，以免与胶体一起进入沉淀使结果偏高。

② 为了检验洗液中有无糖分，以用苯酚-硫酸法为好。戊糖、己糖等糖类与浓硫酸生成糠醛或糠醛的衍生物，再与苯酚缩合成有色配合物，可以鉴别糖类存在。方法为取 1mL 洗液，加 1mL 50g/L 苯酚溶液，5mL 浓硫酸，混匀，如呈褐色则证明有糖存在。

六、灰分

废糖蜜中的灰分主要有钾、钠、钙、铁、铝等金属和硅、氯、硫等非金属元素的化合物。灰分中除一部分无机盐类作为酵母的营养外，大部分的成分对发酵有妨碍作用。

1. 原理

测定废糖蜜中灰分的方法，一般采用煅烧法，由于废糖蜜在煅烧时不容易燃烧完全，因为熔融的灰会把还未烧尽的炭粒包围，妨碍其彻底烧尽。所以通常加浓硫酸湿润后，炭化后再高温灰化，使有机物燃烧后生成二氧化碳和水而除去，无机盐以硫酸盐形式留在残灰中，这样得到的灰分称为"硫酸灰分"。这种硫酸灰分比碳酸灰分大些，在计算时，硫酸灰分乘系数 0.9，即为碳酸灰分。

2. 仪器

高温电炉：550℃±25℃。

3. 测定步骤

用已灼烧至恒重的瓷坩埚称取废糖蜜试样 3～5g（准确至 0.001g），加浓硫酸 2.5mL，混匀，置于电热板上缓缓加热，使其炭化，直至试样不会再因膨胀而溢出。

将炭化好的试样放入温度已达 550℃±25℃的高温炉内，灼烧 4h。待炉温降至 200℃时取出坩埚。置于干燥器中冷却至室温，迅速称量。再将坩埚移入高温电炉中，按上述温度灼烧 1h，冷却，称量。重复灼烧 1h 的操作，直至恒重。若残渣中有明显炭粒时，向坩埚内滴入少许水润湿残渣，使结块松散。蒸干水分后再进行灰化，直至灰分中无炭粒。

4. 计算

$$灰分含量（碳酸灰，\%）=\frac{m_2-m_1}{m}\times100\times0.9$$

式中　m——试样的质量，g；

$\quad\quad m_1$——坩埚的质量，g；

$\quad\quad m_2$——坩埚与灼烧后灰分的质量，g；

$\quad\quad 0.9$——硫酸灰分转化为碳酸灰分的系数。

第三节　糖化剂分析

目前，国内酒精生产使用的糖化剂主要有液化酶、糖化酶和磷酸糊精酶。

一、液化酶活力

1. 原理

液化酶作用于淀粉糊时，能迅速切断淀粉分子组成的巨大网状结构，使醪液黏度降低，便于输送，因此液化酶在酒精生产中是一种不可缺少的酶。

液化酶能将淀粉分子链的 α-1,4-葡萄糖苷键切断成链长短不一的糊精及少量麦芽糖和葡萄糖，而使淀粉对碘呈蓝紫色的特异反应逐渐消失，以该颜色消失的时间计算每小时水解可溶性淀粉的克数，从而得出酶活力。

2. 试剂

① 磷酸氢二钠-柠檬酸缓冲溶液（pH 6.0）：称取磷酸氢二钠（Na_2HPO_4·

$12H_2O$）11.31g 和柠檬酸（$C_6H_8O_7 \cdot H_2O$）2.02g，加水溶解后，稀释并定容至 250mL。

② 20g/L 可溶性淀粉溶液：准确称取可溶性淀粉（绝干）2.000g，用少量水调成糊状，再徐徐倾入约 60mL 沸水中，在不断搅拌下，继续煮沸至透明，冷却后，加水定容至 100mL。

③ 原碘液：称取碘 2.2g，碘化钾 4.4g，置研钵中，加少量水研磨至碘完全溶解，用水稀释至 100mL。

④ 稀碘液：吸取 2mL 原碘液，加 20g 碘化钾，加水溶解并稀释至 500mL，贮于棕色瓶中。

⑤ 终点色标准溶液

a. A 液：称取氯化钴（$CoCl_2 \cdot 6H_2O$）40.2439g 和重铬酸钾 0.4878g 溶于水中，并用水定容至 500mL。

b. B 液：称取铬黑 T（$C_{20}H_{12}N_3NaO_7S$）40mg，以水溶解并定容至 500mL。

使用时吸取 A 液 40mL 与 B 液 5mL 相混合。此混合液应该放置冰箱保存，使用 15 天后需要重新配制。

3. 测定步骤

① 酶液的制备：准确称取 1.0000～2.0000g 酶粉于 50mL 烧杯中，用少量 pH 6.0 磷酸氢二钠-柠檬酸缓冲溶液溶解，并用玻璃棒捣研，将上层清液小心倾入 100mL 容量瓶中，残渣部分再加入少量上述缓冲液，同上捣研，如此反复 3～4 次，每次将上层清液移入容量瓶中，最后将全部试样移入容量瓶中，用缓冲溶液稀释至刻度，摇匀，用 4 层纱布过滤，再用滤纸滤清，滤液供测定用（注：液体酶制剂直接或适当稀释后供测定用）。

② 测定：吸取 2mL 终点色标准溶液于白瓷滴板空穴内，作为终点颜色的比较标准。另吸取 20mL 20g/L 可溶性淀粉溶液和 5mL pH 6.0 磷酸氢二钠-柠檬酸缓冲溶液，置于 25mm×200mm 大试管中。将试管置于 60℃ 恒温水浴中预热 4～5min，然后加入制备好的待测酶液 0.5mL，立即记录时间，并迅速摇匀，继续在 60℃ 水浴中保温。定时用吸管取出约 0.5mL 反应液，滴于预先充满稀碘液（约 1.5mL）的白瓷滴板的空穴内，当空穴内溶液颜色由蓝紫色逐渐变为棕红色，与终点色标准溶液颜色相同时，即为反应终点，记录时间（min）。

4. 计算

1g 酶粉或 1mL 酶液于 60℃、pH 6.0 条件下，1h 液化 1g 可溶性淀粉称为一个液化酶活力单位。

① 固体酶制剂计算

$$酶活力单位(U/g) = 20 \times 0.02 \times \frac{100}{0.5} \times \frac{60}{t} \times \frac{1}{m} \times n$$

式中　t——水解时间，min；

60——将时间单位 min 换转成 1h 的系数；

m——试样质量，g；

20——可溶性淀粉溶液的体积，mL；

0.02——可溶性淀粉溶液的浓度，g/mL；

0.5——吸取稀释酶液体积，mL；

100——稀释酶液总体积，mL；

n——试样稀释倍数。

② 液体酶制剂计算

$$酶活力单位(U/mL)=20\times0.02\times\frac{1}{0.5}\times\frac{60}{t}\times n$$

5. 讨论

① 测定的反应时间，以控制在 2～2.5min 内为合适。如果时间太短，应将制备好的酶液再作适当稀释，一般以稀释 5～10 倍为宜。

② 可溶性淀粉采用浙江菱湖食品化工联合公司生产的酶制剂专用淀粉。

二、糖化酶活力

1. 原理

糖化型淀粉酶（即淀粉-1,4-葡萄糖苷酶，简称糖化酶）能将淀粉从分子链非还原性末端开始，分解 α-1,4-葡萄糖苷键生成葡萄糖。葡萄糖的醛基被弱氧化剂次碘酸钠所氧化。过量的碘用硫代硫酸钠标准溶液滴定。根据所消耗硫代硫酸钠标准溶液的体积，计算出单位时间内由可溶性淀粉转化为葡萄糖的量，计算酶活力。

2. 试剂

① 0.1mol/L 乙酸-乙酸钠缓冲溶液：称取 6.7g 乙酸钠（$CH_3COONa \cdot 3H_2O$），吸取冰乙酸 2.6mL，用水溶解并稀释至 1000mL。

② 0.05mol/L 硫代硫酸钠溶液：称取 13g 硫代硫酸钠（$Na_2S_2O_3 \cdot 5H_2O$）和 0.2g 碳酸钠，溶于水并稀释至 1000mL，缓缓煮沸 10min，冷却。贮于棕色瓶中，放置一周后标定使用。

标定：准确称取 0.15g 120℃烘干的基准重铬酸钾（准确至 0.0002g），置于碘量瓶中，加 25mL 水溶解，加 2g 碘化钾及 20mL 2mol/L 硫酸 $\left(\frac{1}{2}H_2SO_4\right)$ 溶液，摇匀，于暗处放置 10min。加 100mL 水，用配制好的硫代硫酸钠标准溶液滴定。近终点时加约 1mL 5g/L 淀粉指示剂，继续用硫代硫酸钠标准溶液滴定至溶液由蓝色变为亮绿色即为终点。同时做空白试验。

计算公式如下：

$$Na_2S_2O_3 \text{浓度}(mol/L)=\frac{m}{(V_1-V_0)\times0.04903}$$

式中　m——称取重铬酸钾的质量，g；

V_1——标定时消耗硫代硫酸钠标准溶液的体积，mL；

V_0——空白试验消耗硫代硫酸钠标准溶液的体积，mL；

0.04903——消耗 1mL 1mol/L 硫代硫酸钠标准溶液相当于重铬酸钾的质量，g/mmol。

③ 0.1mol/L 碘 $\left(\frac{1}{2}I_2\right)$ 溶液：称取 13g 碘及 35g 碘化钾，于研钵中，加少量水研磨溶解，用水稀释至 1000mL，摇匀，贮存于棕色瓶中。

④ 0.1mol/L NaOH 溶液。

⑤ 2mol/L 硫酸 $\left(\frac{1}{2}H_2SO_4\right)$ 溶液：吸取浓硫酸 5.6mL 缓慢加入适量水中，冷却后用水稀释至 100mL。

⑥ 20g/L 可溶性淀粉溶液。

⑦ 5g/L 淀粉指示剂。

3. 测定步骤

① 待测酶液的制备：称取酶粉 2.0000g（或 1mL 酶液），置入 50mL 烧杯中，用少量的乙酸-乙酸钠缓冲溶液（pH 4.6）溶解，并用玻璃棒搅碎，将上层清液小心倾入适当的容量瓶中，沉渣再加入少量上述缓冲溶液，如此反复捣研 3～4 次，最后全部移入容量瓶中，用缓冲溶液定容至刻度，摇匀，用 4 层纱布过滤，再用滤纸滤清，滤液供测定用。浓缩酶液可直接吸取一定量于容量瓶中，用缓冲溶液稀释定容至刻度。

② 测定：于甲、乙两支 50mL 干燥的比色管中，同时加入 20g/L 可溶性淀粉溶液 25mL 和乙酸-乙酸钠缓冲溶液（pH 4.6）5mL，摇匀。于 40℃±0.2℃ 的恒温水浴中预热 5～10min。在甲管中加入酶制备液 2mL（酶的总活力约 110～170U），立即计时，摇匀。在此温度下准确反应 1h 后，立即在甲、乙两管各加 200g/L NaOH 溶液 0.2mL，摇匀，将甲、乙两管取出并迅速水冷却，并于乙管中补加酶制备液 2mL（作为对照）。取两管中上述反应液各 5mL，分别放入碘量瓶中，准确加入 0.1mol/L 碘 $\left(\frac{1}{2}I_2\right)$ 溶液 10mL，再加 0.1mol/L NaOH 溶液 15mL（边加边摇），具塞，水封，放置暗处 15min，加入 2mol/L 硫酸 $\left(\frac{1}{2}H_2SO_4\right)$ 溶液 2mL，用 0.05mol/L 硫代硫酸钠标准溶液滴定至无色为终点，分别记录消耗的硫代硫酸钠标准溶液的体积。

4. 计算

1g 酶粉或 1mL 酶液在 40℃、pH 4.6 的条件下，1h 分解可溶性淀粉产生 1mg 葡萄糖所需的酶量为 1 个酶活力单位，以 U/g 或 U/mL 表示。

$$糖化酶活力(U/g 或 U/mL)=(V_0-V)\times c\times 90.05\times\frac{1}{2}\times\frac{32.2}{5}\times n\times\frac{1}{m}$$

式中　V_0——空白试验消耗硫代硫酸钠标准溶液的体积，mL；

V——样品消耗硫代硫酸钠标准溶液的体积，mL；

c——硫代硫酸钠标准溶液的浓度，mol/L；

n——稀释倍数；

90.05——消耗 1mL 1mol/L 硫代硫酸钠标准溶液相当于葡萄糖的质量，mg/mmol；

$\dfrac{1}{2}$——折算成 1mL 酶液的量；

32.2——反应液总体积，mL；

5——吸取反应液的体积，mL；

m——酶粉称取量，g。

5. 讨论

① 制备酶液时，酶液浓度最好控制在空白和样品消耗硫代硫酸钠标准溶液的毫升数相差 3~6mL。

② 可溶性淀粉采用浙江菱湖食品化工联合公司生产的酶制剂专用淀粉。

三、磷酸糊精酶活力

1. 原理

磷酸糊精酶的系统名称是：低分子糊精-6-葡聚糖水解酶。通常称为磷酸糊精酶、界限糊精酶、淀粉-1,6-葡萄糖苷酶。它作用于 α-1,6 键的短链糊精而生成葡萄糖。它对强化糖化过程，加快发酵速度都起着重要作用，是酒精生产中不可缺少的酶。测定方法采用碘量法，原理与糖化酶活力测定相同。

2. 试剂

① 10g/L 磷酸糊精液：称取磷酸糊精 1g 溶于 60mL 热水中，冷却后加磷酸二氢钾溶液 10mL，加水定容至 100mL。

② 磷酸二氢钾溶液：称取磷酸二氢钾 1.815g，加水溶解后，用水稀释至 200mL。

③ 1mol/L HCl 溶液：量取 82mL 浓盐酸，注入盛有少量水的 1000mL 烧杯中，并用水稀释至 1000mL。

④ 1mol/L NaOH 溶液。

⑤ 0.1mol/L 碘 $\left(\dfrac{1}{2}I_2\right)$ 溶液。

⑥ （1+4）稀硫酸。

⑦ 0.1mol/L 硫代硫酸钠标准溶液。

⑧ 5g/L 淀粉指示剂。

3. 测定步骤

于 25mm×250mm 试管中，加入磷酸二氢钾溶液 5mL，再加入 10g/L 磷酸糊精液 10mL，在 35℃ 水浴中平衡 4~5min 后，加入 5mL 已适当稀释的酶液。

摇匀，立即记时，于 35℃ 水浴中准确保温 1h 后，立即加入 1mol/L HCl 溶液 1mL 终止反应。然后将试管中的液体全部转入 250mL 碘量瓶中，用 50mL 水洗涤试管，洗涤水合并入碘量瓶中。准确加入 0.1mol/L 碘 $\left(\frac{1}{2}I_2\right)$ 溶液 20mL，1mol/L NaOH 溶液 6mL，摇匀，具塞，水封，放置暗处 15～20min，然后加入 2mL（1+4）硫酸，加约 1mL 5g/L 淀粉指示剂，用 0.1mol/L 硫代硫酸钠标准溶液滴定至蓝色。

同时做空白试验。

4. 计算

1g 酶粉或 1mL 酶液在 35℃下，1h 分解底物磷酸糊精产生 1mg 葡萄糖所需的酶量为 1 个酶活力单位。

$$磷酸糊精酶活力（U/g）=(V_0-V)\times c\times 90.05\times \frac{1}{5}\times n$$

式中　　V_0——空白试验消耗硫代硫酸钠标准溶液的体积数，mL；

　　　　V——样品消耗硫代硫酸钠标准溶液的体积数，mL；

　　　　c——硫代硫酸钠标准溶液的浓度，mol/L；

　　　　n——稀释倍数；

　　90.05——消耗 1mL 1mol/L 硫代硫酸钠标准溶液相当于葡萄糖的质量，mg/mmol；

　　　　5——加入的酶液体积，mL。

5. 讨论

(V_0-V) 应控制在 1～6mL 的范围内，如不在此限量内应增加酶液量或将酶液作适当稀释。

第四节　酿酒活性干酵母分析

酿酒高活性干酵母是具有强壮生命活力的压榨酵母，经干燥脱水后制得，适用于以糖蜜或淀粉质原料发酵，有产酒精能力的干菌体。具有发酵速度快，出酒率高，适用范围广，含水分低，保存期长等特点。高活性干酵母呈淡黄色，颗粒状，具有酵母的特殊气味。理化要求包括淀粉出酒率、酵母活细胞率、保存率和水分 4 个检测项目。

一、淀粉出酒率

1. 原理

在一定温度下（耐高温型高活性干酵母为 40℃，常温型高活性干酵母为 32℃），一定量酵母发酵一定量的玉米粉醪液，在规定时间内，发酵所产生的酒精量（以 96% 乙醇计）占发酵使用的淀粉的百分比。

2. 试剂

① 20g/L 蔗糖溶液。

② 10%（体积分数）硫酸溶液。

③ 4mol/L NaOH 溶液。

④ α-淀粉酶。

⑤ 糖化酶。

⑥ 消泡剂：食用油。

3. 测定步骤

① 原料制备：称取玉米 500g，用粉碎机进行粉碎，然后全部通过 SSW0.40/0.250mm 的标准筛（相当于 39 目），将过筛粉装入广口瓶内，备用。

② 酵母活化：称取干酵母 1.0g，加入 20g/L 蔗糖溶液（38～40℃）16mL，摇匀，置于 32℃恒温箱内活化 1h，备用。

③ 液化：称取玉米粉 200g 于 2000mL 三角瓶内，加入自来水 100mL，搅成糊状，再加热水 600mL，搅匀。调 pH 6～6.5，在电炉上边加热边搅拌。按每克玉米粉加入 80～100U α-淀粉酶，搅匀，放入 70～85℃恒温箱内液化 30min。用自来水冲洗三角瓶壁上的玉米糊，使内容物总质量为 1000g。

④ 蒸煮：把装有已液化好的玉米糊的三角瓶用棉塞和防水纸封口后，放入高压蒸汽灭菌釜，待压力升至 0.1MPa 后，保压 1h。取出，冷却至 60℃。

⑤ 糖化：用硫酸溶液调整蒸煮液 pH 约 4.5。按每克玉米粉加入 150～200U 糖化酶，摇匀。然后放入 60℃恒温箱内，糖化 60min。取出，摇匀后，分别称取玉米粉糖化液 250g 装入 3 个 500mL 碘量瓶内，并冷却至 32℃。

⑥ 发酵：于每个碘量瓶中加入酵母活化液 2.0mL，摇匀，盖塞，将碘量瓶放入 32℃恒温箱内，发酵 65h。测定耐高温型高活性干酵母时，则将碘量瓶放入 40℃恒温箱内发酵 65h。

⑦ 蒸馏：用 NaOH 溶液中和发酵醪至 pH 6～7，然后将发酵醪液全部倒入 1000mL 蒸馏烧瓶中。用 100mL 水分几次冲洗碘量瓶，并将洗液并入蒸馏烧瓶中，加入消泡剂 1～2 滴，进行蒸馏。用 100mL 容量瓶（外加冰水浴）接收馏出液。当馏出液至约 95mL 时，停止蒸馏，取下。待温度平衡至室温后，定容至 100mL。

⑧ 测量酒精度：将定容后的馏出液全部倒入一洁净、干燥的 100mL 量筒中，静置数分钟，待酒中气泡消失后，放入洗净、擦干的精密酒精计，再轻轻按一下。静置后，水平观测与弯月面相切处的刻度示值，同时插入温度计记录温度。根据测得的温度和酒精计示值，查附表 5-3 换算成 20℃时的酒精度。

4. 计算

$$淀粉出酒率（以 96\%乙醇计）= \frac{D \times 0.8411 \times 100}{50S(1-w)} \times 100\%$$

式中　D——试样在 20℃时的酒精度（体积分数），%；

0.8411——将 100% 乙醇换算成 96% 乙醇的系数；

50——玉米粉的质量，g；

S——玉米粉中的淀粉含量，%；

w——玉米粉的水分含量，%。

二、酵母活细胞率

1. 原理

取一定量的干酵母，用无菌生理盐水活化。然后作适当稀释，用显微镜、血球计数板所测得的酵母活细胞数和总酵母细胞数之比的百分数，即为该样品的酵母活细胞率。

2. 试剂

① 无菌生理盐水：称取氯化钠 0.85g，加水溶解，并定容至 100mL，在 0.1MPa 下灭菌 20min。

② 亚甲基蓝染色液：称取亚甲基蓝 0.025g、氯化钠 0.9g、氯化钾 0.042g、六水氯化钙 0.048g、碳酸氢钠 0.02g 和葡萄糖 1g，加水溶解，并稀释至 100mL。

3. 测定步骤

称取酿酒高活性干酵母 0.1g（准确至 0.0002g），加入无菌生理盐水（38～40℃）20mL，在 32℃恒温箱中活化 1h。

吸取酵母活化液 0.1mL，加入染色液 0.9mL，摇匀，室温下染色 10min 后，立即在显微镜下用血球计数板计数（25 大格×16 小格的希列格式计数板）。

计数方法：计数时，可数对角线方位上的大方格或左上、右上、左下、右下和中心的大方格内的无色和蓝色酵母细胞数。调整视野，共计算 5 个大方格，即 80 个小方格内的酵母细胞数，取平均值为结果，进行计算。无色透明者为酵母活细胞，被染上蓝色者为死亡的酵母细胞。

4. 计算

$$酵母活细胞率 = \frac{A}{A+B} \times 100\%$$

式中　A——酵母活细胞总数，个；

B——酵母死细胞总数，个。

5. 讨论

制片时有两种操作方法：一种是先滴试液，平推盖片的操作法；另一种是先盖盖片，加试液在边上，让其自行渗入的操作。前者操作不易产生气泡，但较难操作；后者容易操作，但容易产生气泡。

三、保存率

1. 原理

在一定温度下，将样品放置一定时间后，所测得的酵母活细胞率与同一批样品的酵母活细胞率之比的百分数，即为该批样品的保存率。

2. 试剂

同酵母活细胞率的测定。

3. 测定步骤

首先测定并计算样品的活细胞率，然后测定原包装的酿酒高活性干酵母放入 47.5℃恒温箱内，保温 7 天后的酵母活细胞率。测定方法同酵母活细胞率的测定。

4. 计算

$$保存率 = \frac{X_2}{X_1} \times 100\%$$

式中　X_1——样品的酵母活细胞率，%；

　　　X_2——经保温处理后样品的酵母活细胞率，%。

四、水分

1. 原理

样品于 103℃±2℃烘箱内直接干燥至恒重，所失质量的百分数即为水分。

2. 仪器

① 电热鼓风干燥箱：控温精度±2℃。

② 干燥器：用变色硅胶作干燥剂。

3. 测定步骤

称取酿酒高活性干酵母样品 1g（准确至 0.0002g）于已烘至恒重的称量瓶中，放入 103℃±2℃电热干燥箱内干燥 5h 后，移入干燥器中冷却，30min 后称量。

4. 计算

$$水分含量 = \frac{m_1 - m_2}{m_1 - m} \times 100\%$$

式中　m——称量瓶的质量，g；

　　　m_1——干燥前称量瓶加样品的质量，g；

　　　m_2——干燥后称量瓶加样品的质量，g。

第五节　糖化醪分析

一、酸度

1. 原理

糖化醪酸度包括糊化醪的酸度和糖化剂本身的酸度以及糖化过程可能产生的酸度。生产原料不同，产生不同的酸度。一般甘薯原料酸度为 0.35，玉米则为

0.4。酸度可判断糖化过程中杂菌污染的情况。

根据酸碱中和原理，用 10mL 粗滤液，以酚酞为指示剂，用 0.1mol/L NaOH 标准溶液滴定，消耗 1mL 0.1mol/L NaOH 标准溶液即为 1 度。

2. 试剂

① 0.1mol/L NaOH 标准溶液。

② 5g/L 酚酞指示剂。

3. 测定步骤

吸取糖化醪过滤液 1mL，置入 150mL 三角瓶中，加水 50mL，加酚酞指示剂 2 滴，用 0.1mol/L NaOH 标准溶液滴定，滴定至溶液呈微红色并在 30s 内不退色为终点。

4. 计算

$$酸度(mL/10mL\ 醪液) = \frac{c}{0.1000} \times V \times \frac{1}{V_1} \times 10$$

式中　V_1——吸取试样的体积，mL；

　　　c——NaOH 标准溶液的浓度，mol/L；

　　　V——滴定试样时，消耗 NaOH 标准溶液的体积，mL。

二、还原糖

在酒母培养及发酵过程中，如果还原糖量太低，就会影响到酒母繁殖和发酵的速度。还原糖主要包括葡萄糖、果糖、乳糖、麦芽糖。它们都具有还原性。

测定醪液中的还原糖的方法，主要有直接滴定法和 3,5-二硝基水杨酸比色法。

（一）直接滴定法

1. 原理

除了样品不用酸水解外，与淀粉测定中酸水解法的原理相同。

2. 试剂

同淀粉测定中的酸水解法。

3. 测定步骤

称取糖化醪 10g，注入 250mL 容量瓶中，加水定容至刻度并混合均匀。用脱脂棉过滤，滤液备用。

空白试验：吸取斐林甲液、乙液各 5mL，放入 250mL 三角瓶中，加水 20mL，由滴定管加入 2.5g/L 葡萄糖标准溶液 20mL，置电炉上加热至沸，并沸腾 2min，加入 5g/L 亚甲基蓝溶液 2 滴，继续用 2.5g/L 葡萄糖标准溶液在 1min 内滴定至蓝色刚好消失为终点。记录消耗 2.5g/L 葡萄糖标准溶液的总体积为 A。

预备试验：吸取斐林甲液、乙液各 5mL，放入 250mL 三角瓶中，加入上述试样滤液 5mL，置电炉上煮沸 2min，用 2.5g/L 葡萄糖标准溶液滴定，待蓝色即将消失时，加入 5g/L 亚甲基蓝溶液 2 滴，继续用 2.5g/L 葡萄糖标准溶液滴定至终点，记下消耗糖液总体积。

正式滴定：吸取斐林甲液、乙液各 5mL 放入 250mL 三角瓶中，加入上述试样滤液 5mL 及 20mL 水，再加入比预备试验少 1mL 的 2.5g/L 葡萄糖标准溶液，置电炉上加热煮沸 2min，加亚甲基蓝溶液 2 滴，继续用 2.5g/L 葡萄糖标准溶液滴定至终点，记录消耗葡萄糖标准溶液的总体积为 B。

4. 计算

$$还原糖含量(以葡萄糖计, g/kg) = (A-B) \times 2.5 \times \frac{250}{5} \times \frac{1}{10} \times \frac{1}{1000} \times 1000$$

式中　A——滴定 10mL 斐林试剂消耗葡萄糖标准溶液的体积，mL；

B——往 10mL 斐林试剂加入 5mL 滤液后消耗葡萄糖标准溶液的体积，mL；

2.5——葡萄糖标准溶液的浓度，mg/mL；

250——样品稀释体积，mL；

5——定糖时，吸取稀释糖化醪的体积，mL；

10——称取糖化醪的质量，g；

1000——分母中的 1000，将 mg 换算成 g。

(二) 3,5-二硝基水杨酸比色法

1. 原理

在 NaOH 和丙三醇存在下，还原糖能将 3,5-二硝基水杨酸中的硝基还原为氨基，生成氨基化合物。此化合物在过量的 NaOH 碱性溶液中呈橘红色，在 540nm 波长处有最大吸收，其吸光度与还原糖含量呈线性关系。

此法具有准确度高、重现性好、操作简便、快速等优点。

2. 试剂

3,5-二硝基水杨酸溶液：称取 6.5g 3,5-二硝基水杨酸溶于少量水中，加 2mol/L NaOH 溶液 325mL，再加入 45g 丙三醇，用水稀释至 1000mL。

3. 测定步骤

吸取 0mg/mL、1mg/mL、2mg/mL、3mg/mL、4mg/mL、5mg/mL、6mg/mL、7mg/mL 的葡萄糖标准溶液各 1mL，样液 1mL（含糖 3～4mg），分别置于 25mL 比色管中，各加入 3,5-二硝基水杨酸溶液 2mL，置沸水浴中加热 2min，进行显色，然后以流水迅速冷却，用水定容至 25mL，以试剂空白，在 540nm 波长处测定吸光度，绘制标准曲线（或计算回归方程），并计算出样品中还原糖含量。

4. 计算

$$还原糖含量(以葡萄糖计, g/L) = A \times \frac{1000}{1000}$$

式中　A——从标准曲线上查得样品的浓度，mg/mL。

三、总糖

1. 原理

同淀粉质原料淀粉的测定。

2. 试剂

同淀粉质原料淀粉的测定。

3. 测定步骤

称取糖化醪试样 10.0g 于 250mL 三角瓶中，加水 70mL 和 20％（质量分数）HCl 溶液 20mL，将三角瓶瓶口塞上具有 1m 长玻璃管置沸水浴中转化 60min，取出冷却，用 200g/L NaOH 溶液中和至微酸性，定容至 250mL，用脱脂棉过滤。取滤液 5mL，用直接滴定法测定还原糖。

4. 计算

同直接滴定法测定还原糖的计算。

5. 讨论

水解过程中酸的浓度和水解时间的关系极大。有报道加水 45mL 和 20％（质量分数）HCl 20mL，水解 35min 即可；也有报道加水 30mL 和 6mol/L HCl 溶液 10mL，水解 30min 即可。读者可以通过实验来确定最低水解时间。

第六节　酒母醪分析

所谓酒母醪，就是酒精发酵的种子，是保证发酵正常和提高淀粉出酒率的关键。因此，检查和测定酒母醪的质量，对控制生产的正常进行，具有十分重要的意义。

一、酸度

成熟酒母醪的酸度，只能稍有增加，一般来说，酒精酵母的生酸量都不太大。

酸度的测定同糖化醪中酸度的测定。

二、还原糖

测定成熟酵母醪的剩余还原糖，也是衡量其质量的主要参考指标之一。

称取酒母醪试样 20g，用水洗入 250mL 容量瓶中，加水定容至刻度，充分摇匀，过滤备用。定糖参阅直接滴定法测定还原糖的方法。

三、糖度

酒母醪通常只测定其外观糖度，不考虑醪液中的酒精会对糖度计读数的影响。测出外观糖度，就能大致了解酵母的繁殖情况，以便及时控制适宜的工艺条件，掌握好用种的时间。

测定方法同废糖蜜原料糖锤度的测定。

四、成熟标准的确定

酒母醪成熟标准，一般是根据外观糖度、剩余还原糖、酵母数等而定。生产上以外观糖度为主，计算耗糖率作为用种的依据，而剩余还原糖、酵母数等作参考。耗糖率的计算方法如下：

$$耗糖率 = \frac{接种后酒母外观糖度 - 成熟酵母外观糖度}{接种后酒母外观糖度} \times 100\%$$

生产上一般控制耗糖率在 45%～50%。剩余还原糖约 4%，酵母数0.8～1.2亿个/mL。

第七节　发酵成熟醪分析

发酵成熟醪进入蒸馏之前，对酸度、外观糖度、残余还原糖、残余总糖、酒精含量、挥发酸等项目进行分析，这些项目是反映发酵成熟醪质量水平的主要指标，能够正确反映生产的实际情况，对加强工艺管理、提高生产效率起着极其重要的作用。

一、酸度

同糖化醪中酸度的测定。

二、外观糖度

同酒母醪中外观糖度的测定。

三、残余还原糖

（一）直接滴定法

1. 原理

同糖化醪中直接滴定法测定还原糖的原理。

2. 试剂

同糖化醪中直接滴定法测定还原糖的试剂。

3. 测定步骤

量取发酵醪 50mL，用水洗入 250mL 容量瓶中，加水定容至刻度，摇匀，用脱脂棉过滤，滤液备用。测定方法同糖化醪中直接滴定法测定还原糖。

4. 计算

$$还原糖含量（以葡萄糖计，g/100mL） = (V_1 - V_2) \times 0.0025 \times \frac{1}{V_3} \times$$

$$250 \times \frac{1}{50} \times 100$$

式中　V_1——滴定 10mL 斐林试剂消耗葡萄糖标准溶液的体积，mL；

　　　V_2——往 10mL 斐林试剂中加 V_3 毫升滤液后消耗葡萄糖标准溶液的体积，mL；

　0.0025——葡萄糖标准溶液的浓度，g/mL；

　　　V_3——测定时加入试样滤液的体积，mL；

　　　50——取样体积，mL；

　　250——稀释试样总体积，mL。

（二）快速法

1. 原理

与糖化醪中还原糖的测定基本相似，不同点为斐林试剂甲液中硫酸铜的量较少，适用于含糖量较少的试样。另外，斐林乙液中加入亚铁氰化钾，使红色氧化亚铜沉淀生成浅黄色的可溶性复盐，反应终点更为明显。

$$Cu_2O + K_4Fe(CN)_6 + H_2O = K_2Cu_2Fe(CN)_6 + 2KOH$$

2. 试剂

① 斐林试剂

a. 甲液：称取 15g 硫酸铜（$CuSO_4 \cdot 5H_2O$）、0.05g 亚甲基蓝，用水溶解并稀释至 1000mL。

b. 乙液：称取 50g 酒石酸钾钠、54g NaOH、4g 亚铁氰化钾，用水溶解并稀释至 1000mL。

② 1g/L 葡萄糖标准溶液：准确称取 1.0000g 无水葡萄糖（预先于100～105℃烘至恒重），溶于水，加 5mL 浓盐酸，用水定容至 1000mL。

3. 测定步骤

同直接滴定法，加入样品的量由 5mL 改为 2mL。

4. 计算

同直接滴定法。

5. 讨论

本法是直接滴定法的改良法，主要用于还原糖浓度较低的试样分析。试剂浓度较低，甲液中硫酸铜浓度由 69.3g/L 降为 15.0g/L，因而更适合低糖度试样的分析，并能较快获得滴定结果，故称"快速法"。

四、残余总糖

1. 原理

同糖化醪中总糖的测定。

2. 试剂

同糖化醪中总糖的测定。

3. 测定步骤

吸取发酵醪 50mL，用 45mL 水洗入 250mL 三角瓶中，加入 20％（质量分数）HCl 溶液 10mL，瓶口装上长约 1m 的玻璃管，在沸水浴转化 60min 取出冷却，以 200g/L NaOH 溶液中和至微酸性（用 pH 试纸检查），用脱脂棉过滤于 250mL 容量瓶中，用水多次洗涤残渣，然后定容至刻度，摇匀备用。

吸取滤液 10mL 加入盛有斐林甲液、乙液各 5mL 和水 20mL 的三角瓶内，以 2.5g/L 的葡萄糖标准溶液滴定。同时以 2.5g/L 葡萄糖标准溶液滴定 10mL 斐林试剂做空白试验。具体方法参照残余还原糖的测定。

4. 计算

$$总糖含量（以葡萄糖计，g/100mL）＝(A-B)\times0.0025\times\frac{1}{50}\times\frac{250}{10}\times100$$

式中　*A*——空白试验消耗葡萄糖标准溶液的体积，mL；

　　　B——加入 10mL 样品水解液后消耗葡萄糖标准溶液的体积，mL；

　　　10——吸取滤液的体积，mL；

　0.0025——葡萄糖标准溶液的浓度，g/mL；

　　　250——滤液总体积，mL；

　　　50——吸取发酵醪体积，mL。

五、酒精度

发酵成熟醪的酒精分是酒精发酵的主要产物，是衡量发酵产酒情况、计算发酵率的基本数据，同时也是衡量发酵工艺过程是否正常的重要标志。

测定成熟醪酒精分的方法通常有：密度计法、重铬酸钾氧化法和重铬酸钾比色法。

（一）密度计法

1. 原理

采用蒸馏法将醪液中的酒精蒸出，用酒精计测量馏出液的酒精含量，并校正为 20℃时的酒精含量。

2. 试剂

1mol/L NaOH 溶液。

3. 测定步骤

用 100mL 容量瓶准确量取发酵醪 100mL，注入 500mL 蒸馏烧瓶中，用 100mL 水分次洗涤容量瓶并注入蒸馏烧瓶中（再往蒸馏烧瓶中加入 5mL 1mol/L NaOH 溶液以中和酸），加热蒸馏，馏出液收集于 100mL 的容量瓶中，待馏出液接近刻度时，取下，加水至刻度，摇匀。然后倒入 100mL 洁净、干燥的量筒中，以酒精计和温度计同时测其酒精度和温度，根据测出酒度和温度查换算表，换算为 20℃的酒度（％，体积分数）。

4. 计算

根据酒精计和温度示数，查附表 5-3 校正为 20℃ 时的酒精度（%，体积分数）。

5. 讨论

① 用直接蒸馏法所得的成熟醪馏出液中，通常含有微量的醛和挥发酸等杂质。为了消除此杂质（主要是挥发酸）对测定结果的影响，一般使用 NaOH 来中和挥发酸，使之变成不挥发的钠盐而除去。所需的碱量可根据试验来确定。

② 蒸馏时有时会有泡沫带入馏出液中，致使整个分析失败。这是由于醪液糖度高、胶体含量多或发酵未成熟就提前蒸馏所致。为了避免这类现象的发生，应注意在开始蒸馏时，加热温度不可过高，或于蒸馏烧瓶内加 2 滴消泡剂。

（二）重铬酸钾氧化法

1. 原理

在酸性溶液中，被蒸出的乙醇与过量重铬酸钾作用，被氧化为乙酸。

$$3C_2H_5OH + 2Cr_2O_7^{2-} + 16H^+ \longrightarrow 4Cr^{3+} + 3CH_3COOH + 11H_2O$$

剩余的重铬酸钾用碘化钾还原：

$$Cr_2O_7^{2-} + 6I^- + 14H^+ \longrightarrow 2Cr^{3+} + 3I_2 + 7H_2O$$

析出的碘用硫代硫酸钠标准溶液滴定。

$$I_2 + 2S_2O_3^{2-} \longrightarrow 2I^- + S_4O_6^{2-}$$

根据硫代硫酸钠标准溶液的用量计算出试样中的酒精含量。

2. 试剂

① 重铬酸钾溶液：准确称取烘至恒重的基准重铬酸钾 25.5540g，用少量水溶解，并定容至 1000mL。

② 碱性碘化钾溶液：称取碘化钾 150g 溶于 1mol/L NaOH 溶液 50mL 中，用水稀释至 500mL。

③ 5g/L 淀粉指示剂。

④ 硫代硫酸钠标准溶液：称取 43.1132g 硫代硫酸钠（$Na_2S_2O_3 \cdot 5H_2O$）溶于 1mol/L NaOH 溶液 100mL 和 500mL 新煮沸的冷水中，并用新煮沸冷却的水定容至 1000mL。

⑤ 浓硫酸。

3. 操作步骤

① 样品蒸馏：参阅（一）密度计法。

② 样品测定：吸取重铬酸钾标准溶液 10mL，再加入 5mL 浓硫酸溶液于 500mL 的碘量瓶中，摇匀，冷却后再加入 0.5mL 样品馏出液，反应 5min，加入 10mL 碘化钾溶液，放置暗处 5min，取出，加水至 300mL，然后用硫代硫酸钠标准溶液滴定至淡黄绿色，加 1mL 淀粉指示剂，继续用硫代硫酸钠标准溶液滴定至蓝色刚好消失，即为终点。同时做空白试验。

4. 计算

$$酒精含量(g/100mL)=(V_0-V)\times\frac{6}{V_0}\times\frac{1}{0.5}$$

式中　V_0——空白试验消耗硫代硫酸钠标准溶液的体积，mL；

　　　V——测定样品时消耗硫代硫酸钠标准溶液的体积，mL；

　　　6——10mL 重铬酸钾标准溶液与 6.00g/100mL 酒精溶液 1mL 完全

　　　　　反应；

　　0.5——取样体积，mL。

$$酒精含量(\%,体积分数)=\frac{酒精含量(g/100mL)}{0.7893}$$

5. 讨论

① 本方法已对啤酒、白酒做过大量试验，结果可靠。

② 操作中所加重铬酸钾量适用于氧化 1mL 含酒精 6.00g/100mL 的样品。如果试样的浓度超出了此范围，则在滴定前应作适当稀释或减少取样量。

（三）重铬酸钾比色法

1. 原理

在酸性溶液中，被蒸出的乙醇与过量重铬酸钾作用，被氧化为乙酸，而黄色的六价铬被还原为绿色的三价铬，与标准系列比较定量。

反应式：$3C_2H_5OH+2Cr_2O_7^{2-}+16H^+\longrightarrow 4Cr^{3+}+3CH_3COOH+11H_2O$

2. 试剂

① 重铬酸钾溶液：称取 21.40g 已烘至恒重的基准重铬酸钾，溶于少量水中，并移入 1L 容量瓶中，加 585mL 硝酸，用水定容至 1L。

② 无水乙醇：优级纯。

3. 测定步骤

① 样品制备：同（一）密度计法。

② 标准曲线的绘制：吸取 1mL 无水乙醇于 100mL 容量瓶中，用水稀释至刻度，混匀。分别吸取此溶液 0mL、1mL、2mL、3mL、4mL、5mL、6mL 和 7mL 于 50mL 比色管中，各管准确加入 150mL 重铬酸钾溶液，混匀，放置 5min，各加水至刻度，混匀，此标准系列相当于试样中含 0mL、0.01mL、0.02mL、0.03mL、0.04mL、0.05mL、0.06mL 和 0.07mL 的酒精。以空白管作参比，在波长 610nm 波长处，用 1cm 比色皿测定吸光度。以吸光度对酒精含量作图，绘制标准曲线。

③ 样品测定：吸取 10mL 样品馏出液于 50mL 容量瓶中，用水定容至刻度，摇匀。吸取 3mL 稀释液后参照标准曲线的测定进行。由标准曲线查得馏出液中的酒精含量。

4. 计算

$$酒精含量(体积分数)=A\times\frac{1}{V}\times50\times\frac{1}{10}\times100\%$$

式中　*A*——从标准曲线求得样品管中的酒精含量，mL；

　　V——比色测定时吸取试样稀释液的体积，mL；

　　10——吸取馏出液体积，mL；

　　50——馏出液定容体积，mL。

5. 讨论

本法适合酒精含量在 0.01～0.07mL（即 1%～7%），若样品中酒精含量高于此范围，测定前应作适当稀释或减少取样量。

六、挥发酸

发酵成熟醪中的挥发酸主要是指乙酸、丁酸、丙酸和戊酸。它们的含量不大，约为酒精量的 0.005%～0.1%，这些挥发酸主要是由发酵过程中感染杂菌产生的。因此，挥发酸也是衡量发酵过程感染杂菌程度的一项主要指标。

1. 原理

用水蒸气蒸馏，将挥发酸从醪液中蒸馏出来，然后用 NaOH 标准溶液滴定，根据标准碱消耗量计算出样品中挥发酸的含量。

2. 试剂

① 0.1mol/L NaOH 标准溶液。

② 10g/L 酚酞指示剂。

3. 测定步骤

吸取 50mL 试样放入 200mL 圆底烧瓶中加 200mL 水，进行水蒸气蒸馏，收集馏出液约 200mL 后停止蒸馏。同时做空白试验。

将馏出液加热至 60～65℃，加入 3 滴酚酞指示剂，用 0.1mol/L NaOH 标准溶液滴定到溶液呈微红色，30s 不退色即为终点。

4. 计算

酸度定义是指 10mL 发酵醪消耗 0.1mol/L NaOH 溶液的毫升数。

$$酸度(mL/10mL) = \frac{c}{0.1000} \times (V - V_0) \times \frac{1}{50} \times 10$$

式中　*c*——NaOH 标准溶液的浓度，mol/L；

　　V——样液滴定消耗 NaOH 标准溶液的体积，mL；

　　*V*_0——空白滴定消耗 NaOH 标准溶液的体积，mL；

　　50——取样体积，mL。

第八节　成品分析

一、酒精度

酒精度是指在 20℃时，酒精水溶液中所含乙醇的体积分数，以%（体积分数）表示。

1. 原理

利用酒精计进行测定，同时校正为 20℃时的酒精体积分数。

2. 仪器

酒精计：90%～100%（体积分数），分度值为 0.1（%）。

3. 测定步骤

将试样注入洁净、干燥的量筒中，在室温下静止几分钟，放入洗净、擦干的酒精计，同时插入温度计，平衡 5min，水平观测酒精计，读取酒精计与液体弯月面相切处的刻度示值，同时记录温度。

4. 计算

根据测得的酒精计示值和温度，查附表 5-3 校正为 20℃时的酒精的体积分数。

二、总酸

酒精中所含的酸，主要是乙酸，还有极少量的甲酸、丙酸、丁酸等，故在计算酸含量时，均以乙酸表示。单位为 mg/L。除有机酸以外，酒精中还含有碳酸，由废蜜糖制成的酒精还可能含有微酸性的硫化氢。

1. 原理

利用酸碱中和法测定。

2. 试剂

① 10g/L 酚酞指示剂。

② 无二氧化碳的水：将水注入烧瓶中，煮沸 10min，立即用装有钠石灰管的胶管塞紧，放置冷却。

③ 0.1mol/L NaOH 标准溶液。

④ 0.02mol/L NaOH 标准使用溶液：使用时将 0.1mol/L NaOH 标准溶液以无二氧化碳的水准确稀释 5 倍。

3. 测定步骤

吸取试样 50mL 于 250mL 锥形瓶中，先置于沸水浴中保持 2min，除去碳酸，取出，用水冷却。再加无二氧化碳的水 50mL、酚酞指示剂 2 滴，以 0.02mol/L NaOH 标准溶液滴定至呈微红色，30s 内不消失为终点。

4. 计算

$$总酸含量（以乙酸计，mg/L）=V \times c \times 0.060 \times \frac{1}{50} \times 1000 \times 1000$$

式中　V——滴定试样时消耗 NaOH 标准使用溶液的体积，mL；

　　　c——NaOH 标准使用溶液的浓度，mol/L；

0.060——消耗 1mL 1mol/L NaOH 标准溶液相当于乙酸的质量，g/mmol；

　　50——取样体积，mL。

三、总酯

酒精中所含的酯，多为乙酸乙酯，而丁酸乙酯、乙酸戊酯含量甚微，故均以乙酸乙酯表示。测定酒精中酯类的方法通常有：皂化法和比色法。

(一) 皂化法

1. 原理

试样用碱中和游离酸后，加过量的 NaOH 标准溶液加热回流，使酯皂化，剩余的碱用标准酸中和，以酚酞作指示剂，用 NaOH 标准溶液回滴过量的酸，根据实际用于皂化的碱量计算试样中以乙酸乙酯计的总酯含量。

2. 试剂

① 0.1mol/L NaOH 标准溶液。

② 0.05mol/L NaOH 标准滴定溶液。

③ 0.1mol/L 硫酸$\left(\frac{1}{2}H_2SO_4\right)$标准溶液。

④ 10g/L 酚酞指示剂。

3. 测定步骤

吸取试样 100mL 于 250mL 三角瓶中，加 100mL 水，安上冷凝管，于沸水浴上加热回流 10min。用水冷却，加 5 滴酚酞指示剂，用 0.1mol/L NaOH 标准溶液滴定至微红色（切勿过量！）并保持 15s 内不消退。

准确加入 0.1mol/L NaOH 标准溶液 10mL，安上冷凝管，于沸水浴上加热回流 1h。用水冷却。准确加入 0.1mol/L 硫酸$\left(\frac{1}{2}H_2SO_4\right)$标准溶液 10mL。然后，用 0.05mol/L NaOH 标准滴定溶液滴定至微红色并保持 15s 内不消退为其终点。

同时用 100mL 水，做空白试验。

4. 计算

$$总酯含量(以乙酸乙酯计, mg/L) = (V - V_0) \times c \times 0.088 \times \frac{1}{V_1} \times 1000 \times 1000$$

式中　V——滴定试样时消耗 0.05mol/L NaOH 标准滴定溶液的体积，mL；

　　　V_0——滴定空白时消耗 0.05mol/L NaOH 标准滴定溶液的体积，mL；

　　　V_1——取样量，mL；

　　　c——NaOH 标准滴定溶液的浓度，mol/L；

　0.088——消耗 1mL 1mol/L NaOH 标准溶液相当于乙酸乙酯的质量，g/mmol。

5. 讨论

① 如试样中酯含量过高，加入 0.1mol/L NaOH 溶液 10mL 不够时，可多加 5～10mL，但皂化后加入 0.1mol/L 硫酸$\left(\frac{1}{2}H_2SO_4\right)$的量也等量增加。

② 第 1 次加 NaOH 溶液中和游离酸时切勿过量，否则测得结果偏低。

（二）比色法

1. 原理

在碱性溶液条件下，试样中的酯与羟胺生成异羟肟酸盐，酸化后，与铁离子形成棕黄色的络合物，与标准比较定量。

2. 试剂

① 反应液：分别取 3.5mol/L NaOH 溶液与 2mol/L 盐酸羟胺溶液（$NH_2OH \cdot HCl$）等体积混合（当天混合使用）。

② 三氯化铁显色剂：称取 50g 三氯化铁（$FeCl_3 \cdot 6H_2O$）溶于约 400mL 水中，加 4mol/L HCl 溶液 12.5mL，用水稀释至 500mL。

③ 1g/L 酯标准溶液：吸取密度为 0.9002g/mL 的乙酸乙酯 1.11mL，置于已有部分 95%（体积分数）基准乙醇（无酯酒精）的 1000mL 容量瓶中，并以基准乙醇稀释至刻度。

④ 酯标准使用溶液：吸取 1g/L 酯标准溶液 0mL、1mL、2mL、3mL、4mL，分别置入 100mL 容量瓶中，并以基准乙醇稀释至刻度。酯含量分别为 0mg/L、10mg/L、20mg/L、30mg/L、40mg/L。

3. 测定步骤

吸取与试样含量相近的酯标准使用溶液及试样各 2mL，分别注入 25mL 比色管中，各加反应液 4mL，摇匀，放置 2min。加 4mol/L HCl 溶液 2mL、显色剂 2mL，摇匀。同时做空白试验。

用 2cm 比色皿，于 520nm 波长处，试剂空白，测定吸光度。

4. 计算

$$总酯含量（以乙酸乙酯计，mg/L）= \frac{A_{样}}{A} \times c$$

式中　$A_{样}$——试样的吸光度；

　　　A——酯标准使用溶液的吸光度；

　　　c——标准使用溶液的酯含量，mg/L。

四、总醛

醛类的主要成分是乙醛。糖蜜发酵醪中醛的含量较多（约为酒精量的 0.05%），是粮食原料的 10～50 倍。酵母培养过程中如采取通风措施，则醛类含量急剧增加。酒精中醛含量的测定常采用碘量法和比色法。

（一）碘量法

1. 原理

亚硫酸氢钠与醛发生加成反应，反应式为：

$$R-\overset{\displaystyle O}{\overset{\|}{C}}-H + NaHSO_3 \longrightarrow R-\overset{\displaystyle H}{\underset{\displaystyle SO_3Na}{\overset{|}{\underset{|}{C}}}}-OH$$

用碘氧化过量的亚硫酸氢钠，反应式为：

$$NaHSO_3 + I_2 + H_2O \longrightarrow NaHSO_4 + 2HI$$

加过量的碳酸氢钠，使加成物（α-羟基磺酸钠）分解，醛重新游离出来，反应式为：

$$R-\overset{\displaystyle H}{\underset{\displaystyle SO_3Na}{\overset{|}{\underset{|}{C}}}}-OH + 2NaHCO_3 \longrightarrow RCHO + NaHSO_3 + Na_2CO_3 + CO_2\uparrow + H_2O$$

用碘标准溶液滴定分解释放出来的亚硫酸氢钠。

2. 试剂

① 0.1mol/L HCl 溶液。

② 12g/L 亚硫酸氢钠溶液。

③ 1mol/L 碳酸氢钠溶液：准确称取碳酸氢钠 84g，溶于水并稀释至 1000mL。

④ 0.1mol/L 碘$\left(\dfrac{1}{2}I_2\right)$标准溶液。

⑤ 0.01mol/L 碘$\left(\dfrac{1}{2}I_2\right)$标准使用溶液：使用时将 0.1mol/L 碘$\left(\dfrac{1}{2}I_2\right)$标准溶液准确稀释 10 倍。

⑥ 10g/L 淀粉指示剂。

3. 测定步骤

吸取试样 15mL 于 250mL 碘量瓶中，加水 15mL、12g/L 亚硫酸氢钠溶液 15mL、0.1mol/L HCl 溶液 7mL，摇匀，于暗处放置 1h。取出，用 50mL 水冲洗瓶塞，以 0.1mol/L 碘$\left(\dfrac{1}{2}I_2\right)$标准溶液滴定，接近终点时，加淀粉指示液 0.5mL，改用 0.01mol/L 碘$\left(\dfrac{1}{2}I_2\right)$标准使用溶液滴定至淡蓝紫色出现（不计数）。加 1mol/L 碳酸氢钠溶液 20mL，微开瓶塞，振荡 0.5min（呈无色），用 0.01mol/L 碘$\left(\dfrac{1}{2}I_2\right)$标准使用溶液继续滴定至淡蓝紫色为其终点。

同时做空白试验。

4. 计算

$$总醛含量（以乙醛计，mg/L）= (V_1 - V_2) \times c \times 0.022 \times \dfrac{1}{15} \times 1000 \times 1000$$

式中　V_1——试样消耗碘标准使用溶液的体积，mL；

　　　　V_2——空白消耗碘标准使用溶液的体积，mL；

c——碘$\left(\dfrac{1}{2}I_2\right)$标准使用溶液的浓度，mol/L；

0.022——消耗 1mL 1mol/L 碘$\left(\dfrac{1}{2}I_2\right)$标准使用溶液相当于乙醛的质量，g/mmol；

15——试样体积，mL。

5. 讨论

① 由于亚硫酸氢钠不稳定，故最好用焦性亚硫酸钠（$Na_2S_2O_5$）即偏重亚硫酸钠配制，其作用相同，即：

$$Na_2S_2O_5 + H_2O \Longrightarrow 2NaHSO_3$$

② 亚硫酸氢钠极易分解，故应新鲜配制。亚硫酸氢钠的加入量，必须保证与样品中的醛作用完全。

（二）亚硫酸品红比色法

1. 原理

醛与亚硫酸品红作用时，发生加成反应，经分子重排后，失去亚硫酸，生成具有醌式结构的紫红色物质，其颜色的深浅与醛含量成正比。

2. 试剂

① 碱性亚硫酸品红溶液（显色剂）：称取碱性品红 0.075g 溶于少量 80℃水中，冷却，加水稀释至 75mL，移入 1L 棕色细口瓶内，加 50mL 新配制的亚硫酸氢钠溶液（53.0g $NaHSO_3$ 溶于 100mL 水中）、500mL 水和 7.5mL 浓硫酸，摇匀，放置 10～12h 至溶液退色并具有强烈的二氧化硫气味，置于冰箱中保存。

② 1g/L 醛标准溶液：称取乙醛氨 0.1386g 迅速溶于 10℃左右的基准乙醇（无醛酒精）中，并定容至 100mL。移入棕色试剂瓶内，贮存于冰箱中。

③ 醛标准使用溶液：吸取 1g/L 醛标准溶液 0mL、0.3mL、0.5mL、0.8mL、1.0mL、1.5mL、2.0mL、2.5mL、3.0mL，分别置于已有部分基准乙醇（无醛酒精）的 100mL 容量瓶中，并用基准乙醇稀释至刻度。即醛含量分别为 0mg/L、3mg/L、5mg/L、8mg/L、10mg/L、15mg/L、20mg/L、25mg/L、30mg/L。

3. 测定步骤

吸取与试样含量相近的限量指标的醛标准使用溶液及试样各 2mL，分别注入 25mL 比色管中，各加水 5mL、显色剂 2mL，加塞摇匀，放置 20min（室温低于 20℃时，需放入 20℃水浴中显色），取出比色。同时做空白试验。

用 2cm 比色皿，于 555nm 波长处，试剂空白，测定吸光度。

4. 计算

$$总醛含量（以乙醛计，mg/L）= \dfrac{A_1}{A} \times c$$

式中　A_1——试样的吸光度；

A——醛标准使用溶液的吸光度；

c——醛标准使用溶液的浓度，mg/L。

五、杂醇油

丙醇、异丁醇和异戊醇是杂醇油的主要组成部分，它们是在发酵过程中形成的，它的含量和成分随原料及发酵条件的不同而不同，杂醇油含量一般是酒精量的 0.3%～0.35%。酒精中所含杂醇油是影响酒精质量的主要杂质之一，因此从工艺和设备上要设法控制其最低含量，达到成品酒精的不同质量标准。

酒精中杂醇油的测定方法通常为毛细管气相色谱法和比色法。

(一) 气相色谱法

1. 原理

试样被气化后，随同载气同时进入色谱柱而得到分离。分离后的组分先后流出色谱柱，进入检测器，根据色谱图上各组分的保留值与标样对照定性，利用峰面积，以内标法定量。

2. 试剂与仪器

① 甲醇、正丙醇、正丁醇（内标）异丁醇、异戊醇分别以 40%（质量分数）基准乙醇配成 1g/L 标准溶液。

② 气相色谱仪：氢火焰离子化检测器。

操作条件如下。

PEG20M 交联石英毛细管柱：柱内径 0.25mm，柱长 25～30m。

载气（高纯氮）：流速为 0.5～1.0mL/min，分流比为 （20∶1）～（100∶1），尾吹气约 30mL/min。

氢气：流速 30mL/min。

空气：流速 300mL/min。

柱温的设定：随仪器而异，起始柱温为 70℃，保持 3min，然后以 5℃/min 程序升温至 100℃，直至异戊醇峰流出。以使甲醇、乙醇、正丙醇、异丁醇、正丁醇和异戊醇获得完全分离为准。

检测器温度：200℃。

进样口温度：200℃。

3. 测定步骤

① 校正因子 f 值的测定：吸取 1g/L 的正丙醇、异丁醇、异戊醇标准溶液各 0.2mL 及 1g/L 甲醇标准溶液 1mL 于 10mL 容量瓶中，准确加入 1g/L 的正丁醇内标溶液 0.2mL，然后用 40%（体积分数）基准乙醇稀释至刻度，混匀后进样 1μL，色谱峰流出顺序依次为甲醇、乙醇、正丙醇、异丁醇、正丁醇（内标）、异戊醇。记录各组分峰的保留时间并根据峰面积和添加的内标物质量，计算出各组分的相对质量校正因子 f 值。

② 试样的测定：取一定量待测酒精试样于 10mL 容量瓶中，准确加入 1g/L 的正丁醇内标溶液 0.2mL，然后用待测试样稀释至刻度，混匀后，进样 1μL。根据组分峰与内标峰的保留时间定性，根据峰面积之比计算出各组分的含量。

4. 计算

$$f = \frac{A_2}{A_1} \times \frac{m_1}{m_2}$$

$$x = \frac{A_3}{A_4} \times f \times 0.020 \times 1000$$

式中　x——试样中组分的含量，mg/L；

f——组分的相对校正因子；

A_2——作 f 值测定时内标的峰面积；

A_1——作 f 值测定时组分的峰面积；

m_1——作 f 值测定时组分的量，g/L；

m_2——作 f 值测定时内标的量，g/L；

A_3——试样中组分的峰的面积；

A_4——添加于试样中内标峰的面积；

0.020——试样中添加内标的质量浓度，g/L。

5. 讨论

① 试样中杂醇油的含量以异丁醇与异戊醇之和表示。

② 试样中正丙醇单独报告结果。

③ 检测特级食用酒精时有以下几点要求。

a. 气相色谱仪和毛细管色谱柱应选择灵敏度较高的在甲醇含量小于 2mg/L，正丙醇、异丁醇、异戊醇等各组分含量小于 1mg/L 时，仍能被检出，也可选用同等分析效果的其他类型毛细管色谱柱。

b. 在配制内标（正丁醇）和甲醇、正丙醇、异丁醇、异戊醇标准溶液时，应注意选用基准乙醇（即各被测组分均检不出的）作溶剂，并尽可能与样品中各组分的含量相匹配。

c. 另外，可采用标准加入法（增量法）进行验证。吸取相同体积的试样于 10mL 容量瓶中，共 4 份，第 1 份不加（被测组分）标准溶液，第 2、3、4 份分别加入成比例的标准溶液，然后用同一试样定容，在规定的色谱条件下测定，以加入标准溶液的浓度为横坐标，以相应的峰面积（或峰高）为纵坐标，绘制标准曲线，将曲线反向延长与横轴相交，交点处即为待测试样中该组分的含量。在第 2 份中加入标准的浓度应为被测组分检出极限的 10 倍。

d. 结果的允许差：若各组分含量在 6～10mg/L 范围，两次测定结果之差不得超过平均值的 20%；若各组分含量在 1～5mg/L 范围，两次测定结果之差不得超过平均值的 50%。

（二）对二甲氨基苯甲醛比色法

1. 原理

除正丙醇外的高级醇，在浓硫酸作用下，脱水生成不饱和烃，与对二甲氨基苯甲醛反应生成橙红色化合物，与标准系列比较定量。

2. 试剂与仪器

① 对二甲氨基苯甲醛显色剂：称取 0.1g 对二甲氨基苯甲醛溶于浓硫酸中，并定容至 200mL，移入棕色瓶内，贮存于冰箱中。

② 1g/L 杂醇油标准溶液：吸取密度为 0.8020g/mL 的异丁醇 1.25mL 及密度为 0.8092g/mL 的异戊醇 1.24mL，分别置于已有部分基准乙醇（无杂醇油酒精）的 100mL 容量瓶中，以基准乙醇稀释至刻度。再分别以基准乙醇稀释 10 倍，即得 1g/L 异丁醇溶液（甲液）及 1g/L 异戊醇溶液（乙液）。

分别按甲＋乙＝1＋4 及甲＋乙＝3＋1 的比例混合，即得 1 号及 2 号 1g/L 杂醇油标准溶液。

③ 杂醇油标准使用溶液：吸取 1 号 1g/L 杂醇油标准溶液 0.2mL、0.5mL、1.0mL、1.5mL、2.0mL 及 2 号标准溶液 2mL、4mL、6mL、8mL、10mL、20mL、30mL、40mL，分别注入 100mL 容量瓶中，以基准乙醇稀释至刻度，即杂醇油含量分别为 2mg/L、5mg/L、10mg/L、15mg/L、20mg/L 及 20mg/L、40mg/L、60mg/L、80mg/L、100mg/L、200mg/L、300mg/L、400mg/L。

注：1 号杂醇油标准溶液适用于食用酒精和工业酒精的优级（优等品）；2 号适用于食用酒精的普通级和工业酒精的一等品、合格品。

④ 可见光分光光度计。

3. 测定步骤

① 标准曲线的绘制（或回归方程的建立）：根据样品中杂醇油的含量，吸取相近的 4 个以上不同浓度的杂醇油标准使用溶液各 0.5mL，分别注入 25mL 比色管中，外加冰水浴冷却，沿管壁加显色剂 10mL，加塞后充分摇匀，同时置于沸水浴中加热 20min，取出，立即用水冷却。根据其含量的高低，用 0.5cm 或 1cm 比色皿，在波长 425nm 处，以空白作参比，测定其吸光度。以标准使用溶液中杂醇油含量为横坐标，相应的吸光度为纵坐标，绘制标准曲线，或建立线性回归方程。

② 试样的测定：吸取试样 0.5mL，参照标准曲线的绘制进行操作。根据试样的吸光度在工作曲线上查出试样中的杂醇油含量，或用回归方程直接进行计算。

4. 计算

以标准曲线法计算为例。

$$杂醇油含量(mg/L)＝A$$

式中　A——从标准曲线上查得试样管吸光度所对应的杂醇油含量，mg/L。

5. 讨论

① 对二甲氨基苯甲醛对不同醇类的显色程度不一致。对相同量醇类，其显色灵敏度为异丁醇＞异戊醇＞正戊醇，而正丙醇、异丙醇、正丁醇等显色灵敏度很差。准确的测定方法应采用气相色谱法。

② 该显色反应不是杂醇油的特效反应，凡试样中能被硫酸脱水生成不饱和烯烃的化合物，如醛、酮和萜等都有类似反应而干扰测定。可用盐酸间苯二胺处理除去干扰。

六、甲醇

酒精中的甲醇是由于原料中所含果胶质在发酵过程中分解而产生的。甲醇是酒精的主要杂质，它对人体有严重影响，因此国家酒精标准对甲醇的含量有严格的规定。GB 10343—2002 食用酒精规定甲醇的含量：特级不得超过 2mg/L；优级不得超过 50mg/L；普通级不得超过 150mg/L。对于达不到食用酒精级的不得用作配制酒精性饮料和饮料酒。因此，测定酒精中的甲醇含量对于维护消费者的身体健康具有很重要的现实意义。测定甲醇的方法通常有气相色谱法、变色酸比色法和亚硫酸品红比色法。

(一) 气相色谱法

测定方法参阅杂醇油测定中的毛细管气相色谱法。

(二) 变色酸比色法

1. 原理

甲醇在磷酸溶液中，被高锰酸钾氧化成甲醛，用偏重亚硫酸钠除去过量的高锰酸钾，甲醛与变色酸在浓硫酸存在下，生成蓝紫色化合物。与标准系列比较定量。

2. 试剂与仪器

① 30g/L 高锰酸钾-磷酸溶液：称取 3g 高锰酸钾，溶于 15mL 85％（质量分数）磷酸溶液和 70mL 水中，混合，用水稀释至 100mL。

② 100g/L 偏重亚硫酸钠（$Na_2S_2O_5$）溶液。

③ 变色酸显色剂：称取 0.1g 变色酸（$C_{10}H_6O_8S_2Na_2$）溶于 10mL 水中，边冷却，边加 90mL 90％（质量分数）硫酸，移入棕色瓶中，置于冰箱保存，有效期为一周。

④ 10g/L 甲醇标准溶液：吸取密度为 0.7913g/mL 的甲醇 1.26mL，置于已有部分基准乙醇（无甲醇酒精）的 100mL 容量瓶中，并以基准乙醇稀释至刻度。

⑤ 甲醇标准使用溶液：吸取 10g/L 甲醇标准溶液 0mL、1mL、2mL、4mL、6mL、10mL、15mL、20mL 及 25mL，分别注入 100mL 容量瓶中，并以基准乙醇稀释至刻度。即甲醇含量分别为 0mg/L、100mg/L、200mg/L、400mg/L、600mg/L、800mg/L、1000mg/L、1500mg/L 及 2500mg/L。

⑥ 基准乙醇（无甲醇、无杂醇油、无醛酒精）。

⑦ 可见光分光光度计。

3. 测定步骤

① 标准曲线的绘制：吸取甲醇标准使用溶液各 5mL，分别注入 100mL 容量瓶中，加水稀释至刻度。根据样品中甲醇的含量，吸取相近的 4 个以上不同浓度的甲醇标准使用液各 2mL，分别注入 25mL 比色管中，各加高锰酸钾-磷酸溶液 1mL 放置 15min。加 100g/L 偏重亚硫酸钠溶液 0.6mL，使其脱色。在外加冰水冷却情况下，沿管壁加显色剂 10mL，加塞摇匀，置于 70℃ 水浴中，加热 20min 后，取出，用水冷却 10min。立即用 1cm 比色皿，在波长 570nm 处，以零管（试剂空白）调零，测定吸光度。以标准使用液中的甲醇含量为横坐标，相应的吸光度为纵坐标，绘制标准曲线。

② 试样的测定：取试液 5mL，注入 100mL 容量瓶中，加水稀释至刻度，吸取试样 2mL，参照标准曲线的绘制，测定吸光度。

4. 计算

$$甲醇含量(mg/L) = A$$

式中　A——根据试样的吸光度在工作曲线上查出试样中的甲醇含量，mg/L。

5. 讨论

① 变色酸法测定酒精中的甲醇含量，灵敏度较高，但变色酸贮存时间过久，颜色变深，会影响到测定结果的准确性，需要重新配制。

② 温度对吸光度有影响，标准管和试样管显色温度之差，不应超过 1℃。

（三）亚硫酸品红比色法

1. 原理

试样中的甲醇在磷酸溶液中，被高锰酸钾氧化成甲醛，过量的高锰酸钾被草酸还原，甲醛与亚硫酸品红作用生成蓝紫色化合物，与标准系列比较定量。

2. 试剂

① 30g/L 高锰酸钾-磷酸溶液：同方法（二）。

② 50g/L 草酸-硫酸溶液：称取 5g 草酸（$H_2C_2O_4 \cdot H_2O$），溶于 40℃ 左右（1+1）硫酸溶液中，并定容至 100mL。

③ 亚硫酸品红溶液：称取 0.2g 碱性品红，溶于 80℃ 的 120mL 水中，冷却，加入 100g/L 无水亚硫酸钠溶液 20mL，浓盐酸 2mL，加水稀释至 200mL。放置 1h，使溶液退色并应具有强烈的二氧化硫气味，贮于棕色瓶中，置于低温保存。

④ 10g/L 甲醇标准溶液：同变色酸比色法。

⑤ 甲醇标准使用溶液：同变色酸比色法。

3. 测定步骤

① 标准曲线的绘制：吸取甲醇标准使用溶液各 5mL，分别注入 100mL 容量瓶中，加水稀释至刻度。根据样品中甲醇的含量，吸取相近的 4 个以上不同浓度

的甲醇标准使用液和试剂空白各 2mL，分别注入 25mL 比色管中，各加高锰酸钾-磷酸溶液 2mL，放置 15min。各加草酸-硫酸溶液 2mL，混匀，使其脱色。各加亚硫酸品红溶液 5.00mL，加塞摇匀，置于 20℃ 水浴中放置 30min，取出。立即用 2cm 比色皿，在波长 595nm 处，试剂空白，测定吸光度。以标准使用溶液中甲醇含量为横坐标，相应的吸光度为纵坐标，绘制标准曲线。

② 试样的测定：吸取试样 5mL，注入 100mL 容量瓶中，加水稀释至刻度。吸取上述制备好的试样液 2mL，按照标准曲线的绘制进行操作，测定样品的吸光度。

4. 计算

$$甲醇含量(mg/L) = A$$

式中　A——根据试样的吸光度在工作曲线上查出试样中的甲醇含量，mg/L。

5. 讨论

① 加入高锰酸钾-磷酸溶液的氧化时间不能过长，否则由甲醇氧化生成甲醛可能进一步氧化为甲酸，使测定结果变低。

② 在显色反应过程中，放置时间长短对颜色的深浅有一定影响。在一定时间内，时间越长，颜色越深，故测定时，标准使用溶液与试样必须在同一时间内进行。一般加入亚硫酸品红保温 30min 后立即比色。

③ 亚硫酸品红显色时温度最好在 20℃，温度越低，所需显色时间越长；温度越高，所需显色时间越短，但颜色稳定性差。显色温度不能超过 40℃。

④ 草酸硫酸溶液中草酸量的称取须准确些。浓度过低，就不能使过量的高锰酸钾溶液退色。

⑤ 亚硫酸品红溶液不很稳定，若试剂变红，不可再用，应另行配制。

⑥ 本色的灵敏度较低，不及变色酸比色法的准确性高。

⑦ 为了避免基准乙醇中含有甲醇而干扰测定，本法中使用的乙醇必须经检查无甲醇后方可使用。若检查证明含有甲醇，可加高锰酸钾和硝酸银、NaOH 处理，并通过蒸馏制得无甲醇酒精。

⑧ 测定时，也可吸取与试样含量相近的限量指标的甲醇标准使用溶液、试样液及水各 2mL，参照绘制标准曲线的操作进行，测定它们的吸光度。按直接比较法计算出样品中甲醇的含量。

七、糠醛

酒精中不常含有糠醛。但因糠醛具有毒性，对神经中枢有害，因此，对酒精，尤其是饮料酒精中的糠醛含量应予以检查。

1. 原理

糠醛与盐酸苯胺反应，形成樱桃红色的化合物。与标准系列比较定量。

2. 试剂

① 无色苯胺：苯胺若有颜色，须重新蒸馏，收集沸点 184℃ 馏出液，贮存于

棕色瓶中。

② 糠醛标准溶液：称取 1g 新蒸馏得到的糠醛，用不含糠醛的 95% 酒精溶解并定容至 1000mL。

③ 糠醛标准使用溶液：吸取糠醛标准溶液 0.5mL，用不含糠醛的酒精溶解并定容至 100mL，即每毫升含糠醛 5μg。

④ 不含糠醛的酒精：于酒精（含糠醛量不大于 10mg/L）中加入苯胺（1L 酒精加 20～25mL）与浓盐酸（1L 酒精加 7mL），充分混匀，放置 10min 后蒸馏即得。

3. 测定步骤

① 标准曲线的绘制：准确吸取糠醛标准使用溶液各 0mL、1mL、2mL、3mL、4mL、5mL（相当于糠醛 0μg、5μg、10μg、15μg、20μg、25μg）分别于 25mL 比色管中，分别加入无糠醛酒精使各管总体积为 10mL，各加 1mL 苯胺和 0.25mL 浓盐酸，摇匀，在 15～20℃的水浴中显色 15min。于波长 510nm 处测吸光度，绘制标准曲线。

② 试样管的制备：吸取样品 5mL，加入无糠醛酒精 5mL，加 1mL 苯胺和 0.25mL 浓盐酸，以下操作同①标准曲线的绘制。

4. 计算

$$糠醛含量(mg/L) = \frac{A \times 1000}{V \times 1000}$$

式中　A——试样管中测得吸光度从标准曲线中查出相当于糠醛的含量，μg；

　　　V——取样体积，mL。

5. 讨论

① 糠醛与盐酸苯胺反应的最适条件为：温度 15～20℃，放置 15min。呈色随时间延长而加深，但放置过长，颜色渐退，故试样管与标准管呈色时间应一致，测吸光度时要快速。

② 苯胺如带有颜色，应重新蒸馏，取 183～185℃蒸出的无色苯胺。

③ 糠醛如带有颜色，应重新蒸馏，取 159～162℃蒸出的无色糠醛。

④ 加入盐酸后须摇动均匀，否则颜色较浅。

八、硫酸试验

硫酸试验也是衡量酒精质量的重要指标之一。酒精中含有某些杂质，如不饱和化合物、糠醛和杂醇油等，均能影响试样与硫酸作用时的显色反应，这些杂质越多，显色越深（由浅黄直至暗红色）。但是硫酸试验只能相对地说明酒精中所含杂质的程度，并不能测出杂质的绝对含量。

1. 原理

浓硫酸为强氧化剂，具有强烈的吸水性及氧化性，与分子结构稳定性较差的有机化合物混合，在加热情况下，会使其氧化、分解、炭化、缩合、产生颜色。可与一定单位铂-钴色标溶液比较，确定试样硫酸试验的色度，判定是否合格。

2. 试剂与仪器

① 500 号铂-钴色度标准溶液（简称：500 号色标溶液，用于酒精色度的测定）

a. 配制：准确称取 1.000g 氯化钴（$CoCl_2 \cdot 6H_2O$）、1.2455g 氯铂酸钾（K_2PtCl_6），加入 100mL 浓盐酸和适量水溶解，用水定容至 1000mL，摇匀。

b. 检查：用 1cm 比色皿，以水作参比进行分光光度测定，如溶液的吸光度在表 5-1 范围内，即得 500 号色标溶液。用棕色瓶贮于冰箱中，有效期为一年。超过有效期，溶液的吸光度仍在表 5-1 范围内，可继续使用。

表 5-1　不同波长下的吸光度范围

波长/nm	吸 光 度	波长/nm	吸 光 度
430	0.110～0.120	480	0.105～0.120
455	0.130～0.145	510	0.055～0.065

② 100 号铂-钴色标溶液：用于硫酸试验的测定。其配制方法如下：

准确称取 0.300g 氯化钴（$CoCl_2 \cdot 6H_2O$）和 1.500g 氯铂酸钾（K_2PtCl_6），加入 100mL 浓盐酸和适量水溶解，用水定容至 1000mL，摇匀。

③ n 号稀铂-钴色标系列溶液的配制

a. 按下式计算并吸取 500 号色标溶液的体积，用水稀释至 100mL，即得所需的 n 号稀铂-钴色标溶液。

$$V = \frac{n \times 100}{500}$$

式中　V——配制 100mL n 号稀铂-钴色标溶液时，所需 500 号色标溶液的体积，mL；

n——拟配制的稀铂-钴色标溶液的号数。

b. 酒精色度测定用色标溶液：取 500 号色标溶液按上式计算配制 5 号、10 号、15 号、20 号、30 号、40 号、50 号、60 号、70 号、80 号、100 号铂-钴色标溶液。

c. 硫酸试验用色标溶液：取②中配制的 100 号铂-钴色标溶液，按稀铂-钴色标溶液的配置配成 10 号、15 号、100 号铂-钴色标系列溶液。

④ 浓硫酸：优级纯，密度为 1.84g/mL，必要时须用合格的一级酒精作硫酸试验，按本法验证。

⑤ 70mL 平底烧瓶：硬质玻璃制；空瓶质量为 20g±2g；球壁厚度要均匀的专用平底烧瓶。

3. 测定步骤

吸取 10mL 试样于 70mL 平底烧瓶中，在不断摇动下，用量筒或快速吸管均匀加入 10mL 浓硫酸（15s 内），充分混匀。立即将烧瓶置于沸水浴中计时，准确加热 5min，取出，自然冷却。移入 25mL 比色管中，与铂-钴色标系列溶液进行目视比色。

4. 计算

$$硫酸试验(号) = A$$

式中　A——目视比色求得试样管中的号数。

5. 讨论

① 严格选取标准规定的 70mL 平底烧瓶，不得选取规格与标准不符的平底烧瓶代用，否则，会因受热不均匀而影响试验结果。

② 硫酸与样品要充分混匀，否则，由于硫酸的密度大于乙醇，会出现分层现象，影响显色。

③ 样品管和标准管的内径、玻璃色泽应该一致，否则，影响测定结果。

④ 平底烧瓶自沸水浴中取出后，应该自然冷却，不要用冷水冷却，否则，会造成平底烧瓶破裂。

九、氧化试验（$KMnO_4$ 试验）

氧化试验也称 $KMnO_4$ 试验，它是酒精检验中的一项重要指标。酒精中所含的还原性物质能使高锰酸钾退色，还原性物质越多，则颜色消退得越快。在优级酒精中，因含还原性物质很少，故颜色消退得很慢，即氧化时间长。

1. 原理

高锰酸钾为强氧化剂。在一定条件下试样中可以还原高锰酸钾的物质，与高锰酸钾反应，使溶液中的高锰酸钾颜色消退。当加入一定浓度和体积的高锰酸钾标准溶液，在 $15℃ \pm 0.1℃$ 下反应，与标准比较，确定样品颜色达到色标时为其终点（记录分秒），即为氧化时间。氧化时间的长短，可衡量酒精中含还原性物质的多少。

2. 试剂

① $0.1mol/L$ 高锰酸钾 $\left(\dfrac{1}{5}KMnO_4\right)$ 标准溶液：称取 3.3g 高锰酸钾，溶于 1050mL 水中，缓缓煮沸 15min，冷却后置于暗处保存两周。以 4 号玻璃滤埚过滤于干燥的棕色瓶中。

标定：准确称取 0.2g 于 $105 \sim 110℃$ 烘至恒重的基准草酸钠（准确至 0.0002g）。溶于 100mL（8＋92）硫酸溶液中，用配制好的高锰酸钾溶液滴定，近终点时加热至 $65℃$，继续滴定至溶液呈粉红色保持 30s。同时做空白试验。

计算公式如下：

$$c = \frac{m}{(V-V_0) \times 0.06700}$$

式中　c——高锰酸钾 $\left(\dfrac{1}{5}KMnO_4\right)$ 标准溶液浓度，mol/L；

　　　m——称取草酸钠质量，g；

V——样液消耗高锰酸钾标准溶液的体积，mL；

V_0——空白试验消耗高锰酸钾标准溶液的体积，mL；

0.06700——消耗 1mL 1mol/L 高锰酸钾$\left(\frac{1}{5}KMnO_4\right)$标准溶液相当于草酸钠的

质量，g/mmol。

② 0.005mol/L 高锰酸钾$\left(\frac{1}{5}KMnO_4\right)$标准使用溶液：使用时将0.1mol/L高

锰酸钾$\left(\frac{1}{5}KMnO_4\right)$标准溶液准确稀释 20 倍，此溶液现用现配。

③ 三氯化铁-氯化钴色标溶液

a. 0.0450g/mL 三氯化铁溶液：称取 4.7g 三氯化铁，用（1+40）HCl 溶液溶解，并稀释至 100mL。用 4 号砂芯漏斗过滤，收集滤液，贮于冰箱中备用。

标定：吸取三氯化铁滤液 10mL 于 250mL 碘量瓶中，加水 50mL，浓盐酸 3mL 及碘化钾 3g，摇匀，置于暗处 30min。加水 50mL，用 0.1mol/L 硫代硫酸钠标准溶液滴定，近终点时，加 10g/L 淀粉指示剂 1mL，继续滴定至蓝色刚好消失为其终点。

计算公式如下：

$$三氯化铁含量（g/mL）=(V-V_0)\times c\times 0.2703\times\frac{1}{10}$$

式中　V——样液消耗硫代硫酸钠标准溶液的体积，mL；

V_0——空白试验消耗硫代硫酸钠标准溶液的体积，mL；

c——硫代硫酸钠标准溶液的浓度，mol/L；

0.2703——消耗 1mL 1mol/L 硫代硫酸钠标准溶液相当于三氯化铁的质量，g/mmol；

10——取样量，mL。

用（1+40）HCl 溶液稀释至每毫升含三氯化铁 0.0450g。

b. 0.0500g/mL 氯化钴溶液：称取氯化钴（$CoCl_2 \cdot 6H_2O$）5.000g（准确至 0.0002g），用（1+40）HCl 溶液溶解，并定容至 100mL。

c. 色标的配制：吸取三氯化铁溶液（0.0450g/mL）0.50mL 及氯化钴溶液 1.60mL 于 50mL 比色管中，用（1+40）HCl 溶液稀释至刻度。

3. 测定步骤

吸取试样 50mL 置于 50mL 比色管，于 15℃±0.1℃水浴中平衡 10min，然后用快速吸管加 1mL 0.005mol/L 高锰酸钾$\left(\frac{1}{5}KMnO_4\right)$标准使用溶液，立即加塞颠倒摇匀并计时，重新快速置于水浴中，与色标比较，直至试样颜色与色标一致，即为终点，记录时间。

4. 计算

记录样品管与色标颜色一致时所用的时间，用分钟（min）表示。

5. 讨论

① 过滤高锰酸钾溶液所使用的 4 号玻璃滤埚预先应以同样的高锰酸钾溶液缓慢煮沸 5min。

② 高锰酸钾标准溶液放置一段时间后，会发生分解，见光更能加速其反应进行，故高锰酸钾标准溶液宜贮于棕色瓶中，有效期半年，超过半年后，应重新标定后再使用。

③ 测定时，水浴温度必须是 15℃±0.1℃，当样品管温度超过 15℃时，氧化实验所需的时间会比实际缩短；当样品管温度低于 15℃时，氧化试验所需的时间会比实际延长。因此，在测定酒精氧化试验时必须严格控制温度。

④ 平行试验两次测定值之差，若氧化时间在 30min 以上（含 30min），不得超过 1.5min；若氧化时间在 30min 以下，10min 以上（含 10min），不得超过 1.0min；若氧化时间在 10min 以下，不得超过 0.5min。

十、正丙醇

参阅杂醇油的测定中毛细管气相色谱法。

十一、不挥发物

酒精中的不挥发物主要来自蒸馏及贮存过程中金属制冷凝器，在酸性条件下，溶解于酒精中生成的有机酸盐类。

1. 原理

试样于水浴上蒸干，将不挥发的残留物于 110℃±2℃烘至恒重，称量，以百分数表示。

2. 仪器

电热鼓风干燥箱：110℃±2℃。

3. 测定步骤

吸取试样 100mL，注入恒重的蒸发皿中，置沸水浴上蒸干，然后放入电热干燥箱中，于 110℃±2℃下烘至恒重。

4. 计算

$$不挥发物含量(mg/L) = \frac{m_1 - m_2}{100} \times 10^6$$

式中　m_1——蒸发皿加残渣的质量，g；

　　　m_2——蒸发皿的质量，g；

　　　100——试样量，mL。

5. 讨论

蒸发皿应置于蒸馏水沸水浴上蒸发，由于一般自来水中固体物含量较高，蒸发皿在自来水沸水浴上蒸发，由于底上接触自来水，干燥后会沾有少量固形物而使蒸发皿质量增加，从而导致不挥发物升高。

十二、重金属

重金属不是人体必需的微量元素，而属金属毒物，如饮用被铅化物污染的酒精，可引起神经系统、造血器官和肾脏等发生明显的病变。因此，测定酒精中的重金属含量，严格控制成品中的重金属含量在1mg/L以下，具有重要的意义。

1. 原理

重金属离子（以铅为例）在弱酸性（pH 3~4）条件下，与硫化氢作用，生成棕黑色硫化物，当含量很少时，呈稳定的悬浮液，与铅标准溶液系列比较，做限量测定。

2. 试剂

① pH 3.5 的乙酸盐缓冲液：称取 25.0g 乙酸铵溶于 25mL 水中，加 45mL 6mol/L HCl 溶液，用 6mol/L HCl 溶液或 1mol/L 稀氨水，在 pH 计上，调节 pH 至 3.5，用水稀释至 100mL。

② 10g/L 酚酞指示剂。

③ 饱和硫化氢水：将硫化氢气体通入不含二氧化碳的水中，至饱和为止，此溶液临用前制备。

④ 1g/L 铅标准溶液：称取 0.1598g 硝酸铅，溶于 10mL 1%硝酸溶液中，定量移入 100mL 容量瓶中，用水定容至刻度，摇匀。

⑤ 铅标准使用溶液（10μg/mL）：取 1g/L 铅标准溶液，临用前用水准确稀释 100 倍。

3. 测定步骤

A管：吸取 2.5mL 铅标准使用溶液于 50mL 比色管中，补加 25mL 水，加 1 滴酚酞指示液，用 6mol/L HCl 溶液或 1mol/L 氨水调 pH 至中性（酚酞红色刚好退去），加入 pH 3.5 的乙酸盐缓冲液 5mL，混匀，备用。

B管：用 50mL 比色管直接取试样 25mL，补加 2.5mL 水，加 1 滴酚酞指示液，用 6mol/L HCl 溶液或 1mol/L 氨水调 pH 至中性（酚酞红色刚好退去），加入 pH 3.5 的乙酸盐缓冲液 5mL，混匀，备用。

C管：用 50mL 比色管直接取试样 25mL（与 B 管相同的），再加入 2.5mL（与 A 管等量的）铅标准使用溶液，混匀，加 1 滴酚酞指示液，用 6mol/L HCl 溶液或 1mol/L 氨水调 pH 至中性（酚酞红色刚好退去），加入 pH 3.5 的乙酸盐缓冲液 5mL，混匀，备用。

向上述各管中，各加入 10mL 新鲜制备的硫化氢饱和液，混匀，于暗处放置 5min。取出，在白色背景下比色。其 B 管的色度不得深于 A 管；C 管的色度与 A 管相当或深于 A 管。

4. 讨论

① 由于重金属属卫生指标，只要不超过 1mg/L 即可。该方法中 A 管相当于

含铅 1mg/L，故 B 管与 A 管相比较，只要 B 管的颜色比 A 管浅，就可以说明样品重金属合格。

② 所用玻璃仪器需用 10％硝酸浸泡 24h 以上，用自来水反复冲洗，最后用无铅水冲洗干净。

十三、氰化物

氰化物进入人体后，在胃的酸性条件下转变成氢氰酸。氢氰酸被吸收后，其氰离子即与细胞色素氧化酶的铁结合，使其不能传递电子，组织呼吸不能正常进行，细胞不能及时得到足够的氧，机体陷于窒息状态。酒精中的氰化物主要来自原料。以木薯为酒精原料时，原料中的氰苷在酒精生产过程中水解生成氢氰酸。氢氰酸大部分在原料蒸煮过程中，通过排气挥发驱除，但仍有少部分以结合态存在而残留在成品酒精中，因此，以木薯为原料生产酒精时，测定酒精中的氰化物是很有必要的。本测定采用异烟酸-吡唑啉酮比色法。

1. 原理

氰化物在 pH 7 缓冲溶液中，用氯胺 T 将氰化物转化成氯化氰，再与异烟酸-吡唑啉酮作用，生成蓝色物质，与标准系列比较定量。

2. 试剂

① 0.1mol/L 硝酸银标准溶液：称取 8.75g 硝酸银，溶于少量水中，并稀释至 500mL，溶液保存于棕色瓶中。

标定：准确称取 0.2g 于 500～600℃灼烧至恒重的基准氯化钠（准确至 0.0002g）。溶于 70mL 水中，加 5 滴 50g/L 铬酸钾指示剂，在强烈摇动下，用配制好的硝酸银溶液滴定至砖红色。

计算公式如下：

$$AgNO_3 \text{ 浓度(mol/L)} = \frac{m}{0.05844V}$$

式中　m——称取氯化钠质量，g；

　　　　V——消耗硝酸银溶液的体积，mL；

　0.05844——消耗 1mL 1mol/L 硝酸银标准溶液相当于氯化钠的质量，g/mmol。

② 0.020mol/L 硝酸银标准使用溶液：将 0.1mol/L $AgNO_3$ 标准溶液准确稀释 5 倍。

③ 10g/L 酚酞指示剂。

④ 0.5mol/L 磷酸盐缓冲液（pH 7）：称取 34.0g 无水磷酸二氢钾和 35.5g 无水磷酸氢二钠，用水溶解并稀释至 1000mL。

⑤ 试银灵（对二甲基亚苄基罗丹宁）溶液：称取 0.02g 试银灵，溶于 100mL 丙酮中。

⑥ 异烟酸-吡唑啉酮溶液：称取 1.5g 异烟酸，溶于 24mL 20g/L NaOH 溶液中。另称取 0.25g 吡唑啉酮，溶于 20mL N,N-二甲基甲酰胺中，合并上述两

种溶液，摇匀。

⑦ 10g/L 氯胺 T 溶液：称取 1.0g 氯胺 T（有效氯应保证在 11%以上），溶于 100mL 水中。此溶液须现用现配。

⑧ 100mg/L 氰化钾标准溶液：准确称取 0.250g 氰化钾（KCN），溶于水中，并稀释定容至 100mL。此溶液浓度为 1g/L。用前再标定、稀释。

标定：吸取上述液 10mL 于 100mL 锥形瓶中，加 1mL 20g/L NaOH 溶液，使 pH 在 11 以上，再加 0.1mL 试银灵溶液，然后用 0.020mol/L 硝酸银标准使用溶液滴定至橙红色终点。1mL 0.020mol/L 硝酸银标准使用溶液相当于 1.08mg 氢氰酸。

稀释：将标定好的氰化钾溶液用 1g/L NaOH 溶液准确稀释 10 倍，即为 100mg/L。

⑨ 氰化钾标准使用溶液：吸取 100mg/L 氰化钾标准溶液 0mL、0.5mL、1.0mL、1.5mL、2.0mL、2.5mL 分别于 100mL 容量瓶中，用 1g/L NaOH 溶液稀释至刻度。即相当于氰化钾分别为 0mg/L、0.5mg/L、1.0mg/L、1.5mg/L、2.0mg/L、2.5mg/L。此溶液易降解，需现用现配。

3. 测定步骤

① 标准曲线的绘制（或建立回归方程）：吸取氰化钾标准使用溶液各 1mL 分别置于 10mL 具塞比色管中，各加 2 滴酚酞指示剂，用（1+6）乙酸溶液调至红色刚好消退，再用 1g/L NaOH 溶液调至近红色，然后加入 2mL 磷酸盐缓冲溶液，摇匀（呈无色），再加 0.2mL 10g/L 氯胺 T 溶液，摇匀，于 20℃下放置 3min。加 2mL 异烟酸-吡唑啉酮溶液，补加水至刻度，摇匀，在恒温水浴（30℃±1℃）中放置 30min，呈蓝色，取出。用 1cm 比色皿，以零管（试剂空白）作参比，于波长 638nm 处，测定吸光度。以氢氰酸含量为横坐标，相应的吸光度为纵坐标，绘制工作曲线。或建立线性回归方程进行计算。

② 试样的测定：吸取 1mL 试样于 10mL 具塞比色管中，以下按标准曲线制备操作，测定吸光度。由吸光度从标准曲线求得试样中氢氰酸的含量。

4. 计算

$$氰化物含量(以氢氰酸计,mg/L)=A$$

式中　A——从标准曲线上求得的试样中氢氰酸含量，mg/L。

5. 讨论

氰化物属剧毒品，须按毒品管理办法执行。废液不能随意排放，应集中处理后再排放。处理方法：200mL 废水，加 25mL 100g/L 碳酸钠溶液，25mL 300g/L 硫酸亚铁溶液，搅匀，使之生成亚铁氰化钾，便可以排放。注意排放时不得有酸。

第九节　废糟与废水分析

一、酒精度

测定醪塔蒸馏废糟和精馏塔废水中的酒精含量，是检查蒸馏工艺是否正常的主要依据。按规定，酒糟中含酒精不能高于0.015%（体积分数），这相当于酒精损失量为0.2%。精馏塔废水中酒精允许含量为0.04%（体积分数），相应的酒精损失为0.15%～0.2%。测定酒精度的方法通常有莫尔氏盐法，重铬酸钾氧化法和重铬酸钾比色法三种。

（一）莫尔氏盐法

1. 原理

在酸性溶液中，被蒸出的酒精与重铬酸钾作用，生成硫酸铬，酒精被氧化成乙酸：

$$3CH_3CH_2OH+2K_2Cr_2O_7+8H_2SO_4 \longrightarrow 3CH_3COOH+2Cr_2(SO_4)_3+2K_2SO_4+11H_2O$$

过量的重铬酸钾溶液用莫尔氏盐滴定：

$$K_2Cr_2O_7+6FeSO_4 \cdot (NH_4)_2SO_4+7H_2SO_4 \longrightarrow$$
$$Cr_2(SO_4)_3+3Fe_2(SO_4)_3+6(NH_4)_2SO_4+K_2SO_4+7H_2O$$

用赤血盐作外指示剂，与莫尔氏盐起显色反应：

$$3FeSO_4 \cdot (NH_4)_2SO_4+2K_3Fe(CN)_6 \longrightarrow Fe_3[Fe(CN)_6]_2+3K_2SO_4+3(NH_4)_2SO_4$$
$$（浅蓝色）$$

根据测定试样和空白试验所消耗的莫尔氏盐的体积计算出废糟或废水中酒精的含量。

2. 试剂

① 重铬酸钾溶液：准确称取已烘至恒重的基准重铬酸钾42.607g，加水溶解后，用水定容至1000mL。

② 莫尔氏盐溶液：称取硫酸亚铁铵［$FeSO_4 \cdot (NH_4)_2SO_4 \cdot 6H_2O$］92g溶于少量水，加浓硫酸20mL助溶，溶解后，加水稀释至1000mL。

③ 赤血盐指示剂：称取铁氰化钾［$K_3Fe(CN)_6$］0.1g溶于水中，稀释至100mL。

3. 测定步骤

取从采样小冷凝器采出的、冷至室温的废糟过滤液（或废水），准确吸取10mL于150mL三角瓶中，瓶的出口装上长0.5～1m的玻璃弯管的瓶塞，玻璃弯管插入盛有5mL重铬酸钾溶液和2.5mL浓硫酸的试管中，玻璃管插入试管的底部，然后将试管放入冷水中。在电炉上加热三角瓶，当三角瓶中液体被蒸出2/3时，停止蒸馏。然后将试管中的液体倒入250mL三角瓶中，并用100mL水将试管和玻璃管插入处洗净，洗液入250mL三角瓶中，然后用莫尔氏盐溶液滴定，由黄色滴至鲜绿色为止。同时用赤血盐外指示剂法进行斑点检验，滴至赤血盐呈现浅蓝色即为终点。同时做空白试验。

4. 计算

$$酒精含量（体积分数）=5 \times \frac{V_0-V_1}{V_1} \times 0.0126 \times \frac{1}{10} \times 100\%$$

式中　5——吸取重铬酸钾溶液的体积，mL；

V_0——空白试验用 5mL 重铬酸钾溶液消耗莫尔氏盐溶液的体积，mL；

V_1——滴定试样用 5mL 重铬酸钾溶液消耗莫尔氏盐溶液的体积，mL；

0.0126——1mL 重铬酸钾溶液相当于酒精的体积，mL/mL；

10——吸取试样的体积，mL。

5. 讨论

① 由于废糟和废水中的含酒精量甚微，如果直接从塔底放出的高温废糟和废水作为试样，就完全失去了试样的代表性，因为在高温下，其中所含的微量酒精都挥发了。正确的采样方法是：分别在醪塔废糟和精馏塔废水的排出管上，装上一根小取样管，将其与一个小的冷却器连接，务必使采出的试样经过冷却器后，达到常温以下，在需要采样的时间间隔内，连续采集试样。

② 用赤血盐作外指示剂进行斑点试验，即被滴定的溶液逐渐由黄变绿时，每滴定 0.1~0.2mL 莫尔氏盐溶液，就要取一滴试样液在白瓷板上观察颜色，斑点为浅蓝色即为终点。

（二）重铬酸钾氧化法

该方法与莫尔氏盐法均属于重铬酸钾氧化法，莫尔氏盐法是用莫尔氏盐滴定与酒精反应后剩余的重铬酸钾，而本法是用碘化钾还原剩余的重铬酸钾析出碘，用硫代硫酸钠标准溶液滴定。

1. 原理

同本章第七节发酵成熟醪中酒精含量测定。

2. 试剂

① 0.1000mol/L 重铬酸钾 $\left(\frac{1}{6}K_2Cr_2O_7\right)$ 标准溶液：准确称取在 120℃已烘至恒重的基准试剂重铬酸钾 4.9030g，加少量水溶解，然后移入 1000mL 容量瓶中，用水定容至刻度。

② 40g/L 碘化钾溶液。

③ 0.1mol/L 硫代硫酸钠标准溶液。

④ 10g/L 淀粉指示剂。

⑤ 1mol/L NaOH 溶液。

3. 测定步骤

① 样品的制备：取从采样小冷却器采出的、冷至室温的废糟过滤液（或废水），吸取 50mL，放入 250mL 三角瓶中，加 50mL 水，加 1mol/L NaOH 溶液 1~2 滴中和，用 50mL 容量瓶置冷凝管下端收集馏出液，安装冷凝管进行加热蒸馏，当馏出液接近刻度时，停止蒸馏，加水定容至刻度，摇匀备用。

② 空白试验：在 250mL 碘量瓶中，准确加入 10mL 重铬酸钾标准溶液和 5mL 浓硫酸，冷却至室温，加 5mL 水和碘化钾溶液 10mL，摇匀，置暗处放置 5min，再加入 100mL 水，立即用 0.1mol/L 硫代硫酸钠标准溶液滴定，当滴定至溶液呈微黄绿色时，加入 10g/L 淀粉指示剂 1mL，继续用 0.1mol/L 硫代硫

酸钠标准溶液滴定至蓝色刚好消失为终点。

③ 样品测定：在 250mL 碘量瓶中，准确加入 10mL 重铬酸钾标准溶液和 5mL 浓硫酸，混匀后，冷却至室温。加 5mL 样品馏出液，混匀后，静置 5min，然后加入碘化钾溶液 10mL，摇匀，置暗处放置 5min，再加入 100mL 水，立即用 0.1mol/L 硫代硫酸钠标准溶液滴定，当滴定至溶液呈微黄绿色时，加入 1% 淀粉指示剂 1mL，继续用 0.1mol/L 硫代硫酸钠标准溶液滴定至蓝色刚好消失为终点。

4. 计算

$$酒精含量(体积分数) = (V_0 - V) \times c \times 0.00146 \times \frac{1}{5} \times 100\%$$

式中　V——试样滴定消耗硫代硫酸钠标准溶液的体积，mL；

　　V_0——空白试验滴定消耗硫代硫酸钠标准溶液的体积，mL；

　　5——吸取样品馏出液体积，mL；

　　c——硫代硫酸钠标准溶液的浓度，mol/L；

0.00146——消耗 1mL 0.1mol/L 硫代硫酸钠标准溶液相当于酒精的体积，mL。

（三）重铬酸钾比色法

1. 原理

同本章第七节发酵成熟醪中酒精含量测定。

2. 试剂

① 1g/L 重铬酸钾溶液。

② 10%（体积分数）酒精标准溶液：吸取无水酒精 10mL，加水定容至 100mL。

③ 酒精标准使用溶液：分别吸取 10%（体积分数）的酒精标准溶液 0mL、0.1mL、0.2mL、0.3mL、0.4mL、0.5mL，分别用水定容至 100mL，即得 0%、0.01%、0.02%、0.03%、0.04%、0.05%（体积分数）的酒精标准使用溶液。

3. 测定步骤

① 试样的制备：同重铬酸钾氧化法。

② 标准比色溶液的制备：取 6 支 25mL 具塞比色管，各加入浓硫酸 2mL 及 1g/L 重铬酸钾溶液 4mL，然后分别加入 0%、0.01%、0.02%、0.03%、0.04%、0.05%（体积分数）的酒精标准使用溶液 2mL，每支试管混匀后密封备用。

③ 样品测定：取 1 支 25mL 具塞比色管，加入 1g/L 重铬酸钾溶液 4mL 和试样 2mL，混匀后，沿管壁缓缓加入浓硫酸 2mL，摇匀，静置 5min 后目视比色。如与某一标准比色管的颜色相同或相近，则标准比色管的酒精含量即为试样的酒精含量。

4. 计算

$$酒精含量（体积分数，\%）＝A$$

式中　A——试样管与标准比色管色泽相当的标准管中乙醇的含量（体积分数），%。

5. 讨论

由于绿色三价铬在较浓的重铬酸钾溶液中为其原来的橘黄色所掩蔽，因此，应注意使重铬酸钾溶液浓度与试样中含酒量相适应。试样中含酒量在 0.05% 以下时，重铬酸钾溶液浓度用 1g/L，反应最灵敏。含酒量在 0.06%～0.1% 时，可用 2g/L 的重铬酸钾溶液，但需减少样品的取样量。

二、生化需氧量（BOD_5）

生化需氧量是指在溶解氧的条件下，好氧微生物在分解水中有机物的生物化学过程中所消耗的溶解氧量。同时也包括如硫化物、亚铁等还原性无机物质氧化所消耗的氧量，但这部分通常占很小比例。

目前广泛采用的 20℃ 5 天培养法（BOD_5 法）测定 BOD 值。BOD 是反映水体被有机物污染程度的综合指标，也是研究废水的可生化降解性和生化处理效果，以及生化处理废水工艺设计和动力学研究中的重要参数。

1. 原理

废水中有机物质在有氧的条件下被微生物分解，在此过程中所消耗的氧（mg/L）称为生化需氧量（简称 BOD）。

微生物分解有机物是一个缓慢的过程，要把可分解的有机物全部分解掉常需要 20 天以上的时间。微生物的活动与温度有关，所以测定生化需氧量时，常以 20℃ 作为测定的标准温度。一般来说，在第 5 天消耗的氧量大约是总需氧量的 70%。为便于测定，目前普遍采用 20℃ 培养 5 天所需要的氧作为指标，以氧的毫克每升（mg/L）表示，简称 BOD_5。若废水中的有机物质越多，消耗氧也越多。但废水中的溶解氧是有限的，因此需用含一定养分饱和溶解氧的水（称稀释水）稀释，使培养后减少的溶解氧占培养前的溶解氧 40%～70% 为宜。

2. 试剂

① 0.5g/L 三氯化铁溶液：称取 0.50g 三氯化铁（$FeCl_3 \cdot 6H_2O$）溶于水中，用水稀释至 1L。

② 25g/L 硫酸镁溶液：称取 25.0g 硫酸镁（$MgSO_4 \cdot 7H_2O$）溶于水，用水稀释至 1L。

③ 25g/L 氯化钙溶液：称取 25.0g 无水氯化钙（$CaCl_2$）溶于水中，用水稀释至 1L。

④ 磷酸盐缓冲溶液（pH 7.2）：称取 8.5g 磷酸二氢钾（KH_2PO_4）、21.75g 磷酸氢二钾（K_2HPO_4）、33.4g 磷酸氢二钠（$Na_2HPO_4 \cdot 7H_2O$）和 1.7g 氯化铵（NH_4Cl）溶于水中，加水定容至 1L，此溶液的 pH 应为 7.2。

⑤ 稀释水：在 20L 玻璃瓶内加入 18L 水，用气泵或无油压缩机通入清洁空气 2～8h，使水中溶解氧饱和或接近饱和（20℃时溶解氧大于 8mg/L）。使用前，每升水中加入氯化钙溶液、三氯化铁溶液、硫酸镁溶液和磷酸盐溶液各 1mL，混匀。稀释水 pH 应为 7.2，BOD_5 值应小于 0.2mg/L。

⑥ 硫酸锰溶液：称取 480g $MnSO_4 \cdot 4H_2O$ 溶于水并稀释至 1000mL，若有不溶物，应过滤。

⑦ 碱性碘化钾溶液：称取 500g NaOH 溶于 300～400mL 水中，另称取 150g 碘化钾溶于 200mL 水中，待 NaOH 溶液冷却后，将两种溶液混合，稀释至 1000mL，贮于塑料瓶内，用黑纸包裹避光。

⑧ 10g/L 淀粉溶液。

⑨ 0.025mol/L 硫代硫酸钠溶液。

⑩ 0.50mol/L HCl 溶液。

⑪ 0.50mol/L NaOH 溶液。

3. 测定步骤

① 水样的采集：采集水样于适当大小的玻璃瓶中，用玻塞塞紧，且不留气泡。如果样品的 pH 不在 6～8 之间，先做单独试验，确定需要用的 HCl 溶液或 NaOH 溶液的体积。

② 水样的稀释：根据确定的稀释倍数，用虹吸法把一定量的污水引入 1L 量筒中，再沿壁慢慢加入所需稀释水（接种稀释水），用特制搅拌棒在水面以下慢慢搅匀（不应产生气泡）。

③ 水样的测定：用虹吸管将稀释好的水样引入 2 个编号的溶解氧瓶（污水瓶）中至完全充满并溢出，盖紧瓶塞（勿留气泡），用水封口。

另取两个编号的溶解氧瓶，完全装入"稀释水"，盖紧，用水封口，作为空白液。

取水样稀释液和空白液各 1 瓶，测定其溶解氧（具体方法见下面的讨论①）。

将余者放入 20℃±1℃ 培养箱中培养 5 天，再测定水稀释液和空白液的溶解氧。

4. 计算

$$BOD_5（以 O_2 计, mg/L）= \frac{(D_1 - D_2) - f_1(B_1 - B_2)}{f_2}$$

式中　D_1——稀释水样培养前的溶解氧量，mg/L；

D_2——稀释水样培养 5 天后残留溶解氧量，mg/L；

B_1——稀释水（或接种稀释水）培养前的溶解氧量，mg/L；

B_2——稀释水（或接种稀释水）经 5 天后残留溶解氧量，mg/L；

f_1——稀释水（或接种稀释水）在培养液中所占比例；

f_2——水样在培养液中所占比例。

5. 讨论

① 溶解氧的测定原理及方法

a. 原理：硫酸锰在碱性条件下形成氢氧化亚锰，氢氧化亚锰在碱性溶液中，被水中溶解氧氧化成四价锰的水合物 $MnO_2 \cdot 2H_2O$，但在酸性溶液中四价锰又能氧化 KI 而析出 I_2。析出碘用硫代硫酸钠标准溶液滴定。根据硫代硫酸钠标准溶液的用量，可计算出水中溶解氧的含量。

b. 测定步骤：取下瓶塞，分别加入 1mL 硫酸锰溶液和 2mL 碱性碘化钾溶液（加溶液时，移液管顶端应插入液面以下），盖上瓶塞，注意瓶内不能留有气泡，然后将瓶反复摇动数次，静置，当沉淀物下降至瓶高一半时，再颠倒摇动 1次。继续静置，待沉淀物下降到瓶底后，轻启瓶塞，加入 2mL 硫酸（移液管插入液面以下）。小心盖好瓶塞，颠倒摇匀。此时沉淀应溶解。若溶解不完全，可再加入少量浓硫酸至溶液澄清且呈黄色或棕色，置于暗处 5min。

从每个碘量瓶内取出 2 份 100mL 水样，分别置于 2 个 250mL 碘量瓶中，用硫代硫酸钠标准溶液滴定。当溶液呈微黄色时，加入 10g/L 淀粉溶液 1mL，继续滴定至蓝色刚好消失为止，记录用量，取平均值。

计算公式如下：

$$溶解氧浓度(mg/L) = V \times c \times \frac{16}{2} \times \frac{1}{100} \times 1000$$

式中　c——硫代硫酸钠标准溶液浓度，mol/L；

　　　V——消耗的硫代硫酸钠溶液的体积，mL；

　　　$\frac{16}{2}$——消耗 1mL 1mol/L 硫代硫酸钠标准溶液相当于氧的质量，mg/mmol。

② 稀释比应根据水中有机物的含量来确定。稀释倍数从 COD 值估算，取大于酸性高锰酸盐指数值的 1/4，小于 COD_{Cr} 值的 1/5。原则上，是以培养后减少的溶解氧占培养前溶解氧的 40%～70% 为宜。

③ 为检查稀释水以及化验人员的操作水平，将每升含葡萄糖和谷氨酸各 150mg 的标准溶液以 1+50 稀释比稀释后，与水样同步测定 BOD_5，测得值应在 180～230mg/L 之间，否则，应检查原因，予以纠正。

④ 水样稀释液放入培养箱内，必须注意瓶口水封，严格避免与空气接触。

三、化学需氧量(COD_{Cr})

化学需氧量是指水样在一定条件下，氧化 1 升水样中还原性物质所消耗的氧化剂的量，单位以 mg/L 表示。水中还原性物质包括有机物和亚硝酸盐、硫化物、亚铁盐等无机物。化学需氧量反映了水中受还原性物质污染的程度，该指标也作为有机物相对含量的综合指标之一。对废水化学需氧量的测定，欧美多采用重铬酸钾法，日本则采用高锰酸钾法，我国根据自己的国情规定了用重铬酸钾法，也可用 COD 测定仪法。

（一）重铬酸钾法（COD_Cr）

1. 原理

在水样中加入已知量的重铬酸钾溶液，并在强酸介质下以银盐作催化剂，经沸腾回流后，以试亚铁灵为指示剂，用硫酸亚铁铵滴定水样中未被还原的重铬酸钾，由消耗的硫酸亚铁铵的量换算成消耗氧的质量浓度。

用 0.25mol/L 浓度的重铬酸钾溶液可测定大于 50mg/L 的 COD 值，用 0.025mol/L 浓度的重铬酸钾溶液可测定 5～50mg/L 的 COD 值，但准确度较差。

2. 试剂

① 硫酸银-硫酸试剂：向 1L 硫酸中加入 10g 硫酸银，放置 1～2 天使之溶解，并混匀，使用前小心摇动。

② 0.2500mol/L 重铬酸钾 $\left(\dfrac{1}{6}K_2Cr_2O_7\right)$ 标准溶液：准确称取预先在 120℃烘干 2h 的重铬酸钾 12.258g 溶于水并定溶至 1000mL 容量瓶中。

③ 0.1mol/L 硫酸亚铁铵标准溶液：称取 39g 硫酸亚铁铵于水中，边搅拌边缓慢加入 20mL 浓硫酸溶解，冷却后用水稀释至 1000mL。临用前，用重铬酸钾标准溶液标定。

标定：吸取 10mL 重铬酸钾标准溶液置于三角瓶中，用水稀释至约 100mL，缓慢加入 30mL 浓硫酸，混匀，冷却后，加 3 滴（约 0.15mL）试亚铁灵指示剂，用硫酸亚铁铵标准溶液进行滴定，溶液的颜色由黄色经蓝绿色变为红褐色即为终点。

计算公式如下：

$$硫酸亚铁铵浓度(mol/L) = \frac{10 \times 0.2500}{V}$$

式中　V——滴定时消耗硫酸亚铁铵标准溶液的体积，mL。

④ 2.0824mmol/L 邻苯二甲酸氢钾标准溶液：准确称取 105℃下干燥 2h 的邻苯二甲酸氢钾 0.4251g 溶于水，并稀释定容至 1000mL，混匀。以重铬酸钾为氧化剂，将邻苯二甲酸氢钾完全氧化的 COD 值为 1.176g 氧/g（指 1g 邻苯二甲酸氢钾耗氧 1.176g），故该标准溶液的理论 COD 值为 500mg/L。

⑤ 试亚铁灵指示剂：称取 1.485g 邻菲咯啉、0.695g 硫酸亚铁溶于水中，稀释至 100mL，贮于棕色瓶中。

3. 测定步骤

吸取 20mL 充分混匀的水样（或适量水样稀释至 20mL），置 250mL 磨口的锥形瓶中，准确加入 10mL 重铬酸钾标准溶液和几粒玻璃珠，摇匀。

将锥形瓶接到回流装置冷凝管下端，接通冷凝水。从冷凝管上端缓慢加入 30mL 硫酸银-硫酸试剂，轻轻摇动锥形瓶使溶液混匀，自溶液开始沸腾起回流 2h。

冷却后，用 20～30mL 水自冷凝管上端冲洗冷凝管后，取下锥形瓶，再用水稀释至 140mL 左右。

溶液冷却至室温后，加入 3 滴试亚铁灵指示剂，用硫酸亚铁铵标准溶液滴定，溶液的颜色由黄色经蓝绿色至红褐色即为终点。

测定水样的同时，以 20mL 蒸馏水，按同样操作步骤做空白试验。

4. 计算

$$\text{COD}_{\text{Cr}}(\text{以 } O_2 \text{ 计}, \text{mg/L}) = (V_0 - V_1) \times c \times 8 \times \frac{1}{V} \times 1000$$

式中　c——硫酸亚铁铵标准溶液的浓度，mol/L；

　　　V_0——空白试验消耗硫酸亚铁铵标准溶液的体积，mL；

　　　V_1——样品测定消耗硫酸亚铁铵标准溶液的体积，mL；

　　　V——取样体积，mL；

　　　8——消耗 1mL 1mol/L 硫酸亚铁铵相当于氧的质量，mg/mmol。

5. 讨论

① 水样的体积可在 10~50mL 之间，但试剂的用量和浓度需按表 5-2 进行调整。

表 5-2　试剂的用量和浓度

样品量 /mL	0.2500mol/L $K_2Cr_2O_7$ 溶液/mL	Ag_2SO_4-H_2SO_4 溶液/mL	$HgSO_4$ /g	$(NH_4)_2Fe(SO_4)_2 \cdot$ $6H_2O$/(mol/L)	滴定前 总体积/mL
10.00	5.00	15	0.2	0.050	70
20.00	10.00	30	0.4	0.100	140
30.00	15.00	45	0.6	0.150	210
40.00	20.00	60	0.8	0.200	280
50.00	25.00	75	1.0	0.250	350

② 水样加热回流后，溶液中重铬酸钾剩余量应为加入量的 1/5~4/5 为宜。

③ Ag_2SO_4 起到催化剂的作用，该试剂是用浓硫酸配制，使用时一定要注意安全。

④ 在加热过程中，如溶液由黄色变为绿色，说明水样中还原物质太多，重铬酸钾量不够，应将水样重新稀释后再作测定，计算 COD 时乘以稀释倍数。

⑤ 加硫酸汞的目的是除去氯离子，如水样中没有氯离子，可以不加硫酸汞。

（二）COD 测定仪法

1. 原理

COD-571 型化学需氧量分析仪是采用比色法测定化学需氧量的实验仪器，在消解装置中重铬酸钾在酸性介质中氧化有机物形成三价铬离子，然后将消解液直接倒入比色皿中，COD 分析仪可直接显示出 COD 结果。

该仪器可同时对 21 个样品加热回流，具有体积小，操作方便，节约大量水、电及试剂等优点。

2. 试剂与仪器

① COD 标准溶液：准确称取预先在 105~110℃烘干 2h 的邻苯二甲酸氢钾

1.2754g 溶于水并定溶至 1000mL。此溶液 COD 值为 1500mg/L。稀释 10 倍即得浓度为 150mg/L COD 溶液。

② 专用氧化剂 A 或 B

a. 专用氧化剂 A：准确称取预先经 120℃烘干 2h 并在干燥器内冷至室温的重铬酸钾 2.6480g，溶于 80mL 含硫酸的水（50mL 水中加入 30mL 浓硫酸）中，并定容至 1000mL。此溶液为 0.09mol/L 重铬酸钾溶液。此 0.09mol/L 重铬酸钾溶液与浓硫酸（溶有 1‰硫酸银）按体积比 1：2 稀释成专用消解液（测量 0～1500mg/L 的 COD 值）。

b. 专用氧化剂 B：同上，配制 0.009mol/L 重铬酸钾溶液，并稀释成专用消解液（测量 0～150mg/L 的 COD 值）。

③ COD-571 型化学需氧量分析仪。

3. 测定步骤

① 反应管预处理及密闭圈和隔膜装配：第 1 次使用反应管及管盖（管盖内已装好密封圈和隔膜，若无，应装配好），先用水清洗干净，并在 110℃下用烘箱烘干备用。

密封圈和隔膜装配：取出密封圈装入管盖内，密封圈应平整，装上隔膜即可，装配时最好戴橡胶手套。

② 样品准备工作：取出干净干燥的反应管，加入 2mL 样品，废水中含有氯离子时，预先加入 0.05g 硫酸汞。

根据不同的样品移入 3mL 不同的专用氧化剂。

旋紧盖子（检测管盖内的密封圈和隔膜应完好，否则更换），反复颠倒反应管几次，使试剂和样品充分混合，待用。

重复上述步骤，用重蒸馏水代替样品，作零点校准；用 150mg/L 或 1500mg/L COD 标准溶液，作满度校准。

③ 消解操作：接好电源线，打开电源开关，设定好时间和温度后，消解装置开始加热，当温度升至设定值时，在消解孔放入所需消解的试管，盖上保护罩。按"消解"键，仪器进入消解状态并计时，当时间显示窗显示为零时，消解结束，关闭电源开关，等待约 20min，等反应管温度低于 120℃后，取出反应管颠倒几次，自然冷却至室温。

④ 测量：COD-571 型化学需氧量分析仪开机预热 1h。

把反应结束后的样品或标准样品倒入比色皿中，进行测量。具体操作过程请参阅该仪器使用说明书。

4. 计算

仪器自动报告结果。

5. 讨论

① 不同浓度的样品选用不同的专用试剂及测量方法，具体见表 5-3。

② 对 COD 浓度为 1500mg/L 以上的样品，应预先采取以下方法中的一种进

表 5-3　不同浓度样品所用的专用试剂及测量方法

样品浓度值 /(mg/L)	专用试剂	满度校准浓度值 /(mg/L)	测量滤光片 /nm	仪器模式 NO
0~150	B	150	420	1
150~1500	A	1500	620	0
1500 以上	A	1500	620	0

行处理。方法一：减少样品的取样量，其余用蒸馏水补足至 2mL。方法二：样品预先用蒸馏水稀释到 COD 浓度为 1500mg/L 以下，再取样 2mL。

③ 测量结束后，应及时先用蒸馏水清洗干净（试剂里含有银离子，直接用自来水冲洗会产生沉淀）反应管及管盖，并在 110℃下用烘箱烘干备用。

④ 仪器应在预热 1h 后进行试验，并每隔一刻钟应重新进行满度的校准，防止仪器的漂移产生测量的误差。

⑤ 滤光片应避免沾污或积灰，清洗滤光片时，不可用硬物，以免划伤，只能用清洁的镜头纸轻轻揩拭。污迹较大时用脱脂棉蘸少许乙醚-乙醇混合剂（1＋1）进行清洁处理。

⑥ 该仪器可在 100~150℃消解温度任意设定，消解时间在 0~120min 任意设定。

四、悬浮物

1. 原理

水质中的悬浮物是指水样通过孔径 0.45μm 的滤膜，截留在滤膜上并于 103~105℃烘干至恒重的固体物质。

2. 仪器

全玻璃微孔滤膜过滤器。

3. 测定步骤

① 滤膜准备：用扁嘴无齿镊子夹取微孔滤膜放于事先恒重的称量瓶里，移入烘箱中于 103~105℃烘干 30min 后取出，置干燥器内冷却至室温，称量。反复烘干、冷却、称量，直至两次称量的质量差≤0.2mg。将恒重的微孔滤膜正确地放在滤膜过滤器的滤膜托盘上，加盖配套的漏斗，并用夹子固定好。以水湿润滤膜，并不断吸滤。

② 测定：量取充分混合均匀的试样 100mL 抽吸过滤。使水分全部通过滤膜。再以每次 10mL 蒸馏水连续洗涤 3 次，继续吸滤以除去痕量水分。停止吸滤后，仔细取出载有悬浮物的滤膜放在原恒重的称量瓶里，移入烘箱中于 103~105℃烘干 1h 后移入干燥器中，使冷却至室温，称其质量。反复烘干、冷却、称量，直至两次称量的质量差≤0.4mg 为止。

4. 计算

$$c = \frac{(A-B) \times 10^6}{V}$$

式中　c——废水中悬浮物浓度，mg/L；

　　A——悬浮物、滤膜和称量瓶质量，g；

　　B——滤膜和称量瓶质量，g；

　　V——试样体积，mL。

5. 讨论

① 滤膜上截留过多的悬浮物可能夹带过多的水分，除延长干燥时间外，还可能造成过滤困难，遇此情况，可酌情少取试样。若滤膜上悬浮物过少，则会增大称量误差，影响测定精度，必要时，可增大试样的体积。一般以5～100mg悬浮物量作为量取试样体积的使用范围。

② 采样时，漂浮或浸没的不均匀固体物质不属于悬浮物质，应从水样中除去。

③ 采集的水样应尽快分析测定，如需放置，应贮存在4℃冷藏箱中，但最长不得超过7天。并且不能加入任何保护剂，以防破坏物质在固、液间的分配平衡。

五、总固体

1. 原理

总固体指试样在一定温度下蒸发至恒重所剩固体物的总量，它包括样品中悬浮物、胶体物和溶解性物质，其中包括有机物、无机物和生物体。采用烘箱干燥法，把所取样品置入已恒重的瓷坩埚中，先在水浴上蒸干，然后在烘箱中进行干燥。

2. 仪器

电热鼓风干燥箱。

3. 测定步骤

量取50mL均匀水样，置入已在105～110℃烘箱中干燥恒重的150mL瓷坩埚中，放在沸水浴上蒸干，然后放在105～110℃烘箱烘干2h后取出，于干燥器中冷却30min，称量，并烘至恒重。

4. 计算

$$总固体含量(mg/L) = \frac{m_1 - m_0}{V} \times 10^6$$

式中　m_1——瓷坩埚和固形物总质量，g；

　　m_0——瓷坩埚的质量，g；

　　V——取样体积，mL。

附　　录

附表 1-1　斐林试剂糖量表（廉-爱农法）

消耗糖液体积/mL	相当葡萄糖量/mg	100mL 糖液中所含葡萄糖量/mg	消耗糖液体积/mL	相当葡萄糖量/mg	100mL 糖液中所含葡萄糖量/mg
15	49.1	327	33	50.3	152.4
16	49.2	307	34	50.3	148.0
17	49.3	289	35	50.4	143.9
18	49.3	274	36	50.4	140.0
19	49.4	260	37	50.5	136.4
20	49.5	247.4	38	50.5	132.9
21	49.5	235.8	39	50.6	129.6
22	49.6	225.5	40	50.6	126.5
23	49.7	216.1	41	50.7	123.6
24	49.8	207.4	42	50.7	120.8
25	49.8	199.3	43	50.7	118.1
26	49.9	191.8	44	50.8	115.5
27	49.9	184.9	45	50.9	113.0
28	50.0	178.5	46	50.9	110.6
29	50.0	172.5	47	51.0	108.4
30	50.1	167.0	48	51.0	106.2
31	50.2	161.8	49	51.0	104.1
32	50.2	156.9	50	51.1	102.2

附表 1-2　吸光度与测试 α-淀粉酶浓度对照表

吸光度(A)	酶浓度/(U/mL)	吸光度(A)	酶浓度/(U/mL)	吸光度(A)	酶浓度/(U/mL)
0.100	4.694	0.115	4.619	0.130	4.544
0.101	4.689	0.116	4.614	0.131	4.539
0.102	4.684	0.117	4.609	0.132	4.534
0.103	4.679	0.118	4.604	0.133	4.529
0.104	4.674	0.119	4.599	0.134	4.524
0.105	4.669	0.120	4.594	0.135	4.518
0.106	4.664	0.121	4.589	0.136	4.513
0.107	4.659	0.122	4.584	0.137	4.507
0.108	4.654	0.123	4.579	0.138	4.502
0.109	4.649	0.124	4.574	0.139	4.497
0.110	4.644	0.125	4.569	0.140	4.492
0.111	4.639	0.126	4.564	0.141	4.487
0.112	4.634	0.127	4.559	0.142	4.482
0.113	4.629	0.128	4.554	0.143	4.477
0.114	4.624	0.129	4.549	0.144	4.472

吸光度（A）	酶浓度 /(U/mL)	吸光度（A）	酶浓度 /(U/mL)	吸光度（A）	酶浓度 /(U/mL)
0.145	4.467	0.186	4.275	0.227	4.105
0.146	4.462	0.187	4.270	0.228	4.101
0.147	4.457	0.188	4.266	0.229	4.097
0.148	4.452	0.189	4.261	0.230	4.093
0.149	4.447	0.190	4.257	0.231	4.089
0.150	4.442	0.191	4.253	0.232	4.085
0.151	4.438	0.192	4.248	0.233	4.082
0.152	4.433	0.193	4.244	0.234	4.078
0.153	4.428	0.194	4.240	0.235	4.074
0.154	4.423	0.195	4.235	0.236	4.070
0.155	4.418	0.196	4.231	0.237	4.067
0.156	4.413	0.197	4.227	0.238	4.063
0.157	4.408	0.198	4.222	0.239	4.059
0.158	4.404	0.199	4.218	0.240	4.056
0.159	4.399	0.200	4.214	0.241	4.052
0.160	4.394	0.201	4.210	0.242	4.048
0.161	4.389	0.202	4.205	0.243	4.045
0.162	4.385	0.203	4.201	0.244	4.041
0.163	4.380	0.204	4.197	0.245	4.037
0.164	4.375	0.205	4.193	0.246	4.034
0.165	4.370	0.206	4.189	0.247	4.030
0.166	4.366	0.207	4.185	0.248	4.026
0.167	4.361	0.208	4.181	0.249	4.023
0.168	4.356	0.209	4.176	0.250	4.019
0.169	4.352	0.210	4.172	0.251	4.016
0.170	4.347	0.211	4.168	0.252	4.012
0.171	4.342	0.212	4.164	0.253	4.009
0.172	4.338	0.213	4.160	0.254	4.005
0.173	4.333	0.214	4.156	0.255	4.002
0.174	4.329	0.215	4.152	0.256	3.998
0.175	4.324	0.216	4.148	0.257	3.995
0.176	4.319	0.217	4.144	0.258	3.991
0.177	4.315	0.218	4.140	0.259	3.988
0.178	4.310	0.219	4.136	0.260	3.984
0.179	4.306	0.220	4.132	0.261	3.981
0.180	4.301	0.221	4.128	0.262	3.978
0.181	4.297	0.222	4.124	0.263	3.974
0.182	4.292	0.223	4.120	0.264	3.971
0.183	4.288	0.224	4.116	0.265	3.968
0.184	4.283	0.225	4.112	0.266	3.964
0.185	4.279	0.226	4.108	0.267	3.961

吸光度(A)	酶浓度 /(U/mL)	吸光度(A)	酶浓度 /(U/mL)	吸光度(A)	酶浓度 /(U/mL)
0.268	3.958	0.309	3.842	0.350	3.721
0.269	3.954	0.310	3.839	0.351	3.718
0.270	3.951	0.311	3.836	0.352	3.716
0.271	3.948	0.312	3.833	0.353	3.713
0.272	3.944	0.313	3.830	0.354	3.710
0.273	3.941	0.314	3.827	0.355	3.707
0.274	3.938	0.315	3.824	0.356	3.704
0.275	3.935	0.316	3.821	0.357	3.701
0.276	3.932	0.317	3.818	0.358	3.699
0.277	3.928	0.318	3.815	0.359	3.696
0.278	3.925	0.319	3.812	0.360	3.693
0.279	3.922	0.320	3.809	0.361	3.690
0.280	3.919	0.321	3.806	0.362	3.687
0.281	3.916	0.322	3.803	0.363	3.684
0.282	3.913	0.323	3.800	0.364	3.682
0.283	3.922	0.324	3.797	0.365	3.679
0.284	3.919	0.325	3.794	0.366	3.676
0.285	3.915	0.326	3.791	0.367	3.673
0.286	3.912	0.327	3.788	0.368	3.670
0.287	3.909	0.328	3.785	0.369	3.668
0.288	3.906	0.329	3.782	0.370	3.665
0.289	3.903	0.330	3.779	0.371	3.662
0.290	3.900	0.331	3.776	0.372	3.659
0.291	3.897	0.332	3.774	0.373	3.656
0.292	3.894	0.333	3.771	0.374	3.654
0.293	3.891	0.334	3.768	0.375	3.651
0.294	3.888	0.335	3.765	0.376	3.648
0.295	3.885	0.336	3.762	0.377	3.645
0.296	3.881	0.337	3.759	0.378	3.643
0.297	3.878	0.338	3.756	0.379	3.640
0.298	3.875	0.339	3.753	0.380	3.637
0.299	3.872	0.340	3.750	0.381	3.634
0.300	3.869	0.341	3.747	0.382	3.632
0.301	3.866	0.342	3.744	0.383	3.629
0.302	3.863	0.343	3.741	0.384	3.626
0.303	3.860	0.344	3.739	0.385	3.623
0.304	3.857	0.345	3.736	0.386	3.621
0.305	3.854	0.346	3.733	0.387	3.618
0.306	3.851	0.347	3.730	0.388	3.615
0.307	3.848	0.348	3.727	0.389	3.612
0.308	3.845	0.349	3.724	0.390	3.610

吸光度(A)	酶浓度 /(U/mL)	吸光度(A)	酶浓度 /(U/mL)	吸光度(A)	酶浓度 /(U/mL)
0.391	3.607	0.432	3.497	0.473	3.397
0.392	3.604	0.433	3.494	0.474	3.394
0.393	3.602	0.434	3.492	0.475	3.392
0.394	3.599	0.435	3.489	0.476	3.389
0.395	3.596	0.436	3.487	0.477	3.387
0.396	3.594	0.437	3.484	0.478	3.385
0.397	3.591	0.438	3.482	0.479	3.383
0.398	3.588	0.439	3.479	0.480	3.380
0.399	3.585	0.440	3.477	0.481	3.378
0.400	3.583	0.441	3.474	0.482	3.376
0.401	3.580	0.442	3.472	0.483	3.373
0.402	3.577	0.443	3.469	0.484	3.371
0.403	3.575	0.444	3.467	0.485	3.369
0.404	3.572	0.445	3.464	0.486	3.366
0.405	3.569	0.446	3.462	0.487	3.364
0.406	3.567	0.447	3.459	0.488	3.362
0.407	3.564	0.448	3.457	0.489	3.359
0.408	3.559	0.449	3.454	0.490	3.357
0.409	3.556	0.450	3.452	0.491	3.355
0.410	3.554	0.451	3.449	0.492	3.353
0.411	3.551	0.452	3.447	0.493	3.350
0.412	3.548	0.453	3.444	0.494	3.348
0.413	3.546	0.454	3.442	0.495	3.346
0.414	3.543	0.455	3.440	0.496	3.344
0.415	3.541	0.456	3.437	0.497	3.341
0.416	3.538	0.457	3.435	0.498	3.339
0.417	3.535	0.458	3.432	0.499	3.337
0.418	3.533	0.459	3.430	0.500	3.335
0.419	3.530	0.460	3.427	0.501	3.333
0.420	3.528	0.461	3.425	0.502	3.330
0.421	3.525	0.462	3.423	0.503	3.328
0.422	3.522	0.463	3.420	0.504	3.326
0.423	3.520	0.464	3.418	0.505	3.324
0.424	3.517	0.465	3.415	0.506	3.321
0.425	3.515	0.466	3.413	0.507	3.319
0.426	3.512	0.467	3.411	0.508	3.317
0.427	3.509	0.468	3.408	0.509	3.315
0.428	3.507	0.469	3.406	0.510	3.313
0.429	3.504	0.470	3.404	0.511	3.311
0.430	3.502	0.471	3.401	0.512	3.308
0.431	3.499	0.472	3.399	0.513	3.306

吸光度（A）	酶浓度/(U/mL)	吸光度（A）	酶浓度/(U/mL)	吸光度（A）	酶浓度/(U/mL)
0.514	3.304	0.555	3.219	0.596	3.142
0.515	3.302	0.556	3.217	0.597	3.140
0.516	3.300	0.557	3.215	0.598	3.139
0.517	3.298	0.558	3.213	0.599	3.137
0.518	3.295	0.559	3.211	0.600	3.135
0.519	3.293	0.560	3.209	0.601	3.133
0.520	3.291	0.561	3.207	0.602	3.131
0.521	3.289	0.562	3.205	0.603	3.130
0.522	3.287	0.563	3.204	0.604	3.128
0.523	3.285	0.564	3.202	0.605	3.126
0.524	3.283	0.565	3.200	0.606	3.124
0.525	3.280	0.566	3.198	0.607	3.123
0.526	3.278	0.567	3.196	0.608	3.121
0.527	3.276	0.568	3.194	0.609	3.119
0.528	3.274	0.569	3.192	0.610	3.118
0.529	3.272	0.570	3.190	0.611	3.116
0.530	3.270	0.571	3.188	0.612	3.114
0.531	3.268	0.572	3.186	0.613	3.112
0.532	3.266	0.573	3.184	0.614	3.111
0.533	3.264	0.574	3.183	0.615	3.109
0.534	3.262	0.575	3.181	0.616	3.107
0.535	3.260	0.576	3.179	0.617	3.106
0.536	3.258	0.577	3.177	0.618	3.104
0.537	3.255	0.578	3.175	0.619	3.102
0.538	3.253	0.579	3.173	0.620	3.101
0.539	3.251	0.580	3.171	0.621	3.099
0.540	3.249	0.581	3.169	0.622	3.097
0.541	3.247	0.582	3.168	0.623	3.096
0.542	3.245	0.583	3.166	0.624	3.095
0.543	3.243	0.584	3.164	0.625	3.094
0.544	3.241	0.585	3.162	0.626	3.092
0.545	3.239	0.586	3.160	0.627	3.089
0.546	3.237	0.587	3.158	0.628	3.087
0.547	3.235	0.588	3.157	0.629	3.086
0.548	3.233	0.589	3.155	0.630	3.084
0.549	3.231	0.590	3.153	0.631	3.082
0.550	3.229	0.591	3.151	0.632	3.081
0.551	3.227	0.592	3.149	0.633	3.079
0.552	3.225	0.593	3.147	0.634	3.078
0.553	3.223	0.594	3.146	0.635	3.076
0.554	3.221	0.595	3.144	0.636	3.074

吸光度（A）	酶浓度 /(U/mL)	吸光度（A）	酶浓度 /(U/mL)	吸光度（A）	酶浓度 /(U/mL)
0.637	3.073	0.681	3.007	0.725	2.950
0.638	3.071	0.682	3.005	0.726	2.949
0.639	3.070	0.683	3.004	0.727	2.947
0.640	3.068	0.684	3.003	0.728	2.946
0.641	3.066	0.685	3.001	0.729	2.945
0.642	3.065	0.686	3.000	0.730	2.944
0.643	3.063	0.687	2.998	0.731	2.943
0.644	3.062	0.688	2.997	0.732	2.941
0.645	3.060	0.689	2.996	0.733	2.940
0.646	3.058	0.690	2.994	0.734	2.939
0.647	3.057	0.691	2.993	0.735	2.938
0.648	3.055	0.692	2.992	0.736	2.937
0.649	3.054	0.693	2.990	0.737	2.936
0.650	3.052	0.694	2.989	0.738	2.935
0.651	3.051	0.695	2.988	0.739	2.933
0.652	3.049	0.696	2.986	0.740	2.932
0.653	3.048	0.697	2.985	0.741	2.931
0.654	3.046	0.698	2.984	0.742	2.930
0.655	3.045	0.699	2.982	0.743	2.929
0.656	3.043	0.700	2.981	0.744	2.928
0.657	3.042	0.701	2.980	0.745	2.927
0.658	3.040	0.702	2.978	0.746	2.926
0.659	3.039	0.703	2.977	0.747	2.925
0.660	3.037	0.704	2.976	0.748	2.923
0.661	3.036	0.705	2.975	0.749	2.922
0.662	3.034	0.706	2.973	0.750	2.921
0.663	3.033	0.707	2.972	0.751	2.920
0.664	3.031	0.708	2.971	0.752	2.919
0.665	3.030	0.709	2.969	0.753	2.918
0.666	3.028	0.710	2.968	0.754	2.917
0.667	3.027	0.711	2.967	0.755	2.916
0.668	3.025	0.712	2.966	0.756	2.915
0.669	3.024	0.713	2.964	0.757	2.914
0.670	3.022	0.714	2.963	0.758	2.913
0.671	3.021	0.715	2.962	0.759	2.912
0.672	3.020	0.716	2.961	0.760	2.911
0.673	3.018	0.717	2.959	0.761	2.910
0.674	3.017	0.718	2.958	0.762	2.909
0.675	3.015	0.719	2.957	0.763	2.908
0.676	3.014	0.720	2.956	0.764	2.907
0.677	3.012	0.721	2.955	0.765	2.906
0.678	3.011	0.722	2.953	0.766	2.905
0.679	3.010	0.723	2.952		
0.680	3.008	0.724	2.951		

附表 1-3 在 20℃ 时酒精水溶液的相对密度与酒精浓度换算表

d^{20}	酒 精 浓 度			d^{20}	酒 精 浓 度		
	/(g/100g)	/(mL/100mL)	/(g/100mL)		/(g/100g)	/(mL/100mL)	/(g/100mL)
1.0000	0.00	0.00	0.00				
0.9999	0.05	0.07	0.05	0.9959	2.22	2.79	2.20
0.9998	0.11	0.13	0.10	0.9958	2.28	2.86	2.26
0.9997	0.16	0.20	0.16	0.9957	2.33	2.93	2.32
0.9996	0.21	0.27	0.21	0.9956	2.39	3.00	2.37
0.9995	0.27	0.34	0.26	0.9955	2.44	3.08	2.43
0.9994	0.32	0.40	0.32	0.9954	2.50	3.15	2.48
0.9993	0.37	0.47	0.37	0.9953	2.56	3.22	5.54
0.9992	0.43	0.54	0.42	0.9952	2.61	3.29	2.59
0.9991	0.48	0.61	0.48	0.9951	2.67	3.36	2.65
0.9990	0.53	0.67	0.53	0.9950	2.72	3.48	2.70
0.9989	0.59	0.74	0.59	0.9949	2.78	3.50	2.76
0.9988	0.64	0.81	0.64	0.9948	2.84	3.57	2.82
0.9987	0.70	0.88	0.69	0.9947	2.89	3.64	2.87
0.9986	0.75	0.94	0.74	0.9946	2.95	3.71	2.93
0.9985	0.80	1.01	0.80	0.9945	3.00	3.78	2.98
0.9984	0.86	1.08	0.85	0.9944	3.06	3.85	3.04
0.9983	0.91	1.15	0.90	0.9943	3.12	3.92	3.10
0.9982	0.96	1.21	0.96	0.9942	3.18	4.00	3.16
0.9981	1.02	1.28	1.01	0.9941	3.24	4.07	3.21
0.9980	1.07	1.35	1.06	0.9940	3.30	4.14	3.27
0.9979	1.12	1.42	1.12	9.9939	3.35	4.22	3.33
0.9978	1.18	1.49	1.17	0.9938	3.41	4.29	3.38
0.9977	1.29	1.56	1.23	0.9937	3.47	4.36	3.44
0.9976	1.23	1.62	1.29	0.9936	3.53	4.43	3.50
0.9975	1.34	1.69	1.34	0.9935	3.69	4.51	3.56
0.9974	1.40	1.76	1.39	0.9934	3.64	4.58	3.61
0.9973	1.45	1.83	1.44	0.9933	3.70	4.65	3.67
0.9972	1.50	1.90	1.50	0.9932	3.76	4.72	3.73
0.9971	1.56	1.97	1.55	0.9931	3.82	4.80	3.78
0.9970	1.61	2.03	1.60	0.9930	3.88	4.87	3.84
0.9969	1.67	2.10	1.66	0.9929	3.94	4.94	3.90
0.9968	1.72	2.17	1.71	0.9928	3.99	5.01	3.96
0.9967	1.78	2.24	1.77	0.9927	4.05	5.09	4.02
0.9966	1.83	2.31	1.82	0.9926	4.12	5.16	4.08
0.9965	1.88	2.38	1.88	0.9925	4.18	5.24	4.14
0.9964	1.94	2.44	1.93	0.9924	4.24	5.32	4.20
0.9963	1.99	2.51	1.98	0.9923	4.30	5.39	4.26
0.9962	2.05	2.58	2.04	0.9922	4.36	5.47	4.31
0.9961	2.11	2.65	2.09	0.9921	4.42	5.54	4.37
0.9960	2.16	2.72	2.15	0.9920	4.48	5.62	4.43

d^{20}	酒 精 浓 度			d^{20}	酒 精 浓 度		
	/(g/100g)	/(mL/100mL)	/(g/100g)		/(g/100g)	/(mL/100mL)	/(g/100g)
0.9919	4.54	5.69	4.49	0.9879	7.08	8.85	6.93
0.9918	4.60	5.77	4.55	0.9878	7.15	8.93	7.05
0.9917	4.66	5.84	4.61	0.9877	7.21	9.01	7.11
0.9916	4.72	5.92	4.67	0.9876	7.28	9.10	7.18
0.9915	4.78	6.00	4.73	0.9875	7.35	9.18	7.24
0.9914	4.84	6.07	4.79	0.9874	7.42	9.26	7.31
0.9913	4.90	6.15	4.85	0.9873	7.48	9.34	7.37
0.9912	4.96	6.22	4.94	0.9872	7.55	9.48	7.44
0.9911	5.02	6.30	4.97	0.9871	7.62	9.51	7.50
0.9910	5.09	6.38	5.03	0.9870	7.68	9.59	7.57
0.9909	5.15	6.45	5.09	0.9869	7.75	9.68	7.64
0.9908	5.21	6.53	5.16	0.9868	7.82	9.76	7.70
0.9907	5.28	6.61	5.22	0.9867	7.88	9.84	7.77
0.9906	5.34	6.69	5.28	0.9866	7.95	9.92	7.83
0.9905	5.40	6.77	5.34	0.9865	8.02	10.01	7.90
0.9904	5.46	6.84	5.40	0.9864	8.09	10.09	7.96
0.9903	5.53	6.92	5.46	0.9863	8.16	10.17	8.03
0.9902	5.59	7.00	5.52	0.9862	8.22	10.26	8.09
0.9901	5.65	7.08	5.59	0.9861	8.29	10.34	8.14
0.9900	5.72	7.16	5.65	0.9860	8.36	10.42	8.22
0.9899	5.78	7.24	5.71	0.9859	8.42	10.51	8.29
0.9898	5.84	7.31	5.77	0.9858	8.49	10.59	8.36
0.9897	5.90	7.39	5.83	0.9857	8.56	10.67	8.42
0.9896	5.97	7.47	5.90	0.9856	8.63	10.76	8.49
0.9895	5.03	7.55	5.96	0.9855	8.70	10.84	8.55
0.9894	6.10	7.63	6.02	0.9854	8.76	10.92	8.62
0.9893	6.16	7.71	6.09	0.9853	8.83	11.00	8.68
0.9892	6.23	7.79	6.15	0.9852	8.90	11.09	8.75
0.9891	6.29	7.87	6.21	0.9851	8.97	11.17	8.82
0.9890	6.36	7.95	6.28	0.9850	9.03	11.26	8.88
0.9889	6.42	8.03	6.34	0.9849	9.10	11.34	8.95
0.9888	6.49	8.12	6.40	0.9848	9.17	11.48	9.02
0.9887	6.50	8.20	4.47	0.9847	9.24	11.51	9.08
0.9886	9.62	8.28	6.53	0.9846	9.31	11.60	9.15
0.9885	6.69	8.36	6.60	0.9845	9.38	11.68	9.22
0.9884	6.75	8.44	6.66	0.9844	9.45	11.77	9.29
0.9883	6.82	8.52	6.72	0.9843	9.52	11.85	9.35
0.9882	6.88	8.60	6.79	0.9842	9.59	11.94	9.42
0.9881	6.95	8.68	6.85	0.9841	9.66	12.02	9.49
0.9880	7.01	8.76	6.92	0.9840	9.73	12.11	9.56

附表 1-4　酒精浓度与温度校正表

溶液温度/℃	酒精计示值										
	0	0.5	1.0	1.5	2.0	2.5	3.0	3.5	4.0	4.5	5.0
	温度20℃时用体积分数表示的酒精浓度/%										
0	0.8	1.3	1.8	2.3	2.8	3.3	3.9	4.4	4.9	5.5	6.0
1	0.8	1.3	1.8	2.4	2.9	3.4	3.9	4.4	5.0	5.5	6.1
2	0.8	1.4	1.9	2.4	2.9	3.4	4.0	4.5	5.0	5.6	6.1
3	0.9	1.4	1.9	2.4	3.0	3.5	4.0	4.5	5.0	5.6	6.1
4	0.9	1.4	1.9	2.4	3.0	3.5	4.0	4.5	5.1	5.6	6.2
5	0.9	1.4	2.0	2.5	3.0	3.5	4.0	4.6	5.1	5.6	6.2
6	0.9	1.4	2.0	2.5	3.0	3.5	4.0	4.6	5.1	5.6	6.2
7	0.9	1.4	1.9	2.4	3.0	3.5	4.0	4.5	5.1	5.6	6.1
8	0.9	1.4	1.9	2.4	2.9	3.4	4.0	4.5	5.0	5.6	6.1
9	0.9	1.4	1.9	2.4	2.9	3.4	4.0	4.5	5.0	5.5	6.0
10	0.8	1.3	1.8	2.4	2.9	3.4	3.9	4.4	5.0	5.5	6.0
11	0.8	1.3	1.8	2.3	2.8	3.3	3.9	4.4	4.9	5.4	6.0
12	0.7	1.2	1.7	2.2	2.8	3.3	3.8	4.3	4.8	5.4	5.9
13	0.7	1.2	1.7	2.2	2.7	3.2	3.7	4.2	4.8	5.3	5.8
14	0.6	1.1	1.6	2.1	2.6	3.1	3.6	4.2	4.7	5.2	5.7
15	0.5	1.0	1.5	2.0	2.5	3.0	3.6	4.1	4.6	5.1	5.6
16	0.4	0.9	1.4	1.9	2.4	2.9	3.4	4.0	4.5	5.0	5.5
17	0.3	0.8	1.3	1.8	2.3	2.8	3.4	3.9	4.4	4.9	5.4
18	0.2	0.7	1.2	1.7	2.2	2.7	3.2	3.7	4.2	4.8	5.3
19	0.1	0.6	1.1	1.6	2.1	2.6	3.1	3.6	4.1	4.6	5.1
20	0.0	0.5	1.0	1.5	2.0	2.5	3.0	3.5	4.0	4.5	5.0
21		0.4	0.9	1.4	1.9	2.4	2.9	3.4	3.9	4.4	4.8
22		0.2	0.7	1.2	1.7	2.2	2.7	3.2	3.7	4.2	4.7
23		0.1	0.6	1.1	1.6	2.1	2.6	3.1	3.6	4.1	4.6
24		0.0	0.4	0.9	1.4	1.9	2.4	2.9	3.4	3.9	4.4
25			0.3	0.8	1.3	1.8	2.3	2.8	3.2	3.7	4.2
26			0.1	0.6	1.1	1.6	2.1	2.6	3.1	3.6	4.0
27			0.0	0.4	1.0	1.4	1.9	2.4	2.9	3.4	3.9
28				0.3	0.8	1.3	1.8	2.2	2.7	3.2	3.7
29				0.2	0.6	1.1	1.6	2.1	2.5	3.0	3.6
30				0.1	0.4	0.9	1.4	1.9	2.4	2.8	3.3

溶液温度/℃	酒精计示值									
	5.5	6.0	6.5	7.0	7.5	8.0	8.5	9.0	9.5	10.0
	温度20℃时用体积分数表示的酒精浓度/%									
0	6.6	7.2	7.8	8.4	9.0	9.6	10.2	10.8	11.4	12.0
1	6.6	7.2	7.8	8.4	9.0	9.6	10.2	10.8	11.4	12.0
2	6.7	7.2	7.8	8.4	9.0	9.6	10.2	10.8	11.4	12.0
3	6.7	7.3	7.8	8.4	9.0	9.6	10.2	10.8	11.4	12.0
4	6.7	7.3	7.8	8.4	9.0	9.6	10.2	10.7	11.3	11.9
5	6.7	7.3	7.8	8.4	9.0	9.6	10.1	10.7	11.3	11.8
6	6.7	7.3	7.8	8.4	8.9	9.5	10.1	10.6	11.2	11.8
7	6.7	7.2	7.8	8.4	8.9	9.5	10.0	10.6	11.2	11.7
8	6.6	7.2	7.7	8.3	8.8	9.4	10.0	10.5	11.1	11.6
9	6.6	7.1	7.7	8.2	8.8	9.3	9.9	10.4	11.0	11.5
10	6.5	7.1	7.6	8.2	8.7	9.3	9.8	10.3	10.9	11.4
11	6.5	7.0	7.6	8.1	8.6	9.2	9.7	10.2	10.8	11.3
12	6.4	6.9	7.5	8.0	8.5	9.1	9.6	10.1	10.7	11.2
13	6.3	6.8	7.4	7.9	8.4	9.0	9.5	10.0	10.6	11.1
14	6.2	6.7	7.3	7.8	8.3	8.9	9.4	9.9	10.4	11.0
15	6.1	6.6	7.2	7.7	8.2	8.8	9.3	9.8	10.3	10.8
16	6.0	6.5	7.0	7.6	8.1	8.6	9.1	9.6	10.2	10.7
17	5.9	6.4	6.9	7.4	8.0	8.5	9.0	9.5	10.0	10.5
18	5.8	6.3	6.8	7.3	7.8	8.3	8.8	9.3	9.8	10.4
19	5.6	6.1	6.6	7.2	7.6	8.2	8.7	9.2	9.7	10.2
20	5.5	6.0	6.5	7.0	7.5	8.0	8.5	9.0	9.5	10.0
21	5.4	5.8	6.3	6.8	7.3	7.8	8.3	8.8	9.3	9.8
22	5.2	5.7	6.2	6.7	7.2	7.7	8.2	8.6	9.1	9.6
23	5.0	5.5	6.0	6.5	7.0	7.5	8.0	8.4	8.9	9.4
24	4.9	5.4	5.8	6.3	6.8	7.3	7.8	8.3	8.8	9.2
25	4.7	5.2	5.7	6.2	6.6	7.1	7.6	8.1	8.6	9.0
26	4.5	5.0	5.5	6.0	6.4	6.9	7.4	7.9	8.3	8.8
27	4.3	4.8	5.3	5.8	6.3	6.7	7.2	7.7	8.1	8.6
28	4.2	4.6	5.1	5.6	6.1	6.5	7.0	7.5	7.9	8.4
29	4.0	4.4	4.9	5.4	5.8	6.3	6.8	7.2	7.7	8.2
30	3.8	4.2	4.7	5.2	5.6	6.1	6.6	7.0	7.5	7.9

溶液温度/℃	酒精计示值									
	10.5	11.0	11.5	12.0	12.5	13.0	13.5	14.0	14.5	15.0
	温度20℃时用体积分数表示的酒精浓度/%									
0	12.7	13.3	14.0	14.6	15.3	16.0	16.7	17.5	18.2	19.0
1	12.6	13.3	13.9	14.6	15.3	15.9	16.6	17.3	18.1	18.8
2	12.6	13.2	13.9	14.5	15.2	15.9	16.6	17.2	17.9	18.6
3	12.6	13.2	13.8	14.5	15.1	15.8	16.4	17.1	17.8	18.5
4	12.5	13.1	13.8	14.4	15.0	15.7	16.3	17.0	17.7	18.3
5	12.4	13.0	13.7	14.3	14.9	15.6	16.2	16.8	17.5	18.2
6	12.4	13.0	13.6	14.2	14.8	15.4	16.1	16.7	17.3	18.0
7	12.3	12.9	13.5	14.1	14.7	15.3	15.9	16.5	17.2	17.8
8	12.2	12.8	13.4	14.0	14.6	15.2	15.8	16.4	17.0	17.6
9	12.1	12.7	13.2	13.8	14.4	15.0	15.6	16.2	16.8	17.4
10	12.0	12.6	13.1	13.7	14.3	14.9	15.4	16.0	16.6	17.2
11	11.9	12.4	13.0	13.6	14.1	14.7	15.3	15.8	16.4	17.0
12	11.8	12.3	12.8	13.4	14.0	14.5	15.1	15.7	16.2	16.8
13	11.6	12.2	12.7	13.2	13.8	14.4	14.9	15.5	16.0	16.6
14	11.5	12.0	12.5	13.1	13.6	14.2	14.7	15.3	15.8	16.4
15	11.3	11.9	12.4	12.9	13.5	14.0	14.5	15.1	15.6	16.2
16	11.2	11.7	12.2	12.8	13.3	13.8	14.3	14.9	15.4	15.9
17	11.0	11.5	12.1	12.6	13.1	13.6	14.1	14.7	15.2	15.7
18	10.9	11.4	11.9	12.4	12.9	13.4	13.9	14.4	15.0	15.5
19	10.7	11.2	11.7	12.2	12.7	13.2	13.7	14.2	14.7	15.2
20	10.5	11.0	11.5	12.0	12.5	13.0	13.5	14.0	14.5	15.0
21	10.3	10.8	11.3	11.8	12.3	12.8	13.3	13.8	14.3	14.8
22	10.1	10.6	11.1	11.6	12.1	12.6	13.1	13.6	14.0	14.5
23	9.9	10.4	10.9	11.4	11.8	12.3	12.8	13.3	13.8	14.3
24	9.7	10.2	10.7	11.2	11.6	12.1	12.6	13.1	13.5	14.0
25	9.5	10.0	10.4	10.9	11.4	11.9	12.4	12.8	13.3	13.8
26	9.3	9.8	10.2	10.7	11.2	11.7	12.1	12.6	13.0	13.5
27	9.1	9.5	10.0	10.5	10.9	11.4	11.9	12.3	12.8	13.2
28	8.9	9.3	9.8	10.3	10.7	11.2	11.6	12.1	12.6	13.0
29	8.6	9.1	9.5	10.0	10.5	10.9	11.4	11.8	12.3	12.7
30	8.4	8.9	9.3	9.8	10.2	10.7	11.1	11.6	12.0	12.5

溶液温度/℃	酒精计示值									
	15.5	16.0	16.5	17.0	17.5	18.0	18.5	19.0	19.5	20.0
	温度20℃时用体积分数表示的酒精浓度/%									
0	19.7	20.5	21.3	22.0	22.8	23.6	24.3	25.1	25.8	26.5
1	19.6	20.3	21.1	21.8	22.6	23.3	24.0	24.7	25.4	26.1
2	19.4	20.1	20.8	21.6	22.3	23.0	23.7	24.4	25.1	25.8
3	19.2	19.9	20.6	21.4	22.0	22.7	23.4	24.1	24.8	25.5
4	19.0	19.7	20.4	21.1	21.8	22.5	23.1	23.8	24.4	25.1
5	18.8	19.5	20.2	20.9	21.5	22.2	22.8	23.4	24.1	24.7
6	18.6	19.3	19.9	20.6	21.2	21.9	22.5	23.2	23.8	24.4
7	18.4	19.1	19.7	20.4	21.0	21.6	22.2	22.8	23.4	24.1
8	18.2	18.9	19.5	20.1	20.7	21.3	21.9	22.6	23.2	23.8
9	18.0	18.6	19.2	19.9	20.5	21.1	21.7	22.3	22.8	23.4
10	17.8	18.4	19.0	19.6	20.2	20.8	21.4	22.0	22.5	23.1
11	17.6	18.2	18.8	19.4	20.0	20.5	21.1	21.7	22.2	22.8
12	17.4	18.0	18.5	19.1	19.7	20.2	20.8	21.4	21.9	22.5
13	17.2	17.7	18.3	18.8	19.4	20.0	20.5	21.1	21.6	22.2
14	16.9	17.5	18.0	18.6	19.1	19.7	20.2	20.8	21.3	21.9
15	16.7	17.2	17.8	18.3	18.9	19.4	20.0	20.5	21.0	21.6
16	16.5	17.0	17.5	18.1	18.6	19.2	19.7	20.2	20.7	21.2
17	16.2	16.8	17.3	17.8	18.3	18.9	19.4	19.9	20.4	20.9
18	16.0	16.5	17.0	17.6	18.1	18.6	19.1	19.6	20.1	20.6
19	15.8	16.3	16.8	17.3	17.8	18.3	18.8	19.3	19.8	20.3
20	15.5	16.0	16.5	17.0	17.5	18.0	18.5	19.0	19.5	20.0
21	15.2	15.7	16.2	16.7	17.2	17.7	18.2	18.7	19.2	19.7
22	15.0	15.5	16.0	16.5	17.0	17.4	17.9	18.4	18.9	19.4
23	14.7	15.2	15.7	16.2	16.6	17.1	17.6	18.1	18.6	19.0
24	14.5	15.0	15.4	15.9	16.4	16.9	17.3	17.8	18.3	18.7
25	14.2	14.7	15.2	15.6	16.1	16.6	17.0	17.5	18.0	18.4
26	14.0	14.4	14.9	15.4	15.8	16.3	16.7	17.2	17.6	18.1
27	13.7	14.2	14.6	15.1	15.5	16.0	16.4	16.9	17.3	17.6
28	13.4	13.9	14.4	14.8	15.2	15.7	16.1	16.6	17.0	17.5
29	13.2	13.6	14.1	14.5	15.0	15.4	15.8	16.3	16.7	17.2
30	12.9	13.4	13.8	14.2	14.7	15.1	15.5	16.0	16.4	16.8

溶液温度/℃	酒精计示值									
	20.5	21.0	21.5	22.0	22.5	23.0	23.5	24.0	24.5	25.0
	温度20℃时用体积分数表示的酒精浓度/%									
0	27.2	27.9	28.6	29.2	29.9	30.6	31.2	31.8	32.4	33.0
1	26.8	27.5	28.2	28.8	29.5	30.1	30.7	31.4	32.0	32.6
2	26.4	27.1	27.8	28.4	29.0	29.7	30.3	30.9	31.5	32.2
3	26.1	26.8	27.4	28.0	28.6	29.3	29.9	30.5	31.1	21.7
4	25.7	26.4	27.0	27.6	28.2	28.9	29.5	30.1	30.7	31.3
5	25.4	26.0	26.6	27.2	27.8	28.5	29.1	29.7	30.5	30.8
6	25.0	25.6	26.2	26.9	27.5	28.1	28.7	29.3	29.8	30.4
7	24.7	25.3	25.9	26.5	27.1	27.7	28.3	28.9	29.4	30.0
8	24.3	24.9	25.5	26.1	26.7	27.3	27.9	28.5	29.0	29.6
9	24.0	24.6	25.2	25.8	26.3	26.9	27.5	28.1	28.6	29.2
10	23.7	24.3	24.8	25.4	26.0	26.6	27.1	27.7	28.2	28.8
11	23.4	23.9	24.5	25.0	25.6	26.2	26.7	27.3	27.8	28.4
12	23.0	23.6	24.2	24.7	25.3	25.8	26.4	26.9	27.4	28.0
13	22.7	23.3	23.8	24.4	24.9	25.4	26.0	26.5	27.1	27.6
14	22.4	23.0	23.5	24.0	24.6	25.1	25.6	26.2	26.7	27.2
15	22.1	22.6	23.1	23.7	24.2	24.7	25.3	25.8	26.3	26.8
16	21.8	22.3	22.8	23.3	23.8	24.4	24.9	25.4	25.9	26.5
17	21.4	22.0	22.5	23.0	23.5	24.0	24.5	25.1	25.6	26.1
18	21.1	21.6	22.1	22.6	23.2	23.7	24.2	24.7	25.2	25.7
19	20.8	21.3	21.8	22.3	22.8	23.3	23.8	24.4	24.8	25.4
20	20.5	21.0	21.5	22.0	22.5	23.0	23.5	24.0	24.5	25.0
21	20.2	20.7	21.2	21.7	22.2	22.6	23.1	23.6	24.1	24.6
22	19.9	20.4	20.8	21.3	21.8	22.3	22.8	23.3	23.8	24.3
23	19.5	20.0	20.5	21.0	21.5	22.0	22.4	22.9	23.4	23.9
24	19.2	19.7	20.2	20.7	21.1	21.6	22.1	22.6	23.1	23.5
25	18.9	19.4	19.8	20.3	20.8	21.3	21.8	22.2	22.7	23.2
26	18.6	19.0	19.5	20.0	20.5	20.9	21.4	21.9	22.4	22.8
27	18.2	18.7	19.2	19.6	20.1	20.6	21.0	21.5	22.0	22.5
28	17.9	18.4	18.8	19.3	19.8	20.2	20.7	21.2	21.6	22.1
29	17.6	18.0	18.5	19.0	19.4	19.9	20.4	20.8	21.3	21.8
30	17.3	17.7	18.2	18.6	19.1	19.6	20.0	20.5	20.9	21.4

溶液温度/℃	酒精计示值									
	25.5	26.0	26.5	27.0	27.5	28.0	28.5	29.0	29.5	30.0
	温度20℃时用体积分数表示的酒精浓度/%									
0	33.6	34.2	34.7	35.3	35.8	36.3	36.8	37.3	37.8	38.3
1	33.1	33.7	34.3	34.9	35.3	35.9	36.4	36.9	37.4	37.9
2	32.7	33.3	33.8	34.4	34.9	35.4	36.0	36.5	37.0	37.6
3	32.3	32.9	33.4	34.0	34.5	35.0	35.5	36.0	36.6	37.1
4	31.8	32.4	33.0	33.5	34.0	34.6	35.1	35.6	36.1	36.6
5	31.4	32.0	32.6	33.1	33.6	34.2	34.7	35.2	35.7	36.2
6	31.0	31.6	32.1	32.7	33.2	33.7	34.2	34.8	35.3	35.8
7	30.6	31.1	31.7	32.2	32.8	33.3	33.8	34.4	34.9	35.4
8	30.2	30.7	31.3	31.8	32.4	32.9	33.4	33.9	34.4	35.0
9	29.7	30.3	30.8	31.4	31.9	32.5	33.0	33.5	34.0	34.5
10	29.3	29.9	30.4	31.0	31.5	32.0	32.6	33.1	33.6	34.1
11	28.9	29.5	30.0	30.6	31.1	31.6	32.1	32.7	33.2	33.7
12	28.5	29.1	29.6	30.2	30.7	31.2	31.7	32.2	32.8	33.3
13	28.2	28.7	29.2	29.7	30.8	30.8	31.3	31.8	32.3	32.8
14	27.8	28.3	28.8	29.3	29.9	30.4	30.9	31.4	31.9	32.4
15	27.4	27.9	28.4	28.9	29.5	30.0	30.5	31.0	31.5	32.0
16	27.0	27.5	28.0	28.5	29.0	29.6	30.1	30.6	31.1	31.6
17	26.6	27.1	27.6	28.1	28.6	29.2	29.7	30.2	30.7	31.2
18	26.2	26.7	27.2	27.8	28.3	28.8	29.3	29.8	30.3	30.8
19	25.9	26.4	26.9	27.4	27.9	28.4	28.9	29.4	29.9	30.4
20	25.5	26.0	26.5	27.0	27.5	28.0	28.5	29.0	29.5	30.0
21	25.1	25.6	26.1	26.6	27.1	27.6	28.1	28.6	29.1	29.6
22	24.8	25.3	25.8	26.2	26.7	27.2	27.7	28.2	28.7	29.2
23	24.4	24.9	25.4	25.8	26.3	26.8	27.3	27.8	28.3	28.8
24	24.0	24.5	25.0	25.5	26.0	26.4	26.9	27.4	27.9	28.4
25	23.7	24.1	24.6	25.1	25.6	26.1	26.6	27.0	27.5	28.0
26	23.3	23.8	24.2	24.7	25.2	25.7	26.2	26.6	27.1	27.6
27	22.9	23.4	23.9	24.4	24.8	25.3	25.8	26.3	26.7	27.2
28	22.6	23.0	23.5	24.0	24.4	24.9	25.4	25.9	26.4	26.8
29	22.2	22.7	23.2	23.6	24.1	24.6	25.0	25.5	26.0	26.4
30	21.9	22.3	22.8	23.2	23.7	24.2	24.6	25.1	25.6	26.1

溶液温度/℃	酒精计示值									
	30.5	31.0	31.5	32.0	32.5	33.0	33.5	34.0	34.5	35.0
	温度 20℃时用体积分数表示的酒精浓度/%									
0	38.8	39.3	39.7	40.2	40.7	41.2	41.6	42.1	42.6	43.1
1	38.4	38.9	39.3	39.8	40.3	40.8	41.3	41.7	42.2	42.7
2	38.0	38.4	38.9	39.4	39.9	40.4	40.8	41.3	41.8	42.3
3	37.6	38.0	38.5	39.0	39.5	40.0	40.4	40.9	41.4	41.9
4	37.1	37.6	38.1	38.6	39.1	39.6	40.0	40.5	41.0	41.5
5	36.7	37.2	37.7	38.2	38.7	39.2	39.6	40.1	40.6	41.1
6	36.3	36.8	37.3	37.8	38.2	38.8	39.2	39.7	40.2	40.7
7	35.9	36.4	36.8	37.3	37.8	38.3	38.8	39.3	39.8	40.3
8	35.4	36.0	36.4	36.9	37.4	37.9	38.4	38.9	39.4	39.9
9	35.0	35.5	36.0	36.5	37.0	37.5	38.0	38.5	39.0	39.5
10	34.6	35.1	35.6	36.1	36.6	37.1	37.6	38.1	38.6	39.1
11	34.2	34.7	35.2	35.7	36.2	36.7	37.2	37.7	38.2	38.7
12	33.8	34.3	34.8	35.3	35.8	36.3	36.8	37.3	37.8	38.2
13	33.4	33.9	34.4	34.9	35.4	35.9	36.4	36.8	37.3	37.8
14	33.0	33.5	34.0	34.4	35.0	35.4	35.9	36.4	36.9	37.4
15	32.6	33.0	33.5	34.0	34.5	35.0	35.5	36.0	36.5	37.0
16	32.1	32.6	33.1	33.6	34.1	34.6	35.1	35.6	36.1	36.6
17	31.7	32.2	32.7	33.2	33.7	34.2	34.7	35.2	35.7	36.2
18	31.3	31.8	32.3	32.8	33.3	33.8	34.3	34.8	35.3	35.8
19	30.9	31.4	31.9	32.4	32.9	33.4	33.9	34.4	34.9	35.4
20	30.5	31.0	31.5	32.0	32.5	33.0	33.5	34.0	34.5	35.0
21	30.1	30.6	31.1	31.6	32.0	32.6	33.1	33.6	34.1	34.6
22	29.7	30.2	30.7	31.2	31.7	32.2	32.7	33.2	33.7	34.2
23	29.3	29.8	30.3	30.8	31.3	31.8	32.3	32.8	33.3	33.8
24	28.9	29.4	29.9	30.4	30.9	31.4	31.9	32.4	32.9	33.4
25	28.5	29.0	29.5	30.0	30.5	31.0	31.5	32.0	32.5	33.0
26	28.1	28.6	29.1	29.6	30.0	30.6	31.0	31.6	32.0	32.6
27	27.7	28.2	28.7	29.2	29.6	30.2	30.6	31.2	31.6	32.2
28	27.3	27.8	28.3	28.8	29.2	29.7	30.2	30.7	31.2	31.7
29	26.9	27.4	27.9	28.4	28.8	29.4	29.8	30.3	30.8	31.3
30	26.5	27.0	27.5	28.0	28.4	28.9	29.4	29.9	30.4	30.9

溶液温度/℃	酒精计示值									
	35.5	36.0	36.5	37.0	37.5	38.0	38.5	39.0	39.5	40.0
	温度 20℃时用体积分数表示的酒精浓度/%									
0	43.6	44.0	44.5	45.0	45.5	46.0	46.4	46.9	47.4	47.8
1	43.2	43.7	44.1	44.6	45.1	45.6	46.0	46.5	47.0	47.5
2	42.8	43.3	43.7	44.2	44.7	45.2	45.7	46.1	46.6	47.1
3	42.2	42.9	43.4	43.8	44.3	44.8	45.3	45.8	46.2	46.7
4	42.4	42.5	43.0	43.4	43.9	44.4	44.9	45.4	45.9	46.3
5	42.0	42.1	42.6	43.1	43.6	44.0	44.5	45.0	45.5	46.0
6	41.6	41.7	42.2	42.7	43.2	43.6	44.1	44.6	45.1	45.6
7	41.2	41.3	41.8	42.3	42.8	43.2	43.7	44.2	44.7	45.2
8	40.8	40.9	41.4	41.9	42.4	42.8	43.3	43.8	44.3	44.8
9	40.4	40.5	41.0	41.5	42.0	42.4	42.9	43.4	43.9	44.4
10	40.0	40.1	40.6	41.0	41.6	42.0	42.5	43.0	43.5	44.0
11	39.6	39.6	40.2	40.6	41.1	41.6	42.1	42.6	43.1	43.6
12	39.2	39.2	39.7	40.2	40.7	41.2	41.7	42.2	42.7	43.2
13	38.7	38.8	39.3	39.8	40.3	40.8	41.3	41.8	42.3	42.8
14	38.3	38.4	38.9	39.4	39.9	40.4	40.9	41.4	41.9	42.4
15	37.9	38.0	38.5	39.0	39.5	40.0	40.5	41.0	41.5	42.0
16	37.5	37.6	38.1	38.6	39.1	39.6	40.1	40.6	41.1	41.6
17	37.1	37.2	37.7	38.2	38.7	39.2	39.7	40.2	40.7	41.2
18	36.7	36.8	37.3	37.8	38.3	38.8	39.3	39.8	40.3	40.8
19	36.3	36.4	36.9	37.4	37.9	38.4	38.9	39.4	39.9	40.4
20	35.9	36.0	36.5	37.0	37.5	38.0	38.5	39.0	39.5	40.0
21	35.1	35.6	36.1	36.6	37.1	37.6	38.1	38.6	39.1	39.6
22	34.7	35.2	35.7	36.2	36.7	37.2	37.7	38.2	38.7	39.2
23	34.3	34.8	35.3	35.8	36.3	36.8	37.3	37.8	38.3	38.8
24	33.9	34.4	34.9	35.4	35.9	36.4	36.9	37.4	37.9	38.4
25	33.5	34.0	34.5	35.0	35.5	36.0	36.5	37.0	37.5	38.0
26	33.1	33.6	34.1	34.6	35.1	35.6	36.1	36.6	37.1	37.6
27	32.7	33.2	33.7	34.2	34.7	35.2	35.7	36.2	36.7	37.2
28	32.2	32.8	33.2	33.8	34.3	34.8	35.3	35.8	36.3	36.8
29	31.8	32.3	32.8	33.4	33.9	34.4	34.9	35.4	35.9	36.4
30	31.4	32.0	32.4	33.0	33.5	34.0	34.5	35.0	35.5	36.0

溶液温度/℃	酒精计示值									
	40.5	41.0	41.5	42.0	42.5	43.0	43.5	44.0	44.5	45.0
	温度20℃时用体积分数表示的酒精浓度/%									
0	48.3	48.8	49.3	49.7	50.2	50.7	51.1	51.6	52.1	52.6
1	47.9	48.4	48.9	49.4	49.8	50.3	50.8	51.3	51.7	52.2
2	47.6	48.0	48.5	49.0	49.5	49.9	50.4	50.9	51.4	51.8
3	47.2	47.7	48.1	48.6	49.1	49.6	50.0	50.5	51.0	51.5
4	46.8	47.3	47.8	48.2	48.7	49.2	49.7	50.2	50.6	51.1
5	46.4	46.9	47.4	47.9	48.3	48.8	49.3	49.8	50.3	50.8
6	46.0	46.5	47.0	47.5	48.0	48.4	48.9	49.4	49.9	50.4
7	45.7	46.2	46.6	47.1	47.6	48.1	48.5	49.0	49.5	50.0
8	45.3	45.8	46.2	46.7	47.2	47.7	48.2	48.6	49.1	49.6
9	44.9	45.4	45.8	46.3	46.8	47.3	47.8	48.3	48.8	49.2
10	44.5	45.0	45.5	46.0	46.4	46.9	47.4	47.9	48.4	48.9
11	44.1	44.6	45.1	45.6	46.0	46.5	47.0	47.5	48.0	48.5
12	43.7	44.2	44.7	45.2	45.6	46.1	46.6	47.1	47.6	48.1
13	43.3	43.8	44.3	44.8	45.3	45.8	46.3	46.7	47.2	47.7
14	42.9	43.4	43.9	44.4	44.9	45.4	45.8	46.4	46.8	47.3
15	42.5	43.0	43.5	44.0	44.5	45.0	45.5	46.0	46.4	47.0
16	42.1	42.6	43.1	43.6	44.1	44.6	45.2	45.6	46.1	46.6
17	41.7	42.2	42.7	43.2	43.7	44.2	44.8	45.2	45.7	46.2
18	41.3	41.8	42.3	42.8	43.3	43.8	44.4	44.8	45.3	45.8
19	40.9	41.4	41.9	42.4	42.9	43.4	44.0	44.4	44.9	45.4
20	40.5	41.0	41.5	42.0	42.5	43.0	43.6	44.0	44.5	45.0
21	40.1	40.6	41.1	41.6	42.1	42.6	43.1	43.6	44.1	44.6
22	39.7	40.2	40.7	41.2	41.7	42.2	42.7	43.2	43.7	44.2
23	39.3	39.8	40.3	40.8	41.3	41.8	42.3	42.8	43.3	43.8
24	38.9	39.4	39.9	40.4	40.9	41.4	41.9	42.4	42.9	43.4
25	38.5	39.0	39.5	40.0	40.5	41.0	41.5	42.0	42.5	43.0
26	38.1	38.6	39.1	39.6	40.1	40.6	41.1	41.6	42.2	42.7
27	37.7	38.2	38.7	39.2	39.7	40.2	40.7	41.2	41.8	42.3
28	37.3	37.8	38.3	38.8	39.3	39.8	40.3	40.8	41.4	41.9
29	36.9	37.4	37.9	38.4	38.9	39.4	39.9	40.4	41.0	41.5
30	36.5	37.0	37.5	38.0	38.5	39.0	39.5	40.1	40.6	41.1

溶液温度/℃	酒精计示值									
	45.5	46.0	46.5	47.0	47.5	48.0	48.5	49.0	49.5	50.0
	温度 20℃时用体积分数表示的酒精浓度/%									
0	53.0	53.5	54.0	54.5	54.9	55.4	55.9	56.4	56.8	57.3
1	52.7	53.2	53.6	54.1	54.6	55.0	55.5	56.0	56.5	57.0
2	52.3	52.8	53.3	53.8	54.2	54.7	55.2	55.6	56.1	56.6
3	52.0	52.4	52.9	53.4	53.9	54.3	54.8	55.3	55.8	56.2
4	51.6	52.1	52.6	53.0	53.5	54.0	54.4	54.9	55.4	55.9
5	51.2	51.7	52.2	52.7	53.1	53.6	54.1	54.6	55.0	55.5
6	50.8	51.3	51.8	52.3	52.8	53.2	53.7	54.2	54.7	55.2
7	50.5	51.0	51.4	51.9	52.4	52.9	53.4	53.9	54.3	54.8
8	50.1	50.6	51.1	51.6	52.0	52.5	53.0	53.5	54.0	54.5
9	49.7	50.2	50.7	51.2	51.7	52.2	52.6	53.1	53.6	54.1
10	49.4	49.8	50.3	50.8	51.3	51.8	52.3	52.8	53.2	53.7
11	49.0	49.5	50.0	50.4	50.9	51.4	51.9	52.4	52.9	53.4
12	48.6	49.1	49.6	50.1	50.6	51.0	51.6	52.0	52.5	53.0
13	48.2	48.7	49.2	49.7	50.2	50.7	51.2	51.6	52.1	52.6
14	47.9	48.3	48.8	49.3	49.8	50.3	50.8	51.3	51.8	52.2
15	47.4	47.9	48.4	48.9	49.4	49.9	50.4	50.9	51.4	51.9
16	47.1	47.6	48.0	48.6	49.0	49.5	50.0	50.5	51.0	51.5
17	46.7	47.2	47.7	48.2	48.7	49.2	49.6	50.1	50.6	51.1
18	46.3	46.8	47.3	47.8	48.3	48.8	49.3	49.8	50.2	50.7
19	45.9	46.4	46.9	47.4	47.9	48.4	48.9	49.4	49.9	50.4
20	45.4	46.0	46.5	47.0	47.5	48.0	48.5	49.0	49.5	50.0
21	45.1	45.6	46.1	46.6	47.1	47.6	48.1	48.6	49.1	49.6
22	44.7	45.2	45.7	46.2	46.7	47.2	47.7	48.2	48.7	49.2
23	44.3	44.8	45.3	45.8	46.3	46.8	47.3	47.8	48.4	48.9
24	43.9	44.4	44.9	45.4	46.0	46.4	47.0	47.5	48.0	48.5
25	43.6	44.1	44.6	45.1	45.6	46.1	46.6	47.1	47.6	48.1
26	43.2	43.7	44.2	44.7	45.2	45.7	46.2	46.7	47.2	47.7
27	42.8	43.3	43.8	44.3	44.8	45.3	45.8	46.3	46.8	47.3
28	42.4	42.9	43.4	43.9	44.4	44.9	45.4	45.9	46.4	47.0
29	42.0	42.5	43.0	43.5	44.0	44.5	45.0	45.6	46.1	46.6
30	41.6	42.1	42.6	43.1	43.6	44.2	44.7	45.2	45.7	46.2

溶液温度/℃	酒精计示值									
	50.5	51.0	51.5	52.0	52.5	53.0	53.5	54.0	54.5	55.0
	温度 20℃时用体积分数表示的酒精浓度/%									
0	57.8	58.2	58.7	59.2	59.7	60.1	60.6	61.1	61.6	62.0
1	57.4	57.9	58.4	58.8	59.3	59.8	60.3	60.7	61.2	61.7
2	57.1	57.5	58.0	58.5	59.0	59.4	59.9	60.4	60.9	61.4
3	56.7	57.2	57.7	58.2	58.6	59.1	59.6	60.1	60.5	61.0
4	56.4	56.8	57.3	57.8	58.3	58.8	59.2	59.7	60.2	60.7
5	56.0	56.5	57.0	57.4	57.9	58.4	58.9	59.4	59.8	60.3
6	55.6	56.1	56.6	57.1	57.6	58.1	58.5	59.0	59.5	60.0
7	55.3	55.8	56.3	56.8	57.2	57.7	58.2	58.7	59.2	59.6
8	54.9	55.4	55.9	56.4	56.9	57.4	57.8	58.3	58.8	59.3
9	54.6	55.1	55.6	56.0	56.5	57.0	57.5	58.0	58.4	58.9
10	54.2	54.7	55.2	55.7	56.2	56.6	57.1	57.6	58.1	58.6
11	53.8	54.3	54.8	55.3	55.8	56.3	56.8	57.2	57.7	58.2
12	53.5	54.0	54.5	55.0	55.4	55.9	56.4	56.9	57.4	57.9
13	53.1	53.6	54.1	54.6	55.1	55.6	56.0	56.5	57.0	57.5
14	52.7	53.2	53.7	54.2	54.8	55.2	55.7	56.2	56.7	57.2
15	52.4	52.9	53.4	53.9	54.4	54.8	55.3	55.8	56.3	56.8
16	52.0	52.5	53.0	53.5	54.0	54.5	55.0	55.5	56.0	56.4
17	51.6	52.1	52.6	53.1	53.6	54.1	54.6	55.1	55.6	56.1
18	51.2	51.7	52.2	52.7	53.2	53.7	54.2	54.7	55.2	55.7
19	50.9	51.4	51.9	52.4	52.9	53.4	53.9	54.4	54.9	55.4
20	50.5	51.0	51.5	52.0	52.5	53.0	53.5	54.0	54.5	55.0
21	50.1	50.6	51.1	51.6	52.1	52.6	53.1	53.6	54.1	54.6
22	49.7	50.2	50.7	51.2	51.8	52.2	52.8	53.3	53.8	54.3
23	49.4	49.9	50.4	50.9	51.4	51.9	52.4	52.9	53.4	53.9
24	49.0	49.5	50.0	50.5	51.0	51.5	52.0	52.5	53.0	53.5
25	48.6	49.1	49.6	50.1	50.6	51.1	51.6	52.2	52.6	53.2
26	48.2	48.7	49.2	49.7	50.2	50.8	51.3	51.8	52.3	52.8
27	47.8	48.3	48.8	49.4	49.9	50.4	50.9	51.4	51.9	52.4
28	47.5	48.0	48.5	49.0	49.5	50.0	50.5	51.0	51.5	52.1
29	47.1	47.6	48.1	48.6	49.1	49.6	50.2	50.7	51.2	51.7
30	46.7	47.2	47.7	48.2	48.8	49.3	49.8	50.3	50.8	51.3

溶液温度/℃	酒精计示值									
	55.5	56.0	56.5	57.0	57.5	58.0	58.5	59.0	59.5	60.0
	温度 20℃时用体积分数表示的酒精浓度/%									
0	62.5	63.0	63.4	63.9	64.4	64.9	65.4	65.8	66.3	66.8
1	62.2	62.6	63.1	63.6	64.1	64.6	65.0	65.5	66.0	66.4
2	61.8	62.3	62.8	63.3	63.7	64.2	64.7	65.2	65.6	66.1
3	61.5	62.0	62.4	62.9	63.4	63.9	64.4	64.8	65.3	65.8
4	61.2	61.6	62.1	62.6	63.1	63.6	64.0	64.5	65.0	65.5
5	60.8	61.3	61.8	62.3	62.7	63.2	63.7	64.2	64.7	65.1
6	60.5	61.0	61.4	61.9	62.4	62.9	63.4	63.8	64.3	64.8
7	60.1	60.6	61.1	61.6	62.1	62.9	63.0	63.5	64.0	64.5
8	59.8	60.3	60.8	61.2	61.7	62.2	62.7	63.2	63.9	64.1
9	59.4	59.9	60.4	60.9	61.4	61.9	62.3	62.8	63.3	63.8
10	59.1	59.6	60.0	60.5	61.0	61.5	62.0	62.5	63.0	63.5
11	58.7	59.2	59.7	60.2	60.7	61.2	61.6	62.1	62.6	63.1
12	58.4	58.9	59.4	59.8	60.3	60.8	61.3	61.8	62.3	62.8
13	58.0	58.5	59.0	59.5	60.0	60.5	61.0	61.4	61.9	62.4
14	57.7	58.2	58.6	59.1	59.6	60.1	60.6	61.1	61.6	62.1
15	57.3	57.8	58.3	58.8	59.3	59.8	60.2	60.8	61.2	61.7
16	56.9	57.4	57.9	58.4	58.9	59.4	59.9	60.4	60.9	61.4
17	56.6	57.1	57.6	58.1	58.6	59.1	59.6	60.0	60.5	61.0
18	56.2	56.7	57.2	57.7	58.2	58.7	59.2	59.7	60.2	60.7
19	55.9	56.4	56.9	57.4	57.8	58.4	58.8	59.4	59.8	60.4
20	55.5	56.0	56.5	57.0	57.5	58.0	58.5	59.0	59.5	60.0
21	55.1	55.6	56.1	56.6	57.1	57.6	58.1	58.6	59.1	59.6
22	54.8	55.3	55.8	56.3	56.8	57.3	57.8	58.3	58.8	59.3
23	54.4	54.9	55.4	55.9	56.4	56.9	57.4	57.9	58.4	58.9
24	54.0	54.5	55.0	55.6	56.1	56.6	57.1	57.6	58.1	58.6
25	53.7	54.2	54.7	55.2	55.7	56.2	56.7	57.2	57.7	58.2
26	53.3	53.8	54.3	54.8	55.3	55.8	56.4	56.9	57.4	57.9
27	52.9	53.4	54.0	54.5	55.0	55.5	56.0	56.5	57.0	57.5
28	52.6	53.1	53.6	54.1	54.6	55.1	55.6	56.1	56.6	57.2
29	52.2	52.7	53.2	53.7	54.2	54.8	55.3	55.8	56.3	56.8
30	51.8	52.3	52.9	53.4	53.9	54.4	54.9	55.4	55.9	56.4

溶液温度/℃	酒精计示值									
	60.5	61.0	61.5	62.0	62.5	63.0	63.5	64.0	64.5	65.0
	温度20℃时用体积分数表示的酒精浓度/%									
0	67.2	67.7	68.2	68.7	69.2	69.6	70.1	70.6	71.1	71.5
1	66.9	67.4	67.9	68.4	68.8	69.3	69.8	70.3	70.8	71.2
2	66.6	67.1	67.6	68.0	68.5	69.0	69.5	70.0	70.4	70.9
3	66.3	66.8	67.2	67.7	68.2	68.7	69.2	69.6	70.1	70.6
4	65.9	66.4	66.9	67.4	67.9	68.4	68.8	69.3	69.8	70.3
5	65.6	66.1	66.6	67.1	67.5	68.0	68.5	69.0	69.5	70.0
6	65.3	65.8	66.2	66.7	67.2	67.7	68.2	68.7	69.2	69.6
7	65.0	65.4	65.9	66.4	66.9	67.4	67.9	68.4	68.8	69.3
8	64.6	65.1	65.6	66.1	66.6	67.0	67.5	68.0	68.5	69.0
9	64.3	64.8	65.2	65.7	66.2	66.7	67.2	67.7	68.2	68.7
10	63.9	64.4	64.9	65.4	65.9	66.4	66.9	67.4	67.8	68.3
11	63.6	64.1	64.6	65.1	65.6	66.0	66.5	67.0	67.5	68.0
12	63.3	63.8	64.2	64.7	65.2	65.7	66.2	66.7	67.2	67.7
13	62.9	63.4	63.9	64.4	64.9	65.4	65.9	66.4	66.8	67.4
14	62.6	63.1	63.6	64.1	64.6	65.0	65.5	66.0	66.5	67.0
15	62.2	62.7	63.2	63.7	64.2	64.7	65.2	65.7	66.2	66.7
16	61.9	62.4	62.9	63.4	63.9	64.4	64.8	65.4	65.8	66.3
17	61.5	62.0	62.5	63.0	63.5	64.0	64.5	65.0	65.5	66.0
18	61.2	61.7	62.2	62.7	63.2	63.7	64.2	64.7	65.2	65.7
19	60.8	61.3	61.8	62.3	62.8	63.3	63.8	64.3	64.8	65.3
20	60.5	61.0	61.5	62.0	62.5	63.0	63.5	64.0	64.5	65.0
21	60.1	60.6	61.2	61.6	62.2	62.6	63.2	63.6	64.2	64.6
22	59.8	60.3	60.8	61.3	61.8	62.3	62.8	63.3	63.8	64.3
23	59.4	60.0	60.4	61.0	61.5	62.0	62.5	63.0	63.5	64.0
24	59.1	59.6	60.1	60.6	61.1	61.6	62.1	62.6	63.1	63.6
25	58.7	59.2	59.8	60.3	60.8	61.3	61.8	62.3	62.8	63.3
26	58.4	58.9	59.4	59.9	60.4	60.9	61.4	61.9	62.4	63.0
27	58.0	58.5	59.0	59.6	60.1	60.6	61.1	61.6	62.1	62.6
28	57.7	58.2	58.7	59.2	59.7	60.2	60.7	61.2	61.8	62.3
29	57.3	57.8	58.3	58.8	59.4	59.9	60.4	60.9	61.4	61.9
30	57.0	57.5	58.0	58.5	59.0	59.5	60.0	60.6	61.1	61.6

溶液温度/℃	酒精计示值									
	65.5	66.0	66.5	67.0	67.5	68.0	68.5	69.0	69.5	70.0
	温度20℃时用体积分数表示的酒精浓度/%									
0	72.0	72.5	73.0	73.4	73.9	74.4	74.9	75.4	75.8	76.3
1	71.7	72.2	72.7	73.1	73.6	74.1	74.6	75.0	75.5	76.0
2	71.4	71.9	72.4	72.8	73.3	73.8	74.3	74.7	75.2	75.7
3	71.1	71.6	72.0	72.5	73.0	73.5	74.0	74.4	74.9	75.4
4	70.8	71.2	71.7	75.2	72.7	73.2	73.6	74.1	74.6	75.1
5	70.4	70.9	71.4	71.9	72.4	72.9	73.3	73.8	74.3	74.8
6	70.1	70.6	71.1	71.6	72.1	72.5	73.0	73.5	74.0	74.5
7	69.8	70.3	70.8	71.3	71.8	72.2	72.7	73.2	73.7	74.2
8	69.5	70.0	70.4	70.9	71.4	71.9	72.4	72.9	73.4	73.8
9	69.2	69.6	70.1	70.6	71.1	71.6	72.1	72.6	73.0	73.5
10	68.8	69.3	69.8	70.3	70.8	71.3	71.8	72.2	72.7	73.2
11	68.5	69.0	69.5	70.0	70.5	71.0	71.4	71.9	72.4	72.9
12	68.2	68.7	69.2	69.6	70.1	70.6	71.1	71.6	72.1	72.6
13	67.8	68.3	68.8	69.3	69.8	70.3	70.8	71.3	71.8	72.3
14	67.5	68.0	68.5	69.0	69.5	70.0	70.5	71.0	71.4	72.0
15	67.2	67.7	68.2	68.6	69.1	69.6	70.1	70.6	71.1	71.6
16	66.8	67.3	67.8	68.3	68.8	69.3	69.8	70.3	70.8	71.3
17	66.5	67.0	67.5	68.0	68.5	69.0	69.5	70.0	70.5	71.0
18	66.2	66.7	67.2	67.7	68.2	68.7	69.2	69.6	70.2	70.6
19	65.8	66.3	66.8	67.3	67.8	68.3	68.8	69.3	69.8	70.3
20	65.5	66.0	66.5	67.0	67.5	68.0	68.5	69.0	69.5	70.0
21	65.2	65.7	66.2	66.7	67.2	67.7	68.2	68.7	69.2	69.7
22	64.8	65.3	65.8	66.3	66.8	67.3	67.9	68.3	68.8	69.3
23	64.5	65.0	65.5	66.0	66.5	67.0	67.5	68.0	68.5	69.0
24	64.1	64.6	65.1	65.5	66.2	66.7	67.2	67.7	68.2	68.7
25	63.8	64.3	64.8	65.3	65.8	66.3	66.8	67.3	67.8	68.4
26	63.5	64.0	64.5	65.0	65.5	66.0	66.5	67.0	67.5	68.0
27	63.1	63.6	64.1	64.6	65.2	65.7	66.2	66.7	67.2	67.7
28	62.8	63.3	63.8	64.3	64.8	65.3	65.8	66.3	66.8	67.4
29	62.4	62.9	63.4	64.0	64.5	65.0	65.5	66.0	66.5	67.0
30	62.1	62.6	63.1	63.6	64.1	64.6	65.2	65.7	66.2	66.7

溶液温度/℃	酒精计示值									
	70.5	71.0	71.5	72.0	72.5	73.0	73.5	74.0	74.5	75.0
	温度20℃时用体积分数表示的酒精浓度/%									
0	76.8	77.3	77.7	78.2	78.7	79.1	79.6	80.1	80.5	81.0
1	76.5	77.0	77.4	77.9	78.4	78.8	79.3	79.8	80.3	80.7
2	76.1	76.6	77.1	77.6	78.1	78.6	79.0	79.5	80.0	80.4
3	75.9	76.4	76.8	77.3	77.8	78.3	78.7	79.2	79.7	80.2
4	75.6	76.0	76.5	77.0	77.5	78.0	78.4	78.9	79.4	79.9
5	75.3	75.8	76.2	76.7	77.2	77.7	78.2	78.6	79.1	79.6
6	75.0	75.4	75.9	76.4	76.9	77.4	77.8	78.3	78.8	79.3
7	74.6	75.1	75.6	76.1	76.6	77.2	77.6	78.0	78.5	79.0
8	74.3	74.8	75.3	75.8	76.3	76.8	77.2	77.7	78.2	78.7
9	74.0	74.5	75.0	75.5	76.0	76.5	76.9	77.4	77.9	78.4
10	73.7	74.2	74.7	75.2	75.7	76.2	76.6	77.1	77.6	78.1
11	73.4	73.9	74.4	74.9	75.4	75.8	76.3	76.8	77.3	77.8
12	73.1	73.6	74.1	74.5	75.0	75.5	76.0	76.5	77.0	77.5
13	72.8	73.2	73.7	74.2	74.7	75.2	75.7	76.2	76.7	77.2
14	72.4	72.9	73.4	73.9	74.4	74.9	75.4	75.9	76.4	76.9
15	72.1	72.6	73.1	73.6	74.1	74.6	75.1	75.6	76.1	76.6
16	71.8	72.3	72.8	73.3	73.8	74.3	74.8	75.3	75.8	76.2
17	71.5	72.0	72.5	73.0	73.4	74.0	74.4	74.9	75.4	75.9
18	71.2	71.6	72.1	72.6	73.1	73.6	74.1	74.6	75.1	75.6
19	70.8	71.3	71.8	72.3	72.8	73.3	73.8	74.3	74.8	75.3
20	70.5	71.0	71.5	72.0	72.5	73.0	73.5	74.0	74.5	75.0
21	70.2	70.7	71.2	71.7	72.2	72.7	73.2	73.7	74.2	74.7
22	69.8	70.3	70.8	71.4	71.9	72.4	72.9	73.4	73.9	74.4
23	69.5	70.0	70.5	71.0	71.5	72.0	72.5	73.0	73.6	74.1
24	69.2	69.7	70.2	70.7	71.2	71.7	72.2	72.7	73.2	73.7
25	68.9	69.4	69.9	70.4	70.9	71.4	71.9	72.4	72.9	73.4
26	68.5	69.0	69.5	70.0	70.5	71.1	71.6	72.1	72.6	73.1
27	68.2	68.7	69.2	69.7	70.7	71.2	71.8	72.3	72.8	
28	67.9	68.4	68.9	69.4	69.9	70.4	70.9	71.4	71.9	72.4
29	67.5	68.0	68.6	69.1	69.6	70.1	70.6	71.1	71.6	72.1
30	67.2	67.7	68.6	68.7	69.2	69.8	70.3	70.8	71.3	71.8

附表 2-1 糖溶液的相对密度和 Plato 度或浸出物的百分含量

相对密度 （20℃）	浸出物百 分含量/（g/ 100g 溶液）	相对密度 （20℃）	浸出物百 分含量/（g/ 100g 溶液）	相对密度 （20℃）	浸出物百 分含量/（g/ 100g 溶液）	相对密度 （20℃）	浸出物百 分含量/（g/ 100g 溶液）
1.00000	0.000	1.00200	0.514	1.00400	1.026	1.00600	1.539
05	0.013	05	0.527	05	1.039	05	1.552
10	0.026	10	0.540	10	1.052	10	1.565
15	0.039	15	0.552	15	1.065	15	1.578
20	0.052	20	0.565	20	1.078	20	1.590
25	0.064	25	0.579	25	1.090	25	1.603
30	0.077	30	0.591	30	1.103	30	1.616
35	0.090	35	0.604	35	1.116	35	1.629
40	0.103	40	0.616	40	1.129	40	1.641
45	0.116	45	0.629	45	1.142	45	1.654
1.00050	0.129	1.00250	0.642	1.00450	1.155	1.00650	1.667
55	0.141	55	0.655	55	1.168	55	1.680
60	0.154	60	0.668	60	1.180	60	1.693
65	0.167	65	0.680	65	1.193	65	1.705
70	0.180	70	0.693	70	1.206	70	1.718
75	0.193	75	0.706	75	1.219	75	1.731
80	0.206	80	0.719	80	1.232	80	1.744
85	0.219	85	0.732	85	1.244	85	1.757
90	0.231	90	0.745	90	1.257	90	1.769
95	0.244	95	0.757	95	1.270	95	1.782
1.00100	0.257	1.00300	0.770	1.00500	1.283	1.00700	1.795
05	0.270	05	0.783	05	1.296	05	1.807
10	0.283	10	0.796	10	1.308	10	1.820
15	0.296	15	0.808	15	1.321	15	1.833
20	0.309	20	0.821	20	1.334	20	1.846
25	0.321	25	0.834	25	1.347	25	1.859
30	0.334	30	0.847	30	1.360	30	1.872
35	0.347	35	0.859	35	1.372	35	1.884
40	0.360	40	0.872	40	1.385	40	1.897
45	0.373	45	0.885	45	1.398	45	1.910
1.00150	0.386	1.00350	0.898	1.00550	1.411	1.00750	1.923
55	0.398	55	0.911	55	1.424	55	1.935
60	0.411	60	0.924	60	1.437	60	1.948
65	0.424	65	0.937	65	1.450	65	1.961
70	0.437	70	0.949	70	1.462	70	1.973
75	0.450	75	0.962	75	1.475	75	1.986
80	0.463	80	0.975	80	1.488	80	1.999
85	0.476	85	0.988	85	1.501	85	2.012
90	0.488	90	1.001	90	1.514	90	2.025
95	0.501	95	1.014	95	1.526	95	2.038

相对密度 （20℃）	浸出物百 分含量/（g/ 100g 溶液）	相对密度 （20℃）	浸出物百 分含量/（g/ 100g 溶液）	相对密度 （20℃）	浸出物百 分含量/（g/ 100g 溶液）	相对密度 （20℃）	浸出物百 分含量/（g/ 100g 溶液）
1.00800	2.051	1.01000	2.560	1.01200	3.067	1.01400	3.573
05	2.065	05	2.572	05	3.080	05	3.586
10	2.078	10	2.585	10	3.093	10	3.598
15	2.090	15	2.598	15	3.105	15	3.611
20	2.102	20	2.610	20	3.118	20	3.624
25	2.114	25	2.623	25	3.131	25	3.636
30	2.127	30	2.636	30	3.143	30	3.649
35	2.139	35	2.649	35	3.156	35	3.662
40	2.152	40	2.661	40	3.169	40	3.674
45	2.165	45	2.674	45	3.181	45	3.687
1.00850	2.178	1.01050	2.687	1.01250	3.194	1.01450	3.699
55	2.191	55	2.699	55	3.207	55	3.712
60	2.203	60	2.712	60	3.219	60	3.725
65	2.216	65	2.725	65	3.232	65	3.737
70	2.229	70	2.738	70	3.245	70	3.750
75	2.241	75	2.750	75	3.257	75	3.762
80	2.254	80	2.763	80	3.270	80	3.775
85	2.267	85	2.776	85	3.282	85	3.788
90	2.280	90	2.788	90	3.295	90	3.800
95	2.292	95	2.801	95	3.308	95	3.813
1.00900	2.305	1.01100	2.814	1.01300	3.321	1.01500	3.826
05	2.317	05	2.826	05	3.333	05	3.838
10	2.330	10	2.839	10	3.346	10	3.851
15	2.343	15	2.852	15	3.358	15	3.863
20	2.356	20	2.864	20	3.371	20	3.876
25	2.369	25	2.877	25	3.384	25	3.888
30	2.381	30	2.890	30	3.396	30	3.901
35	2.394	35	2.903	35	3.409	35	3.914
40	2.407	40	2.915	40	3.421	40	3.926
45	2.419	45	2.928	45	3.434	45	3.939
1.00950	2.432	1.01150	2.940	1.01350	3.447	1.01550	3.951
55	2.445	55	2.953	55	3.459	55	3.964
60	2.458	60	2.966	60	3.472	60	3.977
65	2.470	65	2.979	65	3.485	65	3.989
70	2.483	70	2.991	70	3.497	70	4.002
75	2.496	75	3.004	75	3.510	75	4.014
80	2.508	80	3.017	80	3.523	80	4.027
85	2.521	85	3.029	85	3.535	85	4.039
90	2.534	90	3.042	90	3.548	90	4.052
95	2.547	95	3.055	95	3.561	95	4.065

相对密度 （20℃）	浸出物百 分含量/（g/ 100g 溶液）	相对密度 （20℃）	浸出物百 分含量/（g/ 100g 溶液）	相对密度 （20℃）	浸出物百 分含量/（g/ 100g 溶液）	相对密度 （20℃）	浸出物百 分含量/（g/ 100g 溶液）
1.01600	4.077	1.01800	4.580	1.02000	5.080	1.02200	5.580
05	4.090	05	4.592	05	5.093	05	5.592
10	4.102	10	4.605	10	5.106	10	5.605
15	4.115	15	4.617	15	5.118	15	5.617
20	4.128	20	4.630	20	5.130	20	5.629
25	4.140	25	4.642	25	5.143	25	5.642
30	4.153	30	4.655	30	5.155	30	5.654
35	4.165	35	4.668	35	5.168	35	5.667
40	4.178	40	4.680	40	5.180	40	5.679
45	4.190	45	4.692	45	5.193	45	5.692
1.01650	4.203	1.01850	4.705	1.02050	5.205	1.02250	5.704
55	4.216	55	4.718	55	5.218	55	5.716
60	4.228	60	4.730	60	5.230	60	5.729
65	4.241	65	4.743	65	5.243	65	5.741
70	4.253	70	4.755	70	5.255	70	5.754
75	4.266	75	4.768	75	5.268	75	5.766
80	4.278	80	4.780	80	5.280	80	5.779
85	4.291	85	4.792	85	5.293	85	5.791
90	4.304	90	4.805	90	5.305	90	5.803
95	4.316	95	4.818	95	5.318	95	5.816
1.01700	4.329	1.01900	4.830	1.02100	5.330	1.02300	5.828
05	4.341	05	4.843	05	5.343	05	5.841
10	4.354	10	4.855	10	5.355	10	5.853
15	4.366	15	4.868	15	5.367	15	5.865
20	4.379	20	4.880	20	5.380	20	5.878
25	4.391	25	4.893	25	5.392	25	5.890
30	4.404	30	4.905	30	5.405	30	5.903
35	4.417	35	4.918	35	5.418	35	5.915
40	4.429	40	4.930	40	5.430	40	5.928
45	4.442	45	4.943	45	5.443	45	5.940
1.01750	4.454	1.01950	4.955	1.02150	5.455	1.02350	5.952
55	4.467	55	4.968	55	5.467	55	5.965
60	4.479	60	4.980	60	5.480	60	5.977
65	4.492	65	4.993	65	5.492	65	5.990
70	4.505	70	5.006	70	5.505	70	6.002
75	4.517	75	5.018	75	5.517	75	6.015
80	4.529	80	5.030	80	5.530	80	6.027
85	4.542	85	5.043	85	5.542	85	6.039
90	4.555	90	5.055	90	5.555	90	6.052
95	4.567	95	5.068	95	5.567	95	6.064

相对密度 （20℃）	浸出物百 分含量/（g/ 100g 溶液）	相对密度 （20℃）	浸出物百 分含量/（g/ 100g 溶液）	相对密度 （20℃）	浸出物百 分含量/（g/ 100g 溶液）	相对密度 （20℃）	浸出物百 分含量/（g/ 100g 溶液）
1.02400	6.077	1.02600	6.572	1.02800	7.066	1.03000	7.558
05	6.089	05	6.584	05	7.078	05	7.570
10	6.101	10	6.597	10	7.091	10	7.583
15	6.114	15	6.609	15	7.103	15	7.595
20	6.126	20	6.621	20	7.115	20	7.607
25	6.139	25	6.634	25	7.127	25	7.619
30	6.151	30	6.646	30	7.140	30	7.632
35	6.163	35	6.659	35	7.152	35	7.644
40	6.176	40	6.671	40	7.164	40	7.656
45	6.188	45	6.683	45	7.177	45	7.668
1.02450	6.200	1.02650	6.696	1.02850	7.189	1.03050	7.681
55	6.213	55	6.708	55	7.201	55	7.693
60	6.225	60	6.720	60	7.214	60	7.705
65	6.238	65	6.733	65	7.226	65	7.717
70	6.250	70	6.745	70	7.238	70	7.730
75	6.263	75	6.757	75	7.251	75	7.742
80	6.275	80	6.770	80	7.263	80	7.754
85	6.287	85	6.782	85	7.275	85	7.767
90	6.300	90	6.794	90	7.287	90	7.779
95	6.312	95	6.807	95	7.300	95	7.791
1.02500	6.325	1.02700	6.819	1.02900	7.312	1.03100	7.803
05	6.337	05	6.831	05	7.324	05	7.816
10	6.350	10	6.844	10	7.337	10	7.828
15	6.362	15	6.856	15	7.349	15	7.840
20	6.374	20	6.868	20	7.361	20	7.853
25	6.387	25	6.881	25	7.374	25	7.865
30	6.399	30	6.893	30	7.386	30	7.877
35	6.411	35	6.905	35	7.398	35	7.889
40	6.424	40	6.918	40	7.411	40	7.901
45	6.436	45	6.930	45	7.423	45	7.914
1.02550	6.449	1.02750	6.943	1.02950	7.435	1.03150	7.926
55	6.461	55	6.955	55	7.447	55	7.938
60	6.473	60	6.967	60	7.460	60	7.950
65	6.485	65	6.979	65	7.472	65	7.963
70	6.498	70	6.992	70	7.484	70	7.975
75	6.510	75	7.004	75	7.497	75	7.987
80	6.523	80	7.017	80	7.509	80	8.000
85	6.535	85	7.029	85	7.521	85	8.012
90	6.547	90	7.041	90	7.533	90	8.024
95	6.560	95	7.053	95	7.546	95	8.036

相对密度 （20℃）	浸出物百 分含量/（g/ 100g 溶液）	相对密度 （20℃）	浸出物百 分含量/（g/ 100g 溶液）	相对密度 （20℃）	浸出物百 分含量/（g/ 100g 溶液）	相对密度 （20℃）	浸出物百 分含量/（g/ 100g 溶液）
1.03200	8.048	1.03400	8.537	1.03600	9.024	1.03800	9.509
05	8.061	05	8.549	05	9.036	05	9.522
10	8.073	10	8.561	10	9.048	10	9.534
15	8.085	15	8.574	15	9.060	15	9.546
20	8.098	20	8.586	20	9.073	20	9.558
25	8.110	25	8.598	25	9.085	25	9.570
30	8.122	30	8.610	30	9.097	30	9.582
35	8.134	35	8.622	35	9.109	35	9.594
40	8.146	40	8.634	40	9.121	40	9.606
45	8.159	45	8.647	45	9.133	45	9.618
1.03250	8.171	1.03450	8.659	1.03650	9.145	1.03850	9.631
55	6.183	55	8.671	55	9.158	55	9.643
60	8.195	60	8.683	60	9.170	60	9.655
65	8.207	65	8.695	65	9.182	65	9.667
70	8.220	70	8.708	70	9.194	70	9.679
75	8.232	75	8.720	75	9.206	75	9.691
80	8.244	80	8.732	80	9.218	80	9.703
85	8.256	85	8.744	85	9.230	85	9.715
90	8.269	90	8.756	90	9.243	90	9.727
95	8.281	95	8.768	95	9.255	95	9.740
1.03300	8.293	1.03500	8.781	1.03700	9.267	1.03900	9.751
05	8.305	05	8.793	05	9.279	05	9.764
10	8.317	10	8.805	10	9.291	10	9.776
15	8.330	15	8.817	15	9.303	15	9.788
20	8.342	20	8.830	20	9.316	20	9.800
25	8.354	25	8.842	25	9.328	25	9.812
30	8.366	30	8.854	30	9.340	30	9.824
35	8.378	35	8.866	35	9.352	35	9.836
40	8.391	40	8.878	40	9.364	40	9.848
45	8.403	45	8.890	45	9.376	45	9.860
1.03350	8.415	1.03550	8.902	1.03750	9.388	1.03950	9.873
55	8.427	55	8.915	55	9.400	55	9.885
60	8.439	60	8.927	60	9.413	60	9.897
65	8.452	65	8.939	65	9.425	65	9.909
70	8.464	70	8.951	70	9.437	70	9.921
75	8.476	75	8.963	75	9.449	75	9.933
80	8.488	80	8.975	80	9.461	80	9.945
85	8.500	85	8.988	85	9.473	85	9.957
90	8.513	90	9.000	90	9.485	90	9.969
95	8.525	95	9.012	95	9.498	95	9.981

相对密度 （20℃）	浸出物百 分含量/(g/ 100g 溶液)	相对密度 （20℃）	浸出物百 分含量/(g/ 100g 溶液)	相对密度 （20℃）	浸出物百 分含量/(g/ 100g 溶液)	相对密度 （20℃）	浸出物百 分含量/(g/ 100g 溶液)
1.04000	9.993	1.04200	10.475	1.04400	10.956	1.04600	11.435
05	10.005	05	10.487	05	10.968	05	11.446
10	10.017	10	10.499	10	10.980	10	11.458
15	10.030	15	10.511	15	10.992	15	11.470
20	10.042	20	10.523	20	11.004	20	11.482
25	10.054	25	10.536	25	11.016	25	11.494
30	10.066	30	10.548	30	11.027	30	11.506
35	10.078	35	10.559	35	11.039	35	11.518
40	10.090	40	10.571	40	11.051	40	11.530
45	10.102	45	10.584	45	11.063	45	11.542
1.04050	10.114	1.04250	10.596	1.04450	11.075	1.04650	11.554
55	10.126	55	10.608	55	11.087	55	11.566
60	10.138	60	10.620	60	11.100	60	11.578
65	10.150	65	10.632	65	11.112	65	11.590
70	10.162	70	10.644	70	11.123	70	11.602
75	10.174	75	10.656	75	11.135	75	11.614
80	10.186	80	10.668	80	11.147	80	11.626
85	10.198	85	10.680	85	11.159	85	11.638
90	10.210	90	10.692	90	11.171	90	11.650
95	10.223	95	10.704	95	11.183	95	11.661
1.04100	10.234	1.04300	10.716	1.04500	11.195	1.04700	11.673
05	10.246	05	10.728	05	11.207	05	11.685
10	10.259	10	10.740	10	11.219	10	11.697
15	10.271	15	10.752	15	11.231	15	11.709
20	10.283	20	10.764	20	11.243	20	11.721
25	10.295	25	10.776	25	11.255	25	11.733
30	10.307	30	10.788	30	11.267	30	11.745
35	10.319	35	10.800	35	11.279	35	11.757
40	10.331	40	10.812	40	11.291	40	11.768
45	10.343	45	10.824	45	11.303	45	11.780
1.04150	10.355	1.04350	10.836	1.04550	11.315	1.04750	11.792
55	10.367	55	10.848	55	11.327	55	11.804
60	10.379	60	10.860	60	11.339	60	11.816
65	10.391	65	10.872	65	11.351	65	11.828
70	10.403	70	10.884	70	11.363	70	11.840
75	10.415	75	10.896	75	11.375	75	11.852
80	10.427	80	10.908	80	11.387	80	11.864
85	10.439	85	10.920	85	11.399	85	11.876
90	10.451	90	10.932	90	11.411	90	11.888
95	10.463	95	10.944	95	11.423	95	11.900

相对密度 （20℃）	浸出物百分含量/(g/100g 溶液)	相对密度 （20℃）	浸出物百分含量/(g/100g 溶液)	相对密度 （20℃）	浸出物百分含量/(g/100g 溶液)	相对密度 （20℃）	浸出物百分含量/(g/100g 溶液)
1.04800	11.912	1.05000	12.387	1.05200	12.861	1.05400	13.333
05	11.923	05	12.399	05	12.873	05	13.345
10	11.935	10	12.411	10	12.885	10	13.357
15	11.947	15	12.423	15	12.897	15	13.369
20	11.959	20	12.435	20	12.909	20	13.380
25	11.971	25	12.447	25	12.920	25	13.392
30	11.983	30	12.458	30	12.932	30	13.404
35	11.995	35	12.470	35	12.944	35	13.416
40	12.007	40	12.482	40	12.956	40	13.428
45	12.019	45	12.494	45	12.968	45	13.439
1.04850	12.031	1.05050	12.506	1.05250	12.979	1.05450	13.451
55	12.042	55	12.518	55	12.991	55	13.463
60	12.054	60	12.530	60	13.003	60	13.475
65	12.066	65	12.542	65	13.015	65	13.487
70	12.078	70	12.553	70	13.027	70	13.499
75	12.090	75	12.565	75	13.039	75	13.510
80	12.102	80	12.577	80	13.050	80	13.522
85	12.114	85	12.589	85	13.062	85	13.534
90	12.126	90	12.601	90	13.074	90	13.546
95	12.138	95	12.613	95	13.086	95	13.557
1.04900	12.150	1.05100	12.624	1.05300	13.098	1.05500	13.569
05	12.162	05	12.636	05	13.109	05	13.581
10	12.173	10	12.648	10	13.121	10	13.593
15	12.185	15	12.660	15	13.133	15	13.604
20	12.197	20	12.672	20	13.145	20	13.616
25	12.209	25	12.684	25	13.157	25	13.628
30	12.221	30	12.695	30	13.168	30	13.640
35	12.233	35	12.707	35	13.180	35	13.651
40	12.245	40	12.719	40	13.192	40	13.663
45	12.256	45	12.731	45	13.204	45	13.675
1.04950	12.268	1.05150	12.743	1.05350	13.215	1.05550	13.687
55	12.280	55	12.755	55	13.227	55	13.698
60	12.292	60	12.767	60	13.239	60	13.710
65	12.304	65	12.778	65	13.251	65	13.722
70	12.316	70	12.790	70	13.263	70	13.734
75	12.328	75	12.802	75	13.274	75	13.746
80	12.340	80	12.814	80	13.286	80	13.757
85	12.351	85	12.826	85	13.298	85	13.769
90	12.363	90	12.838	90	13.310	90	13.781
95	12.375	95	12.849	95	13.322	95	13.792

相对密度 （20℃）	浸出物百 分含量/(g/ 100g 溶液)	相对密度 （20℃）	浸出物百 分含量/(g/ 100g 溶液)	相对密度 （20℃）	浸出物百 分含量/(g/ 100g 溶液)	相对密度 （20℃）	浸出物百 分含量/(g/ 100g 溶液)
1.05600	13.804	1.05800	14.273	1.06000	14.741	1.06200	15.207
05	13.816	05	14.285	05	14.752	05	15.218
10	13.828	10	14.297	10	14.764	10	15.230
15	13.839	15	14.308	15	14.776	15	15.241
20	13.851	20	14.320	20	14.787	20	15.253
25	13.863	25	14.332	25	14.799	25	15.265
30	13.875	30	14.343	30	14.811	30	15.276
35	13.886	35	14.355	35	14.822	35	15.288
40	13.898	40	14.367	40	14.834	40	15.300
45	13.910	45	14.379	45	14.846	45	15.311
1.05650	13.921	1.05850	14.390	1.06050	14.857	1.06250	15.323
55	13.933	55	14.402	55	14.869	55	15.334
60	13.945	60	14.414	60	14.881	60	15.346
65	13.957	65	14.425	65	14.892	65	15.358
70	13.968	70	14.437	70	14.904	70	15.369
75	13.980	75	14.449	75	14.916	75	15.381
80	13.992	80	14.460	80	14.927	80	15.393
85	14.004	85	14.472	85	14.939	85	15.404
90	14.015	90	14.484	90	14.950	90	15.416
95	14.027	95	14.495	95	14.962	95	15.427
1.05700	14.039	1.05900	14.507	1.06100	14.974	1.06300	15.439
05	14.051	05	14.519	05	14.986	05	15.451
10	14.062	10	14.531	10	14.997	10	15.462
15	14.074	15	14.542	15	15.009	15	15.474
20	14.086	20	14.554	20	15.020	20	15.486
25	14.097	25	14.565	25	15.032	25	15.497
30	14.109	30	14.577	30	15.044	30	15.509
35	14.121	35	14.589	35	15.055	35	15.520
40	14.133	40	14.601	40	15.067	40	15.532
45	14.144	45	14.612	45	15.079	45	15.544
1.05750	14.156	1.05950	14.624	1.06150	15.090	1.06350	15.555
55	14.168	55	14.636	55	15.102	55	15.567
60	14.179	60	14.647	60	15.114	60	15.578
65	14.191	65	14.659	65	15.125	65	15.590
70	14.203	70	14.671	70	15.137	70	15.602
75	14.215	75	14.682	75	15.148	75	15.613
80	14.226	80	14.694	80	15.160	80	15.625
85	14.238	85	14.706	85	15.172	85	15.637
90	14.250	90	14.717	90	15.183	90	15.648
95	14.261	95	14.729	95	15.195	95	15.660

相对密度 （20℃）	浸出物百 分含量/(g/ 100g 溶液)	相对密度 （20℃）	浸出物百 分含量/(g/ 100g 溶液)	相对密度 （20℃）	浸出物百 分含量/(g/ 100g 溶液)	相对密度 （20℃）	浸出物百 分含量/(g/ 100g 溶液)
1.06400	15.671	1.06600	16.134	1.06800	16.595	1.07000	17.055
05	15.683	05	16.145	05	16.606	05	17.066
10	15.694	10	16.157	10	16.618	10	17.078
15	15.706	15	16.169	15	16.630	15	17.089
20	15.717	20	16.180	20	16.641	20	17.101
25	15.729	25	16.191	25	16.652	25	17.112
30	15.741	30	16.203	30	16.664	30	17.123
35	15.752	35	16.215	35	16.676	35	17.135
40	15.764	40	16.226	40	16.687	40	17.146
45	15.776	45	16.238	45	16.699	45	17.158
1.06450	15.787	1.06650	16.249	1.06850	16.710	1.07050	17.169
55	15.799	55	16.261	55	16.722	55	17.181
60	15.810	60	16.272	60	16.733	60	17.192
65	15.822	65	16.284	65	16.744	65	17.204
70	15.833	70	16.295	70	16.756	70	17.215
75	15.845	75	16.307	75	16.768	75	17.227
80	15.857	80	16.319	80	16.779	80	17.238
85	15.868	85	16.330	85	16.791	85	17.250
90	15.880	90	16.341	90	16.802	90	17.261
95	15.891	95	16.353	95	16.813	95	17.272
1.06500	15.903	1.06700	16.365	1.06900	16.825	1.07100	17.284
05	15.914	05	16.376	05	16.836	05	17.295
10	15.926	10	16.388	10	16.848	10	17.307
15	15.938	15	16.399	15	16.859	15	17.318
20	15.949	20	16.411	20	16.871	20	17.330
25	15.961	25	16.422	25	16.882	25	17.341
30	15.972	30	16.434	30	16.894	30	17.353
35	15.984	35	16.445	35	16.905	35	17.364
40	15.995	40	16.457	40	16.917	40	17.375
45	16.007	45	16.468	45	16.928	45	17.387
1.06550	16.019	1.06750	16.480	1.06950	16.940	1.07150	17.398
55	16.030	55	16.491	55	16.951	55	17.410
60	16.041	60	16.503	60	16.963	60	17.421
65	16.053	65	16.514	65	16.974	65	17.433
70	16.065	70	16.526	70	16.986	70	17.444
75	16.076	75	16.537	75	16.997	75	17.456
80	16.088	80	16.549	80	17.009	80	17.467
85	16.099	85	16.561	85	17.020	85	17.479
90	16.111	90	16.572	90	17.032	90	17.490
95	16.122	95	16.583	95	17.043	95	17.501

相对密度（20℃）	浸出物百分含量/(g/100g 溶液)	相对密度（20℃）	浸出物百分含量/(g/100g 溶液)	相对密度（20℃）	浸出物百分含量/(g/100g 溶液)	相对密度（20℃）	浸出物百分含量/(g/100g 溶液)
1.07200	17.513	1.07400	17.970	1.07600	18.425	1.07800	18.878
05	17.524	05	17.981	05	18.436	05	18.890
10	17.536	10	17.992	10	18.447	10	18.901
15	17.547	15	18.004	15	18.459	15	18.912
20	17.559	20	18.015	20	18.470	20	18.924
25	17.570	25	18.027	25	18.482	25	18.935
30	17.581	30	18.038	30	18.493	30	18.947
35	17.593	35	18.049	35	18.504	35	18.958
40	17.604	40	18.061	40	18.516	40	18.969
45	17.616	45	18.072	45	18.527	45	18.980
1.07250	17.627	1.07450	18.084	1.07650	18.538	1.07850	18.992
55	17.639	55	18.095	55	18.550	55	19.003
60	17.650	60	18.106	60	18.561	60	19.015
65	17.661	65	18.118	65	18.572	65	19.026
70	17.673	70	18.129	70	18.584	70	19.037
75	17.684	75	18.140	75	18.595	75	19.048
80	17.696	80	18.152	80	18.607	80	19.060
85	17.707	85	18.163	85	18.618	85	19.071
90	17.719	90	18.175	90	18.629	90	19.082
95	17.730	95	18.186	95	18.641	95	19.094
1.07300	17.741	1.07500	18.197	1.07700	18.652	1.07900	19.105
05	17.753	05	18.209	05	18.663	05	19.116
10	17.764	10	18.220	10	18.675	10	19.127
15	17.776	15	18.232	15	18.686	15	19.139
20	17.787	20	18.243	20	18.697	20	19.150
25	17.799	25	18.254	25	18.709	25	19.161
30	17.810	30	18.266	30	18.720	30	19.173
35	17.821	35	18.277	35	18.731	35	19.184
40	17.833	40	18.288	40	18.742	40	19.195
45	17.844	45	18.300	45	18.754	45	19.207
1.07350	17.856	1.07550	18.311	1.07750	18.765	1.07950	19.218
55	17.867	55	18.323	55	18.777	55	19.229
60	17.878	60	18.334	60	18.788	60	19.241
65	17.890	65	18.345	65	18.799	65	19.252
70	17.901	70	18.356	70	18.810	70	19.263
75	17.913	75	18.368	75	18.822	75	19.274
80	17.924	80	18.379	80	18.833	80	19.286
85	17.935	85	18.391	85	18.845	85	19.297
90	17.947	90	18.402	90	18.856	90	19.308
95	17.958	95	18.413	95	18.867	95	19.320

相对密度（20℃）	浸出物百分含量/（g/100g溶液）	相对密度（20℃）	浸出物百分含量/（g/100g溶液）	相对密度（20℃）	浸出物百分含量/（g/100g溶液）	相对密度（20℃）	浸出物百分含量/（g/100g溶液）
1.08000	19.331	1.08100	19.556	1.08200	19.782	1.08300	20.007
05	19.342	05	19.567	05	19.793		
10	19.353	10	19.579	10	19.804		
15	19.365	15	19.590	15	19.815		
20	19.376	20	19.601	20	19.827		
25	19.387	25	19.613	25	19.838		
30	19.399	30	19.624	30	19.849		
35	19.410	35	19.635	35	19.860		
40	19.421	40	19.646	40	19.872		
45	19.432	45	19.658	45	19.883		
1.08050	19.444	1.08150	19.669	1.08250	19.894		
55	19.455	55	19.680	55	19.905		
60	19.466	60	19.692	60	19.917		
65	19.478	65	19.703	65	19.928		
70	19.489	70	19.714	70	19.939		
75	19.500	75	19.725	75	19.950		
80	19.511	80	19.737	80	19.961		
85	19.523	85	19.748	85	19.973		
90	19.534	90	19.759	90	19.984		
95	19.545	95	19.770	95	19.995		

附表 2-2 计算原麦汁浓度经验公式校正表

原麦汁浓度（2A+E）	酒精度（质量分数）/%																
	2.8	3.0	3.2	3.4	3.6	3.8	4.0	4.2	4.4	4.6	4.8	5.0	5.2	5.4	5.6	5.8	6.0
8	0.05	0.06	0.06	0.06	0.07	0.07	—	—	—	—	—	—	—	—	—	—	—
9	0.08	0.09	0.09	0.10	0.10	0.11	0.11	—	—	—	—	—	—	—	—	—	—
10	0.11	0.12	0.12	0.13	0.14	0.15	0.15	0.16	0.17	0.18	0.18	—	—	—	—	—	—
11	0.14	0.15	0.16	0.17	0.18	0.19	0.20	0.20	0.21	0.22	0.23	0.24	0.25	0.26	—	—	—
12	0.17	0.18	0.19	0.20	0.21	0.22	0.23	0.25	0.26	0.27	0.28	0.29	0.30	0.31	0.32	0.33	—
13	0.20	0.21	0.22	0.24	0.25	0.26	0.28	0.29	0.30	0.31	0.33	0.34	0.35	0.37	0.38	0.39	0.41
14	0.22	0.24	0.25	0.27	0.29	0.30	0.32	0.33	0.35	0.36	0.38	0.39	0.40	0.42	0.43	0.45	0.46
15	0.25	0.27	0.29	0.30	0.32	0.34	0.36	0.37	0.39	0.41	0.42	0.44	0.46	0.47	0.49	0.51	0.52
16	0.28	0.30	0.32	0.34	0.36	0.38	0.40	0.42	0.44	0.45	0.47	0.49	0.51	0.53	0.55	0.56	0.58
17	0.31	0.33	0.36	0.38	0.40	0.42	0.44	0.46	0.48	0.50	0.52	0.54	0.56	0.58	0.60	0.62	0.64
18	0.34	0.36	0.39	0.41	0.43	0.46	0.48	0.50	0.53	0.55	0.57	0.59	0.62	0.64	0.66	0.68	0.71
19	0.37	0.40	0.42	0.45	0.47	0.50	0.52	0.55	0.57	0.59	0.62	0.64	0.67	0.69	0.72	0.74	0.76
20	0.40	0.43	0.45	0.48	0.51	0.54	0.56	0.59	0.62	0.64	0.67	0.70	0.72	0.75	0.77	0.80	0.82

附表 2-3　酒精水溶液的相对密度与酒精含量对照表

相对密度(20℃)	乙醇(体积分数)/%	乙醇(质量分数)/%	乙醇/(g/100mL)	相对密度(20℃)	乙醇(体积分数)/%	乙醇(质量分数)/%	乙醇/(g/100mL)	相对密度(20℃)	乙醇(体积分数)/%	乙醇(质量分数)/%	乙醇/(g/100mL)
1.00000	0.00	0.00	0.00	0.99880	0.80	0.63	0.63	0.99763	1.60	1.27	1.26
0.99997	0.02	0.02	0.02	877	0.82	0.65	0.65	760	1.62	1.29	1.28
994	0.04	0.03	0.03	874	0.84	0.66	0.66	757	1.64	1.30	1.29
991	0.06	0.05	0.05	872	0.86	0.68	0.68	754	1.66	1.32	1.31
988	0.08	0.06	0.06	869	0.88	0.69	0.69	751	1.68	1.33	1.32
0.99985	0.10	0.08	0.08	0.99866	0.90	0.71	0.71	0.99748	1.70	1.35	1.34
982	0.12	0.10	0.10	863	0.92	0.73	0.73	745	1.72	1.37	1.36
979	0.14	0.11	0.11	860	0.94	0.74	0.74	742	1.74	1.38	1.37
976	0.16	0.13	0.13	857	0.96	0.76	0.76	739	1.76	1.40	1.39
973	0.18	0.14	0.14	854	0.98	0.77	0.77	736	1.78	1.41	1.40
0.99970	0.20	0.16	0.16	0.99851	1.00	0.79	0.79	0.99733	1.80	1.43	1.42
967	0.22	0.18	0.18	848	1.02	0.81	0.81	730	1.82	1.45	1.44
964	0.24	0.19	0.19	845	1.04	0.82	0.82	727	1.84	1.46	1.45
961	0.26	0.21	0.21	842	1.06	0.84	0.84	725	1.86	1.48	1.47
958	0.28	0.22	0.22	839	1.08	0.85	0.85	722	1.88	1.49	1.48
0.99955	0.30	0.24	0.24	0.99836	1.10	0.87	0.87	0.99719	1.90	1.51	1.50
952	0.32	0.26	0.26	833	1.12	0.89	0.89	716	1.92	1.53	1.52
949	0.34	0.27	0.27	830	1.14	0.90	0.90	713	1.94	1.54	1.53
945	0.36	0.29	0.29	827	1.16	0.92	0.92	710	1.96	1.56	1.55
942	0.38	0.30	0.30	824	1.18	0.93	0.93	707	1.98	1.57	1.56
0.99939	0.40	0.32	0.32	0.99821	1.20	0.95	0.95	0.99704	2.00	1.59	1.58
936	0.42	0.34	0.34	818	1.22	0.97	0.97	701	2.02	1.61	1.60
933	0.44	0.35	0.35	815	1.24	0.98	0.98	698	2.04	1.62	1.61
930	0.46	0.37	0.37	813	1.26	1.00	1.00	695	2.06	1.64	1.63
927	0.48	0.38	0.38	810	1.28	1.01	1.01	692	2.08	1.65	1.64
0.99924	0.50	0.40	0.40	0.99807	1.30	1.03	1.03	0.99689	2.10	1.67	1.66
921	0.52	0.41	0.41	804	1.32	1.05	1.05	686	2.12	1.69	1.68
918	0.54	0.43	0.43	801	1.34	1.06	1.06	683	2.14	1.70	1.69
916	0.56	0.44	0.44	798	1.36	1.08	1.08	681	2.16	1.72	1.71
913	0.58	0.46	0.46	795	1.38	1.09	1.09	678	2.18	1.73	1.72
0.99910	0.60	0.47	0.47	0.99792	1.40	1.11	1.11	0.99675	2.20	1.75	1.74
907	0.62	0.49	0.49	789	1.42	1.13	1.13	672	2.22	1.76	1.75
904	0.64	0.50	0.50	786	1.44	1.14	1.14	669	2.24	1.78	1.77
901	0.66	0.52	0.52	783	1.46	1.16	1.16	667	2.26	1.79	1.78
898	0.68	0.53	0.53	780	1.48	1.17	1.17	664	2.28	1.81	1.80
0.99895	0.70	0.55	0.55	0.99777	1.50	1.19	1.19	0.99661	2.30	1.82	1.81
892	0.72	0.57	0.57	774	1.52	1.21	1.20	658	2.32	1.84	1.83
889	0.74	0.58	0.58	771	1.54	1.22	1.22	655	2.34	1.85	1.84
886	0.76	0.60	0.60	769	1.56	1.24	1.23	652	2.36	1.87	1.86
883	0.78	0.61	0.61	766	1.58	1.25	1.25	649	2.38	1.88	1.87

相对密度（20℃）	乙醇（体积分数）/%	乙醇（质量分数）/%	乙醇/(g/100mL)	相对密度（20℃）	乙醇（体积分数）/%	乙醇（质量分数）/%	乙醇/(g/100mL)	相对密度（20℃）	乙醇（体积分数）/%	乙醇（质量分数）/%	乙醇/(g/100mL)
0.99646	2.40	1.90	1.89	0.99531	3.20	2.54	2.53	0.99419	4.00	3.18	3.16
643	2.42	1.92	1.91	528	3.22	2.56	2.54	416	4.02	3.20	3.18
640	2.44	1.93	1.92	525	3.24	2.57	2.56	413	4.04	3.21	3.19
638	2.46	1.95	1.94	523	3.26	2.59	2.57	411	4.06	3.23	3.21
635	2.48	1.96	1.95	520	3.28	2.60	2.59	408	4.08	3.24	3.22
0.99632	2.50	1.98	1.97	0.99517	3.30	2.62	2.60	0.99405	4.10	3.26	3.24
629	2.52	2.00	1.99	514	3.32	2.64	2.62	402	4.12	3.28	3.26
626	2.54	2.01	2.00	511	3.34	2.65	2.63	399	4.14	3.29	3.27
624	2.56	2.03	2.02	509	3.36	2.67	2.65	397	4.16	3.31	3.29
621	2.58	2.04	2.03	506	3.38	2.68	2.66	394	4.18	3.32	3.30
0.99618	2.60	2.06	2.05	0.99503	3.40	2.70	2.68	0.99391	4.20	3.34	3.32
615	2.62	2.08	2.07	500	3.42	2.72	2.70	388	4.22	3.36	3.33
612	2.64	2.09	2.08	497	3.44	2.73	2.71	385	4.24	3.37	3.35
609	2.66	2.11	2.10	495	3.46	2.75	2.73	383	4.26	3.39	3.36
606	2.68	2.12	2.11	492	3.48	2.76	2.74	380	4.28	3.40	3.38
0.99603	2.70	2.14	2.13	0.99489	3.50	2.78	2.76	0.99377	4.30	3.42	3.39
600	2.72	2.16	2.15	486	3.52	2.80	2.78	374	4.32	3.44	3.41
597	2.74	2.17	2.16	483	3.54	2.81	2.79	371	4.34	3.45	3.42
595	2.76	2.19	2.18	481	3.56	2.83	2.81	369	4.36	3.47	3.44
592	2.78	2.20	2.19	478	3.58	2.84	2.82	366	4.38	3.48	3.45
0.99589	2.80	2.22	2.21	0.99475	3.60	2.86	2.84	0.99363	4.40	3.50	3.47
586	2.82	2.24	2.23	472	3.62	2.88	2.86	360	4.42	3.52	3.49
583	2.84	2.25	2.24	469	3.64	2.89	2.87	357	4.44	3.53	3.50
580	2.86	2.27	2.26	467	3.66	2.91	2.89	355	4.46	3.55	3.52
577	2.88	2.28	2.27	464	3.68	2.92	2.90	352	4.48	3.56	3.53
0.99574	2.90	2.30	2.29	0.99461	3.70	2.94	2.92	0.99349	4.50	3.58	3.55
571	2.92	2.32	2.31	458	3.72	2.96	2.94	346	4.52	3.60	3.57
568	2.94	2.33	2.32	455	3.74	2.97	2.95	344	4.54	3.61	3.58
566	2.96	2.35	2.34	453	3.76	2.99	2.97	341	4.56	3.63	3.60
563	2.98	2.36	2.35	450	3.78	3.00	2.98	339	4.58	3.64	3.61
0.99560	3.00	2.38	2.37	0.99447	3.80	3.02	3.00	0.99336	4.60	3.66	3.63
557	3.02	2.40	2.39	444	3.82	3.04	3.02	333	4.62	3.68	3.65
554	3.04	2.41	2.40	441	3.84	3.05	3.03	330	4.64	3.69	3.66
552	3.06	2.43	2.42	439	3.86	3.07	3.05	328	4.66	3.71	3.68
549	3.08	2.44	2.43	436	3.88	3.08	3.06	325	4.68	3.72	3.69
0.99546	3.10	2.46	2.45	0.99433	3.90	3.10	3.08	0.99322	4.70	3.74	3.71
543	3.12	2.48	2.47	430	3.92	3.12	3.10	319	4.72	3.76	3.73
540	3.14	2.49	2.48	427	3.94	3.13	3.11	316	4.74	3.77	3.74
537	3.16	2.51	2.50	425	3.96	3.15	3.13	314	4.76	3.79	3.76
534	3.18	2.52	2.51	422	3.98	3.16	3.14	311	4.78	3.80	3.77

相对密度（20℃）	乙醇（体积分数）/%	乙醇（质量分数）/%	乙醇/(g/100mL)	相对密度（20℃）	乙醇（体积分数）/%	乙醇（质量分数）/%	乙醇/(g/100mL)	相对密度（20℃）	乙醇（体积分数）/%	乙醇（质量分数）/%	乙醇/(g/100mL)
0.99308	4.80	3.82	3.79	0.99201	5.60	4.46	4.42	0.99096	6.40	5.11	5.05
305	4.82	3.84	3.81	198	5.62	4.48	4.44	093	6.42	5.13	5.07
303	4.84	3.85	3.82	196	5.64	4.49	4.45	091	6.44	5.14	5.08
300	4.86	3.87	3.84	193	5.66	4.51	4.47	088	6.46	5.16	5.10
298	4.88	3.88	3.85	191	5.68	4.52	4.48	086	6.48	5.17	5.11
0.99295	4.90	3.90	3.87	0.99188	5.70	4.54	4.50	0.99083	6.50	5.19	5.13
292	4.92	3.92	3.89	185	5.72	4.56	4.52	080	6.52	5.21	5.15
289	4.94	3.93	3.90	182	5.74	4.57	4.53	078	6.54	5.22	5.16
287	4.96	3.95	3.92	180	5.76	4.59	4.55	075	6.56	5.24	5.18
284	4.98	3.96	3.93	177	5.78	4.60	4.56	073	6.58	5.25	5.19
0.99281	5.00	3.98	3.95	0.99174	5.80	4.62	4.58	0.99070	6.60	5.27	5.21
278	5.02	4.00	3.97	171	5.82	4.64	4.60	067	6.62	5.29	5.23
276	5.04	4.01	3.98	169	5.84	4.65	4.61	065	6.64	5.30	5.24
273	5.06	4.03	4.00	166	5.86	4.67	4.63	062	6.66	5.32	5.26
271	5.08	4.04	4.01	164	5.88	4.68	4.64	060	6.68	5.33	5.27
0.99268	5.10	4.06	4.03	0.99161	5.90	4.70	4.66	0.99057	6.70	5.35	5.29
265	5.12	4.08	4.04	158	5.92	4.72	4.68	055	6.72	5.37	5.31
263	5.14	4.09	4.06	156	5.94	4.73	4.69	052	6.74	5.38	5.32
260	5.16	4.11	4.07	153	5.96	4.75	4.71	050	6.76	5.40	5.34
258	5.18	4.12	4.08	151	5.98	4.76	4.72	047	6.78	5.41	5.35
0.99255	5.20	4.14	4.10	0.99148	6.00	4.78	4.74	0.99045	6.80	5.43	5.37
252	5.22	4.16	4.12	145	6.02	4.80	4.76	042	6.82	5.45	5.39
249	5.24	4.17	4.13	143	6.04	4.82	4.77	040	6.84	5.46	5.40
247	5.26	4.19	4.15	140	6.06	4.83	4.79	037	6.86	5.48	5.42
244	5.28	4.20	4.16	138	6.08	4.85	4.80	035	6.88	5.49	5.43
0.99241	5.30	4.22	4.18	0.99135	6.10	4.87	4.82	0.99032	6.90	5.51	5.45
238	5.32	4.24	4.20	132	6.12	4.89	4.83	030	6.92	5.53	5.47
236	5.34	4.25	4.21	130	6.14	4.90	4.85	027	6.94	5.54	5.48
233	5.36	4.27	4.23	127	6.16	4.92	4.86	025	6.96	5.56	5.50
231	5.38	4.28	4.24	125	6.18	4.93	4.88	022	6.98	5.57	5.51
0.99228	5.40	4.30	4.26	0.99122	6.20	4.95	4.89	0.99020	7.00	5.59	5.53
225	5.42	4.32	4.28	119	6.22	4.97	4.91	017	7.02	5.61	5.54
223	5.44	4.33	4.29	117	6.24	4.98	4.92	015	7.04	5.62	5.56
220	5.46	4.35	4.31	114	6.26	5.00	4.94	012	7.06	5.64	5.57
218	5.48	4.36	4.32	112	6.28	5.01	4.95	010	7.08	5.65	5.59
0.99215	5.50	4.38	4.34	0.99109	6.30	5.03	4.97	0.99007	7.10	5.67	5.60
212	5.52	4.40	4.36	106	6.32	5.05	4.99	004	7.12	5.69	5.62
209	5.54	4.41	4.37	104	6.34	5.06	5.00	002	7.14	5.70	5.63
207	5.56	4.43	4.39	101	6.36	5.08	5.02	0.98999	7.16	5.72	5.65
204	5.58	4.44	4.40	099	6.38	5.09	5.03	997	7.18	5.73	5.66

相对密度（20℃）	乙醇（体积分数）/%	乙醇（质量分数）/%	乙醇/(g/100mL)	相对密度（20℃）	乙醇（体积分数）/%	乙醇（质量分数）/%	乙醇/(g/100mL)	相对密度（20℃）	乙醇（体积分数）/%	乙醇（质量分数）/%	乙醇/(g/100mL)
0.98994	7.20	5.75	5.68	0.98893	8.00	6.40	6.32	0.98794	8.80	7.04	6.95
991	7.22	5.77	5.70	891	8.02	6.42	6.33	792	8.82	7.06	6.97
989	7.24	5.78	5.71	888	8.04	6.43	6.35	789	8.84	7.07	6.98
986	7.26	5.80	5.73	886	8.06	6.45	6.36	787	8.86	7.09	7.00
984	7.28	5.81	5.74	883	8.08	6.46	6.38	784	8.88	7.10	7.01
0.98981	7.30	5.83	5.76	0.98881	8.10	6.48	6.39	0.98782	8.90	7.12	7.03
979	7.32	5.85	5.78	879	8.12	6.50	6.41	780	8.92	7.14	7.04
976	7.34	5.86	5.79	876	8.14	6.51	6.42	777	8.94	7.15	7.06
974	7.36	5.88	5.81	874	8.16	6.53	6.44	775	8.96	7.17	7.07
971	7.38	5.89	5.82	871	8.18	6.54	6.45	772	8.98	7.18	7.09
0.98969	7.40	5.91	5.84	0.98869	8.20	6.56	6.47	0.98770	9.00	7.20	7.10
966	7.42	5.93	5.86	867	8.22	6.58	6.49	768	9.02	7.22	7.12
964	7.44	5.94	5.87	864	8.24	6.59	6.50	765	9.04	7.24	7.13
961	7.46	5.96	5.89	862	8.26	6.61	6.52	763	9.06	7.25	7.15
959	7.48	5.97	5.90	859	8.28	6.62	6.53	760	9.08	7.27	7.16
0.98956	7.50	5.99	5.92	0.98857	8.30	6.64	6.55	0.98758	9.10	7.29	7.18
954	7.52	6.01	5.94	855	8.32	6.66	6.57	756	9.12	7.31	7.20
951	7.54	6.02	5.95	852	8.34	6.67	6.58	753	9.14	7.32	7.21
949	7.56	6.04	5.97	850	8.36	6.69	6.60	751	9.16	7.34	7.23
946	7.58	6.05	5.98	847	8.38	6.70	6.61	748	9.18	7.35	7.24
0.98944	7.60	6.07	6.00	0.98845	8.40	6.72	6.63	0.98746	9.20	7.37	7.26
941	7.62	6.09	6.02	843	8.42	6.74	6.65	744	9.22	7.39	7.28
939	7.64	6.10	6.03	840	8.44	6.75	6.66	741	9.24	7.40	7.29
936	7.66	6.12	6.05	838	8.46	6.77	6.68	739	9.26	7.42	7.31
934	7.68	6.13	6.06	835	8.48	6.78	6.69	736	9.28	7.43	7.32
0.98931	7.70	6.15	6.08	0.98833	8.50	6.80	6.71	0.98734	9.30	7.45	7.34
929	7.72	6.17	6.10	830	8.52	6.82	6.73	732	9.32	7.47	7.36
926	7.74	6.19	6.11	828	8.54	6.83	6.74	729	9.34	7.48	7.37
924	7.76	6.20	6.13	825	8.56	6.85	6.76	727	9.36	7.50	7.39
921	7.78	6.22	6.14	823	8.58	6.86	6.77	724	9.38	7.51	7.40
0.98919	7.80	6.24	6.16	0.98820	8.60	6.88	6.79	0.98722	9.40	7.53	7.42
916	7.82	6.26	6.18	817	8.62	6.90	6.81	720	9.42	7.55	7.44
914	7.84	6.27	6.19	815	8.64	6.91	6.82	717	9.44	7.56	7.45
911	7.86	6.29	6.21	812	8.66	6.93	6.84	715	9.46	7.58	7.47
909	7.88	6.30	6.22	810	8.68	6.94	6.85	712	9.48	7.59	7.48
0.98906	7.90	6.32	6.24	0.98807	8.70	6.96	6.87	0.98710	9.50	7.61	7.50
903	7.92	6.34	6.26	804	8.72	6.98	6.89	708	9.52	7.63	7.52
901	7.94	6.35	6.27	802	8.74	6.99	6.90	705	9.54	7.64	7.53
898	7.96	6.37	6.29	799	8.76	7.01	6.92	703	9.56	7.66	7.55
896	7.98	6.38	6.30	797	8.78	7.02	6.93	700	9.58	7.67	7.56

相对密度(20℃)	乙醇(体积分数)/%	乙醇(质量分数)/%	乙醇/(g/100mL)	相对密度(20℃)	乙醇(体积分数)/%	乙醇(质量分数)/%	乙醇/(g/100mL)	相对密度(20℃)	乙醇(体积分数)/%	乙醇(质量分数)/%	乙醇/(g/100mL)
0.98698	9.60	7.69	7.58	0.98674	9.80	7.85	7.73	0.98650	10.00	8.02	7.89
696	9.62	7.71	7.60	672	9.82	7.87	7.75				
693	9.64	7.72	7.61	669	9.84	7.88	7.76				
691	9.66	7.74	7.63	667	9.86	7.90	7.78				
688	9.68	7.75	7.64	664	9.88	7.91	7.79				
0.98686	9.70	7.77	7.66	0.98662	9.90	7.93	7.81				
684	9.72	7.79	7.67	660	9.92	7.95	7.83				
681	9.74	7.80	7.69	657	9.94	7.97	7.84				
679	9.76	7.82	7.70	655	9.96	7.98	7.86				
676	9.78	7.83	7.72	652	9.98	8.00	7.87				

附表 3-1　糖量计读数（×1000）温度修正表

温度/℃	1050	1060	1070	1080
12	−1.81	−1.95	−2.08	−2.21
13	−1.62	−1.74	−1.85	−1.96
14	−1.44	−1.54	−1.64	−1.73
15	−1.21	−1.29	−1.37	−1.45
16	−1.00	−1.06	−1.12	−1.19
17	−0.76	−0.82	−0.86	−0.91
18	−0.53	−0.56	−0.59	−0.63
19	−0.28	−0.30	−0.31	−0.33
21	+0.28	+0.30	+0.31	+0.33
22	+0.55	+0.58	+0.61	+0.64
23	+0.85	+0.90	+0.95	+0.99
24	+1.15	+1.19	+1.25	+1.31
25	+1.44	+1.52	+1.59	+1.67
26	+1.76	+1.84	+1.93	+2.02
27	+2.07	+2.16	+2.26	+2.36

附表 3-2　不同酸类换算系数表

酸　名	酒石酸	苹果酸	柠檬酸	乳酸	硫酸	醋酸
酒石酸	1.000	0.893	0.853	1.200	0.653	0.800
苹果酸	1.119	1.000	0.855	1.343	0.734	0.896
柠檬酸	1.172	1.047	1.000	1.406	0.766	0.938
乳酸	0.833	0.744	0.711	1.000	0.544	0.667
硫酸	1.531	1.367	1.306	1.837	1.000	1.225
醋酸	1.250	1.117	1.067	1.500	1.817	1.000

附表 3-3　葡萄醪的相对密度（×1000）、糖度和潜在酒度换算表

相对密度 （×1000）	含糖量 /（g/L）	潜在酒度 （体积分数） /%	相对密度 （×1000）	含糖量 /（g/L）	潜在酒度 （体积分数） /%	相对密度 （×1000）	含糖量 /（g/L）	潜在酒度 （体积分数） /%
1041	88	5.2	1068	157	9.2	1095	226	13.2
1042	90	5.3	1069	159	9.3	1096	229	13.5
1043	93	5.5	1070	162	9.5	1097	231	13.6
1044	95	5.6	1071	165	9.7	1098	234	13.8
1045	98	5.8	1072	167	9.8	1099	236	13.9
1046	100	5.9	1073	170	10.0	1100	239	14.1
1047	103	6.1	1074	172	10.1	1101	241	14.2
1048	105	6.2	1075	175	10.3	1102	244	14.4
1049	108	6.4	1076	177	10.4	1103	247	14.5
1050	111	6.5	1077	180	10.6	1104	249	14.6
1051	113	6.7	1078	182	10.7	1105	252	14.8
1052	116	6.8	1079	185	10.9	1106	254	14.9
1053	118	7.0	1080	188	11.0	1107	257	15.1
1054	121	7.1	1081	190	11.2	1108	259	15.2
1055	123	7.2	1082	193	11.4	1109	262	15.4
1056	126	7.4	1083	195	11.5	1110	265	15.6
1057	129	7.6	1084	198	11.6	1111	267	15.7
1058	131	7.7	1085	200	11.8	1112	270	15.9
1059	134	7.9	1086	203	11.9	1113	272	16.0
1060	136	8.0	1087	206	12.1	1114	275	16.2
1061	139	8.2	1088	208	12.2	1115	277	16.3
1062	141	8.3	1089	211	12.4	1116	280	16.5
1063	144	8.5	1090	213	12.5	1117	283	16.6
1064	147	8.6	1091	216	12.7	1118	285	16.8
1065	149	8.8	1092	218	12.8	1119	288	16.9
1066	152	8.9	1093	221	13.0	1120	290	17.1
1067	154	9.0	1094	224	13.2			

附表 3-4　酒精水溶液密度（g/L）与酒精度（%，体积分数）对照表（20℃）

密度 /（g/L）	酒精度 （体积分数） /%	密度 /（g/L）	酒精度 （体积分数） /%	密度 /（g/L）	酒精度 （体积分数） /%	密度 /（g/L）	酒精度 （体积分数） /%
988.43	7.00	988.25	7.14	988.08	7.27	987.91	7.41
988.41	7.01	988.24	7.15	988.06	7.29	987.89	7.42
988.40	7.03	988.22	7.16	988.05	7.30	987.88	7.44
988.38	7.04	988.21	7.17	988.03	7.31	987.86	7.45
988.37	7.05	988.19	7.19	988.02	7.32	987.84	7.46
988.35	7.06	988.18	7.20	988.00	7.34	987.83	7.47
988.33	7.08	988.16	7.21	987.99	7.35	987.81	7.48
988.32	7.09	988.14	7.22	987.97	7.36	987.80	7.50
988.30	7.10	988.13	7.24	987.95	7.37	987.78	7.51
988.29	7.11	988.11	7.25	987.94	7.39	987.77	7.52
988.27	7.12	988.10	7.26	987.92	7.40	987.75	7.53

密度 /(g/L)	酒精度 （体积分数） /%	密度 /(g/L)	酒精度 （体积分数） /%	密度 /(g/L)	酒精度 （体积分数） /%	密度 /(g/L)	酒精度 （体积分数） /%
987.73	7.55	987.11	8.04	986.49	8.54	985.88	9.03
987.72	7.56	987.09	8.05	986.48	8.55	985.87	9.04
987.70	7.57	987.08	8.07	986.46	8.56	985.85	9.06
987.69	7.58	987.06	8.08	986.45	8.57	985.84	9.07
987.67	7.60	987.05	8.09	986.43	8.59	985.82	9.08
987.66	7.61	987.03	8.10	986.42	8.60	985.81	9.09
987.64	7.62	987.02	8.12	986.40	8.61	985.79	9.11
987.62	7.63	987.00	8.13	986.39	8.62	985.78	9.12
987.61	7.65	986.99	8.14	986.37	8.64	985.76	9.13
987.59	7.66	986.97	8.15	986.36	8.65	985.75	9.14
987.58	7.67	986.96	8.17	986.34	8.66	985.73	9.16
987.56	7.68	986.94	8.18	986.33	8.67	985.72	9.17
987.55	7.70	986.92	8.19	986.31	8.69	985.70	9.18
987.53	7.71	986.91	8.20	986.29	8.70	985.69	9.19
987.51	7.72	986.89	8.22	986.28	8.71	985.67	9.20
987.50	7.73	986.88	8.23	986.26	8.72	985.66	9.22
987.48	7.74	986.86	8.24	986.25	8.73	985.64	9.23
987.47	7.76	986.85	8.25	986.23	8.75	985.63	9.24
987.45	7.77	986.83	8.26	986.22	8.76	985.61	9.25
987.44	7.78	986.82	8.28	986.20	8.77	985.60	9.27
987.42	7.79	986.80	8.29	986.19	8.78	985.58	9.28
987.41	7.81	986.79	8.30	986.17	8.80	985.57	9.29
987.39	7.82	986.77	8.31	986.16	8.81	985.55	9.30
987.37	7.83	986.75	8.33	986.14	8.82	985.54	9.32
987.36	7.84	986.74	8.34	986.13	8.83	985.52	9.33
987.34	7.86	986.72	8.35	986.11	8.85	985.51	9.34
987.33	7.87	986.71	8.36	986.10	8.86	985.49	9.35
987.31	7.88	986.69	8.38	986.08	8.87	985.48	9.36
987.30	7.89	986.68	8.39	986.07	8.88	985.46	9.38
987.28	7.91	986.66	8.40	986.05	8.90	985.45	9.39
987.27	7.92	986.65	8.41	986.04	8.91	985.43	9.40
987.25	7.93	986.63	8.43	986.02	8.92	985.42	9.41
987.23	7.94	986.62	8.44	986.01	8.93	985.40	9.43
987.22	7.96	986.60	8.45	985.99	8.95	985.39	9.44
987.20	7.97	986.59	8.46	985.98	8.96	985.37	9.45
987.19	7.98	986.57	8.48	985.96	8.97	985.36	9.46
987.17	7.99	986.55	8.49	985.94	8.98	985.34	9.48
987.16	8.01	986.54	8.50	985.93	8.99	985.33	9.49
987.14	8.02	986.52	8.51	985.91	9.01	985.31	9.50
987.13	8.03	986.51	8.52	985.90	9.02	985.30	9.51

密度 /(g/L)	酒精度 （体积分数） /%	密度 /(g/L)	酒精度 （体积分数） /%	密度 /(g/L)	酒精度 （体积分数） /%	密度 /(g/L)	酒精度 （体积分数） /%
985.28	9.53	984.69	10.02	984.10	10.51	983.52	11.00
985.27	9.54	984.67	10.03	984.08	10.52	983.50	11.02
985.25	9.55	984.66	10.04	984.07	10.54	983.49	11.03
985.24	9.56	984.64	10.06	984.05	10.55	983.47	11.04
985.22	9.57	984.63	10.07	984.04	10.56	983.46	11.05
985.21	9.59	984.61	10.08	984.03	10.57	983.44	11.07
985.19	9.60	984.60	10.09	984.01	10.59	983.43	11.08
985.18	9.61	984.58	10.10	984.00	10.60	983.41	11.09
985.16	9.62	984.57	10.12	983.98	10.61	983.40	11.10
985.15	9.64	984.55	10.13	983.97	10.62	983.39	11.11
985.13	9.65	984.54	10.14	983.95	10.63	983.37	11.13
985.12	9.66	984.52	10.15	983.94	10.65	983.36	11.14
985.10	9.67	984.51	10.17	983.92	10.66	983.34	11.15
985.09	9.69	984.49	10.18	983.91	10.67	983.33	11.16
985.07	9.70	984.48	10.19	983.89	10.68	983.31	11.18
985.06	9.71	984.47	10.20	983.88	10.70	983.30	11.19
985.04	9.72	984.45	10.22	983.86	10.71	983.28	11.20
985.03	9.74	984.44	10.23	983.85	10.72	983.27	11.21
985.01	9.75	984.42	10.24	983.84	10.73	983.26	11.23
985.00	9.76	984.41	10.25	983.82	10.75	983.24	11.24
984.98	9.77	984.39	10.27	983.81	10.76	983.23	11.25
984.97	9.78	984.38	10.28	983.79	10.77	983.21	11.26
984.95	9.80	984.36	10.29	983.78	10.78	983.20	11.27
984.94	9.81	984.35	10.30	983.76	10.79	983.18	11.29
984.92	9.82	984.33	10.31	983.75	10.81	983.17	11.30
984.91	9.83	984.32	10.33	983.73	10.82	983.15	11.31
984.89	9.85	984.30	10.34	983.72	10.83	983.14	11.32
984.88	9.86	984.29	10.35	983.70	10.84	983.13	11.34
984.86	9.87	984.27	10.36	983.69	10.86	983.11	11.35
984.85	9.88	984.26	10.38	983.68	10.87	983.10	11.36
984.84	9.90	984.24	10.39	983.66	10.88	983.08	11.37
984.82	9.91	984.23	10.40	983.65	10.89	983.07	11.38
984.81	9.92	984.22	10.41	983.63	10.91	983.05	11.40
984.79	9.93	984.20	10.43	983.62	10.92	983.04	11.41
984.78	9.94	984.19	10.44	983.60	10.93	983.03	11.42
984.76	9.96	984.17	10.45	983.59	10.94	983.01	11.43
984.75	9.97	984.16	10.46	983.57	10.95	983.00	11.45
984.73	9.98	984.14	10.47	983.56	10.97	982.98	11.46
984.72	9.99	984.13	10.49	983.54	10.98	982.97	11.47
984.70	10.01	984.11	10.50	983.53	10.99	982.95	11.48

密度 /(g/L)	酒精度 （体积分数） /%	密度 /(g/L)	酒精度 （体积分数） /%	密度 /(g/L)	酒精度 （体积分数） /%	密度 /(g/L)	酒精度 （体积分数） /%
982.94	11.50	982.37	11.99	981.80	12.48	981.24	12.97
982.93	11.51	982.35	12.00	981.79	12.49	981.23	12.98
982.91	11.52	982.34	12.01	981.78	12.50	981.22	12.99
982.90	11.53	982.33	12.02	981.76	12.51	981.20	13.00
982.88	11.54	982.31	12.04	981.75	12.53	981.19	13.02
982.87	11.56	982.30	12.05	981.73	12.54	981.18	13.03
982.85	11.57	982.28	12.06	981.72	12.55	981.16	13.04
982.84	11.58	982.27	12.07	981.71	12.56	981.15	13.05
982.82	11.59	982.26	12.08	981.69	12.58	981.13	13.07
982.81	11.61	982.24	12.10	981.68	12.59	981.12	13.08
982.80	11.62	982.23	12.11	981.66	12.60	981.11	13.09
982.78	11.63	982.21	12.12	981.65	12.61	981.09	13.10
982.77	11.64	982.20	12.13	981.64	12.62	981.08	13.11
982.75	11.66	982.18	12.15	981.62	12.64	981.06	13.13
982.74	11.67	982.17	12.16	981.61	12.65	981.05	13.14
982.72	11.68	982.16	12.17	981.59	12.66	981.04	13.15
982.71	11.69	982.14	12.18	981.58	12.67	981.02	13.16
982.70	11.70	982.13	12.20	981.57	12.69	981.01	13.18
982.68	11.72	982.11	12.21	981.55	12.70	980.99	13.19
982.67	11.73	982.10	12.22	981.54	12.71	980.98	13.20
982.65	11.74	982.09	12.23	981.52	12.72	980.97	13.21
982.64	11.75	982.07	12.24	981.51	12.73	980.95	13.22
982.63	11.77	982.06	12.26	981.50	12.75	980.94	13.24
982.61	11.78	982.04	12.27	981.48	12.76	980.93	13.25
982.60	11.79	982.03	12.28	981.47	12.77	980.91	13.26
982.58	11.80	982.02	12.29	981.45	12.78	980.90	13.27
982.57	11.81	982.00	12.31	981.44	12.80	980.88	13.29
982.55	11.83	981.99	12.32	981.43	12.81	980.87	13.30
982.54	11.84	981.97	12.33	981.41	12.82	980.86	13.31
982.53	11.85	981.96	12.34	981.40	12.83	980.84	13.32
982.51	11.86	981.94	12.35	981.38	12.85	980.83	13.33
982.50	11.88	981.93	12.37	981.37	12.86	980.81	13.35
982.48	11.89	981.92	12.38	981.36	12.87	980.80	13.36
982.47	11.90	981.90	12.39	981.34	12.88	980.79	13.37
982.45	11.91	981.89	12.40	981.33	12.89	980.77	13.38
982.44	11.93	981.87	12.42	981.31	12.91	980.76	13.40
982.43	11.94	981.86	12.43	981.30	12.92	980.75	13.41
982.41	11.95	981.85	12.44	981.29	12.93	980.73	13.42
982.40	11.96	981.83	12.45	981.27	12.94	980.72	13.43
982.38	11.97	981.82	12.47	981.26	12.96	980.70	13.45

密度 /(g/L)	酒精度（体积分数）/%	密度 /(g/L)	酒精度（体积分数）/%	密度 /(g/L)	酒精度（体积分数）/%	密度 /(g/L)	酒精度（体积分数）/%
980.69	13.46	980.14	13.95	979.60	14.44	979.05	14.92
980.68	13.47	980.13	13.96	979.58	14.45	979.04	14.94
980.66	13.48	980.11	13.97	979.57	14.46	979.03	14.95
980.65	13.49	980.10	13.98	979.55	14.47	979.01	14.96
980.64	13.51	980.09	14.00	979.54	14.48	979.00	14.97
980.62	13.52	980.07	14.01	979.53	14.50	978.99	14.98
980.61	13.53	980.06	14.02	979.51	14.51	976.98	16.82
980.59	13.54	980.04	14.03	979.50	14.52	976.96	16.84
980.58	13.56	980.03	14.04	979.49	14.53	976.95	16.85
980.57	13.57	980.02	14.06	979.47	14.55	976.94	16.86
980.55	13.58	980.00	14.07	979.46	14.56	978.97	15.00
980.54	13.59	979.99	14.08	979.45	14.57	978.96	15.01
980.52	13.60	979.98	14.09	979.43	14.58	978.95	15.02
980.51	13.62	979.96	14.11	979.42	14.59	978.93	15.03
980.50	13.63	979.95	14.12	979.41	14.61	978.92	15.05
980.48	13.64	979.94	14.13	979.39	14.62	978.91	15.06
980.47	13.65	979.92	14.14	979.38	14.63	978.89	15.07
980.46	13.67	979.91	14.15	979.36	14.64	978.88	15.08
980.44	13.68	979.89	14.17	979.35	14.65	978.87	15.09
980.43	13.69	979.88	14.18	979.34	14.67	978.85	15.11
980.41	13.70	979.87	14.19	979.32	14.68	978.84	15.12
980.40	13.71	979.85	14.20	979.31	14.69	978.83	15.13
980.39	13.73	979.84	14.22	979.30	14.70	978.81	15.14
980.37	13.74	979.83	14.23	979.28	14.72	978.80	15.16
980.36	13.75	979.81	14.24	979.27	14.73	978.78	15.17
980.35	13.76	979.80	14.25	979.26	14.74	978.77	15.18
980.33	13.78	979.79	14.26	979.24	14.75	978.76	15.19
980.32	13.79	979.77	14.28	979.23	14.76	978.74	15.20
980.31	13.80	979.76	14.29	979.22	14.78	978.73	15.22
980.29	13.81	979.74	14.30	979.20	14.79	978.72	15.23
980.28	13.82	979.73	14.31	979.19	14.80	978.70	15.24
980.26	13.84	979.72	14.33	979.18	14.81	978.69	15.25
980.25	13.85	979.70	14.34	979.16	14.83	978.68	15.26
980.24	13.86	979.69	14.35	979.15	14.84	978.66	15.28
980.22	13.87	979.68	14.36	979.13	14.85	978.65	15.29
980.21	13.89	979.66	14.37	979.12	14.86	978.64	15.30
980.20	13.90	979.65	14.39	979.11	14.87	978.62	15.31
980.18	13.91	979.64	14.40	979.09	14.89	978.61	15.33
980.17	13.92	979.62	14.41	979.08	14.90	978.60	15.34
980.15	13.93	979.61	14.42	979.07	14.91	978.58	15.35

密度 /(g/L)	酒精度 (体积分数) /%	密度 /(g/L)	酒精度 (体积分数) /%	密度 /(g/L)	酒精度 (体积分数) /%	密度 /(g/L)	酒精度 (体积分数) /%
978.57	15.36	978.18	15.72	977.74	16.12	977.36	16.47
978.56	15.37	978.17	15.73	977.73	16.13	977.35	16.48
978.54	15.39	978.16	15.74	977.72	16.14	977.33	16.49
978.53	15.40	978.14	15.75	977.70	16.15	977.32	16.51
978.52	15.41	978.13	15.76	977.69	16.17	977.31	16.52
978.50	15.42	978.12	15.78	977.68	16.18	977.29	16.53
978.49	15.44	978.10	15.79	977.66	16.19	977.28	16.54
978.48	15.45	978.09	15.80	977.65	16.20	977.27	16.56
978.46	15.46	978.08	15.81	976.87	16.92	977.25	16.57
978.45	15.47	978.06	15.83	976.86	16.93	977.24	16.58
978.44	15.48	978.05	15.84	976.84	16.94	977.23	16.59
978.42	15.50	978.04	15.85	976.83	16.96	977.21	16.60
978.41	15.51	978.02	15.86	977.64	16.21	977.20	16.62
978.40	15.52	978.01	15.87	977.62	16.23	977.19	16.63
978.38	15.53	978.00	15.89	977.61	16.24	977.17	16.64
978.37	15.55	977.98	15.90	977.60	16.25	977.16	16.65
978.36	15.56	977.97	15.91	977.58	16.26	977.15	16.66
978.34	15.57	977.96	15.92	977.57	16.28	977.13	16.68
978.33	15.58	977.94	15.93	977.56	16.29	977.12	16.69
978.32	15.59	977.93	15.95	977.54	16.30	977.11	16.70
976.92	16.87	977.92	15.96	977.53	16.31	977.09	16.71
976.91	16.88	977.90	15.97	977.52	16.32	977.08	16.73
976.90	16.90	977.89	15.98	977.50	16.34	977.07	16.74
976.88	16.91	977.88	16.00	977.49	16.35	977.06	16.75
978.30	15.61	977.86	16.01	977.48	16.36	977.04	16.76
978.29	15.62	977.85	16.02	977.46	16.37	977.03	16.77
978.28	15.63	977.84	16.03	977.45	16.39	977.02	16.79
978.26	15.64	977.82	16.04	977.44	16.40	977.00	16.80
978.25	15.65	977.81	16.06	977.43	16.41	976.99	16.81
978.24	15.67	977.80	16.07	977.41	16.42	976.82	16.97
978.22	15.68	977.78	16.08	977.40	16.43	976.81	16.98
978.21	15.69	977.77	16.09	977.39	16.45	976.79	16.99
978.20	15.70	977.76	16.11	977.37	16.46		

附表3-5　酒精计示值与温度校正表

溶液温度/℃	酒精计示值																
	7.0	7.2	7.4	7.6	7.8	8.0	8.2	8.4	8.6	8.8	9.0	9.2	9.4	9.6	9.8	10.0	10.2
	温度20℃时用体积分数表示的酒精浓度/%																
15.0	7.7	7.9	8.1	8.3	8.6	8.8	9.0	9.2	9.4	9.6	9.8	10.0	10.2	10.4	10.6	10.8	11.0
15.5	7.6	7.8	8.0	8.3	8.5	8.7	8.9	9.1	9.3	9.5	9.7	9.9	10.1	10.4	10.6	10.8	11.0
16.0	7.6	7.8	8.0	8.2	8.4	8.6	8.8	9.0	9.2	9.4	9.6	9.8	10.1	10.3	10.5	10.7	10.9
16.5	7.5	7.7	7.9	8.2	8.4	8.6	8.8	9.0	9.2	9.4	9.6	9.8	10.0	10.2	10.4	10.6	10.8
17.0	7.4	7.6	7.9	8.1	8.3	8.5	8.7	8.9	9.1	9.3	9.5	9.7	9.9	10.1	10.3	10.5	10.7
17.5	7.4	7.6	7.8	8.0	8.2	8.4	8.6	8.8	9.0	9.2	9.4	9.6	9.8	10.0	10.2	10.4	10.6
18.0	7.3	7.5	7.7	7.9	8.1	8.3	8.5	8.7	8.9	9.1	9.3	9.5	9.7	9.9	10.2	10.4	10.6
18.5	7.2	7.4	7.6	7.8	8.0	8.2	8.4	8.6	8.8	9.0	9.2	9.5	9.7	9.9	10.1	10.3	10.5
19.0	7.2	7.4	7.5	7.7	8.0	8.2	8.4	8.6	8.8	9.0	9.2	9.4	9.6	9.8	10.0	10.2	10.4
19.5	7.1	7.3	7.5	7.7	7.9	8.1	8.3	8.5	8.7	8.9	9.1	9.3	9.5	9.7	9.9	10.1	10.3
20.0	7.0	7.2	7.4	7.6	7.8	8.0	8.2	8.4	8.6	8.8	9.0	9.2	9.4	9.6	9.8	10.0	10.2
20.5	6.9	7.1	7.3	7.5	7.7	7.9	8.1	8.3	8.5	8.7	8.9	9.1	9.3	9.5	9.7	9.9	10.1
21.0	6.8	7.0	7.2	7.4	7.6	7.8	8.0	8.2	8.4	8.6	8.8	9.0	9.2	9.4	9.6	9.8	10.0
21.5	6.8	7.0	7.2	7.4	7.6	7.8	8.0	8.2	8.3	8.5	8.7	8.9	9.1	9.3	9.5	9.7	9.9
22.0	6.7	6.9	7.1	7.3	7.5	7.7	7.9	8.1	8.3	8.4	8.6	8.8	9.0	9.2	9.4	9.6	9.8
22.5	6.6	6.8	7.0	7.2	7.4	7.6	7.8	8.0	8.2	8.3	8.5	8.7	8.9	9.1	9.3	9.5	9.7
23.0	6.5	6.7	6.9	7.1	7.3	7.5	7.7	7.9	8.1	8.2	8.4	8.6	8.8	9.0	9.2	9.4	9.6
23.5	6.4	6.6	6.8	7.0	7.2	7.4	7.6	7.8	8.0	8.2	8.4	8.6	8.7	8.9	9.1	9.3	9.5
24.0	6.3	6.5	6.7	6.9	7.1	7.3	7.5	7.7	7.9	8.1	8.3	8.5	8.7	8.9	9.0	9.2	9.4
24.5	6.2	6.4	6.6	6.8	7.0	7.2	7.4	7.6	7.8	8.0	8.2	8.4	8.6	8.8	8.9	9.1	9.3
25.0	6.2	6.3	6.5	6.7	6.9	7.1	7.3	7.5	7.7	7.9	8.1	8.3	8.5	8.7	8.8	9.0	9.2

溶液温度/℃	酒精计示值																
	10.4	10.6	10.8	11.0	11.2	11.4	11.6	11.8	12.0	12.2	12.4	12.6	12.8	13.0	13.2	13.4	13.6
	温度20℃时用体积分数表示的酒精浓度/%																
15.0	11.2	11.4	11.7	11.9	12.1	12.3	12.5	12.7	12.9	13.1	13.4	13.6	13.8	14.0	14.2	14.4	14.6
15.5	11.2	11.4	11.6	11.8	12.0	12.2	12.4	12.6	12.8	13.1	13.3	13.5	13.7	13.9	14.1	14.3	14.5
16.0	11.1	11.3	11.5	11.7	11.9	12.1	12.4	12.6	12.8	13.0	13.2	13.4	13.6	13.8	14.0	14.2	14.4
16.5	11.0	11.2	11.4	11.6	11.8	12.0	12.3	12.5	12.7	12.9	13.1	13.3	13.5	13.7	13.9	14.1	14.3
17.0	10.9	11.1	11.3	11.5	11.7	12.0	12.2	12.4	12.6	12.8	13.0	13.2	13.4	13.6	13.8	14.0	14.2
17.5	10.8	11.0	11.2	11.4	11.7	11.9	12.1	12.3	12.5	12.7	12.9	13.1	13.3	13.5	13.7	13.9	14.1
18.0	10.8	11.0	11.2	11.4	11.6	11.8	12.0	12.2	12.4	12.6	12.8	13.0	13.2	13.4	13.6	13.8	14.0
18.5	10.7	10.9	11.1	11.3	11.5	11.7	11.9	12.1	12.3	12.5	12.7	12.9	13.1	13.3	13.5	13.7	13.9
19.0	10.6	10.8	11.0	11.2	11.4	11.6	11.8	12.0	12.2	12.4	12.6	12.8	13.0	13.2	13.4	13.6	13.8
19.5	10.5	10.7	10.9	11.1	11.3	11.5	11.7	11.9	12.1	12.3	12.5	12.7	12.9	13.1	13.3	13.5	13.7
20.0	10.4	10.6	10.8	11.0	11.2	11.4	11.6	11.8	12.0	12.2	12.4	12.6	12.8	13.0	13.2	13.4	13.6
20.5	10.3	10.5	10.7	10.9	11.1	11.3	11.5	11.7	11.9	12.1	12.3	12.5	12.7	12.9	13.1	13.3	13.5
21.0	10.2	10.4	10.6	10.8	11.0	11.2	11.4	11.6	11.8	12.0	12.2	12.4	12.6	12.8	13.0	13.2	13.4
21.5	10.1	10.3	10.5	10.7	10.9	11.1	11.3	11.5	11.7	11.9	12.1	12.3	12.5	12.7	12.9	13.1	13.3

溶液温度/℃	酒精计示值																
	10.4	10.6	10.8	11.0	11.2	11.4	11.6	11.8	12.0	12.2	12.4	12.6	12.8	13.0	13.2	13.4	13.6
	温度20℃时用体积分数表示的酒精浓度/%																
22.0	10.0	10.2	10.4	10.6	10.8	11.0	11.2	11.4	11.6	11.8	12.0	12.2	12.4	12.6	12.8	13.0	13.2
22.5	9.9	10.1	10.3	10.5	10.7	10.9	11.1	11.3	11.5	11.7	11.9	12.0	12.2	12.4	12.6	12.8	13.0
23.0	9.8	10.0	10.2	10.4	10.6	10.8	11.0	11.2	11.4	11.6	11.7	11.9	12.1	12.3	12.5	12.7	12.9
23.5	9.7	9.9	10.1	10.3	10.5	10.7	10.9	11.1	11.3	11.5	11.6	11.8	12.0	12.2	12.4	12.6	12.8
24.0	9.6	9.8	10.0	10.2	10.4	10.6	10.8	11.0	11.2	11.4	11.5	11.7	11.9	12.1	12.3	12.5	12.7
24.5	9.5	9.7	9.9	10.1	10.3	10.5	10.6	10.8	11.0	11.2	11.4	11.6	11.8	12.0	12.2	12.4	12.6
25.0	9.4	9.6	9.8	10.0	10.2	10.3	10.5	10.7	10.9	11.1	11.3	11.5	11.7	11.9	12.1	12.3	12.5

溶液温度/℃	酒精计示值															
	13.8	14.0	14.2	14.4	14.6	14.8	15.0	15.2	15.4	15.6	15.8	16.0	16.2	16.4	16.6	16.8
	温度20℃时用体积分数表示的酒精浓度/%															
15.0	14.9	15.1	15.3	15.5	15.7	16.0	16.2	16.4	16.6	16.8	17.0	17.2	17.4	17.7	17.9	18.1
15.5	14.8	15.0	15.2	15.4	15.6	15.8	16.0	16.3	16.5	16.7	16.9	17.1	17.3	17.5	17.8	18.0
16.0	14.7	14.9	15.1	15.3	15.5	15.7	15.9	16.1	16.4	16.6	16.8	17.0	17.2	17.4	17.6	17.8
16.5	14.6	14.8	15.0	15.2	15.4	15.6	15.8	16.0	16.2	16.5	16.7	16.9	17.1	17.3	17.5	17.7
17.0	14.5	14.7	14.9	15.1	15.3	15.5	15.7	15.9	16.1	16.3	16.6	16.8	17.0	17.2	17.4	17.6
17.5	14.3	14.6	14.8	15.0	15.2	15.4	15.6	15.8	16.0	16.2	16.4	16.6	16.8	17.0	17.3	17.5
18.0	14.2	14.4	14.6	14.9	15.1	15.3	15.5	15.7	15.9	16.1	16.3	16.5	16.7	16.9	17.1	17.4
18.5	14.1	14.3	14.5	14.7	15.0	15.2	15.4	15.6	15.8	16.0	16.2	16.4	16.6	16.8	17.0	17.2
19.0	14.0	14.2	14.4	14.6	14.8	15.0	15.2	15.4	15.7	15.9	16.1	16.3	16.5	16.7	16.9	17.1
19.5	13.9	14.1	14.3	14.5	14.7	14.9	15.1	15.3	15.5	15.8	16.0	16.2	16.4	16.6	16.8	17.0
20.0	13.8	14.0	14.2	14.4	14.6	14.8	15.0	15.2	15.4	15.6	15.8	16.0	16.2	16.4	16.6	16.8
20.5	13.7	13.9	14.1	14.3	14.5	14.7	14.9	15.1	15.3	15.4	15.6	15.8	16.0	16.2	16.4	16.6
21.0	13.6	13.8	14.0	14.2	14.4	14.6	14.8	15.0	15.1	15.3	15.5	15.7	15.9	16.1	16.3	16.5
21.5	13.5	13.7	13.9	14.1	14.2	14.4	14.6	14.8	15.0	15.2	15.4	15.6	15.8	16.0	16.2	16.4
22.0	13.4	13.6	13.8	13.9	14.1	14.3	14.5	14.7	14.9	15.1	15.3	15.5	15.7	15.9	16.1	16.3
22.5	13.2	13.4	13.6	13.8	14.0	14.2	14.4	14.6	14.8	15.0	15.2	15.4	15.6	15.8	16.0	16.2
23.0	13.1	13.3	13.5	13.7	13.9	14.1	14.3	14.4	14.6	14.8	15.0	15.2	15.4	15.6	15.8	16.0
23.5	13.0	13.2	13.4	13.6	13.8	14.0	14.2	14.3	14.5	14.7	14.9	15.1	15.3	15.5	15.6	15.8
24.0	12.9	13.1	13.3	13.4	13.6	13.8	14.0	14.2	14.4	14.6	14.8	15.0	15.2	15.3	15.5	15.7
24.5	12.8	13.0	13.2	13.3	13.5	13.7	13.9	14.1	14.3	14.4	14.6	14.8	15.0	15.2	15.4	15.6
25.0	12.6	12.8	13.0	13.2	13.4	13.6	13.8	14.0	14.1	14.3	14.5	14.7	14.9	15.1	15.3	15.4

附表 3-6　相对密度与浸出物含量对照表

相对密度 (20℃)	浸出物 /(g/L)	相对密度 (20℃)	浸出物 /(g/L)	相对密度 (20℃)	浸出物 /(g/L)	相对密度 (20℃)	浸出物 /(g/L)
1.0000	0.00	1.0041	10.51	1.0082	21.13	1.0123	31.83
1.0001	0.25	1.0042	10.77	1.0083	21.38	1.0124	32.09
1.0002	0.50	1.0043	11.02	1.0084	21.64	1.0125	32.34
1.0003	0.74	1.0044	11.27	1.0085	21.89	1.0126	32.60
1.0004	0.99	1.0045	11.53	1.0086	22.14	1.0127	32.85
1.0005	1.24	1.0046	11.78	1.0087	22.40	1.0128	33.11
1.0006	1.49	1.0047	12.03	1.0088	22.65	1.0129	33.36
1.0007	1.74	1.0048	12.28	1.0089	22.91	1.0130	33.62
1.0008	1.99	1.0049	12.53	1.0090	23.16	1.0131	33.87
1.0009	2.24	1.0050	12.79	1.0091	23.41	1.0132	34.13
1.0010	2.49	1.0051	13.04	1.0092	23.67	1.0133	34.39
1.0011	2.74	1.0052	13.29	1.0093	23.92	1.0134	34.65
1.0012	2.99	1.0053	13.55	1.0094	24.18	1.0135	34.90
1.0013	3.24	1.0054	13.80	1.0095	24.43	1.0136	35.16
1.0014	3.49	1.0055	14.05	1.0096	24.69	1.0137	35.41
1.0015	3.74	1.0056	14.39	1.0097	24.94	1.0138	35.67
1.0016	3.99	1.0057	14.72	1.0098	25.19	1.0139	35.93
1.0017	4.33	1.0058	15.06	1.0099	25.45	1.0140	36.18
1.0018	4.66	1.0059	15.31	1.0100	25.70	1.0141	36.44
1.0019	5.00	1.0060	15.57	1.0101	25.96	1.0142	36.70
1.0020	5.25	1.0061	15.82	1.0102	26.21	1.0143	36.95
1.0021	5.50	1.0062	16.07	1.0103	26.47	1.0144	37.21
1.0022	5.75	1.0063	16.32	1.0104	26.72	1.0145	37.46
1.0023	6.00	1.0064	16.58	1.0105	26.98	1.0146	37.72
1.0024	6.25	1.0065	16.83	1.0106	27.23	1.0147	37.98
1.0025	6.50	1.0066	17.08	1.0107	27.57	1.0148	38.23
1.0026	6.75	1.0067	17.33	1.0108	27.91	1.0149	38.49
1.0027	7.00	1.0068	17.59	1.0109	28.25	1.0150	38.75
1.0028	7.25	1.0069	17.84	1.0110	28.50	1.0151	39.00
1.0029	7.50	1.0070	18.09	1.0111	28.26	1.0152	39.26
1.0030	7.75	1.0071	18.34	1.0112	29.01	1.0153	39.52
1.0031	8.00	1.0072	18.59	1.0113	29.27	1.0154	39.78
1.0032	8.25	1.0073	18.85	1.0114	29.52	1.0155	40.04
1.0033	8.50	1.0074	19.10	1.0115	29.78	1.0156	40.29
1.0034	8.75	1.0075	19.36	1.0116	30.03	1.0157	40.55
1.0035	9.00	1.0076	19.61	1.0117	30.28	1.0158	40.81
1.0036	9.25	1.0077	19.87	1.0118	30.54	1.0159	41.07
1.0037	9.50	1.0078	20.12	1.0119	30.80	1.0160	41.32
1.0038	9.75	1.0079	20.37	1.0120	31.06	1.0161	41.58
1.0039	10.00	1.0080	20.63	1.0121	31.32	1.0162	41.84
1.0040	10.26	1.0081	20.88	1.0122	31.58	1.0163	42.10

相对密度 （20℃）	浸出物 /（g/L）	相对密度 （20℃）	浸出物 /（g/L）	相对密度 （20℃）	浸出物 /（g/L）	相对密度 （20℃）	浸出物 /（g/L）
1.0164	42.35	1.0205	52.96	1.0246	63.66	1.0287	74.45
1.0165	42.61	1.0206	53.22	1.0247	63.93	1.0288	74.71
1.0166	42.87	1.0207	53.48	1.0248	64.19	1.0289	74.97
1.0167	43.13	1.0208	53.74	1.0249	64.45	1.0290	75.18
1.0168	43.38	1.0209	54.00	1.0250	64.71	1.0291	75.39
1.0169	43.64	1.0210	54.35	1.0251	64.97	1.0292	75.61
1.0170	43.90	1.0211	54.70	1.0252	65.24	1.0293	75.82
1.0171	44.16	1.0212	55.05	1.0253	65.50	1.0294	76.03
1.0172	44.42	1.0213	55.26	1.0254	65.76	1.0295	76.30
1.0173	44.68	1.0214	55.47	1.0255	66.03	1.0296	76.56
1.0174	44.94	1.0215	55.67	1.0256	66.29	1.0297	76.83
1.0175	45.20	1.0216	55.88	1.0257	66.55	1.0298	77.09
1.0176	45.45	1.0217	56.09	1.0258	66.81	1.0299	77.36
1.0177	45.71	1.0218	56.35	1.0259	67.08	1.0300	77.62
1.0178	45.97	1.0219	56.61	1.0260	67.34	1.0301	77.89
1.0179	46.23	1.0220	56.87	1.0261	67.60	1.0302	78.15
1.0180	46.48	1.0221	57.13	1.0262	67.86	1.0303	78.42
1.0181	46.74	1.0222	57.39	1.0263	68.13	1.0304	78.68
1.0182	47.00	1.0223	57.65	1.0264	68.39	1.0305	78.95
1.0183	47.26	1.0224	57.91	1.0265	68.65	1.0306	79.21
1.0184	47.52	1.0225	58.17	1.0266	68.91	1.0307	79.48
1.0185	47.78	1.0226	58.43	1.0267	69.18	1.0308	79.74
1.0186	48.04	1.0227	58.70	1.0268	69.44	1.0309	80.01
1.0187	48.30	1.0228	58.96	1.0269	69.70	1.0310	80.27
1.0188	48.55	1.0229	59.22	1.0270	69.96	1.0311	80.53
1.0189	48.81	1.0230	59.48	1.0271	70.22	1.0312	80.80
1.0190	49.07	1.0231	59.74	1.0272	70.49	1.0313	81.06
1.0191	49.33	1.0232	60.00	1.0273	70.75	1.0314	81.33
1.0192	49.59	1.0233	60.26	1.0274	71.01	1.0315	81.60
1.0193	49.85	1.0234	60.52	1.0275	71.28	1.0316	81.86
1.0194	50.11	1.0235	60.79	1.0276	71.54	1.0317	82.13
1.0195	50.37	1.0236	61.05	1.0277	71.80	1.0318	82.39
1.0196	50.63	1.0237	61.31	1.0278	72.07	1.0319	82.66
1.0197	50.89	1.0238	61.57	1.0279	72.33	1.0320	82.92
1.0198	51.15	1.0239	61.83	1.0280	72.60	1.0321	83.19
1.0199	51.41	1.0240	62.09	1.0281	72.86	1.0322	83.45
1.0200	51.67	1.0241	62.35	1.0282	73.13	1.0323	83.72
1.0201	51.93	1.0242	62.61	1.0283	73.39	1.0324	83.99
1.0202	52.19	1.0243	62.88	1.0284	73.66	1.0325	84.25
1.0203	52.45	1.0244	63.14	1.0285	73.92	1.0326	84.52
1.0204	52.70	1.0245	63.40	1.0286	74.18	1.0327	84.79

相对密度 （20℃）	浸出物 /（g/L）	相对密度 （20℃）	浸出物 /（g/L）	相对密度 （20℃）	浸出物 /（g/L）	相对密度 （20℃）	浸出物 /（g/L）
1.0328	85.05	1.0369	95.74	1.0410	106.24	1.0451	117.12
1.0329	85.32	1.0370	96.00	1.0411	106.51	1.0452	117.38
1.0330	85.58	1.0371	96.27	1.0412	106.78	1.0453	117.65
1.0331	85.85	1.0372	96.54	1.0413	107.05	1.0454	117.92
1.0332	86.11	1.0373	96.81	1.0414	107.32	1.0455	118.14
1.0333	86.38	1.0374	97.08	1.0415	107.58	1.0456	118.36
1.0334	86.65	1.0375	97.35	1.0416	107.85	1.0457	118.57
1.0335	86.92	1.0376	97.56	1.0417	108.12	1.0458	118.79
1.0336	87.18	1.0377	97.78	1.0418	108.40	1.0459	119.01
1.0337	87.45	1.0378	97.99	1.0419	108.67	1.0460	119.28
1.0338	87.71	1.0379	98.21	1.0420	108.95	1.0461	119.56
1.0339	87.92	1.0380	98.42	1.0421	109.22	1.0462	119.83
1.0340	88.14	1.0381	98.69	1.0422	109.50	1.0463	120.10
1.0341	88.35	1.0382	98.96	1.0423	109.77	1.0464	120.38
1.0342	88.57	1.0383	99.23	1.0424	110.05	1.0465	120.65
1.0343	88.78	1.0384	99.50	1.0425	110.32	1.0466	120.93
1.0344	89.05	1.0385	99.77	1.0426	110.59	1.0467	121.20
1.0345	89.32	1.0386	100.04	1.0427	110.86	1.0468	121.47
1.0346	89.58	1.0387	100.30	1.0428	111.12	1.0469	121.75
1.0347	89.85	1.0388	100.57	1.0429	111.39	1.0470	122.02
1.0348	90.12	1.0389	100.84	1.0430	111.66	1.0471	122.29
1.0349	90.39	1.0390	101.11	1.0431	111.93	1.0472	122.56
1.0350	90.65	1.0391	101.38	1.0432	112.20	1.0473	122.83
1.0351	90.92	1.0392	101.65	1.0433	112.47	1.0474	123.11
1.0352	91.19	1.0393	101.92	1.0434	112.71	1.0475	123.38
1.0353	91.45	1.0394	102.19	1.0435	112.95	1.0476	123.60
1.0354	91.72	1.0395	102.46	1.0436	113.20	1.0477	123.82
1.0355	91.99	1.0396	102.73	1.0437	113.44	1.0478	124.04
1.0356	92.26	1.0397	103.02	1.0438	113.68	1.0479	124.26
1.0357	92.53	1.0398	103.30	1.0439	113.92	1.0480	124.48
1.0358	92.79	1.0399	103.59	1.0440	114.17	1.0481	124.76
1.0359	93.06	1.0400	103.87	1.0441	114.41	1.0482	125.03
1.0360	93.33	1.0401	104.13	1.0442	114.65	1.0483	125.31
1.0361	93.60	1.0402	104.38	1.0443	114.92	1.0484	125.58
1.0362	93.86	1.0403	104.64	1.0444	115.20	1.0485	125.85
1.0363	94.13	1.0404	104.89	1.0445	115.47	1.0486	126.13
1.0364	94.40	1.0405	105.11	1.0446	115.74	1.0487	126.40
1.0365	94.67	1.0406	105.32	1.0447	116.02	1.0488	126.67
1.0366	94.93	1.0407	105.54	1.0448	116.30	1.0489	126.95
1.0367	95.20	1.0408	105.75	1.0449	116.57	1.0490	127.22
1.0368	95.47	1.0409	105.97	1.0450	116.85	1.0491	127.50

相对密度 (20℃)	浸出物 /(g/L)	相对密度 (20℃)	浸出物 /(g/L)	相对密度 (20℃)	浸出物 /(g/L)	相对密度 (20℃)	浸出物 /(g/L)
1.0492	127.77	1.0533	138.52	1.0574	149.08	1.0615	159.99
1.0493	128.04	1.0534	138.79	1.0575	149.36	1.0616	160.22
1.0494	128.32	1.0535	139.01	1.0576	149.64	1.0617	160.44
1.0495	128.59	1.0536	139.24	1.0577	149.92	1.0618	160.67
1.0496	128.87	1.0537	139.46	1.0578	150.20	1.0619	160.89
1.0497	129.09	1.0538	139.69	1.0579	150.48	1.0620	161.12
1.0498	129.31	1.0539	139.91	1.0580	150.75	1.0621	161.43
1.0499	129.52	1.0540	140.19	1.0581	151.03	1.0622	161.74
1.0500	129.74	1.0541	140.47	1.0582	151.29	1.0623	162.04
1.0501	129.96	1.0542	140.74	1.0583	151.55	1.0624	162.35
1.0502	130.24	1.0543	141.02	1.0584	151.81	1.0625	162.61
1.0503	130.51	1.0544	141.30	1.0585	152.07	1.0626	162.87
1.0504	130.79	1.0545	141.58	1.0586	152.36	1.0627	163.12
1.0505	131.06	1.0546	141.85	1.0587	152.65	1.0628	163.38
1.0506	131.34	1.0547	142.13	1.0588	152.94	1.0629	163.60
1.0507	131.62	1.0548	142.41	1.0589	153.23	1.0630	163.82
1.0508	131.89	1.0549	142.69	1.0590	153.46	1.0631	164.05
1.0509	132.17	1.0550	142.96	1.0591	153.69	1.0632	164.27
1.0510	132.45	1.0551	143.24	1.0592	153.93	1.0633	164.49
1.0511	132.72	1.0552	143.46	1.0593	154.16	1.0634	164.72
1.0512	133.00	1.0553	143.68	1.0594	154.39	1.0635	164.95
1.0513	133.27	1.0554	143.91	1.0595	154.67	1.0636	165.17
1.0514	133.54	1.0555	144.13	1.0596	154.95	1.0637	165.40
1.0515	133.82	1.0556	144.35	1.0597	155.23	1.0638	165.63
1.0516	134.09	1.0557	144.63	1.0598	155.51	1.0639	166.01
1.0517	134.37	1.0558	144.91	1.0599	155.73	1.0640	166.38
1.0518	134.59	1.0559	145.18	1.0600	155.96	1.0641	166.67
1.0519	134.81	1.0560	145.46	1.0601	156.18	1.0642	166.99
1.0520	135.04	1.0561	145.74	1.0602	156.41	1.0643	167.21
1.0521	135.26	1.0562	146.02	1.0603	156.63	1.0644	167.44
1.0522	135.48	1.0563	146.29	1.0604	156.91	1.0645	167.66
1.0523	135.76	1.0564	146.57	1.0605	157.19	1.0646	167.89
1.0524	136.03	1.0565	146.85	1.0606	157.47	1.0647	168.17
1.0525	136.31	1.0566	147.13	1.0607	157.75	1.0648	168.46
1.0526	136.58	1.0567	147.41	1.0608	158.03	1.0649	168.74
1.0527	136.86	1.0568	147.69	1.0609	158.31	1.0650	169.01
1.0528	137.14	1.0569	147.91	1.0610	158.59	1.0651	169.31
1.0529	137.41	1.0570	148.13	1.0611	158.87	1.0652	169.59
1.0530	137.69	1.0571	148.36	1.0612	159.15	1.0653	169.88
1.0531	137.97	1.0572	148.58	1.0613	159.43	1.0654	170.16
1.0532	138.24	1.0573	148.80	1.0614	159.71	1.0655	170.39

相对密度 （20℃）	浸出物 /（g/L）	相对密度 （20℃）	浸出物 /（g/L）	相对密度 （20℃）	浸出物 /（g/L）	相对密度 （20℃）	浸出物 /（g/L）
1.0656	170.61	1.0697	181.29	1.0738	192.13	1.0779	202.80
1.0657	170.84	1.0698	181.52	1.0739	192.42	1.0780	203.09
1.0658	171.06	1.0699	181.81	1.0740	192.70	1.0781	203.38
1.0659	171.29	1.0700	182.10	1.0741	192.99	1.0782	203.67
1.0660	171.57	1.0701	182.38	1.0742	193.22	1.0783	203.96
1.0661	171.86	1.0702	182.67	1.0743	193.45	1.0784	204.24
1.0662	172.14	1.0703	182.96	1.0744	193.67	1.0785	204.53
1.0663	172.42	1.0704	183.24	1.0745	193.90	1.0786	204.76
1.0664	172.71	1.0705	183.53	1.0746	194.13	1.0787	205.00
1.0665	172.99	1.0706	183.81	1.0747	194.42	1.0788	205.23
1.0666	173.28	1.0707	184.04	1.0748	194.71	1.0789	205.47
1.0667	173.56	1.0708	184.27	1.0749	195.00	1.0790	205.70
1.0668	173.79	1.0709	184.49	1.0750	195.29	1.0791	205.99
1.0669	174.01	1.0710	184.72	1.0751	195.52	1.0792	206.28
1.0670	174.24	1.0711	184.95	1.0752	195.75	1.0793	206.57
1.0671	174.46	1.0712	185.24	1.0753	195.98	1.0794	206.86
1.0672	174.69	1.0713	185.53	1.0754	196.21	1.0795	207.09
1.0673	174.97	1.0714	185.81	1.0755	196.44	1.0796	207.32
1.0674	175.26	1.0715	186.10	1.0756	196.73	1.0797	207.56
1.0675	175.54	1.0716	186.38	1.0757	197.01	1.0798	207.79
1.0676	175.83	1.0717	186.67	1.0758	197.30	1.0799	208.02
1.0677	176.11	1.0718	186.95	1.0759	197.59	1.0800	208.31
1.0678	176.40	1.0719	187.24	1.0760	197.88	1.0801	208.61
1.0679	176.68	1.0720	187.47	1.0761	198.17	1.0802	208.99
1.0680	176.96	1.0721	187.70	1.0762	198.46	1.0803	209.19
1.0681	177.25	1.0722	187.93	1.0763	198.75	1.0804	209.48
1.0682	177.53	1.0723	188.16	1.0764	198.98	1.0805	209.77
1.0683	177.82	1.0724	188.39	1.0765	199.21	1.0806	210.06
1.0684	178.10	1.0725	188.68	1.0766	199.44	1.0807	210.35
1.0685	178.33	1.0726	188.97	1.0767	199.67	1.0808	210.58
1.0686	178.56	1.0727	189.25	1.0768	199.90	1.0809	210.82
1.0687	178.78	1.0728	189.54	1.0769	200.19	1.0810	211.05
1.0688	179.01	1.0729	189.77	1.0770	200.48	1.0811	211.29
1.0689	179.24	1.0730	190.00	1.0771	200.77	1.0812	211.52
1.0690	179.53	1.0731	190.23	1.0772	201.06	1.0813	211.81
1.0691	179.81	1.0732	190.46	1.0773	201.29	1.0814	212.10
1.0692	180.10	1.0733	190.69	1.0774	201.52	1.0815	212.39
1.0693	180.38	1.0734	190.98	1.0775	201.76	1.0816	212.68
1.0694	180.61	1.0735	191.26	1.0776	201.99	1.0817	212.91
1.0695	180.84	1.0736	191.55	1.0777	202.22	1.0818	213.15
1.0696	181.06	1.0737	191.84	1.0778	202.51	1.0819	213.38

相对密度 （20℃）	浸出物 /(g/L)	相对密度 （20℃）	浸出物 /(g/L)	相对密度 （20℃）	浸出物 /(g/L)	相对密度 （20℃）	浸出物 /(g/L)
1.0820	213.62	1.0861	224.30	1.0902	235.08	1.0943	246.04
1.0821	213.85	1.0862	224.62	1.0903	235.46	1.0944	246.34
1.0822	214.14	1.0863	224.94	1.0904	235.84	1.0945	246.63
1.0823	214.44	1.0864	225.26	1.0905	236.22	1.0946	246.93
1.0824	214.73	1.0865	225.58	1.0906	236.46	1.0947	247.17
1.0825	215.02	1.0866	225.82	1.0907	236.69	1.0948	247.41
1.0826	215.25	1.0867	226.05	1.0908	236.93	1.0949	247.64
1.0827	215.49	1.0868	226.29	1.0909	237.16	1.0950	247.88
1.0828	215.72	1.0869	226.52	1.0910	237.40	1.0951	248.12
1.0829	215.96	1.0870	226.76	1.0911	237.64	1.0952	248.40
1.0830	216.19	1.0871	227.06	1.0912	237.88	1.0953	248.68
1.0831	216.48	1.0872	227.35	1.0913	238.11	1.0954	248.95
1.0832	216.78	1.0873	227.65	1.0914	238.35	1.0955	249.23
1.0833	217.07	1.0874	227.94	1.0915	238.59	1.0956	249.51
1.0834	217.36	1.0875	228.18	1.0916	238.89	1.0957	249.76
1.0835	217.59	1.0876	228.41	1.0917	239.18	1.0958	250.01
1.0836	217.83	1.0877	228.65	1.0918	239.48	1.0959	250.27
1.0837	218.06	1.0878	228.88	1.0919	239.78	1.0960	250.52
1.0838	218.30	1.0879	229.12	1.0920	240.02	1.0961	250.76
1.0839	218.53	1.0880	229.41	1.0921	240.26	1.0962	251.00
1.0840	218.82	1.0881	229.71	1.0922	240.50	1.0963	251.24
1.0841	219.12	1.0882	230.00	1.0923	240.74	1.0964	251.48
1.0842	219.41	1.0883	230.29	1.0924	240.98	1.0965	251.72
1.0843	219.70	1.0884	230.59	1.0925	241.27	1.0966	252.02
1.0844	219.97	1.0885	230.89	1.0926	241.57	1.0967	252.32
1.0845	220.24	1.0886	231.18	1.0927	241.87	1.0968	252.62
1.0846	220.52	1.0887	231.48	1.0928	242.16	1.0969	252.92
1.0847	220.79	1.0888	231.72	1.0929	242.40	1.0970	253.16
1.0848	221.06	1.0889	231.95	1.0930	242.64	1.0971	253.40
1.0849	221.31	1.0890	232.19	1.0931	242.87	1.0972	253.64
1.0850	211.56	1.0891	232.42	1.0932	243.11	1.0973	253.8
1.0851	221.80	1.0892	232.66	1.0933	243.35	1.0974	254.12
1.0852	222.05	1.0893	232.90	1.0934	243.65	1.0975	254.42
1.0853	222.35	1.0894	233.14	1.0935	243.95	1.0976	254.72
1.0854	222.64	1.0895	233.37	1.0936	244.24	1.0977	255.02
1.0855	222.94	1.0896	233.61	1.0937	244.54	1.0978	255.32
1.0856	223.23	1.0897	233.85	1.0938	244.78	1.0979	255.56
1.0857	223.44	1.0898	234.10	1.0939	245.02	1.0980	255.80
1.0858	223.66	1.0899	234.34	1.0940	245.26	1.0981	256.04
1.0859	223.87	1.0900	234.59	1.0941	245.50	1.0982	256.28
1.0860	224.09	1.0901	234.83	1.0942	245.74	1.0983	256.52

相对密度 （20℃）	浸出物 /（g/L）	相对密度 （20℃）	浸出物 /（g/L）	相对密度 （20℃）	浸出物 /（g/L）	相对密度 （20℃）	浸出物 /（g/L）
1.0984	256.82	1.1026	267.86	1.1068	278.94	1.1110	290.09
1.0985	257.12	1.1027	268.11	1.1069	279.25	1.1111	290.33
1.0986	257.42	1.1028	268.35	1.1070	279.55	1.1112	290.58
1.0987	257.72	1.1029	268.59	1.1071	279.79	1.1113	290.83
1.0988	257.96	1.1030	268.90	1.1072	280.04	1.1114	291.08
1.0989	258.20	1.1031	269.20	1.1073	280.28	1.1115	291.32
1.0990	258.44	1.1032	269.51	1.1074	280.53	1.1116	291.57
1.0991	258.68	1.1033	269.81	1.1075	280.77	1.1117	291.82
1.0992	258.92	1.1034	270.06	1.1076	281.07	1.1118	292.13
1.0993	259.16	1.1035	270.31	1.1077	281.38	1.1119	292.43
1.0994	259.40	1.1036	270.55	1.1078	281.68	1.1120	292.74
1.0995	259.65	1.1037	270.80	1.1079	281.99	1.1121	293.05
1.0996	259.89	1.1038	271.02	1.1080	282.24	1.1122	293.30
1.0997	260.13	1.1039	271.26	1.1081	282.48	1.1123	293.54
1.0998	260.53	1.1040	271.51	1.1082	282.73	1.1124	293.79
1.0999	260.94	1.1041	271.75	1.1083	282.97	1.1125	294.03
1.1000	261.34	1.1042	272.00	1.1084	283.22	1.1126	294.28
1.1001	261.58	1.1043	272.24	1.1085	283.47	1.1127	294.53
1.1002	261.82	1.1044	272.54	1.1086	283.73	1.1128	294.78
1.1003	262.06	1.1045	272.85	1.1087	283.98	1.1129	295.02
1.1004	262.30	1.1046	273.15	1.1088	284.24	1.1130	295.27
1.1005	262.54	1.1047	273.45	1.1089	284.49	1.1131	295.52
1.1006	262.78	1.1048	273.69	1.1090	284.79	1.1132	295.83
1.1007	263.02	1.1049	273.94	1.1091	285.08	1.1133	296.14
1.1008	263.27	1.1050	274.18	1.1092	285.38	1.1134	296.44
1.1009	263.51	1.1051	274.43	1.1093	285.67	1.1135	296.75
1.1010	263.75	1.1052	274.67	1.1094	285.91	1.1136	297.00
1.1011	263.99	1.1053	274.98	1.1095	286.16	1.1137	297.24
1.1012	264.23	1.1054	275.28	1.1096	286.40	1.1138	297.49
1.1013	264.47	1.1055	275.59	1.1097	286.65	1.1139	297.73
1.1014	264.71	1.1056	275.89	1.1098	286.89	1.1140	297.98
1.1015	264.95	1.1057	276.13	1.1099	287.14	1.1141	298.23
1.1016	265.19	1.1058	276.38	1.1100	287.39	1.1142	298.48
1.1017	265.44	1.1059	276.62	1.1101	287.63	1.1143	298.73
1.1018	265.68	1.1060	276.87	1.1102	287.88	1.1144	298.98
1.1019	265.93	1.1061	277.11	1.1103	288.13	1.1145	299.23
1.1020	266.17	1.1062	277.35	1.1104	288.44	1.1146	299.54
1.1021	266.47	1.1063	277.60	1.1105	288.74	1.1147	299.85
1.1022	266.78	1.1064	277.84	1.1106	289.05	1.1148	300.15
1.1023	267.08	1.1065	278.09	1.1107	289.35		
1.1024	267.38	1.1066	278.33	1.1108	289.60		
1.1025	267.62	1.1067	278.64	1.1109	289.84		

稀释液锤度	更正糖蜜锤度	稀释液锤度	更正糖蜜锤度	稀释液锤度	更正糖蜜锤度
35.0	69.0	40.5	80.25	45.90	90.20
35.5	69.5	40.6	80.40	46.00	90.30
36.0	71.0	40.7	80.55	46.10	90.50
36.5	72.0	40.8	80.70	46.15	90.60
37.5	74.0	40.9	80.85	46.20	90.70
38.0	75.5	41.0	81.00	46.25	90.80
38.1	75.6	41.5	82.00	46.30	90.90
38.2	75.7	42.0	83.00	46.35	91.00
38.3	75.8	42.5	84.00	46.40	91.10
38.4	75.9	43.0	85.00	46.45	91.20
38.5	76.0	44.0	86.00	46.50	91.30
38.6	76.3	44.5	87.00	46.55	91.40
38.7	76.6	45.00	88.00	46.60	91.50
38.8	76.9	45.05	88.60	46.65	91.60
38.9	77.2	45.10	88.70	46.70	91.70
39.0	77.5	45.15	88.80	46.75	91.80
39.1	77.6	45.20	88.90	46.80	91.90
39.2	77.7	45.25	89.00	46.90	92.00
39.3	77.8	45.30	89.10	47.00	92.10
39.4	77.9	45.35	89.20	47.10	92.20
39.5	78.0	45.40	89.30	47.15	92.30
39.6	78.3	45.45	89.40	47.20	92.40
39.7	78.6	45.50	89.50	47.25	92.50
39.8	78.9	45.55	89.55	47.30	92.60
39.9	79.2	45.60	89.60	47.35	92.70
40.0	79.5	45.65	89.70	47.40	92.80
40.1	79.65	45.70	89.80	47.50	92.90
40.2	79.80	45.75	89.90	47.55	93.00
40.3	79.95	45.80	90.00		
40.4	80.10	45.85	90.10		

附表 5-2　糖度温度更正表（20℃）

温度/℃	观 察 糖 度/°Bx						
	1	2	3	4	5	6	7
	应　　减						
0	0.34	0.38	0.41	0.45	0.49	0.52	0.55
5	0.38	0.40	0.43	0.45	0.47	0.49	0.51
10	0.33	0.34	0.36	0.37	0.38	0.39	0.40
11	0.32	0.33	0.33	0.34	0.35	0.36	0.37
12	0.30	0.30	0.31	0.31	0.32	0.33	0.34
13	0.27	0.27	0.28	0.28	0.29	0.30	0.30
14	0.24	0.24	0.24	0.25	0.26	0.27	0.27
15	0.20	0.20	0.20	0.21	0.22	0.22	0.23
16	0.17	0.17	0.18	0.18	0.18	0.18	0.19
17	0.13	0.13	0.14	0.14	0.14	0.14	0.14
18	0.09	0.09	0.10	0.10	0.10	0.10	0.10
19	0.05	0.05	0.05	0.05	0.05	0.05	0.05
	应　　加						
21	0.04	0.04	0.05	0.05	0.05	0.05	0.05
22	0.10	0.10	0.10	0.10	0.10	0.10	0.10
23	0.16	0.16	0.16	0.16	0.16	0.16	0.16
24	0.21	0.21	0.22	0.22	0.22	0.22	0.22
25	0.27	0.27	0.28	0.28	0.28	0.28	0.29
26	0.33	0.33	0.34	0.34	0.34	0.34	0.35
27	0.40	0.40	0.41	0.41	0.41	0.41	0.41
28	0.46	0.46	0.47	0.47	0.47	0.47	0.48
29	0.54	0.54	0.55	0.55	0.55	0.55	0.55
30	0.61	0.61	0.62	0.62	0.62	0.62	0.62
31	0.69	0.69	0.70	0.70	0.70	0.70	0.70
32	0.76	0.77	0.77	0.78	0.78	0.78	0.78
33	0.84	0.85	0.85	0.85	0.85	0.85	0.86
34	0.91	0.92	0.92	0.93	0.93	0.93	0.93
35	0.99	1.00	1.00	1.01	1.01	1.01	1.01
36	1.07	1.08	1.08	1.09	1.09	1.09	1.09
37	1.15	1.16	1.16	1.17	1.17	1.17	1.17
38	1.25	1.25	1.26	1.26	1.27	1.27	1.28
39	1.34	1.34	1.35	1.35	1.36	1.36	1.37
40	1.43	1.43	1.44	1.44	1.45	1.45	1.46

温度/℃	观 察 糖 度/°Bx						
	8	9	10	11	12	13	14
	应 减						
0	0.59	0.62	0.65	0.67	0.70	0.72	0.75
5	0.52	0.54	0.56	0.58	0.60	0.61	0.63
10	0.41	0.42	0.43	0.44	0.45	0.46	0.47
11	0.38	0.39	0.40	0.41	0.42	0.42	0.43
12	0.34	0.35	0.36	0.37	0.38	0.38	0.39
13	0.31	0.31	0.32	0.33	0.33	0.34	0.34
14	0.28	0.28	0.29	0.29	0.30	0.30	0.31
15	0.23	0.24	0.24	0.24	0.25	0.25	0.26
16	0.19	0.20	0.20	0.20	0.21	0.21	0.22
17	0.15	0.15	0.15	0.15	0.16	0.16	0.16
18	0.10	0.10	0.10	0.10	0.10	0.11	0.11
19	0.05	0.05	0.05	0.05	0.05	0.06	0.06
	应 加						
21	0.06	0.06	0.06	0.06	0.06	0.06	0.06
22	0.11	0.11	0.11	0.11	0.11	0.12	0.12
23	0.17	0.17	0.17	0.17	0.17	0.17	0.17
24	0.23	0.23	0.23	0.23	0.23	0.24	0.24
25	0.29	0.30	0.30	0.30	0.30	0.31	0.31
26	0.35	0.36	0.36	0.36	0.36	0.37	0.37
27	0.42	0.42	0.42	0.42	0.43	0.43	0.44
28	0.48	0.49	0.49	0.49	0.50	0.50	0.51
29	0.56	0.56	0.56	0.57	0.57	0.58	0.58
30	0.63	0.63	0.63	0.64	0.64	0.65	0.65
31	0.71	0.71	0.71	0.72	0.72	0.73	0.73
32	0.79	0.79	0.79	0.80	0.80	0.81	0.81
33	0.86	0.86	0.86	0.87	0.88	0.88	0.89
34	0.94	0.94	0.94	0.95	0.96	0.96	0.97
35	1.02	1.02	1.02	1.03	1.04	1.05	1.05
36	1.10	1.10	1.10	1.11	1.12	1.13	1.13
37	1.18	1.18	1.18	1.19	1.20	1.21	1.21
38	1.29	1.29	1.30	1.31	1.32	1.32	1.33
39	1.38	1.38	1.38	1.39	1.40	1.41	1.41
40	1.46	1.47	1.47	1.48	1.49	1.50	1.50

温度/℃	观 察 糖 度/°Bx						
	15	16	17	18	19	20	21
	应　减						
0	0.77	0.79	0.82	0.84	0.87	0.89	0.91
5	0.65	0.67	0.68	0.70	0.71	0.73	0.74
10	0.48	0.49	0.50	0.50	0.51	0.52	0.53
11	0.44	0.45	0.46	0.46	0.47	0.48	0.49
12	0.40	0.41	0.41	0.42	0.42	0.43	0.44
13	0.35	0.36	0.36	0.37	0.37	0.38	0.39
14	0.31	0.32	0.32	0.33	0.33	0.34	0.34
15	0.26	0.26	0.27	0.27	0.28	0.28	0.28
16	0.22	0.22	0.22	0.23	0.23	0.23	0.23
17	0.16	0.16	0.16	0.17	0.17	0.18	0.18
18	0.11	0.11	0.11	0.12	0.12	0.12	0.12
19	0.06	0.06	0.06	0.06	0.06	0.06	0.06
	应　加						
21	0.06	0.06	0.06	0.06	0.06	0.06	0.06
22	0.12	0.12	0.12	0.12	0.12	0.12	0.12
23	0.17	0.17	0.18	0.18	0.19	0.19	0.19
24	0.24	0.24	0.25	0.25	0.26	0.26	0.26
25	0.31	0.31	0.31	0.32	0.32	0.32	0.32
26	0.37	0.38	0.38	0.39	0.39	0.40	0.40
27	0.44	0.44	0.45	0.45	0.46	0.46	0.46
28	0.51	0.52	0.52	0.53	0.53	0.54	0.54
29	0.59	0.59	0.60	0.60	0.61	0.61	0.61
30	0.66	0.66	0.67	0.67	0.68	0.68	0.68
31	0.74	0.74	0.75	0.75	0.76	0.76	0.77
32	0.82	0.83	0.83	0.84	0.84	0.85	0.85
33	0.90	0.91	0.91	0.92	0.92	0.93	0.94
34	0.98	0.99	1.00	1.00	1.01	1.02	1.02
35	1.06	1.07	1.08	1.08	1.09	1.10	1.11
36	1.14	1.15	1.16	1.16	1.17	1.18	1.19
37	1.22	1.23	1.24	1.24	1.25	1.26	1.27
38	1.33	1.34	1.35	1.35	1.36	1.36	1.37
39	1.42	1.43	1.44	1.44	1.45	1.45	1.46
40	1.51	1.52	1.53	1.53	1.54	1.54	1.55

温度/℃	观 察 糖 度/°Bx						
	22	23	24	25	30	35	40
	应　　减						
0	0.93	0.95	0.97	0.99	1.08	1.16	1.24
5	0.75	0.76	0.77	0.80	0.86	0.91	0.97
10	0.54	0.55	0.57	0.57	0.60	0.64	0.67
11	0.49	0.50	0.50	0.51	0.55	0.58	0.60
12	0.44	0.45	0.45	0.46	0.50	0.52	0.54
13	0.39	0.40	0.40	0.41	0.44	0.46	0.48
14	0.35	0.36	0.36	0.36	0.38	0.40	0.41
15	0.29	0.29	0.30	0.30	0.32	0.33	0.34
16	0.24	0.24	0.25	0.25	0.26	0.27	0.28
17	0.18	0.19	0.19	0.19	0.20	0.20	0.21
18	0.12	0.13	0.13	0.13	0.13	0.14	0.14
19	0.06	0.06	0.06	0.06	0.07	0.07	0.07
	应　　加						
21	0.06	0.07	0.07	0.07	0.07	0.07	0.07
22	0.12	0.13	0.13	0.13	0.14	0.14	0.15
23	0.19	0.20	0.20	0.20	0.21	0.21	0.22
24	0.26	0.27	0.27	0.27	0.28	0.29	0.30
25	0.33	0.33	0.34	0.34	0.35	0.36	0.38
26	0.40	0.40	0.40	0.40	0.42	0.44	0.46
27	0.47	0.47	0.48	0.48	0.50	0.52	0.54
28	0.55	0.55	0.56	0.56	0.58	0.60	0.61
29	0.62	0.62	0.63	0.63	0.66	0.68	0.70
30	0.69	0.69	0.70	0.71	0.73	0.76	0.78
31	0.77	0.78	0.78	0.79	0.82	0.83	0.85
32	0.86	0.86	0.87	0.87	0.90	0.92	0.94
33	0.94	0.95	0.95	0.96	0.99	1.00	1.02
34	1.03	1.03	1.04	1.04	1.07	1.09	1.11
35	1.11	1.12	1.12	1.13	1.16	1.18	1.20
36	1.19	1.20	1.20	1.21	1.24	1.26	1.28
37	1.27	1.28	1.28	1.29	1.31	1.33	1.35
38	1.37	1.38	1.38	1.39	1.42	1.44	1.46
39	1.46	1.47	1.47	1.48	1.53	1.53	1.55
40	1.55	1.56	1.56	1.57	1.60	1.62	1.64

附表 5-3　酒精计示值换算成 20℃ 时的乙醇浓度（酒精度）

酒精度	酒　精　计　示　值							
	91	92	93	94	95	96	97	98
溶液温度/℃	20℃时以体积分数表示的乙醇浓度/%							
5	94.5	95.4	96.3	97.1	98.0	98.9	99.7	—
6	94.3	95.2	96.1	97.0	97.8	98.7	99.5	—
7	94.1	95.0	95.9	96.8	97.6	98.5	99.4	—
8	93.9	94.8	95.7	96.6	97.5	98.3	99.2	—
9	93.6	94.5	95.5	96.4	97.3	98.2	99.0	99.9
10	93.4	94.3	95.2	96.2	97.1	98.0	98.9	99.7
11	93.2	94.1	95.0	96.0	96.9	97.8	98.7	99.6
12	92.9	93.9	94.8	95.7	96.7	97.6	98.5	99.4
13	92.7	93.6	94.6	95.5	96.5	97.4	98.3	99.2
14	92.5	93.4	94.4	95.3	96.3	97.2	98.1	99.1
15	92.2	93.2	94.2	95.1	96.1	97.0	98.0	98.9
16	92.0	93.0	93.9	94.9	95.9	96.8	97.8	98.7
17	91.7	92.7	93.7	94.7	95.6	96.6	97.6	98.6
18	91.5	92.5	93.5	94.4	95.4	96.4	97.4	98.4
19	91.2	92.2	93.2	94.2	95.2	96.2	97.2	98.2
20	91.0	92.0	93.0	94.0	95.0	96.0	97.0	98.0
21	90.7	91.8	92.8	93.8	94.8	95.8	96.8	97.8
22	90.5	91.5	92.5	93.5	94.6	95.6	96.6	97.6
23	90.2	91.3	92.3	93.3	94.3	95.4	96.4	97.4
24	90.0	91.0	92.0	93.1	94.1	95.1	96.2	97.2
25	89.7	90.7	91.8	92.8	93.9	94.9	96.0	97.0
26	89.4	90.5	91.5	92.6	93.6	94.7	95.8	96.8
27	89.2	90.2	91.3	92.3	93.4	94.5	95.5	96.6
28	88.9	90.0	91.0	92.1	93.1	94.2	95.3	96.4
29	88.6	89.7	90.8	91.8	92.9	94.0	95.1	96.2
30	88.4	89.4	90.5	91.6	92.7	93.8	94.8	96.0
31	88.1	89.1	90.2	91.4	92.5	93.6	94.6	95.8
32	87.9	88.9	90.0	91.1	92.2	93.4	94.4	95.5

主要参考文献

[1] 黄伟坤 . 食品检验与分析 . 北京：轻工业出版社，1989

[2] 宁正祥主编 . 食品成分分析手册 . 北京：中国轻工业出版社，1998

[3] 蔡定域 . 酿酒工业分析手册 . 北京：轻工业出版社，1988

[4] 管敦仪 . 啤酒工业手册（中册）. 北京：轻工业出版社，1982

[5] 刘凤枝主编 . 食品环境监测实用手册 . 北京：中国标准出版社，2001

[6] 王福荣主编 . 工业发酵分析 . 北京：轻工业出版社，1980

[7] 王福荣主编 . 工业发酵分析（续篇）. 北京：轻工业出版社，1992

[8] 王福荣 . 白酒生产分析检验 . 北京：轻工业出版社，1978

[9] 赵光鳌等 . 黄酒生产分析检验 . 北京：轻工业出版社，1987

[10] 胡嗣明等 . 酒精生产分析检验 . 北京：轻工业出版社，1983

[11] 中华人民共和国标准 . 食品卫生检验方法 理化部分 . 北京：中国标准出版社，1997

[12] 田栖静等 . 发酵产品与试验方法标准汇编——蒸馏酒 . 北京：中国标准出版社，1992

[13] 全国食品发酵标准化中心，中国标准出版社第一编辑室编著 . 中国食品工业标准汇编
       发酵制品卷 . 北京：中国标准出版社，2001

[14] 水质分析方法国家标准汇编 . 北京：中国标准出版社，1996

[15] 中华人民共和国标准 GB/T 394.2—94 酒精通用试验方法 . 国家技术监督局发布，1994

[16] 中华人民共和国标准 GB 10343—2002 食用酒精 . 国家质量监督检验检疫总局发
       布，2002

[17] 中华人民共和国标准 GB 15038—94 葡萄酒果酒通用试验方法 . 国家技术监督局发
       布，1994